中国北方砂岩型铀矿床研究系列丛书

国 家 出 版 基 金 项 目（２０１９年度）
国家重点研发计划项目课题（２０１８ＹＦＣ０６０４２０２）
中国地质大学（武汉）学科杰出人才基金项目（102-162301192664） 联合资助
中国核工业地质局高校科技攻关项目（２０１６０２６３２９）

铀储层非均质性地质建模
——揭示鄂尔多斯盆地直罗组铀成矿机理和提高采收率的沉积学基础

Geological modeling for uranium reservoir heterogeneity:
A sedimentology basis of revealing metallogenic mechanism and enhancing recovery for sandstone-type uranium deposits in the Zhiluo Formation in Ordos Basin

焦养泉　吴立群　荣辉　张帆　陶振鹏　乐亮　著

Jiao Yangquan, Wu Liqun, Rong Hui, et al (Eds.)

参与研究的产业一线工程师和地质师

彭云彪　苗爱生　王贵　郭虎科　剡鹏兵　鲁超　刘正邦
李华明　王龙辉　李振成　任志勇　郭科峰　申平喜　张潮

参与研究的历届研究生和部分本科生

谢惠丽　吕琳　宋霁　夏飞勇　孙钰函　向尧　钟伟辉
郑宇航　白小鸟　曹民强　刘孟合　孙家宁　邢峰　计波
张利亚　汪洪强　刘阳　朱强　马小东　万盾　王志华
万璐璐　鄢朝　晏泽夫　熊清　瞿冬冬　吴斌　李强
李锦华　郭弘　胡庆福　魏国强　杨秀龙　郭煦劼　邹志维
张峻　贾俊民　丁郑军　闫倩倩

内容提要

本书以目前国内最大的产铀盆地——鄂尔多斯盆地为例,聚焦直罗组砂岩型铀矿床,在全盆地铀储层大型物源-沉积朵体的恢复与重建基础上,依据不同的物源-朵体、铀储层类型以及铀储矿的多样性等选择了3个典型露头区,重点构建了辫状河三角洲和深切谷中4种铀储层的沉积、成岩-成矿非均质性地质模型;深入剖析了铀储层物理结构和物质成分的非均质性对铀成矿的制约关系。将露头地质建模的思路和经验引申于地下,选择并构建了典型铀矿床的非均质性地质模型,以期为揭示铀成矿机理、提高采收率以及进一步开展数字建模和数值模拟提供必要的沉积学基础。

本书适宜于从事沉积盆地分析与能源矿产研究的大专院校师生、科研院所研究员和产业一线工程师参阅。

图书在版编目(CIP)数据

铀储层非均质性地质建模——揭示鄂尔多斯盆地直罗组铀成矿机理和提高采收率的沉积学基础/焦养泉等著.—武汉:中国地质大学出版社,2021.12

(中国北方砂岩型铀矿床研究系列丛书)

ISBN 978-7-5625-5096-9

Ⅰ.①铀…

Ⅱ.①焦…

Ⅲ.①砂岩型铀矿床-储集层-地质模型-建立模型

Ⅳ.①P619.14

中国版本图书馆CIP数据核字(2021)第182364号

铀储层非均质性地质建模
——揭示鄂尔多斯盆地直罗组铀成矿机理和提高采收率的沉积学基础

焦养泉 吴立群 荣 辉 张 帆 陶振鹏 乐 亮 著

责任编辑:王凤林	选题策划:王凤林 张晓红 毕克成	责任校对:张咏梅

出版发行:中国地质大学出版社(武汉市洪山区鲁磨路388号) 邮编:430074
电　　话:(027)67883511　　传　　真:(027)67883580　　E-mail:cbb@cug.edu.cn
经　　销:全国新华书店　　　　　　　　　　　　　　　　　http://cugp.cug.edu.cn
开本:880毫米×1230毫米　1/16　　　　　　　　　字数:705千字　　印张:22.25
版次:2021年12月第1版　　　　　　　　　　　　　　印次:2021年12月第1次印刷
印刷:湖北睿智印务有限公司

ISBN 978-7-5625-5096-9　　　　　　　　　　　　　　　　　　　　定价:228.00元

如有印装质量问题请与印刷厂联系调换

"中国北方砂岩型铀矿床研究系列丛书"

序

铀矿是国内外重要的能源资源之一。铀矿的矿床类型很多,其中砂岩型铀矿是日益引起重视的矿床类型,具有浅成、易采、开发成本低、规模较大的优势。这类矿床在成因上比较特殊,不是岩浆、变质热液的成因类型,而是表层低温含铀流体交代、堆积的成因类型。

我国从20世纪50年代起就开始对砂岩型铀矿进行勘查,最早在伊犁盆地取得找矿突破,并建成了国内第一个地浸开采的砂岩型铀矿矿山。21世纪开始在北方盆地开展砂岩型铀矿的勘查和科研工作,取得了找矿的重大突破,为国家建立了新的铀矿资源基地及开发基地。在这方面,中国核工业集团下属的核工业二〇八大队,一支国家功勋地质队,做出了突出贡献,先后在鄂尔多斯盆地、二连盆地和巴音戈壁盆地取得找矿重大突破,找到一批超大型、特大型、大型、中小型等砂岩型铀矿床及矿产地,并与中国地质大学(武汉)展开合作,在铀矿成矿理论方面亦取得了创新性成果,功不可没。

由彭云彪同志和焦养泉同志组织编撰的包含《内蒙古中西部中生代产铀盆地理论技术创新与重大找矿突破》在内的五部铀矿专著,系统地总结了鄂尔多斯盆地、二连盆地和巴音戈壁盆地砂岩型铀矿床的成矿特征,是我国铀矿找矿及成矿理论创新的重要成果。主要体现在以下三方面。

(1)在充分吸取国外"次造山带控矿理论""层间渗入型成矿理论"和"卷型水成铀矿理论"等成矿理论的基础上,针对内蒙古中生代盆地铀矿成矿条件,提出了"古层间氧化带型""古河谷型"和"同沉积泥岩型"等铀成矿的新认识,创新了铀矿成矿理论。

(2)在上述新认识的指导下,发现和勘查了一批不同规模的砂岩铀矿床,多次实现了新地区、新层位和新类型的重大找矿突破,填补了我国超大型砂岩铀矿床的空白,在鄂尔多斯盆地、二连盆地和巴音戈壁盆地中均落实了万吨级及以上铀矿资源基地。在铀矿领域,找矿成果和勘查效果居国内榜首,为提升我国铀矿资源保障程度做出了贡献。

(3)该系列专著主线清晰,重点突出,既体现了产铀盆地的整体分析思路,也对典型矿床进行了精细解剖,还有面对地浸开采的前瞻性研究,为各地砂岩型铀矿的找矿工作提供了良好的素材和典型案例。

总之,这五部铀矿专著是在多年勘查和研究积累的基础上完成的,自成体系,具有很强的实用性和创新性。因此,该套丛书的出版对我国铀矿床勘查与成矿理论探索研究具有重要的参考价值,为广大从事砂岩型铀矿勘查、科研和教学的地质工作者提供了十分丰富有用的参考资料。

2019 年 1 月

"中国北方砂岩型铀矿床研究系列丛书"

前　言

铀矿是我国紧缺的战略资源，也是保障国家中长期核电规划的重要非化石能源矿产。20世纪末以来，我国开展了大规模的砂岩型铀矿勘查和研究，促成了系列大型—超大型铀矿床的重大发现和突破，如今可地浸砂岩型铀矿已成为我国铀矿地质储量持续增长的主要矿床类型，也由此彻底改变了我国铀矿勘查和开发的基本格局，事实证明国家勘查的重点由硬岩型向砂岩型转移是一项重大的英明决策。

在这一系列的重大发现和找矿突破中，位于内蒙古中西部的鄂尔多斯、二连和巴音戈壁三大盆地具有率先垂范和举足轻重的作用。在中国核工业地质局的统一部署下，核工业二〇八大队作为专业的铀矿勘查队伍，自2000年以来先后在三大盆地发现了包括著名的大营铀矿床、努和廷铀矿床在内的2个超大型、3个特大型、3个大型、1个中型和1个小型铀矿床，取得了重大找矿突破。在此期间，与具有传统优势学科的中国地质大学（武汉）开展了无间断的长期合作，其互为补充的友好合作被业界誉为"产、学、研"的典范。

由项目负责人彭云彪总工程师和学科带头人焦养泉教授策划组织编撰的"中国北方砂岩型铀矿床研究系列丛书"（5册），是对三大盆地铀矿重大勘查发现和深入研究成果的理论性技术的系统总结。组织编撰的五部专著各具特色，既是对以往成果的总结，也有前瞻性的探索，构成了一个严谨的知识体系。其中，第一部专著包含了三大盆地，是对区域成矿规律、成矿模式和勘查理念的系统总结；第二部、第三部和第四部专著分别是对单一盆地、不同成因类型铀矿床的精细解剖；第五部专著通过对铀储层地质建模进行前瞻性探索研究，深入揭示铀成矿机理和积极应对未来地浸采铀面临的"剩余铀"问题。该丛书被列入2019年度国家出版基金资助项目。

"中国北方砂岩型铀矿床研究系列丛书"的编撰出版，无疑将适时地、及时地反映我国铀矿地质勘查与科学工作者的最新研究成果，所总结的勘查实例、找矿标志、成矿规律和成矿理论认识与实践经验，可供有关部门指导我国陆相盆地不同成因砂岩型铀矿的勘查部署和科研工作。在欧亚成矿带上,其他国家对砂岩型铀矿的勘查与研究基本处于停滞状态,而中国境内却捷报频传,理论知识不断加深,应运而生的这五部专著不仅具有鲜明的地域特色和类型特征,而且必将成为对欧亚成矿带东段铀矿地质特征与成矿规律的重要补充,因而具有丰富世界砂岩型铀矿理论,供国内外同行借鉴、对比、交流和参考的重要意义。尤其值得肯定的是,面对陆相盆地不同成因砂岩型铀矿而采取的有效勘查部署和研究思路,以及分别总结的找矿标志、成矿规律和勘查模式具有科学性和先进性。

综上所述,系列专著的编撰出版,丰富了世界砂岩型铀矿理论,对于指导我国不同地区类似铀矿勘查具有重要意义。

《铀储层非均质性地质建模》

序

众所周知,铀矿地质的发展必须依靠先进的铀矿勘查理论和能够切实解决生产难题的技术。新世纪以来,中国砂岩型铀矿勘查的实践和成就已经证明,砂岩型铀矿成矿理论的发展和方法技术的进步在指导勘查部署与实施、扩大资源储量,提高勘探效率、效果与效益等方面发挥着极为重要的作用。

《铀储层非均质性地质建模》一书的问世就是这一进步过程的重要见证。

我国铀矿勘查与开发事业经历了60多年的光辉历程。其中,20世纪90年代,中国核工业地质局调整了铀矿地质勘查的战略布局,将可地浸砂岩型铀矿列为找矿主攻方向,拉开了我国主攻北方沉积盆地砂岩型铀矿的大幕。这是具有里程碑意义的重大转变,然而找矿目标类型的调整也使核地质队伍在理论、方法、技术等诸多方面产生不适应。恰逢其时的是中国核工业地质局有幸与中国地质大学(武汉)的合作开始了,李思田、焦养泉等教授引入了层序地层学等现代沉积学的新学科知识。初次合作,成果显著,令人大开眼界,打开了一扇新的大门。继续合作,在新理论与新技术的指导下勘查实践的效果明显提高,理性认识也渐趋成熟,其经历了发现—突破—总结—提炼和实践—认识—再实践—再认识的多次往复。功夫不负有心人,焦养泉和他的科研团队终于交出了令人满意的答卷,打造出解开砂岩型铀矿之谜的第一把金钥匙——《铀储层沉积学》(2006年出版)。正如赵鹏大院士为该书作序所指出的那样:"它是作者通过多年实践总结的一项重要科研成果,因此它是一部具有现代水平的、具有学科交叉特色的、符合我国当前铀矿地质工作者需要的重要著作。它的面世对于砂岩型铀矿勘探和开发必将起到积极的推动作用,也必然深受广大铀矿地质工作者的欢迎和重视。"

15年过去了,焦养泉和他的科研团队更加深入广泛地参与了国内砂岩型铀矿的勘查活动,并且承担了大量的科研攻关项目。特别是在参与鄂尔多斯盆地大营铀矿会战和纳岭沟铀矿勘查期间,获得的重要科研成果为我国首个超大型砂岩铀矿的突破做出了重要贡献。诸如此类长期坚持不懈的结果,再一次打造出解开砂岩型铀矿之谜的第二把金钥匙——《铀储层非均质性地质建模》。

如此专著成果,主要得益于焦养泉科研团队把握住了我国铀矿勘查发展过程的"3个机遇":一是铀矿勘查目标类型战略调整的机遇,中国大规模的砂岩型铀矿勘查始于20世纪

90年代，起步阶段从国外引进的砂岩型铀矿成矿理论和勘查技术，并不完全适用于中国的地质条件（陆相盆地），急需发展适合中国国情而又实用有效的理论与方法技术；二是现代沉积学大发展的机遇，适逢层序地层、沉积体系、砂体内部构成单元和等级界面等方法的成熟与完善时期，焦养泉科研团队在煤炭与油气地质领域积累了丰富的研究经验，这为他们将沉积学新理论和技术应用于砂岩型铀矿研究奠定了坚实的基础，发挥了学科交叉的优势；三是具有中国特色的砂岩型铀矿理论与方法技术孕育与成长的机遇，20世纪以来国外砂岩型铀矿勘查高潮已过，而国内的砂岩型铀矿勘查则方兴未艾、高潮迭起，焦养泉科研团队持续20多年全过程的积极参与，积累了大量第一手的素材，经历了众多的成功与挫折的实践检验，无疑为该书知识体系的形成奠定了坚实的基础。

如此专著成果，更主要得益于焦养泉科研团队长期以来的"3个坚持"：一是坚持产、学、研相结合的正确方向，与核地质系统和有关部门长期保持密切合作、上门服务、相互支持的互助关系；二是坚持理论联系实际的科学态度，高度重视野外现场的深入调研，坚持亲自参与编录取样、取全取准第一手资料，打下坚实的研究工作基础；三是坚持针对铀矿勘查的难点和薄弱环节，选准切入点，积极探索新学科、新技术在铀矿地质的合理应用，充分发挥高校多学科、多层次联合攻关的优势，有效组织、有序推进、综合研究，从而攻坚、克难、突破、创新。

如此专著成果，特色何在？本人并非沉积学方面的学者，仅从多年合作伙伴与主要收益者的角度，给出铀矿地质战线一位老兵的评价：集学术性、理论性与实用性价值为一体，聚本土、原创、实用、权威特色于一身！如此专著、如此专家，实乃核地质之大幸！国之大幸！

需要强调，这本专著实际上也是铀储层评价研究系列中的姊妹篇。前者为《铀储层沉积学》，是砂岩型铀矿勘查与开发的基础，重在创立铀储层新概念，结合若干国内产铀盆地的实例，介绍铀储层研究与评价的基本思路和方法，厘清含铀的主岩"是什么"，打好铀储层的现代沉积学基础；后者为《铀储层非均质性地质建模》，是在前者的基础之上，以目前国内最大的产铀盆地——鄂尔多斯盆地为例，深入分析铀储层的非均质性及其对于砂岩型铀矿的成矿机理和提高采收率的影响，更加精细地回答砂岩型铀矿定位的"为什么"。二者属于同一学科领域之内相辅相成、不可或缺的重要篇章，读者是需要加以一并参阅、一并分享和一并应用的。也许，专著的作者们可能还有第三、第四……乃至更多的金钥匙奉献于行业！当然，这也是我们所期待的！

有专著成果如此，并得以出版，确实可喜！可贺！可敬！深感，唯有志存高远、脚踏实地、坚持不懈者，方能有所成就。

应焦养泉科研团队的邀请作序，实在不敢当，恭敬不如从命，草草于此，仅为对一批成功的攀登者表示敬意而已。

中国核工业地质局原总工程师

2021年4月11日

《铀储层非均质性地质建模》

前　言

中华人民共和国成立后，我国在硬岩型铀矿勘查领域取得了重要进展。自 20 世纪 90 年代将铀矿勘查的重点由硬岩型调整为砂岩型以来，铀矿地质工作者在中国北方的伊犁、吐哈、鄂尔多斯、松辽、二连和巴音戈壁 6 个陆相沉积盆地中相继发现了系列大型和超大型的砂岩型铀矿床，创造了我国有史以来铀矿勘查快速发展的奇迹。目前，砂岩型铀矿已成为我国铀矿地质资源量持续快速增长的主要矿种。

在砂岩型铀矿的系列重大找矿突破中，鄂尔多斯盆地最为引人瞩目。自 2000 年于东胜沙沙圪台钻遇第一口工业矿化孔（ZK162-243）开始，先后在盆地北部发现了皂火壕特大型、纳岭沟特大型、柴登壕大型、大营超大型、巴音青格利大型等砂岩铀矿床，由此构成了以直罗组下段为主要含矿层的东胜铀矿田，累积控制和提交了 ×× 万吨铀资源量，落实了我国唯一一个达到十万吨级的铀资源基地（彭云彪等，2019）。不仅如此，在盆地中西部和东南部直罗组下段中，还发现了惠安堡-磁窑堡铀矿床和店头-双龙铀矿床。随着铀矿勘查的持续深入，鄂尔多斯盆地下白垩统也展示出了较大的铀矿勘查潜力，除盆地西南部较早发现的国家湾铀矿床外，2019 年在盆地西南部深层的洛河组风成沉积体系中发现了彭阳铀产地；同年，在盆地北部环河组中发现了高品位的铀矿化，落实为特拉敖包铀产地。近 20 年来砂岩型铀矿床的陆续发现，会同丰富的煤炭与油气资源，再一次巩固了鄂尔多斯盆地作为我国中部最重要含能源盆地的翘楚，也充分展示了沉积盆地是一个巨大的促使铀汇聚的化学反应器（焦养泉等，2021a）。砂岩型铀矿必将成为中国提出的"2030 年碳排放零增长""2060 年前实现碳中和"的最重要的非化石能源矿产资源。

砂岩型铀矿产出于沉积盆地，具有理想规模和优良品质的砂体是铀矿赖以形成和发育的载体，笔者将沉积盆地中能够提供含矿流体运移和铀矿储存的骨架砂体（物理空间）称之为砂岩型铀矿的储层，简称铀储层（焦养泉等，2006，2007，2012a，2018a）。中国的砂岩型铀矿床主要产出于以频繁相变而著称的陆相沉积盆地中。铀储层沉积学首先能够适应相变的特点，进行铀储层的时空定位预测、描述铀储层的外部几何形态，为铀矿勘查者提供铀矿得以形成和发育的物理空间信息；其次，还能够在铀储层内部深入探讨和总结成岩作用过程中与铀成矿有关的后生蚀变作用规律，从而为铀储层内部的层间氧化带和铀矿化体的产出空间提供钻前定位预测。20余年在中国北方6个产铀盆地的实践表明,铀储层研究是沉积学服务于陆相沉积盆地砂岩型铀矿勘查的最佳切入点。随着研究的深入,笔者逐渐认识到了铀储层内部物理结构和物质成分非均质性研究的重要性,因为它们将直接控制铀成矿流场的结构、制约层间氧化带的发育,进而限制铀成矿的空间。不仅如此,它们在采矿期还直接制约溶矿流场结构以及对溶剂类型的选择。因此,铀储层非均质性是认识铀成矿机理和提高采收率的一个崭新的科学选题,更适合于陆相盆地砂岩型铀矿勘查和开发的需要。铀储层是砂岩型铀矿形成发育最基本的沉积学要素,而非均质性地质建模研究是铀储层沉积学的延伸与发展。

自鄂尔多斯盆地发现砂岩型铀矿伊始,中国地质大学(武汉)盆地铀资源研究团队密切配合勘查生产,致力于运用铀储层沉积学的理论技术体系,深刻剖析砂岩型铀矿形成演化的关键制约要素和成矿机理,为钻前预测及时提供服务。同时,团队也开展了先导性的铀储层地质建模的研究,以期为未来砂岩型铀矿的地浸开发、提高采收率提供沉积学基础。20年来,在中国核工业地质局、科技部、中央地质勘查基金管理中心、中国地质调查局、中陕核工业集团公司的支持下,针对鄂尔多斯盆地砂岩型铀矿床开展了无间断的科学研究,累积完成了中国核工业地质局高校科技攻关项目8项、国家重点研发计划"深地资源勘查开采"重点专项课题1项、国家自然科学基金项目2项、国家重点基础研究发展计划("973"计划)项目专题2项、国家铀矿整装勘查项目专项2项、中央地质勘查基金专题研究项目1项。主要研究成果和认识在于:①提出了"铀储层"的概念,找到了沉积学服务于砂岩型铀矿勘查预测的关键切入点,率先出版了《铀储层沉积学》专著,总结了一套实用的铀储层-层间氧化带-铀矿化体空间定位预测的理论技术体系;②构建了鄂尔多斯盆地侏罗纪含煤-含铀岩系等时地层格架,将直罗组划分为3个体系域,指出低位体系域中的两个小层序组(即直罗组下段的下亚段和上亚段)是主要的含矿层位;③通过10余年追踪和精细沉积学编图,首次揭示了全盆地直罗组铀储层的空间分布规律,指出鄂尔多斯盆地存在4个大型物源-沉积朵体,认为无论是铀储层发育还是铀成矿系统均以大型物源-沉积朵体为单位,其中东胜铀矿田隶属于乌拉山大型物源-沉积朵体(残留面积达$1.6\times10^4 km^2$),具有世界级的铀成矿规模;④重建了乌拉山大型物源-沉积朵体的沉积体系域,解释了铀储层的成因类型,指出直罗组下段下亚段为辫状河-辫状河三角洲沉积体系,而上亚段为曲流河-(曲流河)三角洲沉积体系;⑤以东胜铀矿田为例,结合对铀储层的内部结构分析(非均质性)、沉积体系成因解释和岩石地球化学类型的研究,在铀储层内部定量地定位预测了古层间氧化带空间分布规律,揭示了沉积作用非均质性对铀成矿作用的重要影响与制约机理,建立了沉积非均质性制约下的铀成矿模式;⑥通过"煤铀兼探"大会战和铀矿整装勘查,进一步总结了"微弱聚煤作用制约下的古层间氧化带型铀成矿模式",提出了"双重还原介质联合制矿模型""双重铀源供给模型""东胜铀矿田区域铀成矿模式""店头-双龙深切谷型铀成矿模式";⑦建立了下白垩统含铀岩系等时地层格架,初步剖析和建立了风成沉积体系的"相控"成矿作用以及干旱背景条件下"层间氧化带"的形成发育特色与模式;⑧系列研究成果,及时有力地指导了铀矿的勘查生产,为超大型大营铀矿床的发现,东胜铀矿田、店头-双龙铀矿床、惠安堡-磁窑堡铀矿床的资源量扩大以及彭阳和特拉敖包铀矿产地的预测勘查提供了铀储层沉积学的理论与技术支撑;⑨以鄂尔多斯含能源盆地为基地,培养了一批高层次的紧缺专业人才。

本专著紧密围绕鄂尔多斯盆地直罗组下段铀储层非均质性及其对铀成矿控制机理的科学选题,依托"鄂尔多斯盆地铀储层预测评价研究(2008—2010年)""鄂尔多斯盆地东北部阴山物源-沉积体系重建及与铀成矿关系研究(2011—2013年)""鄂尔多斯盆地南缘国家铀矿整装勘查区含铀岩系(侏罗系)铀成矿条件与铀成矿规律研究(2013—2016年)""鄂尔多斯盆地直罗组铀储层中碳质碎屑成因及其与铀成矿的关系(2015—2019年)""鄂尔多斯盆地北部铀储层非均质性建模研究(2016—2017年)""北方重要盆地矿集区铀富集机理和成矿模式(2018—2021年)"等科研项目的基本素材,遵循整体性分析与局部精细解剖、露头剖面典型性解剖与地下矿床代表性分析相结合的原则,从全盆地铀储层空间分布规律研究和铀储层物源体系重建的角度入手,主要依据大型物源-沉积朵体空间配置关系、铀储层成因类型、铀成矿作用的多样性等,分别在盆地东北部东胜神山沟露头区、盆地中东部横山石湾镇露头区和盆地东南部黄陵露头区,选择性地开展了对辫状河三角洲沉积体系中辫状分流河道型、水下辫状分流河道型,以及深切谷中辫状河道型和曲流河道型铀储层的露头非均质性地质建模的研究,同时还在盆地北部选择了即将投入开发的纳岭沟铀矿床,开展了先导性的地下地质建模研究。希望通过对鄂尔多斯盆地直罗组铀储层沉积非均质性和成岩非均质性的精细解剖,深刻地揭示砂岩型铀矿的普遍成矿机理,以便指导新地区、新层位和新类型的铀矿勘查生产,并为未来砂岩型铀矿的地浸采铀提供沉积学的基础服务。这也是出版本书的主要目的。

基于此,本书设置五篇十九章。在绪论的基础上,第一篇以鄂尔多斯盆地侏罗纪含铀岩系时空分布规律为重点,构建了全盆地含铀岩系等时地层格架,总结了铀储层的时空分布规律,恢复重建了4个大型物源-沉积朵体,遴选了3个典型露头区和1个铀矿床作为进一步的建模目标;第二篇以盆地东北部东胜神山沟露头区为示范,重点构建了辫状分流河道型铀储层内部结构与成岩-成矿作用的露头非均质性地质模型,总结了模型构建需要表征的系列关键参数;第三篇以盆地中东部横山石湾镇露头区为例,在建立水下辫状分流河道型铀储层内部结构格架模型的基础上,重点揭示了铀储层内部未受蚀变和铀成矿作用改造的"原生态"的流体流动单元分布规律与"原生态"还原介质(碳质碎屑)产出规律;第四篇以盆地东南部黄陵露头区铀储层发育的深切谷地质背景为焦点,深入剖析了店头-双龙铀矿床铀储层沉积学特点及其铀储层内部的成岩-成矿特色,识别了深切谷河道型铀矿床的新类型,建立了相应的新模式;第五篇以纳岭沟铀矿床为目标,将露头地质建模相对成熟的技术路线引申于地下,重新遴选了适宜于地下非均质性地质建模的关键参数,重点揭示了铀储层的内部结构,控矿地质要素与矿体的成因联系及其铀成矿规律,构建了典型铀矿床的非均质性地质模型。

本书是中国地质大学(武汉)盆地铀资源研究团队集体智慧的结晶。焦养泉教授系统构思了全书的知识体系格架并执笔编撰了全部章节,吴立群副教授和荣辉副教授参与了全部篇章的研究工作和编撰,张帆副教授和乐亮博士后主要参与了第二篇、第四篇、第五篇的研究工作和编撰,陶振鹏博士主要参与了第三篇的研究工作和编撰。高永刚教授负责了全书英文版的语言翻译工作。参与此项研究工作的产业一线工程师和地质师及历届研究生和部分本科生名单,特此标注于专著扉页。

笔者感谢国家相关政府部门和产业单位为铀储层沉积学在鄂尔多斯盆地的实践提供的科研选题,特别是几十年长期稳定的产、学、研基地。衷心感谢郑大瑜、李思田、王瑞江、赵凤民、张金带、陈安平、陈跃辉、李友良、陆琦、王建国、谭宪林、金若时、苗培森、苏学斌、简晓飞、郭庆银、孙晔等专家学者在铀储层非均质性地质建模研究过程中给予的指导和帮助。衷心感谢赵鹏大院士、陈毓川院士、彭苏萍院士、马永生院士、王双明院士、毛景文院士等对研究成果的高度关注与肯定。感谢研究团队所有成员多年来的稳定而富有成效的合作。

业已证明,铀储层沉积学特别是非均质性地质建模研究,对陆相盆地砂岩型铀矿的勘查预测和地浸开发具有实用价值,是认识铀矿成因机理和提高采收率的一把钥匙(焦养泉等,2018a)。但相关研究仍然处于起步和探索阶段,一些科学问题仍待更多有识之士共同探讨,热切期待铀储层沉积学能为铀矿勘查和开发做出更大贡献。本专著如有不妥或疏漏之处,敬请批评指正。

2021 年 3 月 15 日

封面照片说明:照片为鄂尔多斯盆地东北部东胜神山沟露头区直罗组下段下亚段铀储层中后生蚀变作用的典型记录。其中,紫红色蚀变与铀成矿同期,为古层间氧化带的残留记录;绿色蚀变为成矿后二次还原的产物,是古层间氧化带被改造的记录;黄色蚀变是古矿床被剥蚀暴露地表后,现代氧化改造的产物。焦养泉摄于 2011 年 8 月 13 日。

目　　录

第一章　绪　论 …………………………………………………………………………………… (1)
　第一节　铀储层地质建模的科学意义 …………………………………………………………… (2)
　　一、铀储层及其非均质性 ………………………………………………………………………… (3)
　　二、鄂尔多斯盆地的典型性 ……………………………………………………………………… (4)
　第二节　露头地质建模的工作要点 ……………………………………………………………… (6)
　　一、铀储层类型与露头区遴选 …………………………………………………………………… (7)
　　二、露头地质建模的关键要素 …………………………………………………………………… (7)
　　三、露头地质建模的基本格架 …………………………………………………………………… (9)
　第三节　露头地质建模的地下类比应用 ………………………………………………………… (14)
　　一、露头与地下地质建模的比较 ………………………………………………………………… (14)
　　二、露头建模经验的地下应用探讨 ……………………………………………………………… (14)

第一篇　区域铀储层时空分布规律
鄂尔多斯盆地侏罗纪含铀岩系等时地层格架与铀储层分布规律

第二章　直罗组含铀岩系等时地层格架 ………………………………………………………… (17)
　第一节　直罗组含铀岩系地层单元 ……………………………………………………………… (17)
　　一、区域性标志层与地层单元 …………………………………………………………………… (17)
　　二、关键界面与地层单元 ………………………………………………………………………… (20)
　第二节　含铀岩系空间分布规律 ………………………………………………………………… (24)
　　一、直罗组地层厚度分布规律 …………………………………………………………………… (25)
　　二、直罗组底界面埋深和构造高程特征 ………………………………………………………… (31)

第三章　铀储层空间分布规律与物源-朵体重建 ………………………………………………… (34)
　第一节　直罗组下段铀储层空间分布规律 ……………………………………………………… (34)
　　一、铀储层厚度 …………………………………………………………………………………… (34)
　　二、含砂率 ………………………………………………………………………………………… (37)
　　三、铀储层中的砾岩厚度 ………………………………………………………………………… (37)
　第二节　直罗组中段和上段砂体空间分布规律 ………………………………………………… (40)
　　一、直罗组中段砂体厚度 ………………………………………………………………………… (40)
　　二、直罗组中段含砂率 …………………………………………………………………………… (42)

三、直罗组上段砂体厚度 (44)
四、直罗组上段含砂率 (46)
第三节　大型物源-沉积朵体重建与建模目标遴选 (48)
一、大型物源-沉积朵体的识别与划分 (48)
二、典型建模露头和铀矿床的遴选 (50)

第二篇　辫状分流河道型铀储层露头地质建模
盆地东北部东胜神山沟露头区铀储层内部结构与成矿作用

第四章　铀储层成因与典型剖面选择 (54)
第一节　辫状分流河道型铀储层的沉积学判据 (54)
一、铀储层成因的基本观点 (54)
二、辫状河三角洲沉积体系的主要依据 (55)
第二节　剖面选择标准与基本地质概况 (59)
一、露头建模剖面选择的标准 (59)
二、张家村 1 号剖面(PM-01)基本概况 (59)
三、张家村 2 号剖面(PM-02)基本概况 (64)
四、张家村 3 号剖面(PM-03)基本概况 (65)

第五章　辫状分流河道型铀储层沉积非均质性 (70)
第一节　铀储层沉积非均质性分析方法 (70)
一、经典的河流沉积六级界面系统 (70)
二、研究方法的拓展应用 (72)
第二节　典型剖面沉积非均质性结构模型 (74)
一、PM-01 剖面沉积结构非均质性解剖 (74)
二、PM-02 剖面沉积结构非均质性解剖 (77)
三、铀储层内部构成格架与充填演化规律 (80)
第三节　隔档层与有机还原介质分布规律 (81)
一、铀储层内部隔档层分布规律 (81)
二、铀储层内部和外部有机还原介质分布规律 (83)

第六章　辫状分流河道型铀储层成岩非均质性 (86)
第一节　后生氧化-还原蚀变作用宏观标志 (86)
一、后生蚀变作用类型与表现 (86)
二、后生蚀变作用的空间配置规律 (88)
三、后生蚀变作用期次划分与成因联系 (89)
四、后生蚀变作用序列 (94)

第二节　岩石地球化学类型与古层间氧化带 (96)
　一、PM-01 剖面岩石地球化学类型空间分布规律 (96)
　二、古层间氧化带识别与分布规律 (98)
第三节　钙质胶结作用非均质性 (100)
　一、PM-01 剖面钙质结核发育特征 (101)
　二、PM-01 剖面钙质胶结作用期次识别 (101)
　三、成矿期钙质胶结作用机理与潜在影响 (106)
第四节　黄铁矿成岩作用非均质性 (107)
　一、黄铁矿的多样性与宏观表现 (107)
　二、黄铁矿的成岩演化规律 (109)
　三、成岩黄铁矿的形成机理 (113)

第七章　辫状分流河道铀成矿规律与格架模型 (115)
第一节　铀成矿非均质性及关键制约要素 (115)
　一、PM-01 剖面铀成矿非均质性表现 (115)
　二、非均质性成因与关键制约要素 (117)
第二节　铀储层非均质性格架模型 (127)
　一、露头地质建模表征的关键参数 (127)
　二、露头地质建模揭示的基本地质规律 (128)

第三篇　水下辫状分流河道型铀储层露头地质建模
盆地中东部横山石湾镇露头区
铀储层内部结构、流体流动单元与还原介质分布规律

第八章　铀储层沉积背景与建模露头选择 (134)
第一节　石湾镇露头区含铀岩系地层结构 (134)
　一、延安组 (136)
　二、直罗组 (138)
第二节　石湾镇露头区直罗组沉积体系类型 (139)
　一、辫状河三角洲前缘 (139)
　二、湖泊三角洲前缘 (143)
　三、湖泊沉积 (146)
第三节　石湾镇露头区典型建模剖面概况 (146)
第四节　水下辫状分流河道砂体岩石学特征 (150)
　一、砂岩岩石类型 (150)

二、岩性相及其垂向组合 ··· (153)
　三、砂岩成岩作用特征 ·· (156)

第九章　水下辫状分流河道型铀储层内部结构 ·· (160)
第一节　沉积界面识别与级别划分 ··· (160)
　一、典型建模剖面的沉积学特征 ·· (160)
　二、沉积界面级别划分与主要特征 ·· (160)
第二节　内部构成单元及其沉积学特征 ·· (161)
　一、河道单元(ICU)及其充填演化特征 ··· (165)
　二、废弃河道及其充填演化特征 ·· (168)
　三、迁移砂坝及其沉积学特征 ·· (168)
　四、沙丘复合体及其沉积学特征 ·· (172)
第三节　沉积作用过程与河道砂体成因分析 ·· (172)
　一、粒度参数特征及 $C\text{-}M$ 图解 ·· (173)
　二、砂岩粒度概率累计曲线特征 ·· (175)
　三、河道砂体成因分析 ·· (178)

第十章　铀储层物性特征与流体流动单元 ·· (179)
第一节　铀储层孔隙结构与物性特征 ··· (179)
　一、砂岩孔隙-喉道特征 ·· (179)
　二、砂岩面孔率不均一分布特征 ·· (181)
　三、成岩作用对储层物性的影响 ·· (182)
第二节　流体流动单元识别与空间分布规律 ·· (183)
　一、隔档层类型及其空间分布特征 ·· (183)
　二、流体流动单元空间分布规律 ·· (183)

第十一章　铀储层内部碳质碎屑产出规律 ·· (186)
第一节　碳质碎屑成因机制与显微煤岩学特征 ·· (186)
　一、碳质碎屑宏观赋存状态与成因机制 ·· (186)
　二、碳质碎屑显微组分与成熟度特征 ·· (188)
第二节　碳质碎屑"原生态"空间分布规律 ·· (190)
　一、碳质碎屑在滞留沉积带中的分布特征 ·· (190)
　二、碳质碎屑在砂体内部的空间分布规律 ·· (192)

第十二章　铀储层结构和还原介质对铀成矿的潜在影响 ······························ (196)
第一节　铀储层结构及碳质碎屑分布规律与模式 ·· (196)
第二节　铀储层非均质性对铀成矿潜在影响的预测模式 ······························ (198)

第二节　岩石地球化学类型与古层间氧化带 …………………………………………… (96)
　　一、PM-01剖面岩石地球化学类型空间分布规律 ……………………………………… (96)
　　二、古层间氧化带识别与分布规律 ……………………………………………………… (98)
第三节　钙质胶结作用非均质性 ……………………………………………………………… (100)
　　一、PM-01剖面钙质结核发育特征 ……………………………………………………… (101)
　　二、PM-01剖面钙质胶结作用期次识别 ………………………………………………… (101)
　　三、成矿期钙质胶结作用机理与潜在影响 ……………………………………………… (106)
第四节　黄铁矿成岩作用非均质性 …………………………………………………………… (107)
　　一、黄铁矿的多样性与宏观表现 ………………………………………………………… (107)
　　二、黄铁矿的成岩演化规律 ……………………………………………………………… (109)
　　三、成岩黄铁矿的形成机理 ……………………………………………………………… (113)

第七章　辫状分流河道铀成矿规律与格架模型 ………………………………………………… (115)
　第一节　铀成矿非均质性及关键制约要素 ………………………………………………… (115)
　　一、PM-01剖面铀成矿非均质性表现 …………………………………………………… (115)
　　二、非均质性成因与关键制约要素 ……………………………………………………… (117)
　第二节　铀储层非均质性格架模型 ………………………………………………………… (127)
　　一、露头地质建模表征的关键参数 ……………………………………………………… (127)
　　二、露头地质建模揭示的基本地质规律 ………………………………………………… (128)

第三篇　水下辫状分流河道型铀储层露头地质建模
盆地中东部横山石湾镇露头区
铀储层内部结构、流体流动单元与还原介质分布规律

第八章　铀储层沉积背景与建模露头选择 ……………………………………………………… (134)
　第一节　石湾镇露头区含铀岩系地层结构 ………………………………………………… (134)
　　一、延安组 ………………………………………………………………………………… (136)
　　二、直罗组 ………………………………………………………………………………… (138)
　第二节　石湾镇露头区直罗组沉积体系类型 ……………………………………………… (139)
　　一、辫状河三角洲前缘 …………………………………………………………………… (139)
　　二、湖泊三角洲前缘 ……………………………………………………………………… (143)
　　三、湖泊沉积 ……………………………………………………………………………… (146)
　第三节　石湾镇露头区典型建模剖面概况 ………………………………………………… (146)
　第四节　水下辫状分流河道砂体岩石学特征 ……………………………………………… (150)
　　一、砂岩岩石类型 ………………………………………………………………………… (150)

二、岩性相及其垂向组合 ·· (153)
　　三、砂岩成岩作用特征 ·· (156)

第九章　水下辫状分流河道型铀储层内部结构 ·· (160)
　第一节　沉积界面识别与级别划分 ·· (160)
　　一、典型建模剖面的沉积学特征 ·· (160)
　　二、沉积界面级别划分与主要特征 ·· (160)
　第二节　内部构成单元及其沉积学特征 ·· (161)
　　一、河道单元(ICU)及其充填演化特征 ·· (165)
　　二、废弃河道及其充填演化特征 ·· (168)
　　三、迁移砂坝及其沉积学特征 ·· (168)
　　四、沙丘复合体及其沉积学特征 ·· (172)
　第三节　沉积作用过程与河道砂体成因分析 ·· (172)
　　一、粒度参数特征及 C-M 图解 ·· (173)
　　二、砂岩粒度概率累计曲线特征 ·· (175)
　　三、河道砂体成因分析 ·· (178)

第十章　铀储层物性特征与流体流动单元 ·· (179)
　第一节　铀储层孔隙结构与物性特征 ·· (179)
　　一、砂岩孔隙-喉道特征 ·· (179)
　　二、砂岩面孔率不均一分布特征 ·· (181)
　　三、成岩作用对储层物性的影响 ·· (182)
　第二节　流体流动单元识别与空间分布规律 ·· (183)
　　一、隔档层类型及其空间分布特征 ·· (183)
　　二、流体流动单元空间分布规律 ·· (183)

第十一章　铀储层内部碳质碎屑产出规律 ·· (186)
　第一节　碳质碎屑成因机制与显微煤岩学特征 ·· (186)
　　一、碳质碎屑宏观赋存状态与成因机制 ·· (186)
　　二、碳质碎屑显微组分与成熟度特征 ·· (188)
　第二节　碳质碎屑"原生态"空间分布规律 ·· (190)
　　一、碳质碎屑在滞留沉积带中的分布特征 ·· (190)
　　二、碳质碎屑在砂体内部的空间分布规律 ·· (192)

第十二章　铀储层结构和还原介质对铀成矿的潜在影响 ·· (196)
　第一节　铀储层结构及碳质碎屑分布规律与模式 ·· (196)
　第二节　铀储层非均质性对铀成矿潜在影响的预测模式 ·· (198)

第四篇　深切谷河道型铀储层露头地质建模
盆地东南部店头-双龙铀矿床铀储层沉积学及其成岩-成矿特色

第十三章　深切谷发育背景与充填演化序列 ·· (201)
 第一节　直罗组沉积早期深切谷发育背景 ·· (203)
  一、古构造背景 ·· (203)
  二、深切谷基本特点 ·· (204)
 第二节　直罗组下段深切谷充填演化序列 ·· (210)
  一、深切谷沉积旋回的单元识别 ·· (210)
  二、深切谷沉积旋回超覆叠置型式 ·· (215)
  三、深切谷消亡后的沉积充填序列 ·· (220)

第十四章　深切谷河道型铀储层结构与品质 ·· (223)
 第一节　不同类型铀储层的主要区别 ·· (223)
  一、辫状河道型铀储层 ·· (223)
  二、曲流河道型铀储层 ·· (229)
 第二节　深切谷河道型铀储层品质分析 ·· (234)
  一、铀储层的粒度分析 ·· (236)
  二、铀储层的物性和密度特征 ·· (237)
  三、深切谷铀储层品质的综合评判 ·· (240)

第十五章　深切谷铀成矿作用与铀成矿模式 ·· (242)
 第一节　后生蚀变作用与铀成矿规律 ·· (242)
  一、紫红色蚀变砂岩与层间氧化带形成 ·· (242)
  二、层间氧化带的绿色蚀变改造 ·· (245)
  三、现代地表氧化的黄色蚀变改造 ·· (247)
 第二节　特殊的成岩-成矿作用 ·· (252)
  一、成岩作用类型 ·· (252)
  二、成岩-成矿作用序列 ·· (256)
 第三节　铀储层内部结构与铀矿化规律 ·· (258)
  一、DTPM-05 剖面铀储层内部结构 ·· (258)
  二、铀储层结构与矿化关系 ·· (259)
 第四节　关键控矿要素与深切谷铀成矿模式 ·· (259)

第五篇　纳岭沟铀矿床非均质性地质建模
盆地北部典型矿床铀储层内部结构、关键控矿要素与铀成矿规律

第十六章　铀矿床建模特点与参数遴选 ……………………………………………………………（268）
　第一节　典型铀矿床地质建模的特点 ………………………………………………………………（268）
　　一、纳岭沟铀矿床基本信息 …………………………………………………………………………（268）
　　二、露头与地下地质建模异同点 ……………………………………………………………………（271）
　　三、铀矿床地质建模的核心任务 ……………………………………………………………………（272）
　第二节　铀矿床建模关键参数遴选 …………………………………………………………………（272）
　　一、高级别沉积界面和构成单元的拓展与延伸 ……………………………………………………（272）
　　二、相变导致的岩石岩性分析更加重要 ……………………………………………………………（273）
　　三、隔档层的研究可以全面借鉴于地下 ……………………………………………………………（273）
　　四、宏观标志有利于总结区域铀成矿规律 …………………………………………………………（275）

第十七章　铀储层沉积非均质性 ……………………………………………………………………（277）
　第一节　铀储层内部的沉积旋回结构 ………………………………………………………………（277）
　　一、沉积旋回识别与划分 ……………………………………………………………………………（277）
　　二、沉积旋回基本特征 ………………………………………………………………………………（278）
　　三、沉积旋回对比与发育演化规律 …………………………………………………………………（281）
　第二节　铀储层内部泥质隔档层发育规律 …………………………………………………………（285）
　　一、泥质隔档层识别与分级 …………………………………………………………………………（285）
　　二、泥质隔档层空间分布规律 ………………………………………………………………………（288）
　　三、泥质隔档层发育演化规律 ………………………………………………………………………（293）

第十八章　铀储层成岩非均质性 ……………………………………………………………………（295）
　第一节　铀储层内部钙质隔档层发育规律 …………………………………………………………（295）
　　一、钙质隔档层划分与命名 …………………………………………………………………………（295）
　　二、钙质隔档层发育与分布特征 ……………………………………………………………………（300）
　　三、钙质隔档层的时空演化规律 ……………………………………………………………………（302）
　第二节　铀储层内部古层间氧化带发育规律 ………………………………………………………（304）
　　一、古层间氧化带划分与命名 ………………………………………………………………………（304）
　　二、典型剖面的古层间氧化带发育特征 ……………………………………………………………（308）
　　三、古层间氧化带发育的制约因素 …………………………………………………………………（308）

第十九章　非均质性制约下的铀成矿规律 …………………………………………………………（311）
　第一节　铀矿化体空间分布与演化规律 ……………………………………………………………（311）
　　一、铀矿化体的划分与命名 …………………………………………………………………………（311）

二、铀矿化体空间分布规律 …………………………………………………………（312）

　第二节　铀矿化体发育的关键制约因素 ……………………………………………（317）

　　一、沉积非均质性与铀矿化体发育关系 ………………………………………………（317）

　　二、成岩非均质性与铀矿化体发育关系 ………………………………………………（318）

主要结论与认识 …………………………………………………………………………（320）

主要参考文献 ……………………………………………………………………………（327）

第一章 绪 论

铀储层非均质性地质建模,特指受沉积作用和成岩作用制约的铀储层内部的物理结构和物质成分的非均质性及其由空间配置型式而概括总结的格架模型。其重点在于阐明能够表征砂岩型铀矿含矿流体运移的多孔介质各向异性以及制约铀成矿的沉积地质学关键参数,揭示关键参数的空间分布规律,构建联合制矿的格架模型。因此铀储层非物质性地质建模是进一步开展数字建模和数值模拟的地质基础,也是对铀储层沉积学的进一步拓展和发展。

20年的勘查实践表明,鄂尔多斯盆地直罗组(J_2z)蕴藏着迄今为止中国最大的、具有世界级规模的砂岩型铀矿床。通过对全盆地直罗组铀储层的编图,以及野外典型露头剖面和典型铀矿床的地质建模发现,铀储层存在着非常严重的沉积非均质性和成岩非均质性,即铀储层物理结构和物质成分存在巨大差异。它们一方面通过制约铀成矿流场和层间氧化作用达到对铀成矿的控制;另一方面也会通过制约地浸采铀的溶矿流场以及对溶剂的选择而直接影响采收率。从盆地整体分析的角度,需要恢复和重建全盆地中铀储层赖以形成和发育的大型物源-沉积朵体,阐明铀储层的区域空间分布规律。从铀成矿机理探讨和提高采收率的角度,首先需要利用直观的野外露头剖面,遴选表征铀储层非均质性地质建模的关键参数,这些参数通常受沉积作用、成岩作用和沉积-成岩联合作用控制并可以进行成因分类,其次是总结各参数的空间分布规律。研究发现,沉积作用和沉积环境是铀储层内部沉积界面和构成单元形成发育的主要控制因素,而成岩作用的叠加影响则会进一步增加铀储层物理结构和物质成分的复杂性。研究指出,与铀成矿密切相关的后生氧化蚀变作用优先发育于物性条件好但还原介质丰度低的河道单元中,而铀的变价 $U^{6+} \rightarrow U^{4+}$ 与富集成矿则趋向于氧化-还原地球化学障附近具有丰富还原介质的区域,这一切显示层间氧化带和铀矿的形成发育在铀储层中具有强烈的选择性。实践证明,通过露头地质建模总结的研究思路与技术路线可以应用于地下铀矿床的地质建模,但是由于建模参数获取的方法和精度不同,需要从中筛选出适合于地下的、具有共性的建模参数,在此基础上构建铀矿床的铀储层物理结构和物质成分(特别是还原介质和钙质胶结物)格架模型,以期揭示与铀矿体相关的关键参数空间分布规律和空间配置关系(图 1-1)。

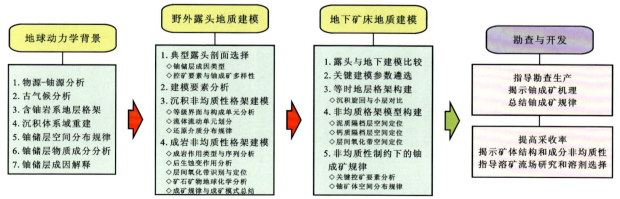

图 1-1 适宜于陆相盆地铀储层非均质性地质建模研究的技术路线与流程

第一节 铀储层地质建模的科学意义

砂岩型铀矿是一种产出于沉积盆地、储存在砂岩中的铀矿床,是世界上发现最早和分布最广的铀矿类型之一。从最经典的成因角度看,它是地表含氧含铀流体于盆地边缘渗入到砂岩中发生层间氧化作用,铀被运移至氧化-还原的地球化学障外围富集成矿的一种水-岩作用过程(图 1-2)。

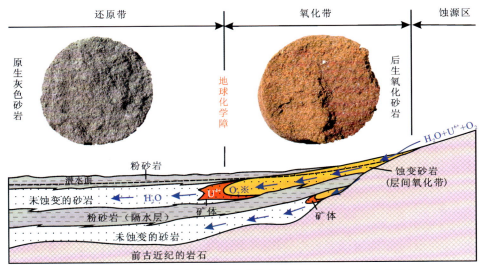

图 1-2　层间氧化带型砂岩铀矿成矿模式(据 Harshman,1972 修改)

砂岩型铀矿的形成发育和地浸开发是一个互逆的水-岩作用过程,充分体现了铀在氧化-还原环境中的变价特性。当铀被氧化时丢失电子变为可溶解的 U^{6+},它通常与 CO_3^{2-}、HPO_4^{2-} 和 SO_4^{2-} 结合形成稳定的络合物而迁移。当铀被还原时获得电子变为 U^{4+} 而沉淀并富集成矿(图 1-3)。所以,砂岩型铀矿床是一种典型的后生(外生)矿床,是表生成岩作用的产物。自生的铀矿物主要产于砂岩的孔隙中,显示为一种典型的成岩胶结作用——铀质胶结作用,孔隙与自生铀矿物关系密切(图 1-4)。

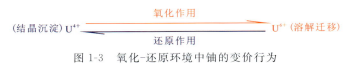

图 1-3　氧化-还原环境中铀的变价行为

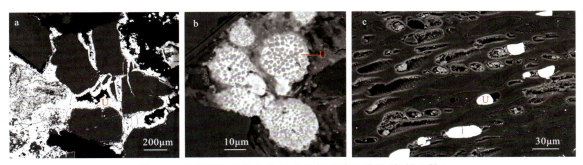

图 1-4　砂岩型铀矿的自生铀矿物与孔隙的关系(扫描电镜)

a. 充填于碎屑颗粒间孔隙中的铀矿物,直罗组,鄂尔多斯盆地大营铀矿床;b. 充填于莓状黄铁矿微晶间孔隙中的铀矿物,阜新组,松辽盆地铁法凹陷(据 Peng et al,2021);c. 充填于碳质碎屑部分植物胞腔中的铀矿物,环河组,鄂尔多斯盆地特拉敖包铀矿产地

一、铀储层及其非均质性

大量的沉积学基础研究表明,砂岩的孔隙结构特别是多孔介质的各向异性,是沉积作用和成岩作用共同影响的结果(图1-5)。因此,认识铀在孔隙中的演变规律,或是铀成矿作用或是地浸采矿过程,都需要将砂岩当作"储层"来对待,从沉积学的角度进行深入的非均质性研究。有研究指出,当成矿期含矿流体运移输导的方向继承了沉积期古水流的方向时,砂岩中往往能够形成大型铀矿床(焦养泉等,2006)。这主要是由于砂岩中的碎屑颗粒具有沿着古水流方向定向排列的结果,沿着该方向孔隙最发育、渗透性最好(图1-5),溶解铀能够被高效地搬运而参与成矿。

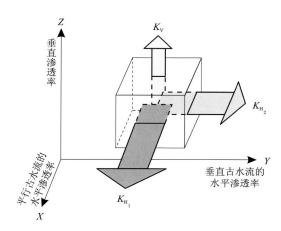

图1-5 砂岩多孔介质的各向异性特征(据焦养泉,2001;Jiao et al,2005a)

$K_{H_1} > K_{H_2} > K_V$

储层非均质性研究最早应用于石油地质与开发领域(Allen,1978;Miall,1985,1988,2006a;裘亦楠,1987,1990;Miall and Tyler,1991;张昌民,1992;李思田等,1993;李思田,1996;焦养泉等,1998;焦养泉和李思田,1998;James and Dalrympie,2010)。人们针对砂岩储层和碳酸盐岩储层,通过直观的露头地质建模揭示油气储层结构的非均质性,并应用于地下,制订相应的工程工艺,解决"剩余油"的问题,提高油气的采收率(Lake and Carroll,1986;Lake et al,1991;Dreyer,1993;焦养泉等,1993;Grammer et al,2004;Jiao et al,2005a;Miall,2006b;李思田和焦养泉,2014)。砂岩型铀矿也产出于沉积盆地,是一种经过流体作用而富集于砂体中的非化石能源矿产资源(Dahlkamp,2009;陈祖伊等,2011;IAEA,2016),苏联学者将其称之为"水成铀矿",奠定了成矿流体的层间渗入理论(别列里曼,1995;戈利得什金,1996)。在含铀岩系中,铀储层是铀成矿流体运移和铀成矿储存的重要载体,其内部非均质性既影响铀成矿作用过程,也制约铀矿的地浸开发(Jiao et al,2005b;焦养泉等,2006,2007)。

人们通过对砂体内部结构和多孔介质的研究,探讨铀成矿作用过程中的流体场特征,阐明沉积作用制约下的铀成矿机理,总结铀成矿规律和模式,并能有效地指导发现新矿床和扩大铀资源量(焦养泉等,2005a,2012a;荣辉等,2016;谢惠丽等,2016)。但是与勘查相比,我国在地浸采铀的开发领域,目前尚处于有限规模的商业开发和方法实验探索阶段。地浸采铀是铀成矿的逆过程,砂体内部结构和物质成分必将影响地浸采铀过程中的"溶矿流场",特别是影响对"溶剂"的选择。可以预见,随着地浸采铀技术的日渐成熟和全面铺开,"剩余铀"的问题将日益凸显。铀储层地质建模研究是揭示成矿机理和应对未来"剩余铀"问题的地质基础。

已有研究表明,无论是成矿期的含矿流体还是采矿期的溶矿流体,它们均受限于铀储层内部的物理结构和物质成分的非均质性。形象地说,铀储层的内部结构(非均质性)制约着层间氧化带发育的方向和轨迹,而铀储层的内部和外部还原介质则控制着层间氧化带推进的里程及前锋线的位置,铀矿化作用则发生于由层间氧化带边界而形成的地球化学障附近(图1-6)。因此,借助露头剖面的直观性优势,深入总结铀储层内部物理结构的非均质性,识别隔档层;总结铀储层内部和外部特征的岩石物质成分,如煤层、碳质碎屑和黄铁矿等还原介质,对于充分认识地下铀矿床的成因和非均质性具有至关重要的借鉴意义。

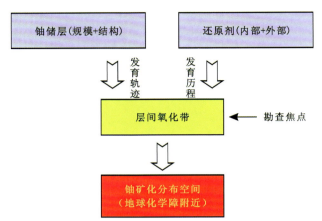

图1-6　砂岩型铀矿形成发育遵循的沉积学普遍规律(据焦养泉等,2015b,2020a)

二、鄂尔多斯盆地的典型性

近20年来,我国针对砂岩型铀矿勘查和开发的力度之大、获得的突破之多是旷古未有的。铀矿地质学家和勘探家先后在伊犁、吐哈、鄂尔多斯、松辽、二连和巴音戈壁6个大型沉积盆地中陆续实现了重大找矿突破(陈祖伊等,2011;程利伟等,2012;焦养泉等,2012b,2015b;张金带等,2013;彭云彪等,2019),古亚洲洋造山带及其周缘中生代沉积盆地是我国最重要的砂岩型铀矿的成矿构造域(焦养泉等,2015b),如今砂岩型铀矿已经成为我国铀矿地质资源量持续增长的最重要铀矿类型之一(图1-7),这足以证明中国北方的沉积盆地具有巨大的砂岩型铀矿资源潜力。

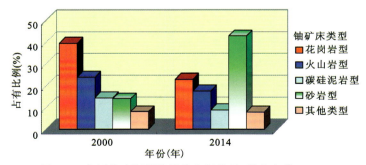

图1-7　中国铀矿资源储量分布新格局(据张金带,2015)

在系列的重大找矿突破中,鄂尔多斯盆地最为引人瞩目。自2000年于东胜沙沙圪台钻遇第一口工业矿化孔(ZK162-243)开始,先后在盆地北部发现了皂火壕特大型、纳岭沟特大型、柴登壕大型、大营超大型、巴音青格利大型等砂岩铀矿床,由此构成了以直罗组下段(J_2z^1)为主要含矿层的东胜铀矿田,累计控制和提交了××万吨铀资源量,落实了我国唯一一个达到10万吨级的铀资源基地(彭云彪等,2019)。不仅如此,在盆地中西部和东南部的直罗组下段中,还发现了惠安堡-磁窑堡铀矿床和店头-双龙铀矿床。20年的研究发现,鄂尔多斯盆地以其铀资源量丰富、典型露头剖面众多、一些铀矿床即将投入商业化开采的优越条件,而成为铀储层多类型比较和多尺度解剖的非均质性地质建模的理想目标(图1-8、图1-9)。

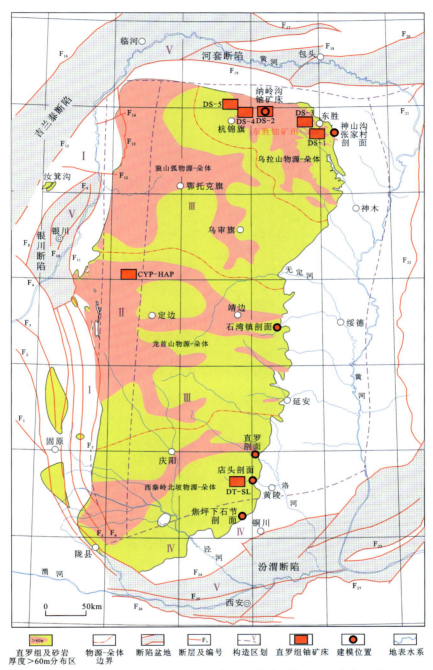

图1-8　鄂尔多斯盆地构造格架、直罗组铀矿床位置和建模位置图

Ⅰ.西缘褶皱逆冲带；Ⅱ.天环坳陷；Ⅲ.伊陕单斜带；Ⅳ.渭北断隆带；Ⅴ.周缘断陷带；F_1.西华山-六盘山断裂；F_2.清水河断裂；F_3.烟筒山-窑山断裂；F_4.青铜峡-固原断裂；F_5.韦州-安国断裂；F_6.青龙山-平凉断裂；F_7.惠安堡-沙井子断裂；F_8.贺兰山东断裂；F_9.中央断陷西侧正断层；F_{10}.银川-平罗正断层；F_{11}.黄河断裂；F_{12}.正谊关断裂；F_{13}.桌子山东断裂；F_{14}.千里沟断裂；F_{15}.贺兰山西断裂；F_{16}.巴彦乌拉-狼山断裂；F_{17}.狼山-色尔腾山山前断裂；F_{18}.乌拉尔山山前断裂；F_{19}.鄂尔多斯北缘断裂；F_{20}.大青山山前断裂；F_{21}.和林格尔断裂；F_{22}.离石断裂；F_{23}.中条山断裂；F_{24}.汾渭断陷北缘断裂；F_{25}.渭河断裂；F_{26}.秦岭北麓断裂；F_{27}.华山山前断裂；DS-1.皂火壕铀矿床；DS-2.纳岭沟铀矿床；DS-3.柴登壕铀矿床；DS-4.大营铀矿床；DS-5.巴音青格利铀矿床；CYP-HAP.磁窑堡-惠安堡铀矿床；DT-SL.店头-双龙铀矿床

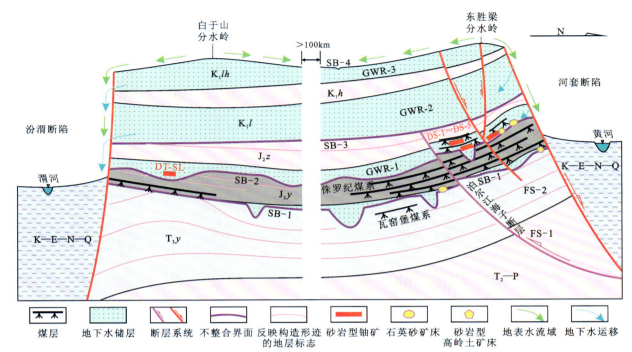

图 1-9　鄂尔多斯盆地中生代多种沉积矿产资源空间配置关系的南北向剖面示意图（据焦养泉等，2020b）

DS-1～DS-5. 东胜铀矿田（包含皂火壕铀矿床、纳岭沟铀矿床、柴登壕铀矿床、大营铀矿床和巴音青格利铀矿床）；
DT-SL. 店头-双龙铀矿床；SB. 层序界面；GWR. 地下水储层；FS. 断层；T_3y. 延长组；J_2y. 延安组；J_2z. 直罗组；
K_1l. 洛河组；K_1h. 环河组；K_1lh. 罗汉洞组

作为铀矿载体的直罗组铀储层，在鄂尔多斯盆地广泛分布，现今残留面积达 14.7 万 km²（图 1-8）。在鄂尔多斯盆地东北部、东部和东南部，由于成矿之后大规模的构造掀斜作用，直罗组铀储层和一些铀矿床被直接剥露地表，沟壑纵横的地形地貌提供了野外露头铀储层非均质性地质建模研究的优越条件（焦养泉等，2006）。在鄂尔多斯盆地东北部，沿露头区向西部覆盖区延伸，具有多个接近开发程度的铀矿床，诸如纳岭沟铀矿床，勘查井网密度高，钻孔资料丰富，具备开展地下铀储层非均质性地质建模的基本条件（郭虎科等，2015；Jiao et al，2016；王贵等，2017）。

笔者从露头小尺度、矿床中尺度和区域大尺度的角度，首先开展了全盆地直罗组铀储层的分布规律研究，恢复重建了 4 个大型物源-沉积朵体；其次主要依据大型物源-沉积朵体空间配置关系、铀储层成因类型、铀成矿作用的多样性等，分别在盆地东北部东胜神山沟露头区、盆地中东部横山石湾镇露头区和盆地东南部黄陵露头区，选择性地开展了辫状分流河道型、水下辫状分流河道型、深切谷中辫状河道型和曲流河道型铀储层的露头非均质性地质建模研究；最后，还在盆地北部选择了即将开发的纳岭沟铀矿床，开展了先导性的地下地质建模研究。研究的重点是分层次、循序渐进地系统揭示铀储层的沉积和成岩非均质性特征，充分发挥露头建模的地下类比作用，筛选具有共性的建模参数，为揭示铀成矿机理和地浸采铀提供必要的地质基础。

第二节　露头地质建模的工作要点

露头沉积剖面是地球演化的记录，蕴含着丰富的地质学密码，是大自然留给我们最好的历史教科书和最佳的天然实验室（Jiao et al，2005a；李思田和焦养泉，2014）。只要有充足的时间，我们便可以从中提取无限的沉积学信息。因此，露头沉积剖面是我们认识铀储层内部物理结构非均质性和物质构成非均质性的一把钥匙。

受成矿之后区域构造抬升-掀斜作用的影响,在鄂尔多斯盆地东北部、东部和东南部分布着出露良好的直罗组铀储层沉积剖面,是进行野外地质建模的理想解剖对象(图1-8)。其中,位于盆地东北部东胜神山沟露头区的沉积剖面堪称经典(图1-10)。该露头区直罗组含矿段(下段下亚段,J_2z^{1-1})地层结构完整,具有辫状分流河道性质的铀储层内部沉积界面丰富且适宜于横向追踪和对比,铀储层内部结构复杂但具有规律性的空间配置组合。更重要的是在铀储层内部,各种后生蚀变作用类型丰富,充分反映了铀成矿作用过程中古层间氧化带复杂的形成与演化历史。特别是该剖面记录了古层间氧化带的形成发育严格受到了铀储层物理结构和物质成分的控制,铀储层内部结构、双重还原介质、古层间氧化带和铀矿化体四者之间具有教科书式的经典空间配置关系。同时,该剖面规模适中,便于实地测量和研究,因此是难得的揭示直罗组铀成矿机理和提高采收率的野外实践教学基地。

所以,在全盆地铀储层物源-朵体重建和恢复的基础上,选择不同成因类型的铀储层露头剖面,从中遴选合适的建模参数,构建铀储层沉积-成岩非均质性基本格架,对于指导地下铀矿床建模具有重要意义。

一、铀储层类型与露头区遴选

沿鄂尔多斯盆地的东缘,直罗组的4个大型物源-沉积朵体自北向南具有连续的出露(图1-8)。在鄂尔多斯盆地北部,产出于直罗组下段的东胜铀矿田是迄今为止中国最大的铀矿床,拥有丰富的铀资源量。辫状三角洲沉积体系中的分流河道砂体是最重要的铀储层。东胜铀矿田在盆地东北部被剥蚀出露地表,因此选择东胜神山沟露头区作为第一个建模研究区。主要特色在于:①铀储层属于辫状分流河道型成因;②露头铀储层内部包含有古层间氧化带和古矿体;③该露头区隶属于乌拉山物源-朵体。

为了对比和补充盆地北部直罗组辫状分流河道型铀储层的基本特征,特此在盆地中东部选择横山石湾镇露头区作为第二个建模研究区。该区的特色在于:①铀储层隶属于水下辫状分流河道成因;②铀储层未受后生蚀变作用和铀成矿作用的干扰;③该露头区隶属于龙首山物源-朵体。研究的目的是通过石湾镇露头剖面建模研究,阐明水下辫状分流河道砂体与辫状分流河道砂体作为铀储层的异同点,重点揭示铀储层内部对铀成矿作用具有重要影响的"原生态"流体流动单元和"原生态"碳质碎屑(还原介质)的空间分布与产出规律。

为了更好地体现鄂尔多斯盆地直罗组铀成矿的多样性,特此选择了盆地东南缘的黄陵(直罗-店头-焦坪)露头区作为第三个建模研究区,其特色在于:①铀储层产出于深切谷中,铀矿化主要发育于辫状河道型铀储层中,其次为曲流河道型铀储层;②受狭长深切谷的物理空间限制,该区成岩-成矿作用异常发育,导致铀储层致密、铀矿化品位较高(铀矿床"小而富");③所拥有的店头-双龙铀矿床经历了类似东胜铀矿田的复杂演化历史,露头剖面中古矿体遭受现代氧化作用改造的标志清晰而且典型。

二、露头地质建模的关键要素

露头铀储层非均质性地质建模需要遴选系列基本参数进行表征。一些参数可以在同沉积期形成,而另一部分参数是在成岩期形成的,还有一部分参数既继承了沉积期的特征但同时又具有成岩的叠加改造。因此,露头铀储层地质建模的关键参数总体可以分为沉积型、成岩型和沉积-成岩混合型三大类。其中,沉积作用过程中形成的参数包含沉积界面、内部构成单元、岩石岩性、隔档层等;成岩作用过程中形成的参数有后生蚀变作用(岩石地球化学类型)、层间氧化带、铀矿化体、胶结作用等;沉积-成岩混合作用过程中形成的参数为还原介质(有机质、黄铁矿等)、物性条件(孔隙度、渗透率)等(表1-1)。

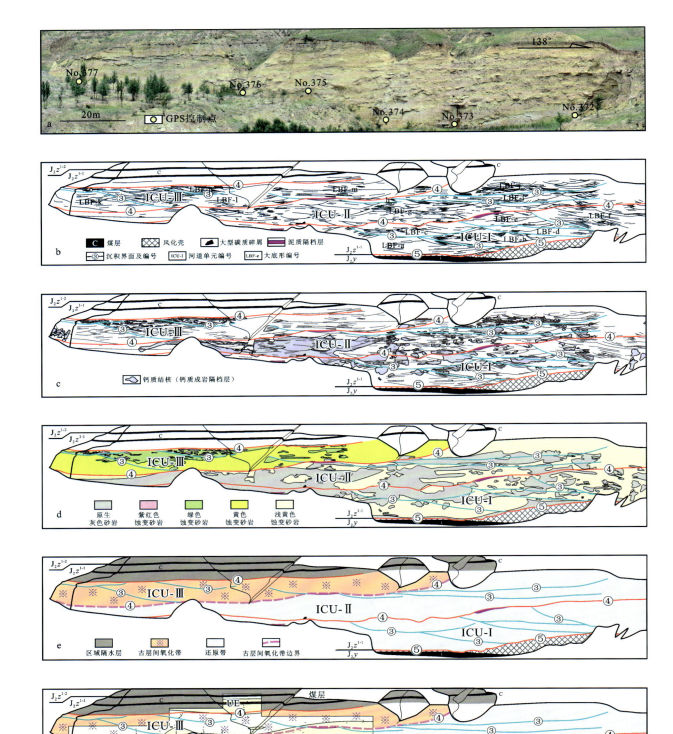

图 1-10　东胜神山沟露头区(J_2z^{1-1})铀储层关键建模参数空间分布规律写实图(据焦养泉等,2018a,2018c)

a.野外露头剖面;b.沉积界面与内部构成单元;c.钙质胶结物分布规律;d.后生蚀变作用的空间配置关系;e.古层间氧化带发育与分布规律;f.铀矿化体的空间分布规律

表 1-1　直罗组铀储层露头地质模型表征的关键要素（据焦养泉等，2018a）

参数类型	关键要素	研究重点与基本特征	表征功能
沉积型	沉积界面	识别和测量控制5个级别的沉积界面	识别和划分铀储层的各级内部构成单元
沉积型	内部构成单元	依次识别和划分分流河道、河道单元、大底形（小型河道、前积砂坝、侧积砂坝）、中底形、微底形（交错层理）	沉积构造和物质成分变化、古水动力条件变化
沉积型	岩石岩性	各种粒度和构造的砂岩、泥岩	物质成分变化、矿物组构研究、古水动力条件变化
沉积型	隔档层	泥砾隔档层、泥质隔档层	限制流体垂向运移，划分流体流动单元；泥砾隔档层通常和碳质碎屑共生，评价还原介质发育规律
成岩型	后生蚀变作用（岩石地球化学类型）	紫红色蚀变砂岩、绿色蚀变砂岩、黄色蚀变砂岩	表征铀成矿作用过程中岩石矿物次生变化、划分岩石地球化学类型，识别层间氧化带
成岩型	层间氧化带	界定层间氧化带的发育规模，特别是刻画层间氧化带的边界	预测铀矿化体的发育和分布空间
成岩型	铀矿化体	可以理解为是"铀胶结作用"的产物，岩石、矿物、地球化学研究	矿石品质、矿物组构、铀赋存状态与成因
成岩型	胶结作用（钙质和硫化铁）	分布规律、成岩-成矿序列、成因机理研究	碳酸盐胶结物含量预测，服务地浸开发工艺评价；黄铁矿研究服务于铀成矿机理解释
沉积-成岩混合型	还原介质	还原介质类型、空间配置关系、分布规律（丰度变化趋势）、成因机制	层间氧化带空间定位预测、铀矿化体空间定位预测
沉积-成岩混合型	物性条件（孔隙度、渗透率）	沉积-成岩过程中孔隙演化与结构特征，定量测量	多孔介质各向异性，成矿流体和采矿流体研究基础

三、露头地质建模的基本格架

露头地质建模的重点是总结各种关键建模参数的空间分布规律，揭示各参数之间的空间配置关系，阐明铀储层非均质性的成因，归纳铀成矿和采矿所遵循的一般规律。

1. 沉积界面是认识铀储层非均质性的关键要素

在铀储层内部，受沉积期古水动力能量和状态的影响，会形成一系列具有等级之分的沉积界面。其中，高级别的沉积界面代表了较强的冲刷能力，界面之上往往具有类似"密度流"的块状快速堆积物——滞留沉积物，其中通常包含丰富的碳质碎屑（可以构成铀储层内部的还原介质）。高级别的沉积界面通常切割低级别的沉积界面，后期发育的沉积界面可以切割早期形成的沉积界面（图1-10b）。

按照Miall（1985，1988）等级界面和内部构成单元分析的思想，可以根据沉积界面级别识别和划分铀储层内部的构成单元，当然这些构成单元也就具有了级别之分（图1-10b）。这是剖析铀储层沉积非均质性最为行之有效的方法。

由于沉积界面和内部构成单元具有等级之分，它们都是在特定的古物源、古气候和古水动力条件下形成发育的，所以那些较高级别的构成单元通常拥有良好的孔隙度和渗透性，与之相关的沉积界面上也往往发育有充足的还原介质，如碳质碎屑和黄铁矿等。而那些低级别的构成单元及其与之相应的沉积界面则恰恰相反。在铀储层内部，沉积界面和构成单元是按照一定的时序形成和叠置的。因此铀储层内部的多孔介质和还原介质就具有相对应的变化规律，这将在很大程度上影响后期的成岩作用，特别是制约成矿期的含矿流场结构、层间氧化带的发育空间以及铀的成矿空间。

铀储层的露头地质建模发现，由沉积作用产生的非均质性，即由沉积界面和构成单元显示的沉积非均质性，无论是对铀成矿还是地浸采铀的影响都是根深蒂固的，它是第一重要的控制要素，也是关键的建模参数。

2. 沉积作用和环境决定了还原介质的分布规律

铀储层的露头地质建模研究表明，铀储层顶底板的煤层、铀储层内部的碳质碎屑和黄铁矿是制约层间氧化带发育和铀矿化的最重要还原介质。

作为铀储层直接底板的延安组工业煤层以及间接顶板的直罗组薄煤层（煤线），是在相对潮湿的沉积期形成的铀储层外部还原介质，它们是由泥炭沼泽演化而来的（李思田等，1992；王双明，1996；张泓等，1998；焦养泉等，2006，2015a）。笔者提出，鄂尔多斯盆地北部直罗组的砂岩型铀矿是侏罗纪含煤岩系的一种伴生矿产（Jiao et al，2016），那么铀储层及其内部还原介质的发育自然与侏罗纪聚煤作用密切相关。在铀储层内部，充当铀储层内部还原介质的碳质碎屑主要沿第5级~第3级界面分布，个别粒径达80~100cm，其磨圆清楚且具有定向性，反映了明显的搬运特征。分析认为，铀储层内部的碳质碎屑大多数来源于同期发育的泥炭沼泽或者植被，经河道水流短距离搬运、以滞留沉积物形式堆积（图1-10a、b），当然也有一部分可能来自河道水流对下伏延安组煤层的冲刷（焦养泉等，2018a）。

含煤岩系的发育往往会造成强大的还原环境，从而影响围岩，这种影响可能从沉积期开始一直延续至现今。建模过程中发现，与工业煤层毗邻的铀储层中，黄铁矿的产出和分布与煤层具有密切的相关性，两者距离呈显著的负相关关系（焦养泉等，2018b）。这充分反映了煤层在成岩演化过程中释放的含烃流体导致铀储层强还原成岩环境的形成，从而导致铁质胶结作用的发生、增强了铀储层的还原能力。

在露头剖面上，还原介质总体丰度在铀储层底板和底部丰度最高，向上逐渐降低，在铀储层的中上部最低，至铀储层顶板由于煤线的存在又稍有增强（图1-10a、b）。这种分布规律将会直接影响层间氧化带和铀成矿的发育空间，即铀储层中的古层间氧化带和铀矿化体具有由上游到下游逐渐上倾的趋势（图1-10e、f）。与露头剖面相匹配，在邻区的皂火壕铀矿床中也具有相似的发育与分布规律（图1-11）。

在更大尺度上，例如盆地北部—贺兰山地区，直罗组的铀矿化层位随着沉积期古气候的迁移、聚煤作用的演化而有规律地向西迁移，呈现了铀与煤之间具有显著的依附成因关系（焦养泉等，2021b；图1-12）。

从理论上讲，无论是铀储层的外部还原介质还是内部还原介质，它们对层间氧化带的发育以及铀成矿的控制都是协同联合作用的结果（图1-13）。双重还原介质联合控矿模型明确指出，层间氧化作用直接受控于铀储层的内部还原介质，但是当叠加有外部还原介质的话，那么外部还原介质将通过不同方式能够大大地增强铀储层的整体还原能力。这种组合的出现可以极大地抑制层间氧化带推进的速率，从而有利于形成稳定的区域层间氧化带前锋线和持续的铀成矿（焦养泉等，2018b）。

铀储层双重还原介质模型的构建为砂岩型铀矿的矿体几何形态成因提供了一种解释模型。从目前勘查的情况来看，中国陆相盆地砂岩型铀矿的矿体多数为板状，少数为卷状，笔者认为这是由还原介质（内部还原介质和外部还原介质的联合体）在垂向上的非均质性分布规律决定的。在铀储层内部，层间氧化作用优先朝具有低丰度还原介质的方向发展，而铀在层间氧化带边界优先朝具有高丰度还原介质的方向沉淀富集。这样一来，就会出现以下3种理想模型。

（1）在垂向上，当还原介质（内部还原介质和外部还原介质）丰度递减时，有利于铀储层中"上倾板

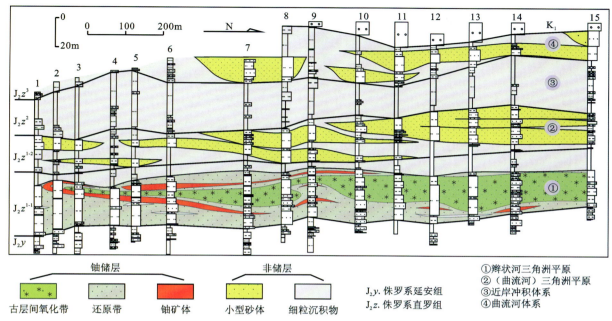

图 1-11　鄂尔多斯盆地北部直罗组古层间氧化带和铀矿体空间产出规律,皂火壕铀矿床(据焦养泉等,2007)

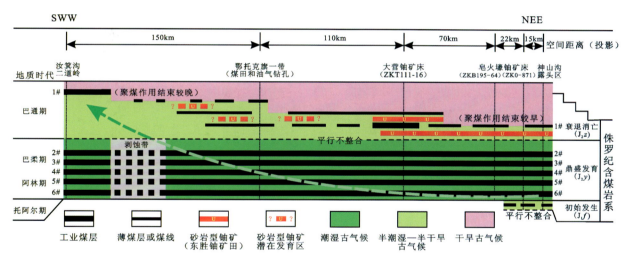

图 1-12　鄂尔多斯盆地北部—贺兰山地区侏罗纪聚煤规律与铀成矿关系(据焦养泉等,2021b)

状"矿体的形成(图 1-14a)。该模型可以解释类似于鄂尔多斯盆地大营铀矿床、皂火壕铀矿床、店头-双龙铀矿床、松辽盆地钱家店铀矿床、二连盆地巴彦乌拉铀矿床矿体的形态成因。别洛娃(1985)曾经运用上升还原流体(H_2S 和 H_2)与层间氧化流体的水动力界面状态的数学模拟揭示了类似板状矿体的形成机制。数学模拟显示,从底板上升的还原流体越强,上倾板状矿体越明显。

(2)在垂向上,当还原介质(内部还原介质和外部还原介质)丰度均匀对称分布时,有利于铀储层中卷状矿体的形成(图 1-14b)。该模型可以解释类似于伊犁盆地铀矿床、吐哈盆地十红滩铀矿床以及皂火壕铀矿床局部地区矿体的形态成因。

(3)在垂向上,当还原介质(内部还原介质和外部还原介质)丰度递增时,有利于铀储层中下倾板状矿体的形成(图 1-14c)。该模型可以解释类似于鄂尔多斯盆地北部延安组底部铀矿化体的形态成因。

所以,相对于卷状矿体而言,可以将板状矿体理解为由于还原介质的非均质性导致了卷状矿体的一翼萎缩,而另一翼与卷头叠合的结果(图 1-14)。

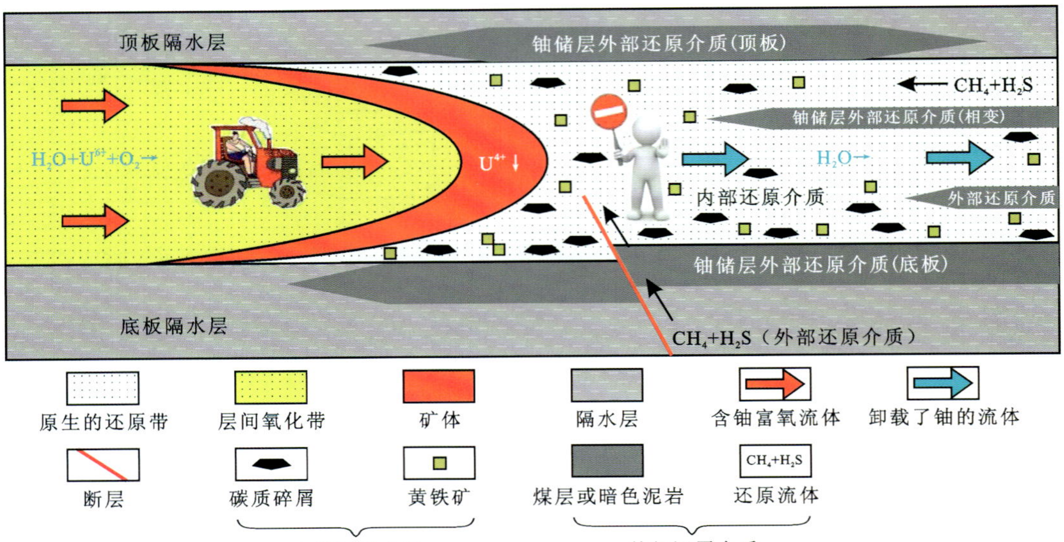

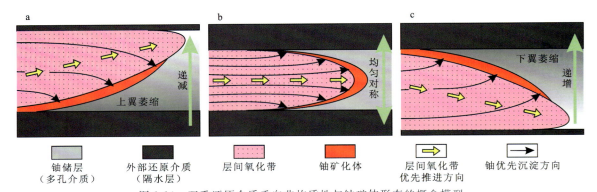

图 1-13 砂岩型铀矿的双重还原介质空间配置及其联合控矿机理的概念模型
（据焦养泉等，2018b）

图 1-14 双重还原介质垂向非均质性与铀矿体形态的概念模型

a. 双重还原介质递减模型（上倾板状矿体），上翼萎缩，下翼和卷头叠合；b. 双重还原介质均匀对称分布模型（卷状矿体），上、下翼对称发育；c. 双重还原介质递增模型（下倾板状矿体），下翼萎缩，上翼和卷头叠合

3. 层间氧化带的发育具有很强的选择性

双重还原介质的垂向非均质性无疑对层间氧化带的优先发育方向具有控制作用，但需要有一个前提条件，那就是富氧的含矿流体能够抵达这个空间，这就需要有良好的铀储层物性条件来保证。因此，层间氧化带的优先发育方向是铀储层的物性条件和还原介质条件共同约束的结果。

1）物性条件的约束

野外地质建模发现，层间氧化带的发育往往受控于第 4 级沉积界面的约束，也就是说层间氧化带往往以河道单元为单位而发育（图 1-10c、d）。最主要的原因在于，河道单元之间存在隔档层或者相邻砂岩存在较大的物性差异。在相邻河道单元之间，沉积界面之下往往发育泥质隔档层，而界面之上往往发育泥砾隔档层（图 1-10b）。这两类隔档层都能制约浅表层富氧含铀流体的垂向运移，所以隔档层是铀储层非均质性地质建模的一个重要参数。即便是不存在隔档层，那么在沉积界面附近呈垂向叠置的砂岩之间也通常具有明显的物性差异，往往沉积界面下伏砂岩的物性条件较差，这也会限定流体的垂向运移。

上述两种因素通常联合限定含矿流体的运移,也有可能是某一种因素起主导作用。

当然,在自然界相邻河道单元之间也会出现流体的越流现象,这主要取决于前后两次河道单元活化事件的古水动力条件。如果后期沉积事件的古水流能量较强,那么它会对下伏河道单元顶部相对低能的沉积物造成较大规模的冲刷,冲刷的结果会导致前后两次河道活化事件的高能沉积物相接触,它们的物性条件相差不大,流体的越流也就成为必然。

2)还原介质条件的约束

在由多个河道单元构成的铀储层中,如果还原介质的丰度在垂向上存在差异,那么层间氧化作用就会优先发育于还原介质丰度较低的河道单元中。在鄂尔多斯盆地,直罗组铀储层的下伏底板存在多层工业煤层以及较厚的暗色泥岩,而上覆顶板仅有薄煤线发育,向上递减的还原介质分布规律决定了该区古层间氧化带具有向下游上倾的特色,即沿着含氧含铀流体推进的方向,层间氧化带逐渐向上部的河道单元中发育。相应地,铀矿化体也具有区域上倾的板状特征(焦养泉等,2012b,2018b;图1-11)。

4. 成岩-成矿作用具有强烈的非均质性

在铀储层沉积非均质性特别是物性(孔隙度和渗透率)非均质性的制约下,成岩-成矿作用也具有明显的非均质性。严格地讲,砂岩型铀矿的形成发育属于表生成岩作用的范畴,仅是砂岩成岩作用过程中的一个环节。它类似于一般的胶结作用,只是制约铀成矿的成岩环境是氧化-还原的地球化学障。但是对于铀成矿作用而言,与层间氧化带发育相关的各种后生蚀变作用、铀的沉淀结晶作用、钙质胶结作用、黄铁矿形成演化作用等,都属于研究的重点。其中,最重要的莫属于与铀成矿关系密切的各种后生蚀变作用,以及与铀共生的钙质胶结作用。

1)后生蚀变作用的非均质性

在野外露头地质建模中,与古矿体相关的后生蚀变作用非均质性首先表现在蚀变类型的多样性,其次表现在空间分布的不均一性。由于有现代氧化作用的叠加影响,包含古矿体的露头剖面中后生蚀变作用更为丰富。但总体可以分为3种类型,即与成矿期相匹配的红色蚀变砂岩、与成矿后二次还原作用相匹配的绿色蚀变砂岩以及暴露地表后形成的黄色蚀变砂岩。绿色蚀变砂岩的存在表明该矿床很早就停止了发育,它是对早期红色蚀变砂岩的改造,因此称之为古砂岩型铀矿床,盆地北部的东胜铀矿田和盆地东南部的店头-双龙铀矿床均属于此类,只是东胜铀矿田较之于店头-双龙铀矿床绿色蚀变砂岩更为发育而已。黄色蚀变砂岩显然是古矿床暴露地表以后的产物,因为在地下的古层间氧化带中缺少黄色蚀变砂岩。

对于古砂岩型铀矿床而言,经钙质胶结作用而保留的红色蚀变砂岩以及绿色蚀变砂岩是古层间氧化带的重要识别标志,如今东胜铀矿田的主要矿体产于绿色蚀变砂岩与原生灰色砂岩之间,这是铀成矿后区域二次还原作用改造的结果。所以,古层间氧化带中绿色蚀变砂岩的发育规模可能与二次还原事件的还原能量高低有关。古层间氧化带的不均一产出规律正是后生蚀变作用非均质性的表现。

红色蚀变砂岩和黄色蚀变砂岩同为氧化作用的结果,但前者表现了更为彻底的氧化作用,标型矿物为赤铁矿,而后者代表了较弱的氧化作用,标型矿物为褐铁矿(针铁矿)或者黄钾铁钒。对不同盆地多个铀矿床的比较研究发现,通常随着氧化作用的持续深入,后生氧化蚀变作用将由灰白色砂岩依次演变为浅黄色砂岩、黄色砂岩、橙色砂岩、浅红色砂岩、红色砂岩、桃红色砂岩,最终演变为紫红色砂岩。

2)铀成矿作用非均质性

充分遵循氧化-还原环境对铀变价行为的约束机制,铀矿化主要发生于古层间氧化带边界之外大约几十厘米至十几米的富还原介质的砂岩中(图1-10f)。但是,由于叠加了现代地表氧化作用的改造,古矿体具有被溶解、迁移和再富集的特性。因此,在野外露头区准确识别残留古矿体和新生铀矿化单元具有重要的意义,因为不能运用新生的铀矿化单元富集规律指导地下的找矿勘查。例如,在鄂尔多斯盆地北部,侏罗纪含煤岩系中所有原生的煤层包括煤线均不含铀(不具有放射性)。但是,在露头上古矿体附近的煤层(煤线)却例外,仔细分析这些铀矿化往往富集于煤层(煤线)的表面或者煤层(煤线)的裂隙之中,是现代氧化作用对古矿体再改造和再分配的结果。

3) 钙质胶结作用的非均质性

在东胜神山沟露头地质建模的剖面中,一些钙质胶结作用表现出与铀成矿作用具有明显的共生性(图 1-10c、e)。实际上在铀储层中,钙质胶结作用是普遍的,它们可以形成于铀成矿之前和之中,或者之后。对于铀成矿机理研究而言,我们关注的是铀成矿之前形成的钙质胶结物以及与铀成矿同期发育的钙质胶结物,因为前者可能充当铀成矿期含矿流体流动单元边界的成岩隔档层,而后者则可以理解为是铀成矿作用的一种蚀变现象。对于地浸采铀而言,所有的钙质胶结物将从改变砂岩物性的角度直接影响溶矿流场,也将从改变砂岩化学成分的角度直接影响对溶剂的选择。

第三节 露头地质建模的地下类比应用

露头地质建模的意义在于指导地下铀矿床模型的构建。露头地质建模与地下地质建模具有很大的不同。但是,通过露头地质建模而总结的技术思路可以引申应用于地下(焦养泉等,2018a,2018c)。因此,充分对比露头建模与地下建模的特色,并从中遴选适宜于地下铀矿床地质建模的关键参数是研究工作的焦点。

一、露头与地下地质建模的比较

露头地质建模具有直观性和典型性,但是地下地质建模却具有很大的不确切性,这主要取决于地下建模参数获取的方法和精度。受地质资料的限制,目前地下地质建模主要依赖于较为密集的钻孔信息。但是,钻孔密度再大也难以避免二维空间地质信息分辨率存在的巨大差异,即钻孔资料具有垂向连续的、丰富的地质信息,但是却缺少横向连续的井间地质信息。通常的做法是采用人为对比,从而带来了井间对比的不确切性,这为地下地质建模带来了挑战。在此特别期望核工业地质系统能够引入类似油气勘探的三维地震方法,通过井震结合提高建模质量。

另外,露头地质建模与地下铀矿床地质建模在研究尺度上存在差异。受自然条件限制,露头剖面规模通常较小,长往往几百米,高几十米,而铀矿床通常规模较大,范围数千米至数十千米。这就决定了两者建模的精度是不同的,在建模参数的选取上也应该区别对待。正是由于露头地质建模具有较高的精度,所以可以将露头地质建模获取的经验和认识引申至地下铀矿床地质建模中,这也是露头地质建模研究的真正价值。

地下地质建模的核心任务是表征铀矿床的非均质性,偏重区域铀储层沉积旋回划分和小层对比、关键隔档层的识别与表征,特别是关键控矿要素的相互制约关系和成矿规律的总结,赋予模型以成矿机理解释和勘查预测的功能。同时,通过对铀储层的物理结构、物质成分(如钙质含量等)以及铀赋存状态的研究,则能够直接服务于地浸采铀工艺的改进和优化,提高采收率。

二、露头建模经验的地下应用探讨

类似于油气储层地质建模,来自于露头的经验和认识可以引申应用于地下。但是需要充分比较两者的特点,从中筛选具有共性的关键建模参数是地下地质建模的首要任务。

(1)露头地质建模的一些参数可以完全应用于地下。例如几种不同类型的隔档层——泥质隔档层、泥砾隔档层和钙质隔档层等,它们不仅可以作为含矿流体或者溶矿流体"流动单元"的边界,而且有可能从化学成分的角度参与铀成矿作用或者影响地浸采铀。

(2)露头地质建模的另一些参数可以拓展应用于地下。例如露头剖面中由高级别沉积界面限定的构成单元——复合河道或者河道单元,可以引申于地下以沉积旋回的形式出现,而井间对比可以借鉴油气储层的"小层对比"思路。地下地质建模的重点之一是在铀储层内部进行沉积旋回结构分析和区域小层对比。

(3)由于铀矿床的规模通常较大,还有一些重要的建模参数是露头剖面不易见到的。例如在鄂尔多斯盆地北部纳岭沟地区,直罗组铀储层底部具有一套区域性分布的巨厚砾岩,它们是古层间氧化带发育的禁区,因此具有区域规模的"砂岩/砾岩"相变边界就是一个特征的地下地质建模的关键参数。该边界在东胜铀矿田具有穿时性质,有些地区缺失砾岩。同样地,由于大尺度特征,地下地质建模中更容易运用宏观的成岩-成矿标志总结区域铀成矿规律。

第一篇　区域铀储层时空分布规律

鄂尔多斯盆地侏罗纪含铀岩系等时地层格架与铀储层分布规律

铀储层是砂岩型铀矿储层的简称，特指在沉积盆地中能够提供含矿流体运移和铀矿储存的物理空间（骨架砂体）。铀储层是砂岩型铀矿形成发育最基本的沉积学要素。运用层序地层和砂分散体系分析方法，能够给予铀储层以准确的"垂向"与"横向"时空定位，这是砂岩型铀矿勘查首先需要解决的关键科学问题。在鄂尔多斯盆地，铀矿化信息与层序地层单元的比较分析认为，中侏罗统直罗组底部砂岩是最重要的铀储层。全盆地砂分散体系编图发现，直罗组铀储层受四大物源控制，从而形成了具有区域规模的4个大型沉积朵体，这为不同类型铀储层地质建模提供了沉积学依据。

第二章　直罗组含铀岩系等时地层格架

以鄂尔多斯盆地为单位,应用层序地层学原理优化侏罗系岩石地层单元,实现直罗组铀储层的全盆地统一对比,是构建含铀岩系等时地层格架和进行铀储层空间定位预测的沉积学基础。

第一节　直罗组含铀岩系地层单元

关键界面与标志层的识别是划分地层单元的首要工作,所识别的关键界面和标志层需要在全盆地范围内进行追踪对比。关键界面和标志层主要通过典型露头剖面、地震剖面、测井曲线和垂向序列结构,以及钻孔岩芯和野外露头所蕴藏的岩石学与古生物学等信息加以识别。

依据上述原则和关键技术,在鄂尔多斯盆地侏罗系内部共识别出2个区域性的标志层(侏罗纪含煤岩系和安定组含油页岩-钙质泥岩组合)、4个区域不整合界面(J_{1-2}/T_3y、J_2z/J_2y、J_3f/J_2a、K_1/J_{2-3})和4个湖泛面(延安组内部和直罗组内部各2个湖泛面)。据此可以将侏罗系划分为富县组(SQJ_1f)、延安组(SQJ_2y)、直罗组(SQJ_2z)、安定组(SQJ_2a)和芬芳河组(SQJ_3f)5个层序地层单元(李思田等,1992;Jiao et al,1997;图2-1)。

还可以进一步地依据湖泛面将重要的含铀岩系直罗组划分为下段、中段和上段,它们分别相当于层序(SQJ_2z)的低位体系域(LST)、湖泊扩展体系域(EST)、高位体系域(HST)(焦养泉等,2005,2006;Jiao et al,2005,2016)。其中,直罗组下段内部的下亚段(J_2z^{1-1})和上亚段(J_2z^{1-2})是两个重要的含矿层(焦养泉等,2012;彭云彪等,2019)。

一、区域性标志层与地层单元

标志层指具有明显的古生物、岩石或矿物学特征,分布稳定,可作为区域性地层划分和对比依据的一套地层。在鄂尔多斯盆地,侏罗纪含煤岩系和安定组油页岩-钙质泥岩组合是两个区域性的标志层,它们分别位于直罗组的下部和上部,从而限定了直罗组的垂向分布空间。

1. 侏罗纪含煤岩系

鄂尔多斯盆地侏罗纪含煤岩系最具特色的部分是延安组,因为其含有5套(组)区域分布的工业可采煤层,自下而上可划分为5个成因地层单元。工业煤层通常具有明显的地球物理特征,在测井方面具有高电阻、高声波时差、大井径、低自然伽马等特征,而在人工反射地震剖面上具有明显的波阻抗(李思田等,1992;王双明,1996;张泓等,2005)。但是,侏罗纪含煤岩系不仅限于延安组,还应包括富县组(冯云鹤,2014)和直罗组(Jiao et al,2016),即侏罗纪聚煤作用始于富县组沉积末期的托阿尔斯晚期,于延安组沉积期的阿林-巴柔期达到鼎盛,结束于直罗组沉积早中期的巴通期(张泓等,1998,焦养泉等,2021b;图2-1)。

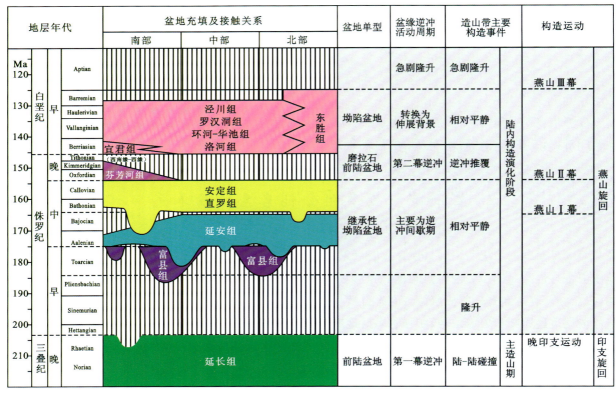

图2-1 鄂尔多斯盆地构造充填演化序列及其侏罗纪地层结构

以往的研究将重点放在具有煤炭开采价值的延安组,而自从直罗组发现了大规模铀矿床之后其微弱聚煤作用的研究才得到重视。研究发现,直罗组微弱的聚煤作用直接制约了砂岩型铀矿的超常富集(Jiao et al,2005,2016;焦养泉等,2012,2018;彭云彪等,2019)。所以,鄂尔多斯盆地侏罗纪含煤岩系共涵盖3个岩石地层单元,即富县组顶部、延安组和直罗组下段—中段。其中,在盆地北部煤系地层发育最为齐全,很好地展示了侏罗纪含煤岩系由初始形成→鼎盛发育→逐渐衰退的完整演化周期(图1-12、图2-2)。

2. 安定组油页岩-钙质泥岩组合

鄂尔多斯盆地的安定组以油页岩-钙质泥岩组合的湖泊沉积为特色。安定组除在盆地南部和北部部分地区缺失外,在全盆地均有分布。在马家滩—定边以北区域,安定组下段为杂色含砾砂岩、中细砂岩和泥质砂岩,且多含钙质浅棕黄色、灰绿色"豆状"或"疙瘩状"结核,作为区域标志层与下伏直罗组相区别;上段为杂色泥岩,夹有薄层泥灰岩、粉砂岩、砂质泥岩,常具灰绿色斑点。而在盆地中南部的华池、环县、吴起一带,安定组下段则以杂色泥岩为主夹油页岩;上段主要以杂色灰岩、泥灰岩、灰质泥岩为主。

由盆地腹地向边缘、由沉积早期到晚期,安定组由油页岩向砂岩演化且钙质成分增加,所以在测井响应上普遍具高幅电阻特征,以此与下伏直罗组和上覆下白垩统相区别(图2-3)。

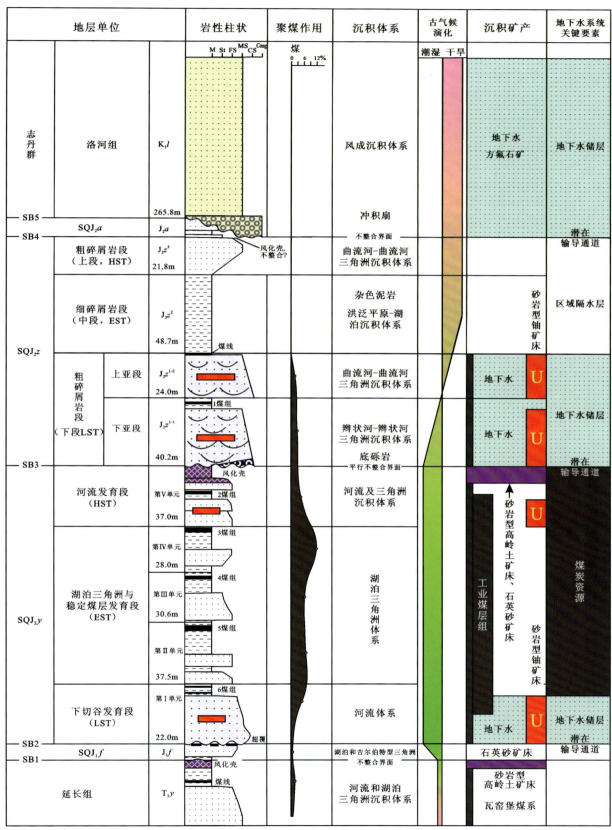

图 2-2 鄂尔多斯盆地北部侏罗纪含煤-铀岩系层序地层结构与沉积矿产配置关系图
(据焦养泉等，2006，2020a；Jiao et al，2005，2016 修改)

图 2-3　安定组由油页岩-钙质泥岩组成的湖泊沉积，延安—志丹

a. 安定组与上覆下白垩统砂岩的野外露头剖面；b. 安定组中下部的油页岩沉积；c. 安定组顶部的泥灰岩沉积

二、关键界面与地层单元

在鄂尔多斯盆地，侏罗系的关键界面既包含了盆地演化过程中重要的区域不整合界面（J_{1-2}/T_3y、J_2z/J_2y、J_3f/J_2a、K_1/J_{2-3}），也包含了由区域构造或古气候作用诱发的湖泛面（延安组内部湖泛面和直罗组内部湖泛面）。对于直罗组的识别划分而言，充分认识 J_2z/J_2y 不整合界面以及直罗组内部与湖泛面相当的较大规模的相转换界面具有重要意义。

1. 区域不整合界面——J_2z/J_2y（SB3）

J_2z/J_2y 不整合界面（SB3）是燕山运动早期的产物，在鄂尔多斯盆地南部和北部具有明显的差异性表现（图 2-4）。

在盆地南部为角度不整合，具体表现为直罗组与延安组内部不同的成因地层单元相接触，自北向南特别是跨过吴起—延安一线后延安组上部地层逐渐缺失，至焦坪—彬县一带缺失最为严重（王双明等，1996；图 2-5）。而在盆地北部为平行不整合，总体表现为延安组顶部经历了风化作用的改造，白色的风化壳是平行不整合界面的典型标志（李思田等，1992；黄焱球等，1997；黄焱球和程守田，1999）。焦养泉等（2020a）最新的研究表明，延安组第Ⅴ成因地层单元顶部的风化作用是和聚煤作用呈现多周期层偶交替的发育型式，而且随时间推移风化作用渐强而聚煤作用渐弱，最终风化作用占据优势从而形成了延安组顶部的砂岩型高岭土矿床和石英砂矿床（图 2-6）。在盆地北部，该界面导致直罗组底部铀储层与延安组广泛接触，局部以"深切谷"的形式直接切穿下伏的 2 套可采煤层，形成下切幅度深达 25m、宽度达 26.5km 的冲刷无煤带（陕西煤田地质勘探公司 185 队，1989；李思田等，1992；范立民等，2020；焦养泉等,2020b),这为煤系地层中含烃流体向铀储层中运移奠定了地质基础(Jiao et al,2016),但也为延安组工业煤层的开发带来了"水害"隐患(焦养泉等,2020b)。研究发现,在盆地北部 J_{1-2}/T_3y 和 J_2z/J_2y 两个不整合界面上的风化壳具有向盆缘合二为一的趋势,延长组和延安组均向盆缘尖灭,尖灭处的石英砂岩河道厚度超过 40m,是优质的石英砂矿(焦养泉等,2020a;图 2-7)。

J_2z/J_2y 不整合界面(SB3)的地质现象表明,鄂尔多斯盆地在延安组沉积末期具有明显的沉积间断,盆地南部以掀斜-剥蚀作用为主,而盆地北部以抬升-风化作用为主,由此构成了直罗组和延安组间重要的地层分界线。

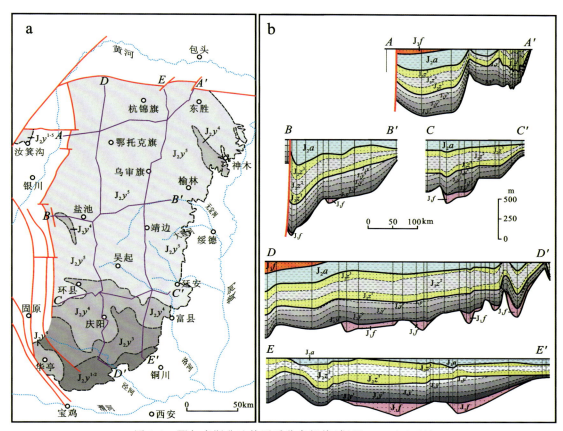

图 2-4 鄂尔多斯盆地侏罗系分布规律(据 Jiao et al,2016)
a.前直罗组古地质图;b.侏罗系区域骨干剖面图

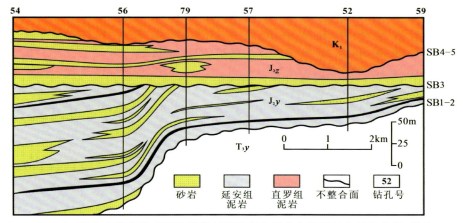

图 2-5 鄂尔多斯盆地南部直罗组与延安组之间的角度不整合接触关系,彬县

图 2-6　鄂尔多斯盆地北部延安组顶部风化壳及与直罗组的不整合接触关系

a.延安组顶部的砂岩型高岭土矿床,东胜神山沟;b.延安组顶部石英砂岩河道中的根土岩及其上覆泥炭沼泽沉积,准格尔旗黄铁棉图;c.延安组顶部工业煤层的纹层状风化黏土及其残留煤,以及直罗组底部的底砾岩,神木考考乌苏沟;d.直罗组底部的底砾岩及其延安组顶部的风化壳"白色"砂岩,神木庙沟

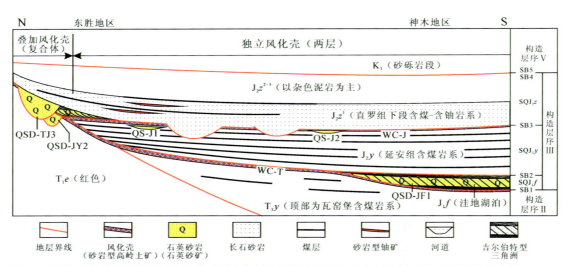

图 2-7　鄂尔多斯盆地北部侏罗纪含煤-铀岩系中沉积间断面及主要矿产时空配置模式(据焦养泉等,2020a)
WC-T.延长组顶部风化壳及不整合界面;WC-J.延安组顶部风化壳及不整合界面;QSD-JF1.富县组石英砂岩矿床,神木考考乌苏沟下游(吉尔伯特型三角洲);QS-J1.延安组顶部石英砂岩河道,准格尔旗黄铁棉图;QS-J2.延安组顶部石英砂岩河道,神木庙沟;QSD-JY2.延安组顶部(含物源区)石英砂矿床,东胜白家梁(大型河道+吉尔伯特型三角洲);QSD-TJ3.延安组顶部(含物源区)石英砂矿床,东胜郝家渠(物源区特大型复合河道)

2.岩性岩相转换面——湖泛面

直罗组内部的岩性变化具有规律性。其中,有一套具有盆地级别分布规模的细碎屑岩段——泥岩、

粉砂岩夹薄层砂岩,它位于上、下两套粗碎屑岩段之间。所以,直罗组总体表现为"三段式"地层结构,即下部粗碎屑岩段(J_2z^1)→中部细碎屑岩段(J_2z^2)→上部粗碎屑岩段(J_2z^3)(图2-8)。较为特征的为中部细碎屑岩段,其沉积物的颜色随盆地部位不同而变化,在盆地边缘以杂色为主而在盆地腹地以灰色为主,其中包含有淡水动物化石(鱼鳞)和近(浅)水植物等。因此,中部细碎屑岩段被解释为湖泊及其与之对应的洪泛平原沉积,其顶底界面也被解释为最大湖泛面和初始湖泛面(焦养泉等,2005,2006)。由此可见,在直罗组内部由岩性分段而识别出的两个主要的岩相转换面,它们分别相当于直罗组沉积期的初始湖泛面和最大湖泛面,据此可以将直罗组划分为低位体系域(LST)、湖泊扩展体系域(EST)和高位体系域(HST)(图2-2、图2-8)。

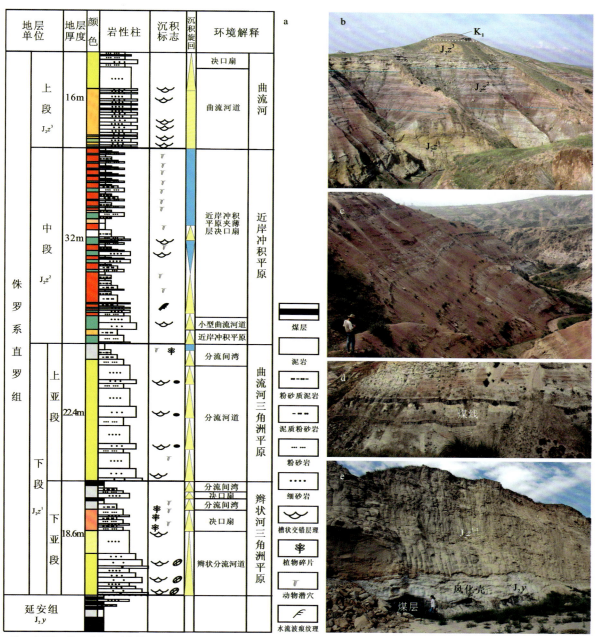

注:直罗组下粗—中细—上粗的三段式岩性变化规律

图 2-8 鄂尔多斯盆地北部直罗组地层结构

a. 直罗组实测剖面;b. 直罗组三段式结构及其与上覆下白垩统接触关系,东胜神山沟;c. 直罗组中段(杂色泥岩段),准格尔旗丁家沟;
d. 直罗组下段下亚段与上亚段之间的煤线(1煤组),东胜神山沟;e. 直罗组下段下亚段与延安组接触关系,准格尔旗张家村

直罗组的下段（J_2z^1）是重要的含铀岩系，其中也具有一个次级的相转换界面（湖泛面），位于两套砂岩之间。该界面在盆地北部东胜地区以弱聚煤作用为界（图2-8d），而在盆地南部焦坪一带则以碳质泥岩为界，它们将直罗组下段划分为下亚段（J_2z^{1-1}）和上亚段（J_2z^{1-2}）。下亚段在盆地中普遍发育铀矿化，而上亚段的铀矿化目前仅限于大营铀矿及其附近局部地区（图2-9）。

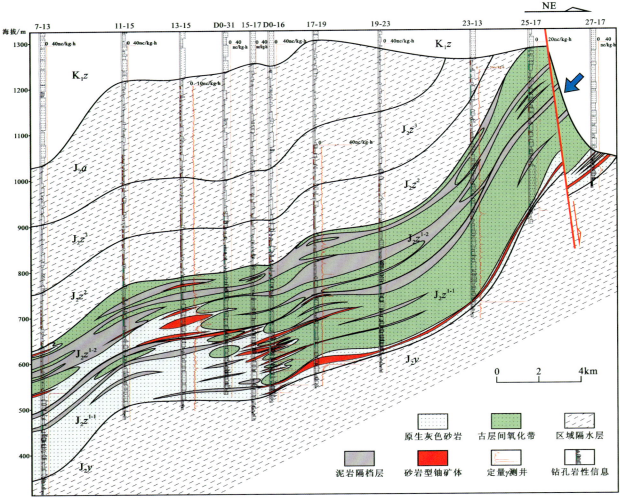

图2-9　鄂尔多斯盆地北部典型地层-含矿剖面，大营铀矿床（据焦养泉等，2012）

通过标志层和关键界面限定与优化的地层单元，通常需要借助编制区域尺度的网络骨架剖面来实现地层的统一对比（图2-4b、图2-10），这是建立等时地层格架的关键步骤。在网络骨架地层对比剖面的基础上，人们才有可能按照需要进行各种参数的统计，以便于编制各种类型的平面图，如地层厚度图、砂分散体系图（铀储层厚度图和含砂率图）等，实现对砂岩型铀矿的评价预测。

第二节　含铀岩系空间分布规律

地层的三维空间分布特征通常通过地层的厚度、埋深或者高程的编图来表征，对其规律性的总结既有助于恢复和理解含铀岩系的沉积充填特征及后期构造改造特征，也能为砂岩型铀矿的勘查部署提供必要的埋深信息。

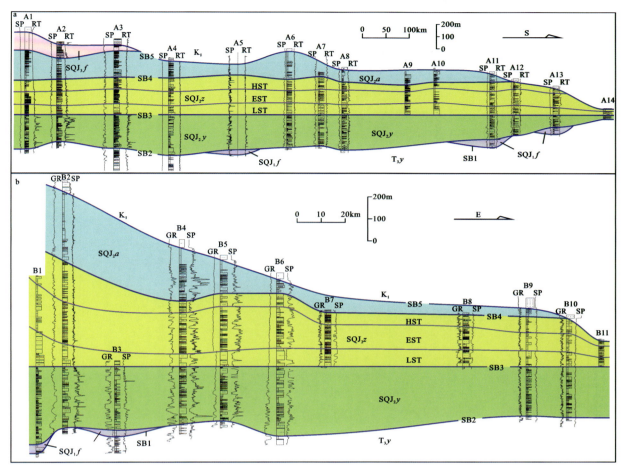

图 2-10 鄂尔多斯盆地侏罗系等时地层格架剖面
a.南北向剖面;b.东西向剖面

一、直罗组地层厚度分布规律

1. 直罗组下段

在鄂尔多斯盆地,直罗组下段平均厚度为 88.5m。地层厚度总体呈现西部和北部厚,具有自西向东减薄的趋势,在盆地中东部的高值区大致被 3 个近东西向的低值带(地层厚度小于 80m)分隔开。

4 个高值区自北向南依次为杭锦旗—伊金霍洛旗—中鸡一带、铁克苏庙—鄂托克旗—乌审旗一带、石沟驿—定边南—吴起—志丹—安塞一带、华亭—庆阳一带(图 2-11)。

(1)东北部的杭锦旗—伊金霍洛旗—中鸡一带高值区:分布范围较小,形态似蝴蝶状对称展布,大致呈北西-南东向延展。高值部分较为集中。大部分区域地层厚度在 100～160m 之间。这种高值趋势延伸至伊金霍洛旗附近减弱,继续向南东向呈带状延伸至新街—尔林兔一带。

(2)西北部的铁克苏庙—鄂托克旗—乌审旗一带高值区:分布范围相对最大,总体上呈舌状。平均厚度可达 95.8m,厚度最大值可达 172.4m,最小值为 81.6m。以西部剥蚀线为界,至少分 3 支由北西向南东方向展布,较高值集中于西部剥蚀线附近,分别延伸至乌审旗、鄂托克前旗一带变为低值区。其中,在鄂托克旗—乌审旗附近有一个较大的朵状分支,厚度集中在 80～100m 之间,自乌审旗向榆林方向频繁分叉。

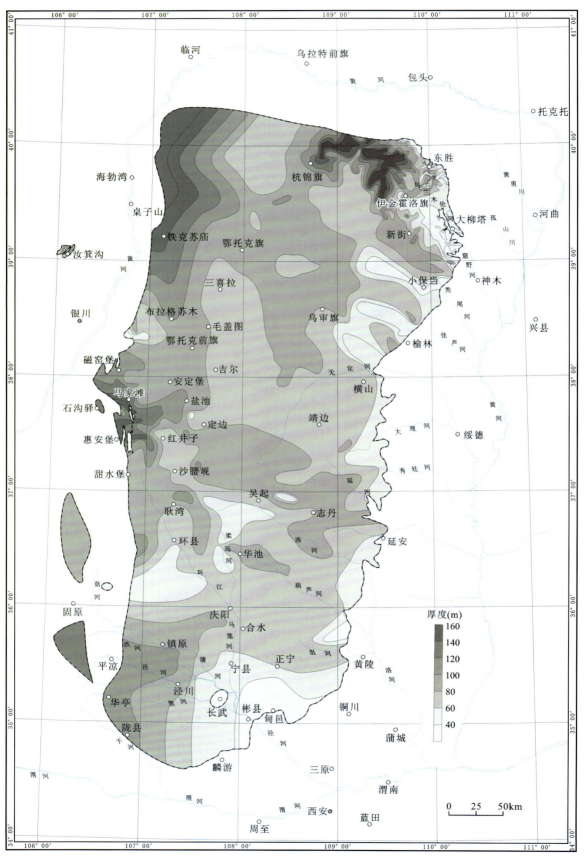

图 2-11 鄂尔多斯盆地直罗组下段残留地层厚度图

(3)中西部的石沟驿—定边南—吴起—志丹—安塞一带高值区：平均地层厚度为125.9m，最厚达170.4m。分布范围也较大，呈鸟足状向东频繁分叉，并逐渐减薄。中部一支延展最为稳定，向东一直延伸至安塞附近。

(4)西南部的华亭—庆阳一带高值区：平均地层厚度为107m，厚度最大值可达143.8m。该带呈舌状，由南西向北东方向延伸，至庆阳—合水一线以东变窄减薄。

地层厚度的低值区(地层厚度小于80m)主要有4个：①杭锦旗南—大保当一线，呈北西-南东向的窄条带展布；②三喜拉—吉尔—靖边—魏家楼一线，自北向南展布后向东转折，分布面积较大；③红井子—堡子湾—吴起南一带，呈北西-南东向窄条带展布，其与环县南面—庆阳西一带的低值区相接，展布面积也较大，该低值区内地层平均厚度为64.6m；④东南部的正宁—宁县—泾阳—千阳北—彬县—旬邑—宜君西一带也为一个地层厚度低值区，地层平均厚度小于60m，其中长武地区地层被完全剥蚀(图2-11)。总体上，位于研究区东部剥蚀线附近的地层厚度低值区为地层逐渐自然减薄的结果。

在盆地以西的周缘地区，直罗组下段地层几乎剥蚀殆尽；在汝箕沟—二道岭一带有残留，地层厚度在49～120m之间；在六盘山地区直罗组残留厚度为143.8m；在固原炭山—窑山一带、石沟驿等地区，地层厚度在60m以上(图2-11)。

2. 直罗组中段

鄂尔多斯盆地直罗组中段的地层厚度明显较下段厚，全区平均厚度为100.1m，总体呈西部厚东部薄、中部厚、南北两端薄的趋势(图2-12)。全区分布有7个高值区(地层厚度大于150m)和4个低值区(地层厚度小于100m)。此外，直罗组中段在盆地西缘外围的汝箕沟—二道岭、贺兰山、六盘山一带有残留。

高值区主要位于盆地西北部铁克苏庙、布拉格苏木—马家滩—吉尔—红井子—摆宴井—定边一带、中南部环县以西—华池一带、东北部乌审旗一带、南部华亭—镇原一带、中西部古峰庄以西和定边以北及中东部的靖边—志丹北地区。盆地西缘外围残留的直罗组中段主要分布于汝箕沟和六盘山等地区。①北部铁克苏庙一带的高值区呈三角形南北向展布，有向东减薄的趋势，地层平均厚度155m。②中部布拉格苏木—马家滩—吉尔—红井子—摆宴井—定边一带的地层厚度高值区分布范围最大，总体呈南北向带状展布，具有向东减薄的趋势，平均地层厚度达194m。该区内分布有两个地层厚度极高值区，北支在布拉格苏木—马家滩一带，平均地层厚度达226m；南支在摆宴井—红井子一带，平均地层厚度达235m，最大厚度达250.6m。两个极高值带记录了该时期内沉积物的最大堆积发育带，是当时沉积盆地腹地中心的记录。③中南部环县以西—华池一带高值区呈"十"字状展布，平均地层厚度为162m，最大厚度为215m。④南部华亭—镇原一带，地层厚度高值带呈南西-北东向，平均地层厚度达164m。⑤在盆地中部偏东处还存在两个较为孤立的高值区：一处在乌审旗附近，厚度为158.8m；另一处在靖边—志丹北一带，平均地层厚度为169.6m。

直罗组中段地层厚度低值区总体分别位于鄂尔多斯盆地的东北部、东部和南部，即东北部的杭锦旗—伊金霍洛旗—中鸡—瑶镇一带、中东部的横山—榆林西一带、盆地东部—东南部的大理河—志丹—延安—正宁一带、盆地南部彬县—陇县以南地区。这些区域地层厚度均小于100m。

从地层厚度分布规律特别是高值区的分布规律来看，该时期偏鄂尔多斯盆地西缘发育了一个呈南北向展布的沉降-沉积中心(图2-12)。

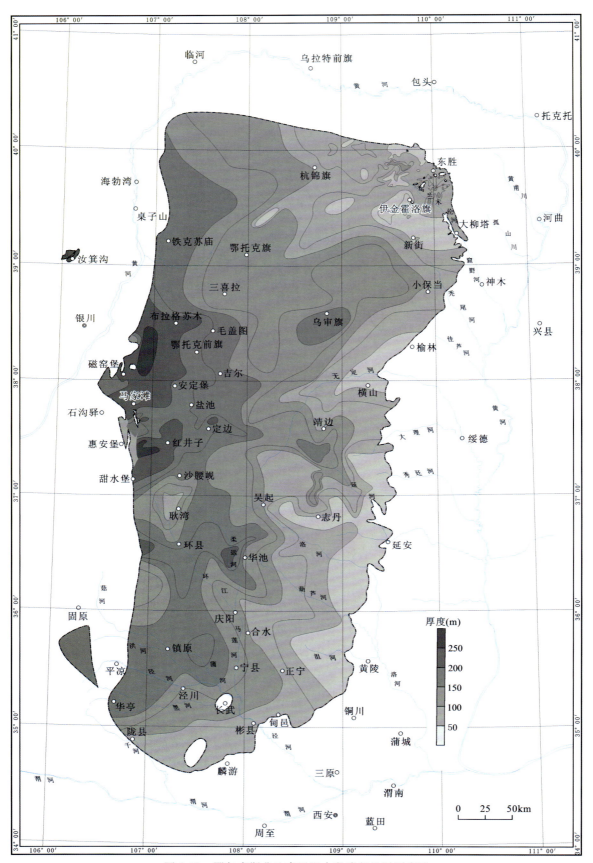

图 2-12 鄂尔多斯盆地直罗组中段残留地层厚度图

3. 直罗组上段

在鄂尔多斯盆地,直罗组上段平均地层厚度为71.0m,分布规律类似直罗组下段,但是非均质性更强,总体呈现西厚东薄、北厚南薄的趋势(图2-13)。全盆地共有4个高值区(地层厚度大于80m)和4个低值区(地层厚度小于50m)。此外,直罗组上段在盆地西缘外围的汝箕沟、贺兰山等地区具有残留。

高值区主要分布在研究区东北部杭锦旗、西北部铁克苏庙—毛盖图、西部马家滩—红井子—环县和南部陇县一带。

(1)东北部杭锦旗及其以东地区地层厚度高值区分布范围较大,自北西向南东延伸逐渐减薄,高值部分较为集中,平均地层厚度为96.3m,最大厚度为122.4m。该区内发育有一个近南北向分布的极高值区(杭锦旗附近),平均地层厚度为111.2m。杭锦旗以东也有小范围的高值区分布。

(2)西北部铁克苏庙—毛盖图一带高值区,地层厚度高值区分布范围最大,为宽条带状,以西部剥蚀线为界,地层厚度向北东、东南和南西3个方向延伸且逐渐减薄。该区平均地层厚度为102.9m,最大厚度为126.7m。朝东南方向延伸至毛盖图附近出现次级分岔,分别往西南、东南和北东3个方向延伸。该区沿铁克苏庙南北一线发育了一个范围较大的极高值区,地层平均厚度为118.4m。

(3)西部马家滩—红井子—环县一带高值区规模较大,总体上呈南北向条带状展布。以西部剥蚀线为界,该高值区向东延伸至磁窑堡、古峰庄以及环县附近,平均地层厚度为134.4m,最大厚度为189.3m。该区内发育有两个极高值区,其中北部马家滩—红井子一带极高值区呈南北向展布,平均地层厚度为138.9m,向东地层减薄较快;南部环县以西极高值带分布范围较小,为窄条带状,平均地层厚度为100.8m。

(4)南部陇县高值区分布范围较小,以南部剥蚀线为界,总体呈南北向展布,自南往北地层逐渐减薄。在南部的长武、北马坊等地,地层遭受剥蚀,平均厚度为96.8m。

低值区主要分布在盆地东北部边缘、东部边缘、中东部以及东南部边缘,4个主要低值区分别分布于东北部杭锦旗以东—东胜西一带、东北部—东部的鄂托克旗—伊金霍洛旗—中鸡—横山—靖边一带、中部史家湾—华池—延安一带、东南部甘泉西—正宁—彬县一带。

(1)东北部杭锦旗以东—东胜西一带低值区分布范围较小,沿东北部剥蚀线向西、南方向展布,平均地层厚度为31.4m。

(2)鄂托克旗—伊金霍洛旗—中鸡—横山—靖边一带的低值区分布范围较大,偏北部沿东西向分布,至伊金霍洛旗折转呈南北向条带状展布,地层朝西、南方向逐渐增厚,平均地层厚度为31.7m。

(3)中部史家湾—华池—延安一带的低值区分布范围较大,由西分别向东北部、东南部和南部展布,中部被吴起—安塞较厚的地层带隔开,平均地层厚度为35.1m。

(4)东南部甘泉—正宁—彬县一带的低值区范围也较大,沿东南部剥蚀区边缘呈条带状向南北方向展布,地层朝西和北西方向逐渐增厚,该区平均厚度为29.2m。此外,在安定堡和古峰庄以及剥蚀区外的东胜附近还有小范围的低值区分布。

盆地西缘外围地区,直罗组上段仅在汝箕沟有残留(图2-13)。

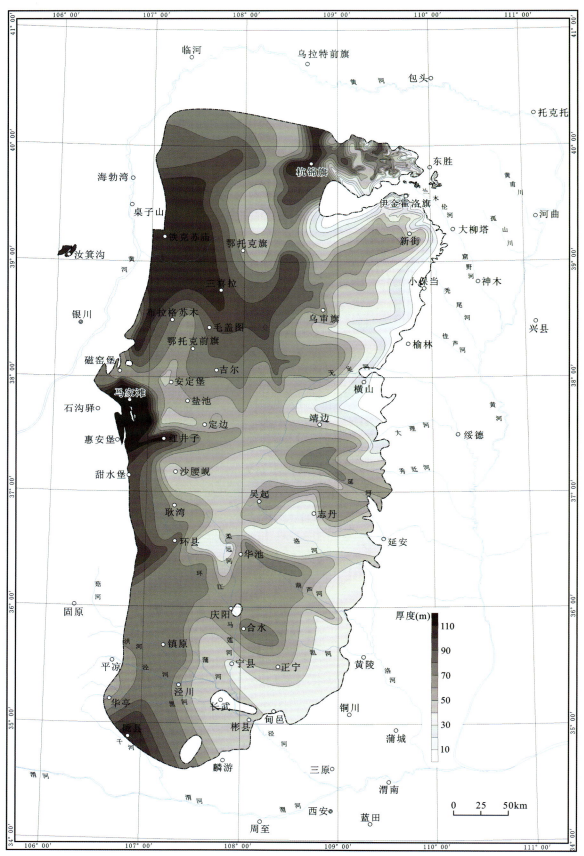

图 2-13　鄂尔多斯盆地直罗组上段残留地层厚度图

二、直罗组底界面埋深和构造高程特征

地层厚度分布规律给予含铀岩系以横向的二维定位,通常反映了沉积期古地理环境演变的信息及其遭受后期构造剥蚀的改造程度。而地层的底界面埋深和构造高程,则可以给予含铀岩系以垂向定位,反映了后期构造作用对含铀岩系的改造结果(抬升、掀斜或者挤压),这对于砂岩型铀矿勘查深度的界定具有意义。

1. 直罗组底界面埋深特征

直罗组底部界面的埋深差异是与现今地形、上覆地层厚度以及直罗组的剥蚀程度联系在一起的。鄂尔多斯盆地直罗组底部界面埋深具有很强的规律性。总体上看,中偏西部埋深较大,分别向盆地东缘和西缘逐渐递减,等值线呈近南北向展布(图2-14),这说明在含铀岩系沉积期后鄂尔多斯盆地东部和西部普遍经历了构造抬升。

全盆地深埋区主要分布于盆地西部,沿铁克苏庙北—布拉格苏木—安定堡—摆宴井—镇原西—安口一线分布,埋深达1200m以上,分别向东、向西埋深逐渐递减。该区最大的深埋区有两处:一处位于西北部的海勃湾东—铁克苏庙以北地区,呈向北开口的簸箕状,最大埋深达1 883.5m;另一处位于安定堡—摆宴井—镇原西—安口一线,呈狭长的条带状,分布范围最大,最大埋深高达2065m。夹持于两个深埋区之间的布拉格苏木附近埋深略浅,呈椭圆状,分布范围较小,最大埋深为1 673.1m。

全区浅埋藏区大致呈南北向分别分布于盆地的东缘和西缘。其中,盆地东缘南北一线的浅埋藏区分布面积最大,是砂岩型铀矿的理想勘查区域。该区位于杭锦旗—鄂托克旗—吉尔—吴起—华池—泾川一线以东的地区,埋深小于1200m,继续向东部剥蚀线方向埋深逐渐递减。另一个浅埋藏区分布范围有限,位于盆地西缘的磁窑堡—惠安堡一带,以及盆地西缘外围的六盘山和汝箕沟局部地区,最小埋深为159.3m。此外,东南部长武地区具有小范围的地层剥蚀区(图2-14)。

2. 直罗组底界面构造高程特征

直罗组底部界面的构造高程与埋深呈良好的负相关关系。在形态上,高程等值线亦呈近南北向展布,中偏西部高程值较低,自西向东和自东向西高程值均逐渐增加(图2-15),反映了鄂尔多斯盆地东部和西部地区直罗组经历了后期的构造抬升。

总体来说,全盆地的构造高程大致以杭锦旗—乌审旗—吴起—合水—长武一线和磁窑堡东—惠安堡东一线为界,中部为低值区,东部和西部为高值区(铀矿勘查的有利区域)。

中部低值区以三喜拉和毛盖图为界可以分为两个亚区:①海勃湾—铁克苏庙以东地区,总体呈舌状,由鄂托克旗向北偏西方向高程逐渐降低(0～－400m)。②毛盖图—长武—凤翔一线以西地区,呈条带状,由鄂托克前旗向南偏西高值区逐渐降低(－500m以下)。

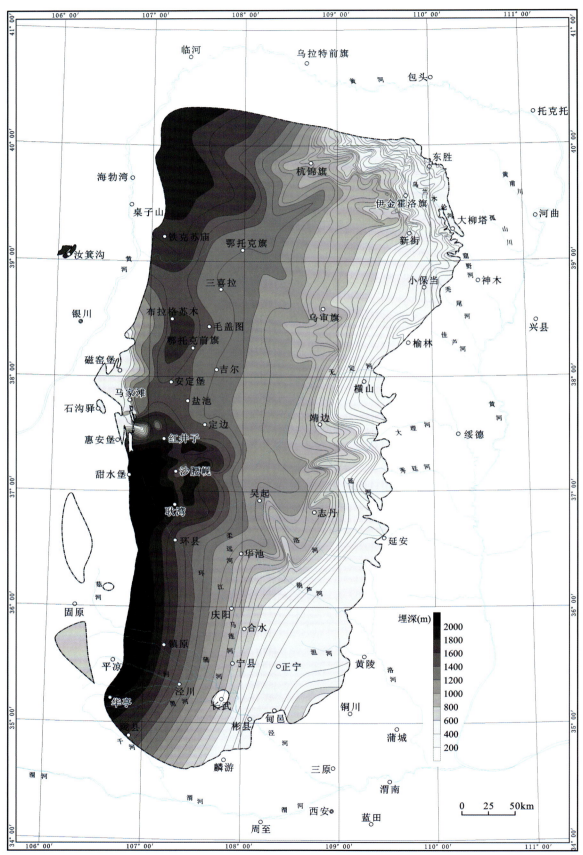

图 2-14　鄂尔多斯盆地直罗组底界面埋深图

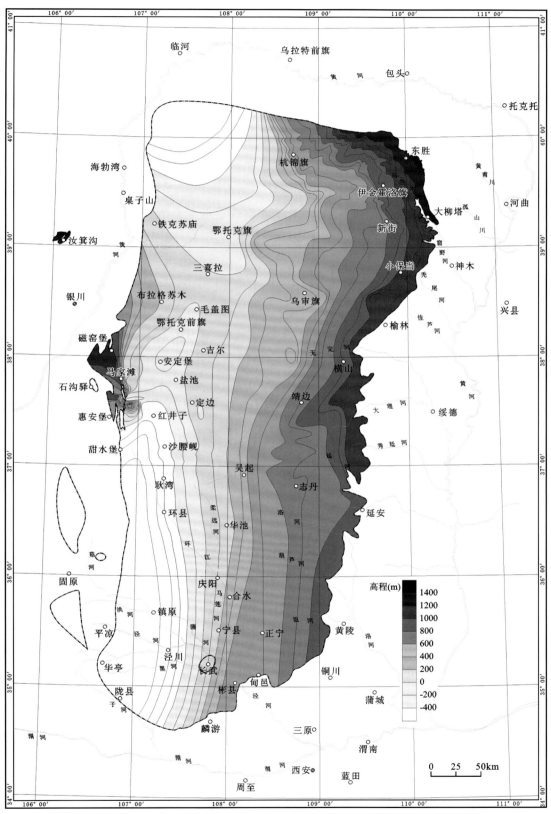

图 2-15 鄂尔多斯盆地直罗组底界面构造高程图

第三章　铀储层空间分布规律与物源-朵体重建

直罗组是鄂尔多斯盆地最重要的含铀岩系。系统总结含铀岩系内部铀储层的区域空间分布规律、进行定位预测、识别和重建大型物源-沉积朵体，是铀矿勘查最重要的基础沉积学工作。在含铀岩系等时地层格架研究基础上，充分利用钻孔资料和露头资料进行系统岩性统计，按照评价地层单元（直罗组下段、中段和上段）编制系列砂分散体系图（砾岩厚度图、砂体厚度图、含砂率图），有助于全面了解区域铀储层的空间分布规律，同时达到钻前定位预测研究的目的。

第一节　直罗组下段铀储层空间分布规律

直罗组下段是鄂尔多斯盆地重要的含矿层，深入剖析铀储层不同岩性（砾岩和砂体）的外部几何形态、厚度发育特征，以及阐明直罗组下段含砂率空间分布规律，对于铀矿勘查评价至关重要。

一、铀储层厚度

直罗组下段铀储层总体上西厚东薄，具有从盆地北部、西部、西南部依次向东南、东、北东方向会聚和频繁分岔的平面形态特征。

（一）铀储层厚度高值区

全盆地铀储层厚度主要发育 4 个高值区，即东北部东胜纳岭沟附近、西北部铁克苏庙附近、西部石沟驿附近、西南部泾川附近（图 3-1）。

1. 东北部东胜纳岭沟附近高值区

形态似扇状，沿北西-南东向展布，为鄂尔多斯盆地直罗组下段铀储层最大厚度分布区，最大铀储层厚度达 203.4m。该高值区以纳岭沟—瑶镇为轴线，自西北向东、东南、西南方向频繁分岔并减薄，主要形成 3 个分支：一分支向东胜方向频繁分岔，分布范围较大，铀储层厚度在 60~80m 之间；中间一支为细长条状，规模最大，沿东南方向延伸至伊金霍洛旗—瑶镇一带，显然属于该高值区的轴线，但是向东南方向铀储层也明显减薄；最后一分支由北东向西南方向延伸，规模较小，至杭锦旗附近明显减薄。

2. 西北部铁克苏庙附近高值区

分布范围较大，铀储层厚度自西北向东南方向逐渐减薄并出现分岔，形成向东与向东南方向展布的

2个分支,形状似足状,铀储层厚度最大可达150.8m。其中向东的分支规模较小,与北部纳岭沟附近高值区局部会合;而向东南方向的分支规模较大,延伸至鄂托克旗东部后,先向南延伸至乌审旗再转折向东分为2个次分支,分别抵达榆林附近。

3. 西部石沟驿附近高值区

铀储层总体呈鸟足状,自西向东频繁分岔且逐渐减薄。该高值区内铀储层平均砂体厚度为106.2m,最厚达156.9m。该区分布范围较大,表现为3个分支,分别由磁窑堡、马家滩-惠安堡、山城-堡子湾3个高值带组成。

(1)北部磁窑堡高值带,向东经吉尔延伸至靖边以东地区。

(2)中部马家滩-惠安堡极高值区,向东又分为两个次级分支:一支向北东安定堡方向延伸,与北部磁窑堡高值带会合;另一支向东部定边方向延伸,呈现出与北部源于磁窑堡的靖边分支平行发育的基本格局。

(3)南部山城-堡子湾高值带,初始向东延伸,在罗卜塬附近形成两个分支:一支继续向东延伸至吴起北及其以远地区;另一支由罗卜塬向东南方向的华池方向转折,继续向东延伸经志丹到延安一带。

4. 西南部泾川附近高值区

铀储层为条带状,由西南向北东方向展布,经泾川—镇原、庆阳—合水,直抵直罗—店头一带,分布范围较小,较少分岔。砂体厚度普遍较前两个高值区低,最大为86.8m。泾川高值区形似条带状,于剖25井附近分岔。

(二)铀储层厚度低值区

直罗组下段铀储层存在多个厚度低值区(铀储层厚度小于40m)。如图3-1所示,除了盆地西缘外围的贺兰山和六盘山局部残留外,由北向南依次存在5个规模较大的低值区,即东北部的东胜神山沟—神木柠条塔一带、北部的杭锦旗以西—榆林小保当一线、中西部的鄂托克前旗偏北—横山一线、南部的彭阳北草庙乡—马岭镇—甘泉西下寺湾一线、南部彬县—旬邑一带。

除此以外,还有一些位于较大规模高值区中的局部低值区,例如西部石沟驿附近高值区中的盐池东低值区、吴起南低值区、魏家楼西一线低值区、志丹北低值区、安塞南低值区等。

那些位于相邻高值带之间的区域带状低值区为直罗组沉积期的物源-朵体识别和划分提供了重要依据。

(三)盆地西缘外围残留区

在盆地西缘外围地区,直罗组下段铀储层几乎剥蚀殆尽,仅在局部地区有残留。在汝箕沟—二道岭一带有残留,直罗组下段铀储层厚度在41~85m之间,分布范围很小;在六盘山地区残留平均厚度为61m,呈三角形状;在固原的炭山—窑山一带、石沟驿等地,也有直罗组下段铀储层残留,厚度在60m以上。

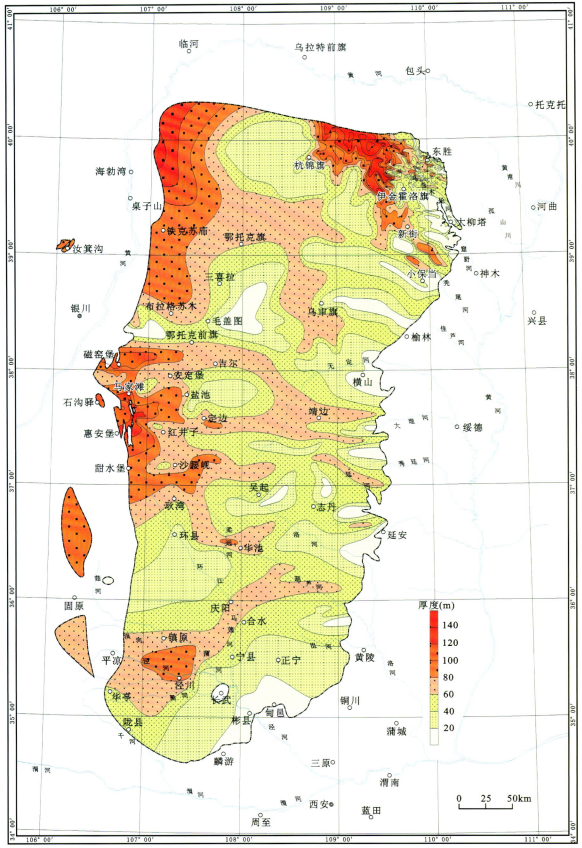

图 3-1 鄂尔多斯盆地直罗组下段铀储层残留厚度图

二、含砂率

在平面上,直罗组下段含砂率的空间展布特征和铀储层厚度基本一致,西高东低,向东—东南方向频繁分岔,全盆地大部分区域含砂率值均较高,但是发育的4个高值区(含砂率大于60%)清晰可见(图3-2)。

1. 含砂率高值分布区

(1) 东北部东胜纳岭沟附近高值区:自西北向东南展布,形态似鸟足状,以纳岭沟—瑶镇一线为主轴分支,其东部和西部为侧支。中部的主轴呈带状分支,除局部可见小范围低值区外,总体分布稳定,延伸最远,高值区几乎在90%以上,至瑶镇一带含砂率开始降低。东部侧支展布方向同主轴分支但略偏北,规模明显不如主轴分支且频繁分岔,并在分支末端含砂率迅速降低,从而限制了朵体继续延伸。西部侧支向南略偏西延伸,呈朵状在杭锦旗附近迅速降低。

(2) 西北部铁克苏庙附近高值区:呈鸟足状形态,呈北西-南东向展布,分布范围较大,最大含砂率为90.8%。由铁克苏庙附近开始,该区大体上可分为2个分支:一支呈朵状向三喜拉和毛盖图方向推进并迅速尖灭,其在布拉格苏木附近与西部石沟驿附近高值区的分支会合;另一支呈指状沿鄂托克旗以北向东推进,随后分岔为两个次级分支,一分支继续向东呈扇状与北东部东胜纳岭沟附近高值区主轴分支会合,另一分支向南略偏西方向延伸至乌审旗再向东分为更次级的两个分支,直抵孟家湾和长城则一带。

(3) 西部石沟驿附近高值区:大致呈指状分岔,自西向东展布,分布范围较大,其中也包括窑山附近的残留高值区,最大含砂率为100%。在由西向东推进的过程中,该区分岔为3个分支:北部磁窑堡高值带,向东延伸至鄂托克前旗和吉尔以东地区,先后与来自西北部铁克苏庙高值区的分支在鄂托克前旗以西地区及吉尔东以远地区会合;中部惠安堡-古峰庄高值区,向东稳定延伸经定边至靖边南附近后含砂率降低并分岔;南部山城-堡子湾高值带,规模较另两个分支大,延伸距离也更远,在堡子湾以东分为两个次分支,一分支继续向东延伸至吴起一带,另一分支向南至华池再转向东可能直至延安地区,两分支在华池南与西南部泾川附近高值区有会合。

(4) 西南部泾川附近高值区:形态上为简单宽带状,最大含砂率为89.5%,展布方向大致为南西—北东东向,分布范围较大,其中以泾川北—宁县西—合水北—甘泉下寺湾为主线,而位于店头的高值区可能为源于合水附近的次要分支。

2. 含砂率低值区及西缘外围局部区

全盆地含砂率低值区(含砂率小于60%),与铀储层厚度展布特征类似,主要分布于含砂率高值区边界、分岔或末端。

盆地西缘外围地层剥蚀严重,在西北部汝箕沟残留一小部分,含砂率在70%以上,另外在炭山—窑山一带有较局限的分布,含砂率较高。

三、铀储层中的砾岩厚度

为了更好地揭示直罗组下段铀储层的分布规律,专门对其中的砾岩厚度进行了研究,编图发现其主要分布于鄂尔多斯盆地的北部、西部和西南部边缘,分布规模有限,但是几个高值区清晰可见(图3-3)。

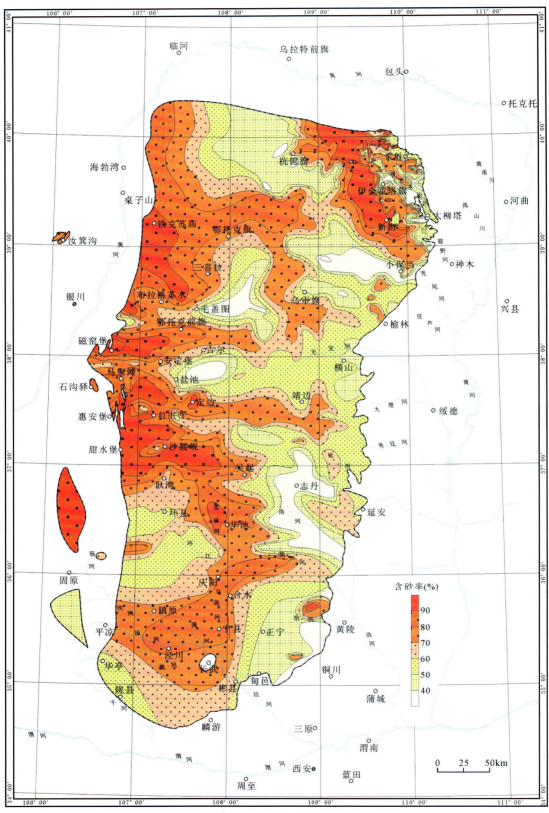

图 3-2 鄂尔多斯盆地直罗组下段含砂率图

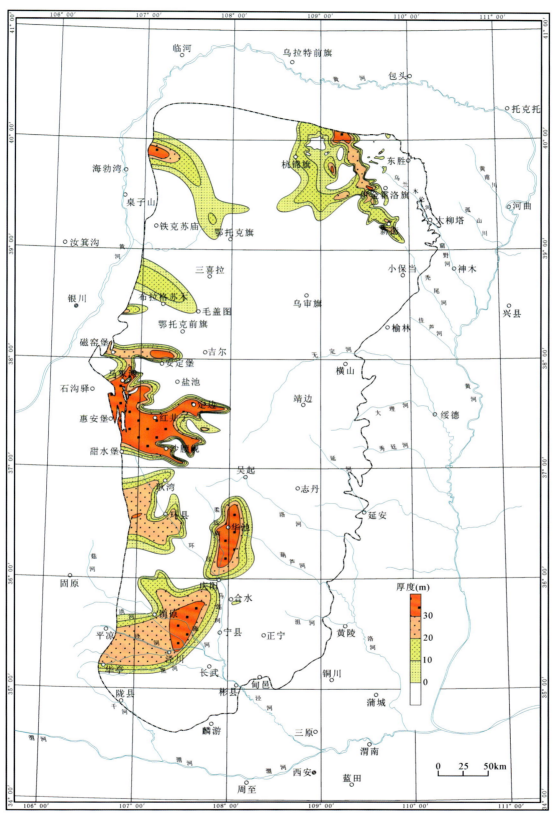

图 3-3 鄂尔多斯盆地直罗组下段砾岩残留厚度图

（1）东北部东胜纳岭沟附近高值区：呈不规则带状和朵状复合体，砾岩厚度最高值达70.8m。该高值区的东西部呈现不同的特征。东部为细窄的带状，自西北向东南方向稳定分布，主干部分延伸至红碱淖；中部于伊金霍洛旗附近有细小分支，该分支延伸范围有限；西部呈朵状，向西南方向发散，范围宽泛但砾岩厚度不大，多在20m以下，其中局部无砾岩。

（2）西北部铁克苏庙附近高值区：该区砾岩发育规模有限，仅存在3个自北西向南东延伸的平行指状小分支，北部小分支终止于鄂托克旗以西，中南部小分支终止于毛盖图，南部小分支（海勃湾东部）规模更小。

（3）西部石沟驿附近高值区：呈分散的朵状，主要由3个相对独立的朵状组成。其中，磁窑堡-惠安堡高值区分布范围最广且砾岩厚度最大，多在30m以上，呈不规则鸟足状向东分岔。向南依次为终止于耿湾和环县的2个朵体，它们的分布规模有限，但是有可能与其东部华池、庆阳一带的砾岩有成因联系。

（4）西南部泾川附近高值区：呈朵状，分布于华亭、泾川、镇原及其以东地区，终止于合水西一带。它也可能与其东北部华池、庆阳一带的砾岩有成因联系。

第二节 直罗组中段和上段砂体空间分布规律

在鄂尔多斯盆地，尽管目前的勘查工作尚未在直罗组中段和上段发现铀矿化，但是作为对直罗组完整充填演化规律的系统总结却具有科学意义，更何况在直罗组的中段和上段还发育一些大型的具有潜在意义的铀储层。

一、直罗组中段砂体厚度

直罗组中段的砂体特征与下段相比已有明显的变化，砂体厚度明显变薄（平均厚度为31.0m），但是总体仍呈自西向东逐渐减薄的趋势，继承了直罗组下段的物源供给格架。全盆地共发育有5个砂体厚度高值区（砂体厚度大于60m）和5个主要低值区（砂体厚度小于40m）（图3-4）。此外，在盆地西部外围的汝箕沟、石沟驿、窑山—炭山和六盘山一带直罗组中段砂体有残留。

1. 砂体厚度高值区

直罗组中段砂体厚度高值区分别位于盆地东北部的东胜纳岭沟—皂火壕一带，西北部的铁克苏庙一带，中部的磁窑堡—惠安堡一带、环县—华池一带和南部安口—泾川一带。此外，盆地东北部还零星分布着一些小面积的高值区，包括杭锦旗以南、罕台川以西、东胜以南及刀兔以北地区。

（1）东北部东胜纳岭沟—皂火壕一带高值区：呈宽阔的极不均衡的带状，由北西向南东延伸，至西召附近迅速减薄。其中，罕台川以西高值区的平均砂体厚度为69.8m，东胜以南高值区的平均砂体厚度在75m左右。

（2）西北部铁克苏庙一带高值区：规模最大，与下段相比变化不大，平均砂体厚度为88m，具有分别向北东、东和东南方向分岔的趋势，但主体向西南延伸至毛盖图后再向东经乌审旗至刀兔一带减薄。

（3）中西部磁窑堡—惠安堡一带高值区：分布范围较大，总体上呈东西向展布，平均砂体厚度为81.2m，最大厚度为113.6m。与下段相比，此时砂体已呈明显的相互平行的南、北两个次级分带。北部碎石井—天池一带的次级高值区呈条带状，在天池附近分别向北东、南东至盐池方向再次分岔。南部惠安堡—古峰庄的次级高值区砂体也呈条带状，分别向东、南东东、东南3个方向分岔，其中重要的一支在盐池西与北部天池的砂体会合后，再向东延伸至靖边地区，而向东南的分支规模较小。

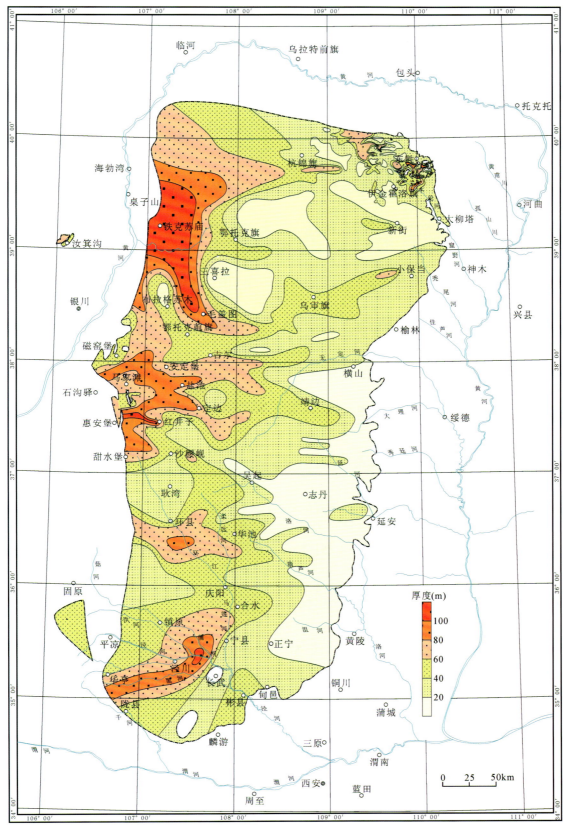

图 3-4 鄂尔多斯盆地直罗组中段砂体残留厚度图

(4)中西部环县—华池一带高值区：与下段相比分布范围明显变大，总体上呈东西向展布，具有向北东和南东方向分岔的趋势，但规模均较小。该区平均砂体厚度为75.9m，最大厚度为88.2m。

(5)南部安口—泾川一带高值区：分布范围较大，总体上呈北东向展布，至合水一带，平均砂体厚度为83.1m，最大厚度为106.9m。

2. 砂体厚度低值区

直罗组中段砂体厚度低值区，主要位于盆地东北部的杭锦旗—伊金霍洛旗—乌审旗北—三喜拉—鄂托克旗东一带、中东及中南部的横山—靖边东—安塞—吴起—正宁一带、中西部的耿湾和固原东地区、南部长武地区。①东北部低值区分布范围较大，平均砂体厚度为20.9m；②中东及中南部低值区呈南北向分布，范围更大，平均砂体厚度为17.1m；③耿湾一带低值区为近椭圆状，平均砂体厚度为27.1m，最小厚度为20.6m；④固原东一带低值区分布范围较小，平均砂体厚度为25.9m；⑤南部长武一带低值区为宽条带状，平均砂体厚度为17.3m。

二、直罗组中段含砂率

直罗组中段与下段相比，含砂率明显变小，分布格局与砂体展布特征很相似。全盆地含砂率平均值为31.2%，发育有6个高值区（含砂率大于40%）和6个主要低值区（含砂率小于30%）（图3-5）。

1. 含砂率高值分布区

含砂率高值区分别位于盆地东北部东胜—杭锦旗，西北部铁克苏庙—毛盖图，中西部碎石井—天池和甜水堡—古峰庄—盐池，中东部榆林以西的刀兔—巴拉素—无定河和延安北部，西南部环县—合水—华池一带、陇县—泾川，南部彬县一带。

(1)东北部东胜—杭锦旗一带高值区：零星分布着几个面积较小的高值区，分别位于罕台川以西、东胜以南、杭锦旗以西、杭锦旗以南及伊金霍洛旗一带。

(2)西北部铁克苏庙一带高值区：分布范围很大，总体上呈南北向展布，含砂率平均值为50%，最大含砂率为60.7%。该区自毛盖图向东可能波及至乌审旗、横山、榆林西一带。

(3)中西部碎石井—天池和甜水堡—古峰庄—盐池一带高值区：呈窄条带状，含砂率平均值为50.7%，最大含砂率为69.2%。该高值区形态与砂体形态一致，在盐池附近会合后向东南方向延伸，在定边附近再次分岔，之后再会合并一直延伸至靖边一带。

(4)西南部环县—合水—华池一带高值区：分布范围较大，总体上呈东西向展布。含砂率平均值为45%左右，合水附近最高含砂率为60.1%。

(5)西南部陇县—泾川一带高值区：分布范围较大，总体上呈北东向展布，高值区呈宽条带状。含砂率平均值为66.1%，最高含砂率为72%。

(6)南部彬县一带高值区：分布范围较大，呈现向南突出的朵状，最高含砂率为63.2%。

2. 含砂率低值分布区

直罗组中段具有6个含砂率低值区：①盆地东北部的杭锦旗南—鄂托克旗—三喜拉—乌审旗北—瑶镇—石圪台一带低值区分布范围较大，含砂率平均值为17.9%，局部无砂岩；②西北部布拉格苏木—吉尔—磁窑堡一带低值区含砂率平均值为24.8%，最小含砂率为13.9%；③中东部横山—靖边一带低值区分布范围较小，含砂率平均值为21.9%；④中西部耿湾一带低值区为椭圆状，含砂率平均值为21.3%，最小含砂率为14.6%；⑤中南部吴起—志丹—正宁—宜君西一带低值区分布范围较大，呈"T"字形展布，含砂率平均值为13.3%，局部无砂岩；⑥西南部固原东—庆阳西一带，分布范围较大，含砂率平均值为23.7%。

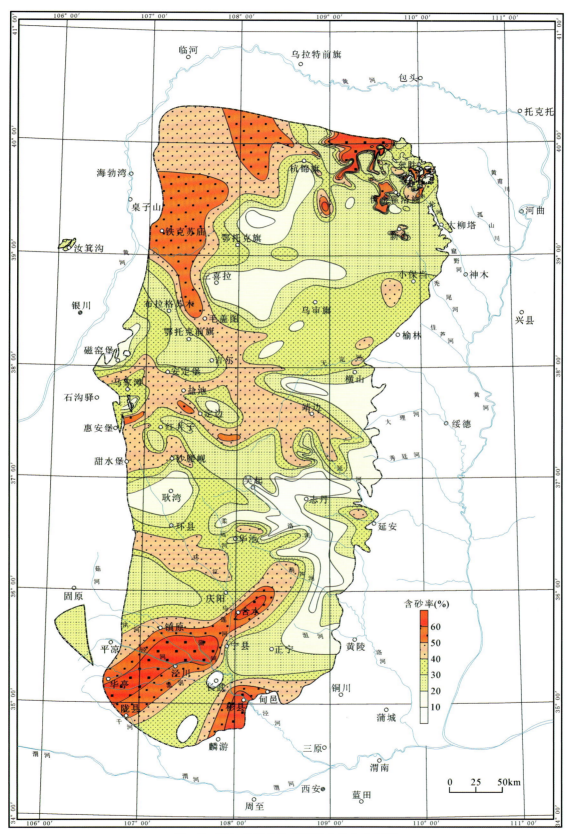

图 3-5　鄂尔多斯盆地直罗组中段含砂率图

三、直罗组上段砂体厚度

鄂尔多斯盆地直罗组上段砂体厚度空间分布特征总体具有西厚东薄的趋势,平均砂体厚度为34.3m。全盆地共发育有6个主要砂体厚度高值区(砂体厚度大于40m)和5个主要低值区(砂体厚度小于20m)。在盆地西缘外围仅汝箕沟一带具有直罗组上段砂体的残留(图3-6)。

1. 砂体厚度高值区

主要高值区分别位于盆地东北部杭锦旗—伊金霍洛旗、西北部铁克苏庙、西部马家滩—红井子、西南部环县、南部陇县-泾川、东南部宜君一带。

(1)东北部杭锦旗-伊金霍洛旗高值区:分为两个高值区,砂体自盆地北缘向南、南东方向延伸,至新街一带明显减薄。该区平均砂体厚度为51.4m,最大厚度为67.3m。

(2)西北部铁克苏庙高值区:分布范围较大,总体上为北西-南东向展布,为宽条带状,分别向北东、南东方向分岔,南部一支分别波及至乌审旗以东和横山以西地区。平均砂体厚度为47.7m,最大厚度为58.3m。

(3)西部马家滩-红井子砂体厚度高值区:较直罗组中段分布面积有所减小,为狭长条带状向东延伸至子长以西地区。平均砂体厚度为58.3m,最大厚度为79.3m。

(4)西南部环县高值区:分布范围较小,砂体自环县分两支分别向东、南东方向延伸。平均砂体厚度为49.4m,最大厚度为58.7m。

(5)南部陇县-泾川高值区:分布范围较小,砂体自南往北逐渐减薄,平均砂体厚度为57.4m。

(6)东南部正宁高值区:分布范围较大,平均砂体厚度为50.4m。该高值区可能是西南部环县和南部陇县-泾川两个高值区共同影响的结果。

另外,在汝箕沟存在残留高值区,但分布范围极小。

2. 砂体厚度低值区

主要低值区分别位于盆地西北部鄂托克旗北—杭锦旗西、西部布拉格苏木—盐池东—磁窑堡、东北部伊金霍洛旗以南—横山、西部子长西—志丹北—沙腰岘—吴起南—华池—黄陵西、西南部华亭—宁县—环县西一带。

(1)鄂托克旗北-杭锦旗西低值区:为"T"字形,平均砂体厚度为15.7m,最小厚度为14.7m。

(2)西部布拉格苏木-盐池东-磁窑堡低值区:总体上向东南方向展布,平均砂体厚度为16.8m,最小厚度为8.1m。

(3)东北部伊金霍洛旗以南-横山低值区:分布范围较大,呈南北向展布,平均砂体厚度为11.6m,最小厚度为2.1m。

(4)西部子长西-志丹北-沙腰岘-吴起南-华池-黄陵西低值区:呈三角形向东开口,分布范围极大,平均厚度为12.7m,最小厚度为3.9m。

(5)西南部华亭-宁县-环县西低值区:呈三角形,分布范围较大,平均砂体厚度为19.1m,最小厚度为12m。

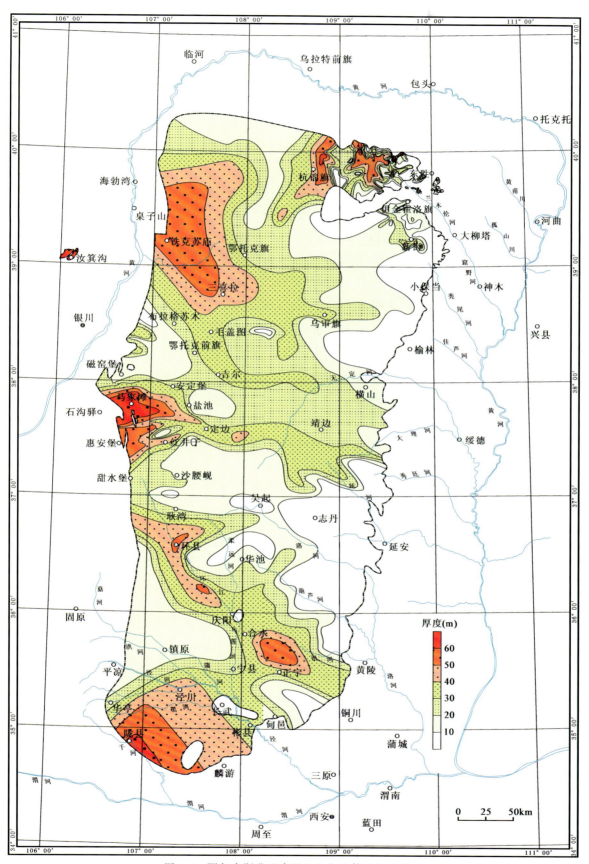

图 3-6 鄂尔多斯盆地直罗组上段砂体残留厚度图

四、直罗组上段含砂率

直罗组上段含砂率特征与相应的砂体形态基本一致，全盆地含砂率较直罗组中段增高，平均值为44%，发育有5个主要高值区（含砂率大于50%）和7个主要低值区（含砂率小于30%）（图3-7）。

1. 含砂率高值分布区

高值区分别位于盆地东北部杭锦旗—伊金霍洛旗、西北部铁克苏庙—鄂托克旗、中部古峰庄—定边—靖边、西南部环县—宜君、南部陇县—彬县等地区。

(1) 东北部杭锦旗-伊金霍洛旗高值区：中间被剥蚀区分隔开，总体上自北向南展布。杭锦旗以东含砂率平均值为68.7%，最大值为100%。伊金霍洛旗以南含砂率平均值为69.9%，最大值为100%。

(2) 西北部铁克苏庙-鄂托克旗高值区：分布范围较大，总体上呈北西-南东向展布。含砂率平均值为56.2%，最大含砂率为67.6%。该区具有两个分支，偏北分支经鄂托克旗、乌审旗直抵榆林西，偏南分支经毛盖图至靖边西北与南部古峰庄-定边-靖边高值区会合。

(3) 中部古峰庄-定边-靖边高值区：自西向东呈条带状展布，含砂率平均值为62.2%，最大含砂率为84%。

(4) 西南部环县-宜君高值区：分布范围较大，主体向东南方向延伸。在环县附近向北东、东、南东方向分岔，分别延伸至吴起南、甘泉西和宜君西。该区含砂率平均值为63.1%，最大含砂率为77.2%。

(5) 南部陇县-彬县高值区：呈朵状，分布范围较大，含砂率平均值为69.4%，最大含砂率为80%。

此外，在盆地西部外围的汝箕沟发育有范围较小的高值区。

2. 含砂率低值分布区

主要低值区分别位于研究区北部鄂托克旗北—杭锦旗西、东北部中鸡—刀兔—杭锦旗南、中东部毛盖图—横山、西部磁窑堡—吉尔、中部山城—吴起—安塞、西南部平凉东—镇原和东南部华池南—富县一带。

(1) 北部鄂托克旗北-杭锦旗西低值区：呈三角状分布，平均含砂率为25.5%。

(2) 东北部中鸡-刀兔-杭锦旗南低值区：分布范围较大，向西北方向与北部鄂托克旗北-杭锦旗西低值区连通。

(3) 中东部毛盖图-横山低值区：分布范围较大，由西向南东方向展布，平均含砂率为14.9%。

(4) 西部磁窑堡-吉尔低值区：分布范围较大，呈由南东向西展布的三角形，平均含砂率为19.8%。

(5) 中部山城-吴起-安塞低值区：分布范围较大，总体为东西向展布，平均含砂率为13.2%。

(6) 西南部平凉东-镇原低值区：呈三角形，平均含砂率为22%。

(7) 东南部富县-环县低值区：呈窄条带近南东向展布，平均含砂率为21.4%。

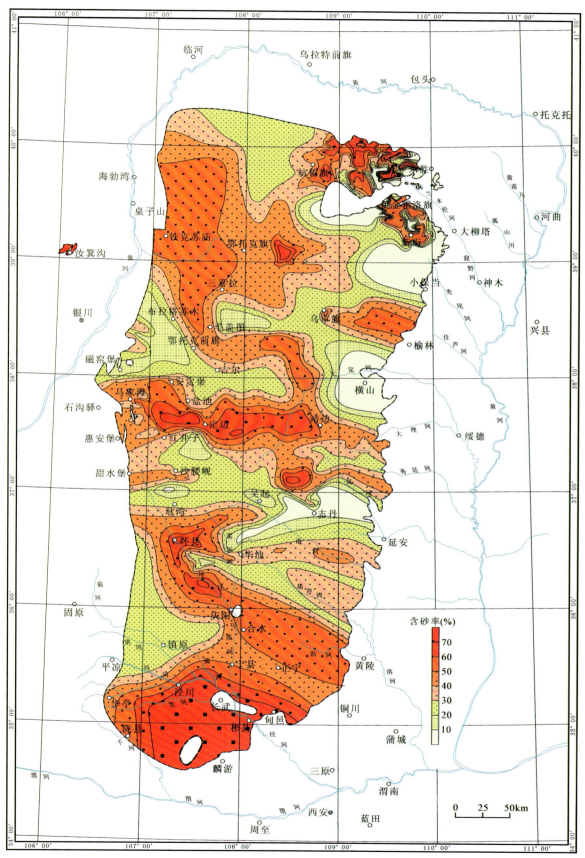

图 3-7 鄂尔多斯盆地直罗组上段含砂率图

第三节 大型物源-沉积朵体重建与建模目标遴选

砂分散体系编图不仅能够阐明铀储层的空间分布规律,而且具有识别和划分沉积物源区的基本功能(焦养泉等,2006,2015a)。在一个沉积盆地中,对大型物源-沉积朵体的识别与划分具有重要意义,它们至少能为砂岩型铀矿的勘查部署提供两个方面的重要依据:一方面是盆地内部铀储层的分布规律,因为砂体厚度和走向直接制约层间氧化带的发育方向和铀成矿的空间;另一方面便是物源(铀源),因为物源区母岩的性质直接决定着盆地内部铀储层的物质成分,特别是铀的供给和分配。

一、大型物源-沉积朵体的识别与划分

以直罗组下段为例,铀储层厚度明显存在4个高值区,特别重要的是与4个高值区相匹配在其间还发育了3条具有区域规模的带状低值区(表3-1),这为鄂尔多斯盆地识别和划分直罗组沉积时期的大型物源-沉积朵体提供重要支撑。由盆地内部铀储层的产出规矩与盆地外围区域大地构造的空间配置关系,可以恢复含铀岩系沉积期的大型物源及其相对应的沉积朵体,即大型物源-沉积朵体,简称物源-朵体。大量的区域大地构造研究表明,侏罗纪的鄂尔多斯盆地直接与北部阴山造山带(古亚洲洋造山带)、西部阿拉善地块和南部秦岭造山带接壤(刘少峰等,1997;董树文等,2019;吴之理和方曙,2019;翟明国,2019;张克信等,2020;王永和等,2020),造山带和陆块为盆地中的含铀岩系特别是铀储层的形成发育提供了主要物源,为砂岩型铀成矿提供了充足的铀源。据此,在鄂尔多斯盆地直罗组下段识别和划分出了4个大型物源-沉积朵体,自北向南依次是源于乌拉山、狼山弧、龙首山和西秦岭北坡的大型物源-沉积朵体(焦养泉等,2011,2015b,2020b;图3-8)。

对直罗组下段4个大型物源-沉积朵体的判别,也得到了直罗组下段含砂率(图3-2)和砾岩厚度(图3-3)分布规律的进一步证实。实际上,对比分析发现直罗组中段和上段,虽然砂体分布规模有所减少、分割性也有增强(图3-4~图3-7),但是其组合也能很好地与下段的物源-朵体进行匹配,反映直罗组中段和上段继承了下段沉积时期的物源体系,从而具有相似的沉积格架。

表3-1 鄂尔多斯盆地直罗组沉积期大型物源-沉积朵体划分识别依据与基本信息

序号	盆地中发育位置	命名	铀储层厚度区域变化		古水流方向	残留分布面积(km²)
			高值区(中心)	低值区(边界)		
1	东北部	乌拉山物源-朵体	东北部东胜纳岭沟附近	/	北偏西→南偏东	16 070
2	西北部	狼山弧物源-朵体	西北部铁克苏庙附近	杭锦旗以西—榆林小保当一线	北西→南东	43 589
				鄂托克旗偏北—横山一线		
3	中西部	龙首山物源-朵体	西部石沟驿附近	彭阳北草庙乡—马岭镇—甘泉西下寺湾一线	西→东	53 729
4	西南部	西秦岭北坡物源-沉积朵体	西南部泾川附近	/	南西→北东	33 335

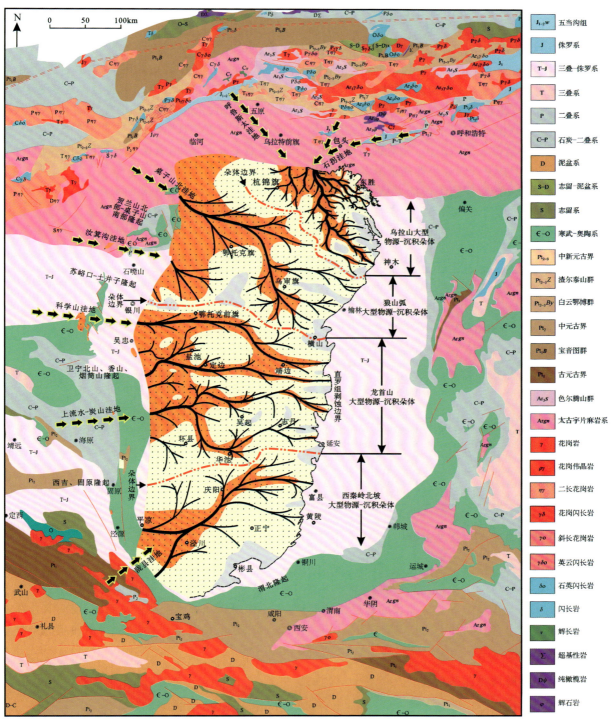

图 3-8　鄂尔多斯盆地直罗组沉积期的大型物源-沉积朵体恢复与重建

二、典型建模露头和铀矿床的遴选

研究发现,鄂尔多斯盆地直罗组下段4个大型物源-沉积朵体不仅在沉积学上自成体系,而且每个物源-朵体中的铀成矿作用也自成体系,不尽相同。截至目前,除源于狼山弧的物源-朵体由于埋深的原因尚未实施勘查外,其余3个物源-朵体均已获得重要的找矿发现,其中东北部源于乌拉山物源-朵体蕴藏着国内最大的、具有世界级规模的系列铀矿床(东胜铀矿田),而西部源于龙首山的物源-朵体拥有磁窑堡-惠安堡铀矿床,南部源于西秦岭北坡的物源-朵体拥有店头-双龙铀矿床。这一切展示了直罗组铀储层具有巨大的铀资源勘查潜力,而对铀成矿机理乃至未来铀矿开发来讲,需要针对直罗组不同的大型物源-沉积朵体开展深入细致的铀储层非均质地质建模研究(焦养泉等,2012a,2018a)。

以鄂尔多斯盆地直罗组下段的大型物源-沉积朵体为单位,结合野外露头剖面的出露情况、铀储层性质、铀矿化特色以及铀矿床的开发条件,分别选取了两个典型露头剖面、一个露头区和一个典型铀矿床进行了精细解剖与建模研究(表3-2,图3-9)。

表3-2 鄂尔多斯盆地铀储层地质建模典型剖面和铀矿床遴选

建模目标	物源-朵体归属	(潜在)铀储层成因类型	铀矿化特色	拟解决关键科学问题
东胜神山沟张家村露头剖面	乌拉山物源-朵体	辫状河三角洲平原中的分流河道	东胜铀矿田(古砂岩型铀矿床)	分流河道型铀储层结构及其对铀成矿的制约机理
榆林横山石湾镇露头剖面	龙首山物源-朵体	辫状河三角洲前缘中的水下分流河道	露头区无成矿作用(上游为磁窑堡-惠安堡铀矿床)	水下分流河道型(潜在)铀储层内部结构及其"原生态"还原介质分布规律
黄陵(直罗-店头-焦坪)露头区	西秦岭北坡物源-朵体	"深切谷"中的辫状河道和曲流河道	店头-双龙铀矿床(古砂岩型铀矿床)	深切谷中沉积体系类型演化及辫状河道型铀储层内部结构特征
纳岭沟铀矿床	乌拉山物源-朵体	辫状河三角洲平原中的分流河道	东胜铀矿田(古砂岩型铀矿床)	露头建模的井下应用

1. 东胜神山沟张家村露头剖面

东胜神山沟张家村露头剖面是东胜铀矿田在盆地东部被构造掀斜作用出露地表并经受剥蚀改造的古砂岩型铀矿床的自然露头,是源于乌拉山物源-朵体中隶属于辫状三角洲平原分流河道成因的铀储层典型代表。该剖面直罗组下段下亚段的地层结构完整,成矿作用特别是后生蚀变作用、古层间氧化带和铀矿化现象非常丰富且典型,是进行露头铀储层非均质性地质建模研究的天然实验室和理想的野外教学基地。

2. 榆林横山石湾镇露头剖面

榆林横山石湾镇露头剖面是一个未受层间氧化作用和铀成矿作用改造的潜在铀储层典型露头剖面,它隶属于龙首山物源-朵体中辫状河三角洲前缘水下分流河道成因的铀储层。除了露头剖面的出露较为完整外,突出其水下分流河道砂体内部结构和流体流动单元的精细解剖是对东胜铀矿田三角洲平原分流河道型铀储层多样性研究的必要补充。更重要的是能在未经成矿作用改造的潜在铀储层内部揭示"原生态"还原介质的成因机制和空间分布规律,这对于充分理解铀储层内部的铀成机理具有科学意义,当然通过对该露头的解剖也能比较龙首山物源-朵体与乌拉山物源-朵体在物质供给上的差异。

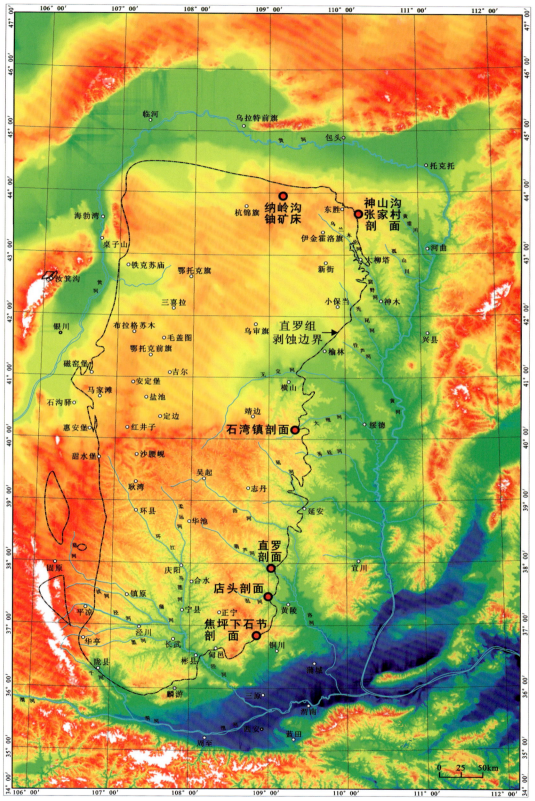

图 3-9 鄂尔多斯盆地直罗组铀储层非均质性地质建模野外露头剖面及铀矿床位置图

3. 黄陵(直罗-店头-焦坪)露头区

黄陵(直罗-店头-焦坪)露头区的铀储层源于西秦岭北坡的物源-朵体,其中蕴藏了"小而富"的店头-双龙铀矿床。受盆地构造背景的影响,该区的铀储层是一种发育于"深切谷"中的辫状河道砂体,而"深切谷"充填末期沉积体系演变为曲流河沉积体系。与东胜神山沟张家村露头剖面相似,该露头区也是一个经构造掀斜被剥露地表的古砂岩型铀矿床,典型露头剖面众多,这为从沉积体系分析的角度认识辫状河道型铀储层的特殊性提供了方便。因此,在该露头区的工作重点是通过系列典型剖面的精细解剖,总结深切谷中沉积体系类型的演化规律并揭示辫状河道型铀储层内部结构的非均质性特征。

4. 纳岭沟铀矿床

鄂尔多斯盆地东胜铀矿田是迄今为止我国发现的铀矿资源量最大的砂岩型铀矿田,其中包含了皂火壕(特大型)、纳岭沟(特大型)、柴登壕(大型)、大营(超大型)和巴音青格利(大型)5个铀矿床。其中,纳岭沟铀矿床已经完成了地浸采铀实验即将投入规模化的开发。所以,将露头铀储层建模的经验借鉴应用于地下,纳岭沟铀矿床是不二之选。由露头到地下,一直是储层沉积学家为之奋斗的目标,以纳岭沟铀矿床为试点,开展铀储层及其铀矿体结构非均质性的先导性建模研究,有助于认识铀储层内部结构和流体流动单元的复杂性与规律性,对于优化地浸采铀工艺、提高采收率具有科学意义。

第二篇 辫状分流河道型铀储层露头地质建模

盆地东北部东胜神山沟露头区铀储层内部结构与成矿作用

露头地质建模的关键是阐明铀储层的沉积非均质性和成岩非均质性，以及由非均质性制约下的铀矿化机理和分布规律。其中，最核心的内容是在准确识别含铀岩系沉积体系类型基础上，在铀储层内部识别沉积界面、划分内部构成单元，阐明铀储层内部结构与成岩（矿）作用的内在成因联系。在鄂尔多斯盆地东北部，东胜神山沟张家村露头剖面是东胜铀矿田被构造掀斜而出露地表并经受剥蚀改造的古砂岩型铀矿床的自然露头，是源于乌拉山物源-朵体中隶属于辫状三角洲平原分流河道成因的铀储层的典型代表。该剖面直罗组下段下亚段的地层结构完整，成矿作用特别是后生蚀变作用、古层间氧化带和铀矿化现象非常丰富且典型，是进行露头铀储层非均质性地质建模研究的天然实验室和理想的野外教学基地。

第四章 铀储层成因与典型剖面选择

野外露头剖面拥有丰富的、直观的地质信息,是沉积学研究的天然实验室。野外露头研究对于恢复含铀岩系沉积体系类型、识别和划分铀储层内部的沉积界面和构成单元、建立沉积体三维几何形态及空间配置关系等具有重要意义。露头铀储层非均质性建模则是在详细的野外地质调查基础上,选择具有代表性的露头剖面,即研究目的层出露完整、地层结构清楚,特别是铀成矿作用典型丰富的剖面开展研究。

在鄂尔多斯盆地的东北部,东胜神山沟露头区直罗组含铀岩系,特别是直罗组下段铀储层具有良好的出露条件,是进行铀储层地质建模不可多得的理想地区。笔者选取了3个典型剖面,重点对沉积非均质性和成岩(矿)非均质性开展了精细研究,探讨了铀成矿机理,构建了地质模型,筛选了模型构建的关键参数,为典型铀矿床的地下地质建模和地浸开发提供必要的经验积累及指导。

第一节 辫状分流河道型铀储层的沉积学判据

在鄂尔多斯盆地东北部,东胜神山沟一带直罗组有良好的出露,其中张家村剖面是直罗组下段下亚段含矿层的自然露头。从砂分散体系的角度看,它属于乌拉山物源-朵体的中下游(图1-8、图3-1、图3-8、图3-9);从成矿系统来看,它属于东胜铀矿田的一部分,是古砂岩型铀矿床的暴露部分,可能与紧邻西侧隐伏于地下的皂火壕铀矿床具有亲缘关系(图4-1)。

一、铀储层成因的基本观点

在该区,学者们关于直罗组下段特别是下亚段铀储层成因类型的认识一直存在分歧,一些学者认为是辫状河沉积体系的产物,属于辫状河道型铀储层,理由是该层位的铀储层具有区域的稳定性。然而,笔者团队通过近20年系统的露头调查、岩芯分析和区域编图分析,始终坚信东胜地区直罗组下段下亚段主要由辫状河体系和辫状河三角洲体系构成,其中辫状河三角洲平原构成了研究区的主体,而辫状河三角洲前缘和前三角洲由于构造抬升掀斜已被严重剥蚀,甚至丧失殆尽(焦养泉等,2005b,2006)。铀成矿主要形成于辫状河三角洲平原的分流河道型铀储层中,该层位的确也存在辫状河沉积体系,但是主要位于乌拉山物源-朵体的上游,即呼斯梁一带(图4-2a)。值得注意的是,在鄂尔多斯盆地东北部直罗组下段的上亚段也是重要的含矿层,但是沉积体系的类型却发生了显著变化,属于曲流河-曲流河三角洲沉积体系(焦养泉等,2005b,2006;Jiao et al,2005;图4-2b)。由于典型建模剖面属于直罗组下段下亚段,所以对上亚段不再过多论述。

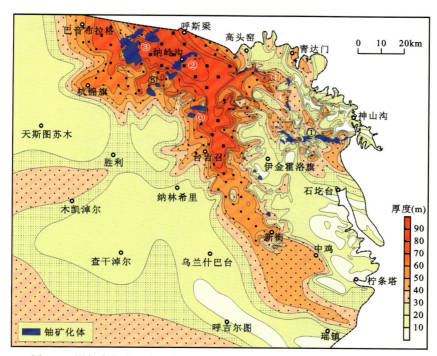

图 4-1　鄂尔多斯盆地东北部铀储层厚度与铀矿床的空间配置关系，J_2z^{1-1}
①皂火壕铀矿床；②纳岭沟铀矿床；③大营铀矿床；④柴登壕铀矿床；⑤乌定布拉格铀矿产地；⑥大成梁铀矿产地

二、辫状河三角洲沉积体系的主要依据

客观地讲，砂体规模并不是区别辫状河沉积体系与辫状河三角洲沉积体系的沉积标志，其实这两种沉积体系均可以拥有大规模稳定分布的骨架砂体。重要的沉积成因标志是砂分散体系几何形态、沉积充填垂向序列、特征沉积构造和沉积物类型，以及其中发育的指相生物化石等。

1. 鸟足状的砂分散体系

在鄂尔多斯盆地东北部，无论是直罗组下段的下亚段还是上亚段，由砂体厚度图和含砂率图表征的砂分散体系均具有一个重要特征——向下游频繁分岔的鸟足状（图 3-1、图 3-2、图 4-1）。在陆相沉积盆地边缘，这种几何形态通常是冲积扇、辫状平原或三角洲的判别标志。前已述及，鄂尔多斯盆地直罗组沉积期，总体处于区域逆冲造山活动的间歇期，属于继承性的坳陷盆地，构造活动稳定，不具备形成冲积扇沉积体系的大地构造条件。而把直罗组下段下亚段特征的"鸟足状砂分散体系形态"与其拥有的"区域规模骨架砂体"两大要素进行综合评判，辫状河或辫状河三角洲就成为乌拉山物源-朵体最为可能的沉积体系类型。

从砂分散体系的形态可以看出，辫状河与辫状河三角洲两种沉积体系的分界线大致是以砂体明显开始分岔为标志的。分岔意味着坡降比发生了变化，或者是河流受到了湖水的抑制，因此分岔处通常位于古湖泊最初的滨岸线附近。显然，乌拉山物源-朵体明显开始分岔的界线大致位于纳岭沟一带（图 4-2a），所以目前残留的砂分散体系主体属于辫状河三角洲（平原）。从明显的分岔开始，整个进入三角洲平原后，辫状分流河道持续推进并频繁向下游分岔，这是砂分散体系呈现为鸟足状的主要原因，说明源于辫状河的建设作用控制了三角洲的发展壮大。

位于东胜神山沟张家村的典型露头剖面，已属于乌拉山物源-朵体中下游更次一级的辫状分流河道，

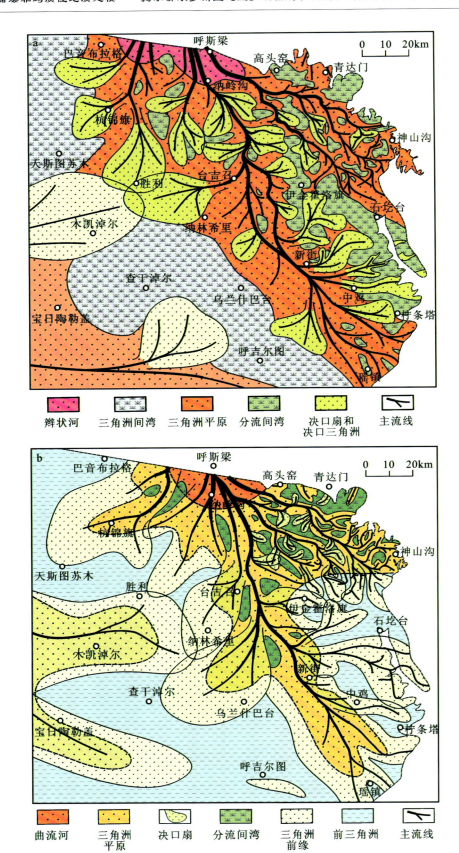

图 4-2 鄂尔多斯盆地东北部乌拉山物源-朵体的沉积体系域重建

a. 辫状河-辫状河三角洲，J_2z^{1-1}；b. 曲流河-湖泊相三角洲，J_2z^{1-2}

河道规模相比于纳岭沟附近已经大为减薄,但是辫状分流河道的边缘沉积组合(决口扇),以及废弃三角洲平原上的细粒沉积物甚至泥炭沼泽发育的概率却大大增强(图2-8a)。

2. 倒粒序垂向序列

倒粒序(反韵律)是三角洲沉积体系拥有的最为特征的垂向演化序列。在东胜地区,虽然直罗组下段下亚段的辫状分流河道的建设性沉积作用占优势,正粒序(正韵律)较为发育,但是也有众多钻孔显示为倒粒序或者先倒粒序后正粒序的垂向序列组合,它们主要分布在乌拉山物源-朵体的中下游,并且形成了几个具有一定规模的条带,如纳岭沟南—胜利一带、伊金霍洛旗—柠条塔一带、纳林希里南—乌兰什巴台—瑶镇附近(图4-3)。这说明研究区仍有部分三角洲前缘的沉积组合被保留,这是最为重要的辫状河三角洲的判别标志。

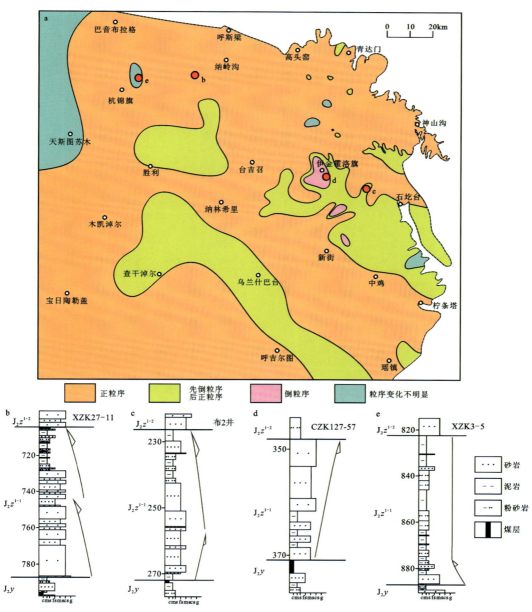

图4-3 鄂尔多斯盆地东北部直罗组下段下亚段沉积物垂向充填图

a.垂向充填序列类型分区图;b.正粒序(正韵律),ZXK27-11;c.先倒粒序后正粒序的垂向序列组合,布2井;d.倒粒序(反韵律),CZK127-57;e.粒序变化不明显,XZK3-5

如图 4-2 和图 4-3 所示，目前残留的直罗组下段下亚段以辫状河三角洲平原为主，主要的铀矿体储存于辫状分流河道型铀储层中，推测辫状河三角洲前缘、前三角洲（开阔湖泊）应该位于研究区的东南部，已被剥蚀殆尽。

3. 存在大型的分流间湾和淡水动物化石

野外调查发现，在研究区偏南部的呼和乌苏沟和考考乌苏沟（张家沟）一带，以大规模骨架砂体而著称的直罗组下段非常罕见地以细粒沉积物直接覆盖于延安组风化壳白砂岩（不整合界面）之上（焦养泉等，2006）。

2004 年，笔者团队曾经在考考乌苏沟（张家沟）直罗组底部（J_2z^{1-1}）泥岩中发现了鱼鳞等淡水动物化石，以及水生植物化石和浪成波痕等（图 4-4a～e）。2009 年，笔者团队又在公尼召 GZK127-9 钻孔典型的反粒序→正粒序的垂向序列中发现了小型淡水动物化石（图 4-4f），这充分说明直罗组下段下亚段铀储层系辫状河三角洲成因。不仅如此，在 GZK127-9 钻孔直罗组中段，笔者团队还首次发现了昆虫化石（图 4-4g），这应该是直罗组内部一次大规模湖泊扩张事件的记录，这既是划分初始湖泛面的最好证据，也佐证了以往在直罗组中依靠大套细粒沉积物的出现而划分湖泊扩展体系域（EST）的可靠性。

图 4-4 鄂尔多斯盆地东北部直罗组底部和中部的淡水动物化石

a、b. 鱼鳞化石（考考乌苏沟，J_2z^{1-1}）；c. 动物化石碎片（考考乌苏沟，J_2z^{1-1}）；d. 水生植物碎片
（考考乌苏沟，J_2z^{1-1}）；e. 浪成波痕及其垂直动物潜穴（考考乌苏沟，J_2z^{1-1}）；f. 昆虫化石
（公尼召 GZK127-9，733.0m，J_2z^{1-1}）；g. 昆虫化石（GZK127-9，668.0m，J_2z^2）

直罗组底部泥岩含量显著增加，而且泥岩中波痕、鱼鳞化石、水草化石等的产出均预示着直罗组下段具有明显的相变。分析认为，考考乌苏沟（张家沟）直罗组底部的细粒沉积物，应该属于伊金霍洛旗-柠条塔北的倒粒序或无粒序分布区的一部分，这是一个可能与直罗组早期发育的大型湖泊沟通的大型分流间湾（图 4-3）。

最新的野外地质调查,又在东胜的安家圪台发现了分流间湾沉积。该剖面上,直罗组下段下亚段的辫状分流河道砂体向西尖灭,从而罕见地保留了砂泥互层的分流间湾沉积(图4-5)。这是第一次在东胜地区发现了直罗组下段下亚段存在分流间湾沉积(可能与湖泊沟通)。

由此可见,东胜地区直罗组下段下亚段属于辫状河三角洲沉积体系的三角洲平原部分,东胜铀矿田的主要铀矿体产出于辫状分流河道型铀储层中,神山沟张家村露头区是进行辫状分流河道型铀储层地质建模研究的天然实验室。

第二节 剖面选择标准与基本地质概况

野外露头地质建模研究需要依据野外地层出露情况以及研究目的进行剖面遴选。通常首先需要进行野外露头区的踏勘,再从中选择拟解剖的目标剖面。

一、露头建模剖面选择的标准

在东胜神山沟露头区,为了更好地进行铀储层非均质性地质建模研究,遴选更好的具有代表性的露头剖面,选择典型剖面时遵循了以下几条原则。①铀储层隶属于直罗组下段下亚段(J_2z^{1-1}),且上下地层结构出露清楚;②露头解剖点应尽可能具有三维可对比性,即至少要有两条剖面进行对比研究,尽可能地选择两条与古水流方向垂直的剖面进行研究;③典型剖面应尽可能多地包含各种地质信息,如沉积学、成岩作用与成矿作用等方面的信息;④典型剖面的工作环境良好,有利于测量和系统取样。

根据以上原则,对东胜神山沟露头区进行了筛选,最终确定将张家村剖面作为辫状分流河道型铀储层非均质性地质建模研究的对象。在张家村的东侧,具有两个近似垂直古水流的露头剖面以及一个辅助研究剖面,笔者分别将其命名为PM-01(张家村1号剖面)、PM-02(张家村2号剖面)和PM-03(张家村3号剖面)(图4-6)。其中,PM-01为主要研究剖面,位于沟谷北岸,发育有完整的直罗组下段下亚段(J_2z^{1-1})铀储层,与上覆直罗组下段上亚段(J_2z^{1-2})和下伏延安组(J_2y)界线清晰、蚀变作用类型丰富、古层间氧化带清晰可辨、铀矿化作用活跃(图4-7a);PM-02为对比研究剖面,位于沟谷南岸,与PM-01剖面近乎平行,两者相距130m,隶属于同一辫状分流河道的下游,可以起到良好的对比作用(图4-7b);另外,在PM-02剖面以西,还有一个辅助性研究剖面PM-03,其与PM-01和PM-02近乎垂直。因此,张家村剖面是铀储层三维地质建模研究的理想目标。

二、张家村1号剖面(PM-01)基本概况

张家村1号剖面(PM-01)位于东胜神山沟张家村东侧沟谷的北岸,走向为北西-南东向(138°),剖面长约183.3m,垂向高度约33.0m。剖面两端GPS编号分别为No.372和No.377(图4-6、图4-7a)。

PM-01剖面底部出露延安组(J_2y),仅见第Ⅴ成因地层单元上部的工业煤层(2煤组)和灰白色风化壳。向上跨越重要的平行不整合界面(J_2z/J_2y-SB3),演变为直罗组下段下亚段(J_2z^{1-1}),在该剖面上SB3表现出对下伏延安组自东向西剥蚀和冲刷作用加强的趋势;在No.372点附近,延安组顶部灰白色风化壳最厚处可达2m(岩性为中—粗粒富含高岭石的石英砂岩);至No.373点,风化壳被完全剥蚀直接出露下伏2煤组(厚度超过1m)。不整合界面之上为超过30m厚的铀储层,自下往上分别呈灰白色、

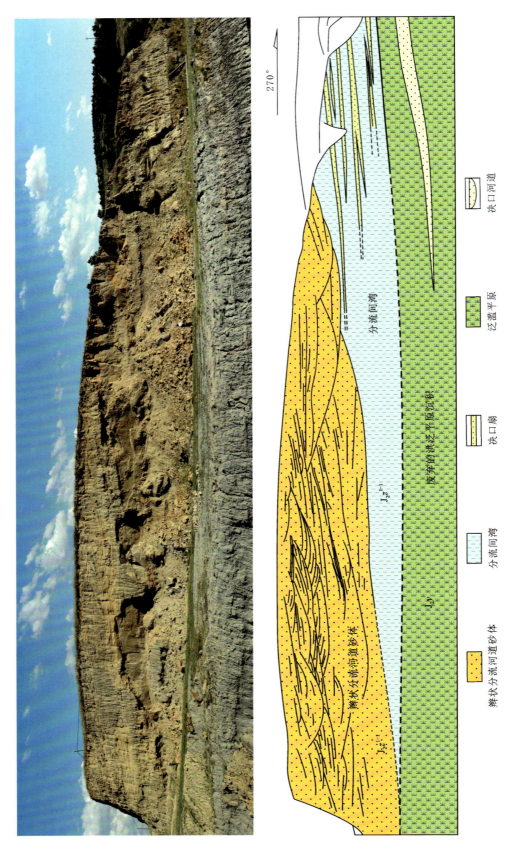

图4-5 鄂尔多斯盆地北部辫状河三角洲沉积体系中辫状分流河道与分流间湾沉积组合，J_2z^{1-1}，东胜安家壕台

浅灰色、黄色、浅绿色和紫红色,粒度由粗砂岩—细砂岩不等,局部可见灰色钙质结核和暗色泥岩。该砂体废弃后,在下亚段顶部形成 1 煤组,由两层薄煤线构成,间距约 2.5m,下煤线厚度约为 25cm,上煤线略薄,侧向延续性较好。1 煤组是直罗组下段下亚段(J_2z^{1-1})与上亚段(J_2z^{1-2})的分界线(图 4-7a)。

由剖面岩性的分段观察及详细沉积写实可知,PM-01 直罗组下段下亚段在垂向上总体可以分为 3 个大的沉积旋回,各旋回均表现为向上变细的正粒序(图 4-8、图 4-9)。铀储层底部冲刷面上可见大量泥砾且发育槽状交错层理,被解释为辫状分流河道。第一个旋回和第二个旋回的顶部各沉积了一套较厚的暗色泥岩和粉砂岩组合,被解释为废弃三角洲平原沉积(图 4-8a～c)。第三个旋回岩性较为复杂,主体以黄色和浅绿色砂岩为主,夹有紫红色钙质结核,分流河道砂体废弃后不仅有灰绿色细砂岩和粉砂岩,还有聚煤作用发生,形成了两层薄煤线。总体上看,该剖面底部铀储层粒度较粗,分选性较差,向上逐渐变好。铀储层规模较大且横向上连通性较好,被解释为辫状河三角洲平原中的辫状分流河道沉积,属于辫状河三角洲沉积体系。

在铀储层内部,与铀成矿作用关系密切的地质现象较为典型而且丰富,主要包括碳质碎屑和黄铁矿等还原介质、钙质结核,以及由各种蚀变作用导致的岩石地球化学类型和铀矿化现象等。碳质碎屑呈现为细小长条状、透镜状或团块状,剖面上见到最大的碳质碎屑直径达 40cm(图 4-8d),在铀储层底部距下伏延安组煤层上方 1m 范围内较为发育(图 4-10a),而在铀储层内部碳质碎屑主要分布于冲刷界面之上。在碳质碎屑外围或附近,黄铁矿通常多见(图 4-10a)。大型结核状黄铁矿往往发育于铀储层底部,

图 4-6　张家村露头剖面(PM-01、PM-02 和 PM-03)相对位置俯视图,神山沟

图4-7 鄂尔多斯盆地东北部张家村露头剖面，J_2z^{1-1}，东胜神山沟

a. 张家村沟谷北岸1号剖面（PM-01）；b. 张家村沟谷南岸2号剖面（PM-02）

图 4-8　张家村 PM-01 剖面 No.375 附近沉积旋回及其特征沉积物，J_2z^{1-1}，神山沟

a.下亚段的 3 个沉积旋回；b.a 图中下部的局部放大；c.低能暗色粉砂岩与泥岩互层沉积，废弃三角洲平原沉积，位置见图 a；d.超大型被磨圆的碳质碎屑，滞留沉积物，位置见图 a、b；注意：自下而上铀储层的颜色由灰色基调向黄色基调演变，表明还原介质逐渐减少

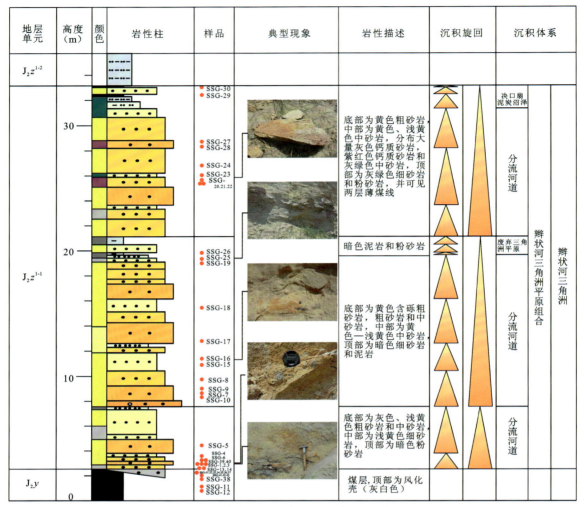

图 4-9 张家村 PM-01 剖面垂向序列图,神山沟

即与下伏延安组煤层接触面附近,可见外圈被氧化而呈黄褐色(图 4-10b)。一些黄铁矿呈镶边状产出于富含有机质的泥砾外围(图 4-10c)。钙质砂岩主要分布于剖面的中上部和左上方,中上部主要为较大规模的灰色钙质砂岩(图 4-10d、e),而左上部主要为灰绿色砂岩中残留的结核状钙质紫红色砂岩(图 4-10f)。

三、张家村 2 号剖面(PM-02)基本概况

PM-02 剖面与 PM-01 剖面"隔河"遥相呼应,位于沟谷南岸,走向为南东-北西向(312°)。剖面横向总长 93.6m,垂向高度为 30.1m。剖面两端 GPS 编号分别为 No.371 和 No.369(图 4-7b)。

PM-02 剖面下部也出露了延安组(J_2y),只是 SB3(J_2z/J_2y 平行不整合界面)的剥蚀和冲刷能力有限,第Ⅴ成因地层单元上部的工业煤层(2 煤组)和灰白色风化壳基本保留,煤层出露厚度为 3m 左右,风化壳最厚处可达 5m 左右(岩性为中—粗粒含高岭石的石英砂岩)。上覆直罗组下段下亚段的顶部被剥蚀(现代),未见顶部 1 煤组的双煤线。从底部向上,该剖面铀储层的岩性分别呈黄色、浅黄色、褐黄色砂岩,且粒度不等。

对剖面岩性的分段观察及详细写实可知,PM-02 剖面铀储层的垂向序列与 PM01 剖面相似,也由 3 个大的沉积旋回组成,只是在各旋回的顶部缺失了细粒沉积物,预示着该剖面铀储层具有更好的连通

图 4-10　张家村 PM-01 剖面中特征岩石类型，J_2z^{1-1}，神山沟

a. 各种形态的碳质碎屑，注意附近发育的黄铁矿呈现了黄色后生蚀变；b. 铀储层底部大型团块状黄铁矿，注意与下伏延安组煤层的近距离接触关系；c. 铀储层底部大型富有机质泥砾，注意泥砾表面的黄铁矿镶边构造；d. 大型灰色钙质砂岩结核，注意其中胶结了早期形成的黄铁矿；e. 大型"飞碟"状灰色钙质结核；f. 被黄色和灰绿色砂岩包裹的紫红色钙质砂岩

性（图 4-11）。

PM-02 剖面也有较为丰富的沉积、成岩和成矿现象。在剖面左下方不整合界面之上，直罗组铀储层底部可见暗色泥砾、碳质碎屑和结核状黄铁矿（图 4-12a）。碳质碎屑呈圆状、长条状或透镜状分布，在一些碳质碎屑的边缘可以见到灰色环带（图 4-12b），这应该是成岩（煤）过程中碳质碎屑向周围释放了还原物质的最好记录。在碳质碎屑附近，可见较多黄铁矿，黄铁矿较大者长轴可达 20cm 左右（图 4-12a）。下亚段砂体往上局部可见灰色钙质结核和暗色泥岩。剖面右上方分布有浅黄色砂岩，其中包裹着灰绿色砂岩，核部为紫红色钙质砂岩，紫红色钙质砂岩长轴约 30cm（图 4-12c），这种现象相似于 PM-01 剖面。

四、张家村 3 号剖面（PM-03）基本概况

PM-03 剖面是 PM-02 剖面向西偏南方向的自然延伸，走向为北东-南西向（248°），总体上与 PM-01 剖面和 PM-02 剖面垂直。剖面水平长 170m 左右。剖面两端 GPS 编号分别为 No.524 和 No.529（图 4-6）。

PM-03 剖面下部被覆盖，顶部可以追踪到 1 煤组（下煤线和上煤线），它既是 PM-02 剖面的自然延伸，也是横向展示分流河道砂体内部构成单元空间结构演化的重要补充。该剖面最重要的特征是分流

河道砂体内部的分割性变得更强,3个沉积旋回特别是各自顶部的泥质隔档层较为发育,规模较大(图4-13),展示了复合分流河道逐渐废弃的沉积作用过程,同时还兼有丰富的铀成矿的后生蚀变作用信息(图4-14)。

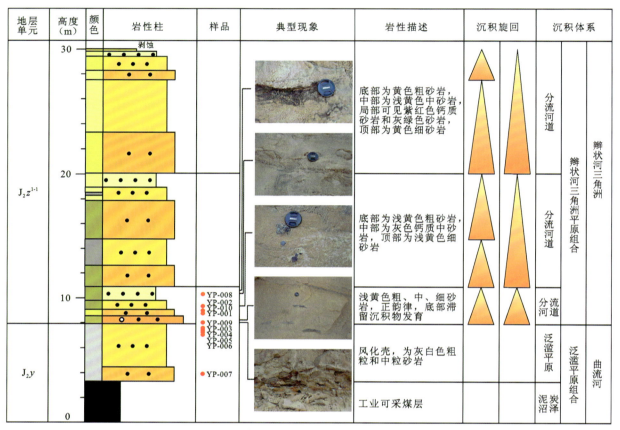

图4-11 张家村PM-02剖面垂向序列图,神山沟

图4-12 张家村PM-02剖面左下方No.371附近铀储层中的滞留沉积物及其衍生物,J_2z^{1-1},神山沟

a.泥砾及被氧化了的黄铁矿结核层;b.碳质碎屑及其环带状还原性灰色蚀变;c.紫红色钙质砂岩

图4-13 张家村露头第3号辅助性研究剖面（PM-03），J_2z^{1-1}，神山沟

注：受空间限制，选取几组不同角度的照片展片展示PM-03的基本结构，需要注意的是由于视觉差照片上的GPS点位有变。

其中，左下部的第一个沉积旋回为正韵律，中下部的铀储层以灰绿色为主（图 4-13），碳质碎屑发育（图 4-14a），局部夹有红色钙质砂岩结核（图 4-14b、c）顶部为灰色粉砂岩和泥岩，发育植物根痕以及5cm 的煤线（图 4-14d）。第二个和第三个沉积旋回规模逐渐变小，铀储层均为黄色，其冲刷界面附近发育有红色和暗色泥砾（图 4-14d、e），预示着干旱古气候的影响开始显现，砂体内部的碳质碎屑多数被氧化而呈现为无机质充填，但有些不彻底残留有镜煤碳质（图 4-14f）。第二沉积旋回顶部为泥质沉积物（隔档层），向右追踪逐渐显示为凹形，凹形底部具有高能滞留泥砾沉积物，之上突然演变为泥质沉积，可以解释为废弃河道（图 4-15）。

图 4-14　张家村 PM-03 剖面典型的岩石学特征，J_2z^{1-1}，神山沟

a. 冲刷界面上下截然不同的成岩环境，上部黄色氧化砂岩，下部为还原性质的泥岩和粉砂岩；b. 总体为灰色还原性砂岩中的碳质碎屑；c. 黄色砂岩中氧化残留的碳质碎屑，中部被无机质充填，边缘残留镜煤化碳质条带；d. 黄色砂岩冲刷界面附件的红色泥砾和暗色泥砾，预示着古气候已经开始干旱；e、f. 灰（绿）色砂岩中的钙质红色砂岩结核，古层间氧化带残留

图 4-15 张家村PM-03剖面典型废弃辫状分流河道沉积,神山沟

注:废弃河道具有由高能滞留沉积物突然演变为细粒沉积物的垂向充填结构

第五章 辫状分流河道型铀储层沉积非均质性

铀储层沉积非均质性所要解决的关键问题是建立铀储层内部结构的格架模型,即以铀储层研究的对象——河道为单位,重点研究其内部由等级界面限定的各级内部构成单元的空间配置关系,揭示其垂向和横向演化规律,阐明由于沉积因素导致的铀储层非均质性的关键要素,特别是那些制约含矿流体运移、铀变价行为乃至地浸开发的沉积学要素,即隔档层和有机还原介质分布规律,从而为理解铀成矿机理和优化地浸开发工艺提供沉积学解决方案。

第一节 铀储层沉积非均质性分析方法

了解沉积体的内部结构,一直是沉积学家最为感兴趣的研究方向,其研究尺度可以是一个沉积盆地、一个层序、一个沉积体系,或者是一种成因相。这种思想也很早地体现在以往的沉积学文献中。早在1975年Jackson对底形的分类研究中就提出了层次和规模分类法,将底形划分为小型、中型及大型3种。在对古代沉积记录研究中,Brookfield(1977)和Allen(1980,1983)发现了不同规模、夹在界面之间的沉积单元。Fried等(1979)则发现系列小型的结构要素相互叠置可以形成大的结构要素。Allen(1983)在河流沉积物中划分了三级界面,并得到了许多地质学家的认同。Miall(1985)在Allen界面的基础上,又增加了一个四级界面,即古峡谷中的河道带的底界面。1985年,在第三届国际河流沉积学大会上,Miall第一次完整地提出了河流沉积相的等级界面与内部构成单元分析法,从而奠定了沉积体内部结构分析的科学方法论。对于铀储层地质建模而言,该方法是揭示铀储层沉积非均质性最为恰当的方法。

一、经典的河流沉积六级界面系统

沉积体的内部构成单元(architectural units)是一个由其形态、相组成及其规模所表征的沉积体,它是沉积体系内部一种特定沉积作用过程的产物,并由各级沉积界面(hierarchy of bounding surfaces)彼此自然地分开。Miall(1985)在综合前人研究的基础上,针对河流提出了六级界面及其限定的构成单元系统,具体定义如下。

1. 1级界面

1级和2级界面表示微底形和中底形沉积物内的界面,相当于交错层系的界面。这些界面上没有或很少有侵蚀,它们表示一系列相似床沙底形的实际连续沉积。在岩芯上,这些界面也许不太显著,但是活化面的存在可以通过层系底面之上交错前积层的削蚀和尖灭来识别(图5-1)。

2. 2级界面

2级界面是层系组的界面,它们限定了微型或中底形组,并象征着流动条件的变化或流动方向的变化,但是没有明显的时间间断。界面上、下的岩性相是不同的。在岩芯上这些界面可以通过岩性相的变化与 1 级界面区别开(图 5-1)。

3. 3 级界面

当内部构成的重建表明存在包括侧向加积(LA)及顺流加积(DA)两种巨型底形时,即可确定 3 级及 4 级界面。这些巨型底形具有侵蚀面(冲刷面),并以一定的角度削蚀下伏的交错层理。它们可以切穿一个以上的交错层系,冲刷面上披盖着内碎屑泥砾。界面上、下的岩性相组合相似,在岩芯上很容易辨认这些特征。这些界面表示水位变化或巨型底形内的床沙底形方向的变化,它们象征着大规模"活化"或"增生"(图 5-1)。

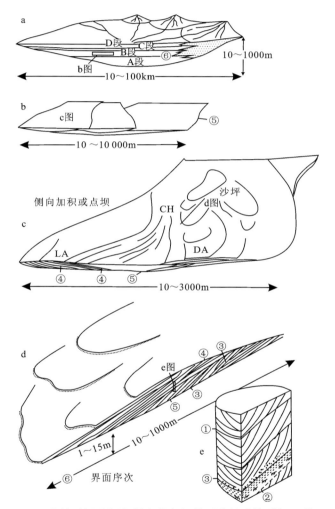

图 5-1 Miall 针对河流沉积提出的六级界面分级系统(据 Miall,1988)
CH.河道;LA.侧向加积;DA.顺流加积
注:a~e 表示河流单元的逐级放大,从中可以识别出①~⑥6 种不同的沉积界面。

4. 4 级界面

第一种类型的 4 级界面表示巨型底形的上界面,一般为平至上凸状。它对下伏层理及 1 级至 3 级界面呈低角度削蚀,表明它们是侧向或顺流加积界面。第二种类型的 4 级界面是小河道的底部冲刷面。

在地下,3 级和 4 级界面以低倾角为特征,这在岩芯上应该可以识别,地层倾角测井图也可能是明显的。在小规模露头或单个岩芯上,区别 3 级和 4 级界面可能非常困难。如果界面上、下的岩性相组合不同,这说明构成单元(巨型底形)类型发生了变化(图 5-1)。

5. 5 级界面

5 级界面是指诸如河道充填复合体那种大型砂岩的界面。一般地,它们是平坦到微向下凹,但可以由局部侵蚀、充填形态及底部滞留砾石层所表征(图 5-1)。

6. 6 级界面

6 级界面是限定河道群或古河谷群的边界面,像段或亚段这些可填图的地层单元就是以 6 级界面为界的(图 5-1)。井下可能最容易识别和对比的是 5 级及 6 级界面,这是由于其侧向延伸很广。

对各级沉积界面的识别与对比,显然有助于解释诸如河流沉积体系的复杂性。但有时即使是在极好的露头上,界面的正确分类并不都是容易的。下面 3 条有用的原则可以使这项工作变得容易一些:①任何一级界面可以被同级或较高级别的界面所削蚀,但不能被较低级别的界面所削蚀;②由于界面通常记录侵蚀事件,所以根据侵蚀事件以后而不是其以前的特征来确定界面往往更合乎逻辑;③较低级别的界面横向上可以改变其级别,例如巨型底形顶面的 4 级界面可以变成相邻河道底部的 5 级界面。

二、研究方法的拓展应用

实际上,运用以 Miall 为代表倡导的等级界面和内部构成单元的思想,可以将一套碎屑岩地层划分成一系列的三维岩石单位,即构成单元。在早期的研究中,Miall 将碎屑沉积物划分为八级构成单元,并明确指出了最大级别的构成单元是盆地充填复合体,而最小级别的构成单元是波痕。同样,笔者团队通过在鄂尔多斯盆地、吐哈盆地和准噶尔盆地的实践(焦养泉等,1995,1998a,1998b,2005a,2006,2018a;Jiao et al,2005;焦养泉和李祯,1995;Wu et al,2009),发现砂体内部构成单元不仅可以与层序地层、沉积体系融为一体构成一个完整序列(表 5-1),而且内部构成单元还可以纳入一些新的概念,如河道单元和储层岩性相等,以及制约流体活动和限定流体流动单元的各类隔档层(焦养泉和李祯,1995)、制约层间氧化带发育的"原生态"碳质碎屑产出规律(Tao et al,2020)。

表 5-1　陆相盆地沉积充填内部构成序列(据焦养泉等,1998a 修改)

构成单元等级	沉积界面等级	尺度规模
1. 盆地充填序列	盆地基底与盖层之边界面	巨型尺度
2. 构造层序	大区域不整合面	
3. 层序	区域不整合面及可与之对比的整合面	
4. 小层序组——体系域	主要湖泊扩张边界及可与之对比的界面	
5. 小层序——体系域单元	湖泊扩张边界及可与之对比的界面	
6. 沉积体系单元	Miall 的第 6 级界面	大尺度
7. 成因相	Miall 的第 5 级界面	
8. 成因相内部构成单位	Miall 的第 5 级边界面及其以下级别界面	
以曲流河道砂体为例,如果要进行精细储层研究,则此系统仍可继续划分		
9. 河道单元	Miall 的第 5 级或第 4 级界面	中尺度
10. 点坝(大底形)	Miall 的第 4 级界面	
11. 点坝增生单元(大底形生长单元)	Miall 的第 3 级界面	
12. 交错层系组(中底形)——储层岩性相区	Miall 的第 2 级界面	
13. 交错层系(微底形)——储层岩性相	Miall 的第 1 级界面	
14. 纹层、显微纹层		微尺度

通过对鄂尔多斯盆地和准噶尔盆地多类型河道砂体的精细解剖发现,河道单元是复合河道内部普遍存在的一种最高级别的构成单元。它被第5级或第4级界面所限定,具有独立的三维几何形态,是一次相对连续的河道强化事件的完整记录。来自鄂尔多斯盆地东南缘中三叠统二马营组的曲流河道砂体内部构成研究便是最好的一例(焦养泉等,1995;图5-2)。

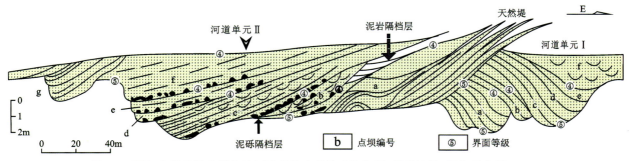

图 5-2　鄂尔多斯盆地南部曲流河道砂体内部构成格架图,耀州柳林(据焦养泉等,1995)

在河道单元内部可以进一步由相对低级的沉积界面分别限定大底形、大底形的生长单元、中底形和微底形。由于中底形的沉积体可以用岩性相表示,大底形的生长单元沉积体可以用岩性相组合表示,而且岩性相在野外是最直观和最基本的沉积单元,所以笔者在 Miall(1977,1978)的基础上使用和扩充了岩性相的概念。扩充的目的在于构成单元解剖需要更细微的粒度划分。经扩充后的岩性相符号由3个部分组成,第一部分大写字母表示粒度,第二部分大写字母表示岩性,第三部分小写字母表示沉积构造,如 CSt 代表槽状交错层理的粗粒砂。假如极细粒或极粗粒的砂需要表示,则在前两个大写字母中间加上小写 v,比如 CvSt。其他的岩性相代号和含义如泥与粉砂等与 Miall(1977,1978)的概念完全一致(Jiao et al,2005)。

进行(铀)储层地质建模研究,最实际的动机是了解多孔介质砂体中流体运动和铀变价遵循的基本规律。所以,通过等级界面和内部构成单元的精细研究,可以筛选出限定流体流动单元、抑制层间氧化带发育和促使铀变价($U^{6+} \rightarrow U^{4+}$)的关键沉积要素——隔档层和"原生态"碳质碎屑分布规律。焦养泉和李祯(1995)将储层砂体内部在沉积和成岩过程中产生的低渗透沉积物(岩)称之为隔档层,并将其按照成因划分为细粒物质隔档层、泥砾隔档层、植物碎屑隔档层和成岩隔档层4个大类(表5-2)。研究发现,这些隔档层的发育和分布与内部构成单元的边界面密切相关(图5-3)。虽然这些隔档层的成因各异,但却都能大大地降低河道储层中各流体流动单元间的连通性,从而构成了流体流动单元的天然边界。Tao 等(2020)通过对鄂尔多斯盆地东部榆林横山石湾镇直罗组下段露头铀储层非均质性研究发现,那些制约层间氧化带发育、促使铀变价($U^{6+} \rightarrow U^{4+}$)的碳质碎屑在铀储层内部有明显的分布规律,它们通常发育于一些高级别(第5级至第3级)沉积界面之上,并以滞留沉积物的形式与泥砾等共生,这一"原生态"分布规律的认识对于理解铀成矿机理具有重要的科学意义。

表 5-2　曲流河道砂体中几种隔档层的代表性孔渗值(据焦养泉和李祯,1995 修改)

类型	水平渗透率($\times 10^{-3} \mu m^2$)		垂直渗透率($\times 10^{-3} \mu m^2$)	孔隙度(%)	备注
	平行古水流	垂直古水流			
槽状交错层理砂岩	62.149	42.737	24.754	21.1	常规砂岩
泥砾隔档层	5.613	4.661	3.789	17.3	隔档层
泥质隔档层	0.129	0.053	0.016	11.6	
植物碎屑隔档层	0.60	0.60	0.13	13.8	
成岩隔档层	0.438	0.013	0.01	9.3	

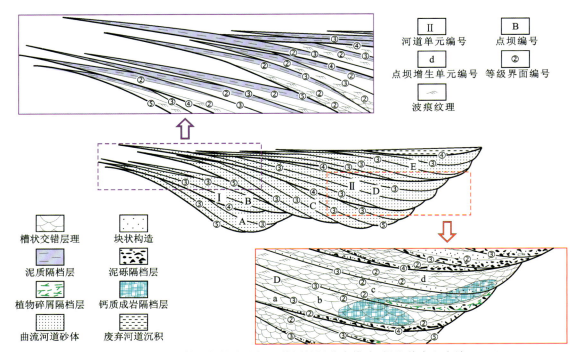

图 5-3　曲流河道砂体内部构成格架及其隔档层分布模式(据焦养泉和李祯,1995)

第二节　典型剖面沉积非均质性结构模型

沉积界面是认识铀储层内部各级构成单元的关键要素,是建立铀储层沉积非均质性的基础。在鄂尔多斯盆地东北部,针对东胜神山沟张家村的 3 个典型露头剖面,在实际测量和沉积写实基础上,依据等级界面对直罗组下段铀储层进行了内部构成单元的识别和划分,总结了关键界面与构成单元的空间分布与演化规律,建立了可以指导地下铀矿体非均质性研究的露头地质格架模型。

一、PM-01 剖面沉积结构非均质性解剖

（一）等级界面的识别与划分

根据 Miall(1985)提出的六级界面定义,在 PM-01 剖面上共识别出各级别沉积界面 903 条(表 5-3)。

其中,在 PM-01 剖面底部存在一条 5 级界面,界面之下为延安组(J_2y)顶部的灰白色风化壳和煤层,界面之上为直罗组下段下亚段铀储层。该界面总体向西倾斜,向西下切冲刷幅度也明显增大。在由 No.372 至 No.373(GPS)大约 30m 范围内,将延安组顶部风化壳全部冲刷而导致铀储层直接与工业煤层相接触(图 5-4)。在该界面之上发育有大量滞留沉积物,主要包括泥砾、砾石、含砾粗砂、碳质碎屑(图 4-10a)等,一些泥砾直径可达 55cm(图 4-10c)。该界面之上,可见大型交错层理和冲刷—充填构造(图 5-4)。特别是铀储层与煤层接触部位可见大量透镜状黄铁矿结核(图 4-10b)。这些标志均表明,该界面具有较高的级别。

在铀储层内部,共识别和划分出 3 条规模较大、连续性好的 4 级界面(图 5-4,表 5-3)。在 3 级界面

上,通常也发育有较为稳定的且具有一定厚度的滞留沉积物,主要包括泥砾、含砾粗砂、碳质碎屑等。而在3级界面之下,局部还保留了尚未完全冲刷掉的暗色泥岩或者粉砂岩与泥岩互层沉积(图5-4)。4级界面将铀储层分割成3个河道单元(ICU)。

在每个河道单元内部,根据岩性相组合及其界面特征,还进一步识别并划分出了11条3级界面、125条2级界面和763条1级界面,由它们依次限定了若干个大底形(LBF)、中底形(MBF)和微底形(MCBF)(表5-3,图5-4)。

表5-3 张家村1号剖面(PM-01)各级沉积界面及内部构成单元数量统计表,J_2z^{1-1},神山沟

沉积界面		内部构成单元				
等级	数量(条)	沉积体	数量(个)	编号		
5级	1	辫状分流河道(复合砂体)	1			
4级	3	河道单元(ICU)	3	Ⅰ	Ⅱ	Ⅲ
3级	11	大底形(LBF)	14	a~f	g~j	k~o
2级	125	中底形(MBF)	139			
1级	763	微底形(MCBF)	902			

(二)内部构成单元的划分

张家村1号剖面(PM-01)是鄂尔多斯盆地东北部出露最完整、最经典的铀储层露头剖面。其中,辫状分流河道复合砂体及其内部的河道单元,是最为重要的铀储层内部高级别构成单元。

在该剖面上,识别出一个辫状分流河道复合砂体(由第5级沉积界面和剖面最上部的第4级界面所限定)。在铀储层内部,共识别和划分出3个河道单元。在各河道单元内部,又进一步地划分出了14个大底形、139个中底形和902个微底形,合计1059个内部构成单元(图5-4,表5-3)。

1. 河道单元Ⅰ(ICU-Ⅰ)

河道单元Ⅰ(ICU-Ⅰ)位于PM-01剖面的右下部,底部为区域不整合界面(5级界面),顶部为4级界面。在剖面上,ICU-Ⅰ由南东向北西倾斜,总体具有正韵律结构。

在河道单元Ⅰ(ICU-Ⅰ)内部,可以依据5条3级界面划分出6个大底形,由早到晚编号依次为LBF-a、LBF-b、LBF-c、LBF-d、LBF-e、LBF-f。其中,LBF-a位于河道单元Ⅰ的左下方,主要由浅黄色粗砂岩和中砂岩组成,可见大量槽状交错层理,其左下角底部见大量碳质碎屑、暗色泥砾和黄铁矿,上部出露两个直径约50cm的灰色钙质结核,其内部分布有边缘被褐铁矿化的黄铁矿结核,在西侧近覆盖处发育灰色砂岩、粉砂岩与泥岩互层(图4-8a、c);LBF-b位于LBF-a右上方,被LBF-c和LBF-d切割,底部由于与灰白色风化壳接触可见少量暗色泥岩;LBF-c位于LBF-a正上方,主要由浅黄色中砂岩、细砂岩、灰色钙质砂岩组成,分布有少量交错层理和次一级的沉积界面;LBF-d位于LBF-b和LBF-c的右方,顶部被LBF-e和LBF-f切割,分布较多钙质砂岩,可见少量小型交错层理;LBF-e位于LBF-d的正上方,岩性以黄色砂岩为主,顶部可见一宽8m、厚40cm的薄层暗色泥岩;LBF-f位于LBF-e的右侧,分布有大量次级界面和交错层理,主要岩性为浅黄色(图5-4)。

在大底形内部又可根据交错层系组识别出23个2级界面,划分出29个中底形。在中底形内部又识别出若干条1级界面,划分出若干个微底形。

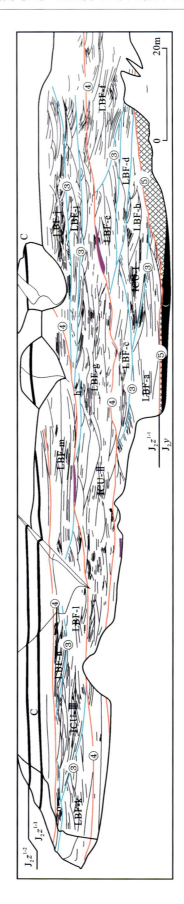

图 5-4 张家村沟谷北岸 1 号剖面（PM-01）铀储层内部构成格架图，J_2z^{1-1}，神山沟

2. 河道单元Ⅱ（ICU-Ⅱ）

河道单元Ⅱ（ICU-Ⅱ）位于河道单元Ⅰ的左上方，呈偏左方向的侧方叠置关系。在剖面上，河道单元Ⅱ由南东向北西倾斜，连续性较好，贯穿于整个露头剖面，其底部的第4级界面总体较为平缓，局部可见向下冲刷现象。在该剖面偏西处，4级界面上记录了一个直径约45cm的大型碳质碎屑（图4-8a、b、d）。

在河道单元Ⅱ内部，进一步由3条3级界面划分出4个大底形，由早到晚编号依次为LBF-g、LBF-h、LBF-i、LBF-j。其中，LBF-g位于河道单元Ⅱ左下方，规模较大，几乎占据了整个剖面；LBF-h位于LBF-g正上方，两者呈垂向叠置关系，规模很小，偶见次一级的沉积界面；LBF-i位于LBF-g右上方，底界面平缓，岩性主要为黄色中砂岩、细砂岩等；LBF-j位于LBF-i的正上方，界面附近可见大量钙质结核（图5-4）。

在大底形内部，根据交错层系组又识别出了78条2级界面，划分出82个中底形。而在中底形内部又识别出若干条1级界面，受其限定划分出若干个微底形。

3. 河道单元Ⅲ（ICU-Ⅲ）

河道单元Ⅲ（ICU-Ⅲ）位于PM-01剖面左上方，与河道单元Ⅱ也呈侧方叠置关系，其底部4级界面较为平缓。在剖面中部，该界面下残留宽8m、厚30cm的薄层暗色泥岩。此河道单元是古层间氧化带分布的区域。

在河道单元Ⅲ内部，依据4条3级界面可以划分出5个大底形，由早到晚编号依次为LBF-k、LBF-l、LBF-m、LBF-n、LBF-o。其中，LBF-k位于河道单元Ⅲ左下方，岩性整体以浅黄色砂岩为主，局部可见灰绿色砂岩，交错层理较少发育；LBF-l位于LBF-k右上方，规模较大，被LBF-m和LBF-n切割，主要以浅黄色砂岩为主，其左上部以紫红色和灰绿色砂岩为主；LBF-m位于LBF-l右上方，主要以浅黄色砂岩为主；LBF-n位于LBF-l正上方，规模较小，岩性主要为灰绿色、灰色砂岩夹钙质紫红色砂岩；LBF-o位于LBF-k和LBF-l左上方，规模更小，岩性与LBF-n相似。

在大底形内部，又根据交错层系组识别出24条2级界面，由其限定划分出28个中底形。而在中底形内部可以识别出若干条1级界面，由其限定划分出若干个微底形。

二、PM-02剖面沉积结构非均质性解剖

（一）等级界面的识别与划分

在东胜神山沟张家村沟谷的南岸PM-02剖面上，同样可以见到铀储层的底部5级界面。从该界面的起伏状况（局部为箱状冲刷），特别是其西侧的阶梯状冲刷结构来看，该5级界面具有较高的级别，同时它是由多个低级界面（4级界面）演化而来的（表5-4，图5-5）。

在PM-02剖面的铀储层内部，可以识别出2个4级界面，划分出3个河道单元。在各河道单元内部，进一步识别出8条3级界面、95条2级界面和1953条1级界面。

因此，在PM-02剖面上累计识别了2059条沉积界面。

（二）内部构成单元的划分

在张家村沟谷南岸的PM-02剖面上，依据4级界面将铀储层划分为3个河道单元，在各河道单元内部又进一步识别出了11个大底形、106个中底形和2059个微底形（表5-4，图5-5）。

1. 河道单元Ⅰ(ICU-Ⅰ)

河道单元Ⅰ(ICU-Ⅰ)位于PM-02剖面的左下方,下部以区域不整合界面为界,上部以4级界面为界。在剖面上,河道单元Ⅰ由南东向北西厚度减薄,呈平卧的三角形。在河道单元Ⅰ左下方,底部冲刷界面附近可见滞留沉积物,主要包括泥砾和碳质碎屑等(图4-12a、b)。

表5-4 张家村2号剖面(PM-02)各级沉积界面及内部构成单元数量统计表,J_2z^{1-1},神山沟

沉积界面		内部构成单元		
级别	数量(条)	沉积体	数量(个)	编号
5级	1	辫状分流河道(复合砂体)	1	
4级	2	河道单元(ICU)	3	Ⅰ　　　Ⅱ　　　Ⅲ
3级	8	大底形(LBF)	11	a~c　　d~i　　j、k
2级	95	中底形(MBF)	106	
1级	1953	微底形(MCBF)	2059	

在河道单元Ⅰ内部,依据两条3级界面将河道单元Ⅰ划分为3个大底形,由早到新编号依次为LBF-a、LBF-b、LBF-c。3个大底形的底部界面均较为平缓,3个大底形彼此呈现为垂向叠置关系。其中,LBF-a位于河道单元Ⅰ左下方和下方,底部可见大型交错层理,岩性以黄色、浅黄色粗砂岩和中砂岩为主;LBF-b位于LBF-a正上方,延续性较好,规模较大,左右两端分布较多灰色钙质砂岩;LBF-c位于LBF-b正上方,内部具有较多的次级界面,岩性主要为浅黄色、灰色砂岩(图5-5)。

在各大底形内部,又可根据交错层系组、2级及1级界面,识别出若干个中底形和微底形。

2. 河道单元Ⅱ(ICU-Ⅱ)

河道单元Ⅱ(ICU-Ⅱ)位于河道单元Ⅰ的右上方,东南部厚,西北部薄,略向西北方向倾斜。该河道单元连续性较好,在整个剖面均有出露,其底部和顶部的4级界面总体较为平缓,但均向西北方向倾斜。

在河道单元Ⅱ内部,依据5条3级界面划分出6个大底形,由早到晚编号依次为LBF-d、LBF-e、LBF-f、LBF-g、LBF-h、LBF-i。其中,LBF-d位于河道单元Ⅱ左下方,规模较大,底部界面较平缓,岩性主要为浅黄色、黄色粗砂岩和中砂岩,分布较多钙质砂岩,顶部被LBF-e和LBF-i切割;LBF-e位于LBF-d右上方,LBF-e、LBF-f和LBF-g规模相当且依次向西侧向叠置,LBF-e和LBF-f的顶部均被LBF-i切割;LBF-g的顶部被LBF-h切割;LBF-h位于LBF-g左上方和LBF-f的上方,岩性主要为浅黄色、黄色中砂岩和细砂岩,也可见大量灰色钙质砂岩;LBF-i总体位于LBF-d上方,规模较大,仅底部界面附近可见交错层理(图5-5)。

在各大底形内部,又根据53条2级界面划分出59个中底形,根据系列1级界面识别出若干个微底形。

3. 河道单元Ⅲ(ICU-Ⅲ)

河道单元Ⅲ(ICU-Ⅲ)位于PM-02剖面右上方,与河道单元Ⅱ呈侧方叠置关系。此河道单元受到了古层间氧化作用的影响。

在河道单元Ⅲ内部,依据1条3级界面划分出2个大底形,从左至右依次编号为LBF-j和LBF-k。其中,LBF-j位于河道单元Ⅲ下方,连续性较好,2级界面发育较多,岩性主要为浅黄色、黄色中砂岩和细砂岩;LBF-k位于LBF-j右上方,两者在空间上呈侧方叠置关系,发育较多大型槽状交错层理(图5-5)。

在各大底形内部,还根据8条2级界面识别出了10个中底形,依据1级界面识别出了若干个微底形。

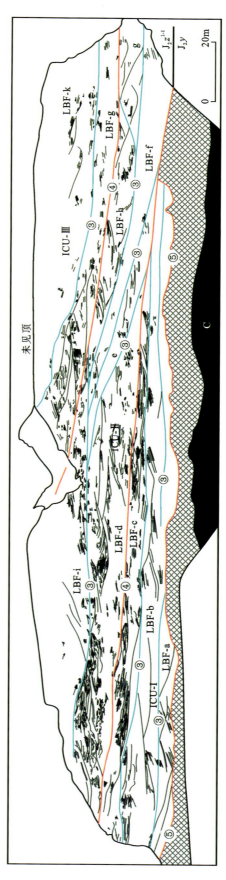

图5-5 张家村沟谷南岸2号剖面（PM-02）铀储层内部构成格架图，J_2z^{I-1}，神山沟

三、铀储层内部构成格架与充填演化规律

根据Miall(1985)提出的六级界面定义,以张家沟PM-01和PM-02剖面为主、辅助PM-03剖面的拓展对比,共识别出辫状分流河道(复合砂体)1个、河道单元5个、大底形11～15个、中底形109～139个、微底形(交错层理)902～2059个(表5-3、表5-4)。

(一)高级界面和构成单元具有良好的可比性

比较而言,无论是高级别的沉积界面还是构成单元,其分布和演化规律具有良好的可追踪对比性。在铀储层内部,那些高级别沉积界面表现出了较强的冲刷能力,界面之上往往具有密度流色彩的快速堆积物,如滞留沉积物(包含丰富的碳质碎屑),块状构造尤为发育。它们往往切割低级别的沉积界面,而后期发育的沉积界面可以切割早期形成的沉积界面。最为明显的是,由高级沉积界面限定的河道单元,在张家村露头区具有自东向西周期性迁移的基本规律(图5-4、图5-5)。

然而,那些低级别的沉积界面(3级及其以下沉积界面)以及由其所限定的低级别构成单元(大底形、中底形和微底形)却难以在剖面间进行对比。也就是说,在河道单元内部的低级沉积界面和构成单元,其规模往往有限,甚至在百米范围内都难于进行横向对比。

(二)内部界面和构成单元的充填演化特征

1. 5级界面

在PM-01和PM-02剖面的底部,均可以识别出一条5级界面,这是一条区域不整合界面(SB3——J_2z/J_2y),界面之下为延安组顶部的工业煤层和灰白色风化壳,界面之上为直罗组下段下亚段铀储层(图5-4、图5-5;表5-3、表5-4)。

在相距130m的PM-01和PM-02南、北两条剖面上,清晰地表现出了直罗组铀储层对下伏延安组冲刷的不均衡性。其中,在PM-01剖面下部,由东向西冲刷幅度逐渐加大,剖面西侧的古风化壳被完全冲刷导致直罗组铀储层直接与延安组工业煤层相接触(图5-4)。而在PM-02剖面上,冲刷作用却相对较弱,延安组顶部的工业煤层和古风化壳较为完整(图5-5)。

由第5级界面限定了一个复合的辫状分流河道砂体,即研究解剖的重要目标——铀储层。

2. 4级界面与河道单元

由4级界面所限定的河道单元,被认为是在多种类型的河道砂体内部普遍存在的一种最高级别的构成单元,其具有独立的三维几何形态,是一次相对连续的河道强化事件的完整记录。由于河道单元间的冲刷面所代表的时间和沉积过程是不连续的,因而4级界面成为复合河道砂体内部的基本构成单元。

相比较而言,在PM-01和PM-02两条剖面上,铀储层内部由4级界面限定的河道单元空间配置关系较为相似,具有良好的可对比性。在两条剖面上,铀储层内部均可以识别和划分出2条规模较大、连续性较好的4级界面(图5-4、图5-5)。由于PM-01剖面相对完整,因此还记录了铀储层内部的3条4级界面(图5-4)。3条4级界面均向西倾斜,将铀储层分割成3个河道单元(ICU),分别命名为ICU-Ⅰ、ICU-Ⅱ、ICU-Ⅲ。这3个依次向西迁移的河道单元,也清晰地展示了由老到新的沉积发育时序(图5-4、图5-5;表5-3、表5-4)。

如果将PM-03剖面一并与PM-02剖面进行对比讨论,则如图4-13所描述的3个沉积旋回,则分别属于ICU-Ⅲ、ICU-Ⅳ、ICU-Ⅴ。这样一来,东胜神山沟张家村露头区直罗组下段下亚段铀储层中,共包

含5条4级界面、5个河道单元。所有的河道单元均依次向西有规律性地迁移,但是发育规模具有随时间推移而逐渐减弱的趋势——铀储层厚度逐渐减薄而废弃细粒沉积物逐渐增厚。在全部的河道单元废弃之后,以废弃的三角洲平原为基础形成发育了1-1煤层组(下煤线和上煤线)。

3. 低级沉积界面与内部构成单元

在每个河道单元内部,根据岩性相组合,结合空间分布规律和发育规模,又可以进一步识别并划分出若干次一级别的由3级界面限定的大底形、2级界面限定的中底形以及由1级界面限定的微底形,如槽状交错层理(微底形)以及由这些不同级别和规模的交错层理形成的交错层系组(中底形)。

据此,在PM-01剖面上,共识别了11条3级界面、14个大底形(LBF)、125条2级界面、139个中底形(MBF)、763条1级界面、902个微底形(MCBF)(图5-4,表5-3)。在PM-02剖面上,共识别了8条3级面、11个大底形(LBF)、95条2级界面、106个中底形(MBF)、1953条1级界面、2059个微底形(MCBF)(图5-4,表5-3)。

野外调查发现,3级及其以下级别沉积界面虽然数量众多,但是在相距仅130m的PM-01和PM-02剖面间却难以实现横向对比。

第三节　隔档层与有机还原介质分布规律

由等级界面和内部构成单元表征的铀储层结构与格架模型,充分反映了铀储层的沉积非均质性。而追根求源,每个沉积界面和构成单元的沉积结构与物质组成等都是在特定的古气候、古物源和古水动力条件下形成发育的,因此沉积的非均质性会对制约含矿流体运移的多孔介质和有机还原介质产生根本性的影响,同时也会制约后期的成岩-成矿作用。

相比较而言,在野外露头上各种性质的隔档层以及不同性质的有机还原介质都是常见的,它们可以通过物理的(多孔介质)和化学的(氧化还原环境)方式直观影响铀成矿作用和地浸采铀过程。然而,在铀储层沉积非均质性格架模型中,隔档层与有机还原介质具有相对固定的发育空间,是两个重要的建模要素。

一、铀储层内部隔档层分布规律

由沉积作用形成的具有低渗透性质的隔档层,是制约含矿流体流动单元和地浸溶矿流体流动单元的边界,它们的形成往往与高级别沉积界面或构成单元的沉积演化密切相关。

在铀储层中,通常在一些高级别沉积界面上发育2种性质和3种组合方式的低渗透隔档层。它们分别是细粒沉积物隔档层(图5-6a)、泥砾隔档层(图5-6b),以及单一性质(细粒物质或泥砾)和复合性质(细粒物质+泥砾)组合的隔档层。

1. 铀储层中的细粒物质隔档层

在张家村露头区,PM-01剖面上记录了3处泥质隔档层,PM-03剖面上记录了2处泥质隔档层。其共同特点是,它们均位于较高级别的沉积界面之下,通常为4级界面,少数为3级界面。这可以理解为是上覆界面尚未完全冲刷,是下伏构成单元演化末期低能沉积物的残留。

在PM-01剖面上,河道单元Ⅰ(ICU-Ⅰ)的大底形e(LBF-e)的顶部、河道单元Ⅱ(ICU-Ⅱ)的大底形g(LBF-g)的顶部,分别记录了2个宽8m,厚30~40cm的暗色泥质隔档层,它们的顶部均为4级界面(图5-4,图5-7a、b)。在河道单元Ⅰ(ICU-Ⅰ)的大底形a(LBF-a)的左侧还记录了一套灰色粉砂岩与泥岩互层的隔档层(图4-8,图5-7c),此处由于覆盖影响难以揭示产出规律,但是其顶部也发育有冲刷界面,疑为3级界面。

图 5-6 东胜神山沟张家村露头区铀储层内部的隔档层
a. 泥质隔档层；b. 泥砾隔档层

图 5-7 张家村 PM-01 剖面上的泥质隔档层，J_2z^{1-1}，神山沟
a. 河道单元 Ⅰ 大底形 e(LBF-e)顶部泥质隔档层及其附近的钙质结核；b. 河道单元 Ⅱ 大底形 g(LBF-g)顶部泥质隔档层；c. 河道单元 Ⅰ 大底形 a(LBF-a)中的泥质隔档层

在 PM-03 剖面上，泥质隔档层更为明显。一处位于河道单元Ⅲ（ICU-Ⅲ）的顶部，为灰色粉砂岩和泥岩组成的隔档层，规模较大，厚度为 40cm 左右，宽度超过 80m（图 4-13、图 4-14a）；另一处位于河道单元Ⅳ（ICU-Ⅳ）的顶部，最大厚度近 2m，宽度超过 24m，由于其具有特殊的由高能突然演变为低能的沉积充填结构以及半透镜状的形态，因而被解释为废弃分流河道沉积（图 4-15）。它们的共有特点也被上覆 4 级界面所限定。

2. 铀储层中的泥砾隔档层

相对于泥质隔档层，在 3 级及以上高级别沉积界面上由滞留沉积物形成的泥砾隔档层却更为常见。它们往往发育于诸如河道单元等高级别构成单元主流线（深泓线）上，从剖面上看则位于河道单元中心的最底部，沿大型冲刷界面堆积形成一层厚度不等的高能成因的低渗透泥砾层。这种实例在榆林横山石湾剖面上更为典型。

然而，在 PM-03 剖面上，却记录了一个由泥砾隔档层和泥质隔档层共同组合形成的一个复合成因隔档层（图 5-8）。这种组合虽然罕见，但从理论上讲应该是合理的，即位于河道单元中心的高能滞留沉积物侧向延伸，与河道单元边缘废弃期的低能细粒沉积物连成一体，从而构成复合隔档层。

图 5-8　张家村 PM-03 剖面上由泥砾隔档层和泥质隔档层组合构成的复合隔档层，J_2z^{1-1}，神山沟

二、铀储层内部和外部有机还原介质分布规律

还原剂对于砂岩型铀矿的形成发育至关重要。最新的研究发现，可以依据与铀储层的产出关系将还原介质划分为内部还原介质和外部还原介质，双重还原介质对铀成矿同等重要（焦养泉等，2018b）。分析认为，铀储层中的层间氧化作用直接与内部还原介质相关，但是当叠加外部还原介质时，外部还原介质通过不同方式能够大大增强铀储层的整体还原能力，这种组合的出现有利于稳定的层间氧化带发育和持续的铀成矿（图 1-13）。

在东胜神山沟张家村露头区，通过铀储层沉积非均质性研究发现，以铀储层为标志也存在着两种不同性质的有机还原介质，铀储层内部的有机还原介质以碳质碎屑为主，而铀储层的外部有机还原介质以煤层为主。铀储层内部的碳质碎屑和外部的煤层可以通过制约层间氧化带而对铀成矿具有控制作用。

1. 铀储层内部碳质碎屑的特征与分布规律

碳质碎屑可能是铀储层中最常见和最重要的还原剂之一（Min et al，2001）。碳质碎屑的形成发育受控于沉积作用，是同沉积期环境作用的产物（焦养泉等，2006，2018b）。通过对东胜神山沟张家村露头区详细解剖及室内测试发现，直罗组铀储层中的碳质碎屑具有五大特征。

（1）铀储层中碳质碎屑的发育和分布与冲刷面关系密切，它们往往以滞留沉积物的形式产出于高级别沉积界面之上（图 5-9、图 5-10）。碳质碎屑通常与泥砾混生，在滞留沉积物中呈条带状（图 4-14b、图 5-10），多数呈棱角状（图 4-12b），个别具有磨圆性质（图 4-8d、图 5-9）。碳质碎屑通常与冲刷界面或沉积纹层平行分布，显示了良好的定向性（图 5-9、图 5-10）。这些反映了碳质碎屑是一种具有高能搬运和快速堆积的牵引流沉积物。

（2）铀储层中碳质碎屑的粒径是无机碎屑颗粒粒径的 10 倍以上，有些（中）粗砂岩中包含有粒径达 80～100cm 的碳质碎屑（图 4-8d、图 5-9），这反映了有机沉积物的密度远小于无机碎屑颗粒的密度，是沉积过程中重力分异作用的产物。

图 5-9　张家村 PM-01 剖面东侧铀储层底部滞留沉积物中的巨型碳质碎屑，J_2z^{1-1}，神山沟

（3）铀储层中碳质碎屑的含量与下伏煤层关系密切，两者的分布距离呈现负相关（图 5-10），显示了某种成因联系，即煤层（或者是泥炭）是碳质碎屑的母岩（质）。但也有其他成因，譬如砂体中具有植物茎秆和叶片结构的碳质碎屑，显然是沉积物中植物碎屑演化的结果。

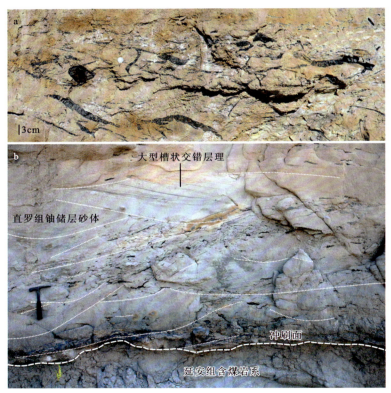

图 5-10　张家村 PM-01 剖面河道单元Ⅰ底部 5 级界面上碳质碎屑的定向分布规律，J_2z^{1-1}，神山沟
a.滞留沉积物中的碳质碎屑（具有一定的定向性）；b.碳质碎屑视长轴与沉积界面平行

（4）铀储层中碳质碎屑的煤岩显微组分主要由镜质组、惰质组和一些矿物质组成。其中，镜质组含量占 90％以上，是主要的煤岩显微组分类型，煤岩类型以微镜煤为主。碳质碎屑具有中高水分、超高挥发分、中低灰分和低硫的煤质特点（Zhang et al，2019a）。碳质碎屑的孔隙类型以小孔为主，小孔和中孔提供了主要的孔容。

(5) 结合邻区典型铀矿床的研究发现,研究区铀储层中的碳质碎屑整体处于未成熟—低成熟热演化阶段。但是在铀矿化层位,R_o值明显增加(Zhang et al,2019b,2020),说明铀矿体衰变对有机质成熟度具有催化作用(图5-11)。与相邻煤层的比较发现,铀储层中碳质碎屑的R_o值通常略低于煤层。对碳质碎屑正构烷烃生物标志化合物研究发现,其以低碳数为主,谱图分布呈前峰型,且存在鼓包"UCM"(Zhang et al,2020)。这些均暗示了铀储层中碳质碎屑的形成环境不同于煤层,开放的成岩环境和特有的微生物群落可能在"植物有机质"向"碳"的转化过程中起到了关键作用。

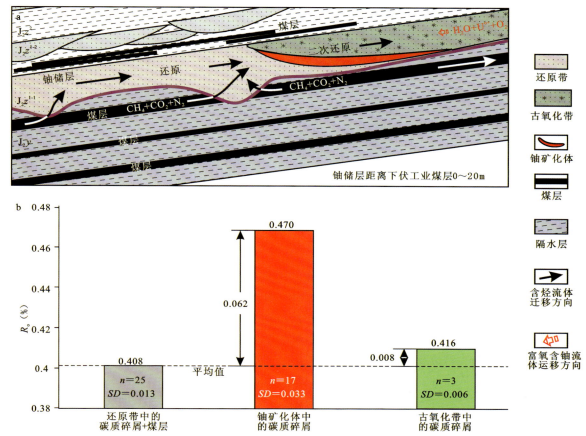

图5-11 砂岩型铀矿对铀储层中有机质成熟度的催化效应,东胜铀矿田(据Zhang et al,2019b)
a.区域铀成矿模式;b.不同分带中R_o的变化对比

2. 铀储层与外部煤层的空间配置关系

直罗组铀储层与煤层的空间配置关系可能从根本上影响了东胜铀矿田的区域铀成矿作用(焦养泉等,2006,2015a,2018b;刘正邦等,2013;Jiao et al,2016)。在东胜神山沟张家村露头区,"下部工业煤层-中部铀储层-上部煤线组合"的宏观地质现象最为显著。"下部工业煤层"是指延安组顶部第Ⅴ成因地层单元中的厚煤层(2煤组),由于直罗组的不均衡冲刷作用,一些区域导致其与工业煤层直接接触(图5-4、图5-5)。"上部煤线组合"是指直罗组下段下亚段顶部的1煤组,由下煤线和上煤线构成,局部累计厚度接近2m,它们通常直接覆盖于下亚段铀储层之上(图4-13、图5-4、图5-8)。

煤层与铀储层的直接接触大大地增强了含铀岩系的还原能力,它们通过制约铀储层内部的层间氧化带发育而对铀成矿产生影响(Jiao et al,2016;焦养泉等,2018b)。具体的影响方式是:①在沉积期,通过冲刷泥炭席,直接为直罗组铀储层内部带来了丰富的碳质碎屑(还原剂);②在成岩期,通过泥炭化和煤化作用,煤层可以源源不断地为铀储层提供含烃流体(CH_4+H_2S)。

因此,煤层是铀储层外部最重要的还原介质。

第六章　辫状分流河道型铀储层成岩非均质性

砂岩中的成岩作用种类繁多，然而对于铀储层非均质性地质建模而言，最显著的成岩作用当属与铀成矿关系密切的各种后生氧化-还原蚀变作用，由此而产生的岩石地球化学类型是判别层间氧化带的地质基础。除此以外，铀储层中的钙质胶结作用和黄铁矿成岩作用也比较重要，它们一方面与铀成矿关系最为密切，而另一方面它们会从物理介质、化学成分和还原介质的角度影响铀成矿和地浸采铀。由于能够满足上述研究要求的自然露头稀缺，因此东胜神山沟露头区以及张家村1号剖面(PM-01)将成为解剖铀储层成岩非均质性的重点。

第一节　后生氧化-还原蚀变作用宏观标志

在鄂尔多斯盆地北部，东胜铀矿田铀储层内部与铀成矿作用相关的蚀变作用具有复杂的多次叠加改造过程。在东胜神山沟张家村露头区，直罗组下段下亚段铀储层中存在3种后生蚀变作用类型，即砂岩的紫红色蚀变、绿色蚀变和黄色蚀变。与铀成矿作用同步的紫红色蚀变作用是区域古层间氧化带形成发育的记录，但是在受到后期大规模二次还原的绿色蚀变叠加改造之后，绝大部分紫红色蚀变砂岩演变为绿色蚀变砂岩，仅有钙质胶结的紫红色蚀变砂岩以钙质结核的形式零星残留。在大规模成矿和二次还原改造之后，受构造抬升-掀斜剥蚀和地表氧化作用的影响，在露头区还发生了黄色蚀变作用的叠加改造。对露头区多种后生蚀变作用的分类研究，既有助于准确识别和划分古层间氧化带，也有助于理解东胜铀矿田复杂的铀成矿作用过程。

一、后生蚀变作用类型与表现

在东胜神山沟露头区，直罗组下段下亚段铀储层中存在3种蚀变作用类型，即砂岩的紫红色蚀变、绿色蚀变和黄色蚀变(图6-1)。其中，紫红色蚀变和绿色蚀变属于古后生蚀变作用，它们分别与大规模铀成矿事件发育和终止的时代基本相当。而黄色蚀变作用是表生的，是近现代地表氧化作用的结果。所以，在钻孔中铀储层中的蚀变作用主要表现为钙质紫红色蚀变和疏松绿色蚀变两种，而缺少黄色蚀变。

在露头区，紫红色蚀变砂岩呈现零星分布，但均为钙质胶结成为致密砂岩。相比而言，绿色蚀变砂岩大规模发育但是较为疏松，表现出了较高的孔隙度和较好的渗透性。在露头上，由钙质紫红色蚀变砂岩和绿色蚀变砂岩构成的差异风化现象极为明显。露头区的黄色蚀变砂岩也呈现大面积分布，但蚀变深度有限，岩石亦较为疏松(图6-2)。

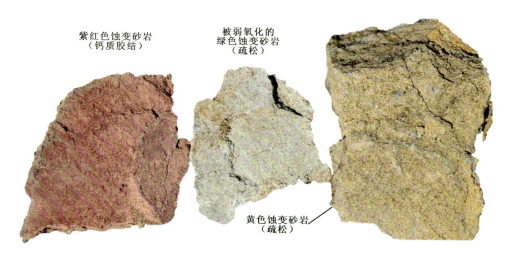

图 6-1 露头区铀储层中的蚀变作用类型，J_2z^{1-1}，神山沟

图 6-2 紫红色（钙质胶结）、绿色和黄色蚀变砂岩的空间产出关系及其现代差异风化现象，J_2z^{1-1}，神山沟

注：毗邻 PM-01 剖面，该剖面与古水流方向近乎垂直。

二、后生蚀变作用的空间配置规律

在 PM-01 剖面上,铀储层内部 3 种后生蚀变砂岩的空间配置关系是有规律的。大面积分布的黄色蚀变砂岩通常包围规模有限的绿色蚀变砂岩和原生灰色砂岩,而绿色蚀变砂岩又包围着数量更少的钙质胶结紫红色蚀变砂岩(图 6-3)。

图 6-3 露头区铀储层内部蚀变砂岩相互包容关系及其演化序列典型野外露头照片,J_2z^{1-1}

后生蚀变作用演化顺序:①早期的紫红色蚀变作用形成古层间氧化带(铀成矿期),随后发生钙质胶结作用而免受后期蚀变作用再改造;②中期经受二次还原改造演变为绿色蚀变砂岩(古矿床保存与改造期);③铀储层出露地表后的现代氧化作用形成的黄色蚀变砂岩(古矿床破坏期,新矿床的形成期)

a、c、d、e. 神山沟张家村剖面;b. 东胜马家梁剖面

三、后生蚀变作用期次划分与成因联系

在露头剖面上,凭借铀储层后生蚀变砂岩的空间配置关系,可以判定3种蚀变作用形成发育的期次和相互间的成因联系。

(一)钙质胶结作用和绿色蚀变作用对紫红色蚀变砂岩的改造

1. 从紫红色蚀变经钙质胶结再到绿色蚀变

在野外露头区,所有的紫红色蚀变砂岩均为钙质胶结,与绿色蚀变砂岩之间表现为渐变过渡接触关系,其分界线与紫红色砂岩的钙质胶结程度有关,即钙质胶结程度越强,绿色蚀变越弱(图6-4)。

这种过渡接触关系,预示了紫红色蚀变作用发生相对较早,之后经历了一次钙质胶结作用形成钙质紫红色砂岩,后期发生的绿色蚀变作用改造替代了相对疏松的紫红色砂岩,使之转变为绿色砂岩。

图6-4 张家村露头剖面上绿色蚀变砂岩与紫红色钙质胶结蚀变砂岩的渐变过渡接触关系,J_2z^{1-1},神山沟

2. 蚀变作用过程与成因动力机制分析

结合邻区铀矿床的研究,笔者认为紫红色砂岩是古层间氧化作用的蚀变产物,其形成时代与东胜铀矿田大规模的区域铀成矿作用同步,是古层间氧化带的残留物。它之所以能够残留下来,是由于在大规模的铀矿化之后,古层间氧化带内部发育了一次不均一的钙质胶结事件——形成了少量的紫红色钙质结核,钙质胶结事件大大地降低了古层间氧化带砂岩的孔隙度与渗透率,在面临大规模的二次绿色蚀变作用改造时,具有还原性质的流体难以介入,从而使紫红色的古层间氧化带砂岩得以幸免残留。

推测大规模的紫红色蚀变作用,以及古层间氧化带内部的紫红色钙质砂岩钙质胶结作用,都应该是在相同的盆地构造背景中依次发育的。而随后发生的大规模二次还原作用——绿色蚀变作用,预示着成矿流场发生了革命性的变化,其根源在于盆地北缘发生了古近纪的河套断陷,中断了含氧富铀流体的

供给。随着铀储层中含矿氧化流体场的减弱，来自盆地内部侏罗纪含煤岩系、二叠纪—三叠纪含油(气)岩系的含烃还原流场逐渐成为主角，于是早期形成的古层间氧化带砂岩接受了大规模的二次还原改造，较为疏松的紫红色砂岩普遍蚀变为绿色砂岩，少量钙质胶结的致密紫红色砂岩幸免残留。

(二)绿色蚀变作用的其他痕迹及被改造的记录

1. 绿色蚀变作用对紫红色泥砾的改造

大规模二次还原的绿色蚀变作用不仅仅对疏松的紫红色古层间氧化带砂体进行了彻底改造，同时也对铀储层中一些紫红色的泥砾进行了改造，从而在紫红色泥砾外围形成了特征的绿色蚀变环带(图4-14d)。显然，紫红色泥砾外围绿色蚀变环带的形成主要受制于泥砾的低孔渗性特征，当具有还原性质的层间流体作用于含泥砾的铀储层时，绿色蚀变作用便会向泥砾中心浸入，但是浸入的深度极其有限，于是形成了外围绿色蚀变环带。

2. 有机质演化及蚀变作用的叠加改造记录

相比于露头而言，由于缺少现代地表氧化作用的干扰，岩芯中保留了一些蚀变作用的细节与痕迹。尽管下面岩芯实例中的一些现象较为罕见，但在某种意义上可以阐明后生蚀变作用可能是普遍的。

在露头区附近的一些钻孔岩芯中，可能记录了植物根系有机质降解过程中造成的围岩蚀变，以及被后期流体多次蚀变叠加改造的历史。如图6-5所示，铀储层的直接顶板接受了沉积期代表干旱暴露环境的紫红色泥质粉砂岩沉积(①)，其中发育有植物根系。随后，构成植物根系的有机质在准成岩阶段或成岩早期发生类似泥炭化作用，由此产生的有机物质或有机流体会使植物根系周围的紫红色沉积物还原蚀变为绿色，即发生第一次绿色蚀变(②)，这次蚀变可能早于大规模铀成矿期而形成。推测在第一次绿色蚀变(②)之后，发生了较为强烈的氧化作用。氧化作用不仅导致植物根有机质的丧失，还在其周围将部分第一次绿色蚀变的沉积物改造为黄色，即发生黄色蚀变(③)，此次黄色蚀变可能与铀储层中大规模的紫红色蚀变作用相当，是区域大规模层间氧化流体在狭小的植物根系孔隙中的蚀变记录。位于原始植物根系中心的绿色"芯"，有可能是铀储层中区域大规模二次还原事件的记录，即第二次绿色蚀变作用(④)，它将之前形成的部分黄色蚀变沉积物还原为绿色。比较而言，第二次绿色蚀变强度远远低于第一次绿色蚀变，而且由早到晚三次蚀变作用对岩石的改造程度逐渐减弱。正是由于存在这种规律性的蚀变演化，加之由于植物有机质失水以及有机质丧失造成的圆柱状孔隙结构，使得蚀变记录呈现为以植物根系轴部为中心的同心圆状，孔隙中心记录着最为晚期的一次蚀变作用(图6-5a～c)。

植物有机质演化对围岩的绿色蚀变，还可以从直罗组中段砖红色细粒沉积物中有机质碎屑与围岩蚀变的产出关系得到印证(图6-5d)。该段岩芯的中部包含了一粒黑色有机质碎屑，它在埋藏之后有机质开始降解，由其产生的还原介质对围岩产生了绿色蚀变(②)。由于植物碎屑呈粒状，它处于由砖红色粉砂质泥岩(①)构成的封闭环境中，所以在发生了第一次绿色蚀变作用之后便没有了后期复杂蚀变作用的叠加改造。缺少与外界的流体沟通是造成图6-5d与图6-5b、c的最大区别，显然开放的圆柱状植物根系孔隙为外界的流体蚀变改造提供了必要的物理空间，而封闭的空间不利于外界流体的交换。

3. 钙质胶结作用对绿色蚀变砂岩的改造

在野外露头上，一些钙质胶结作用同样也可以形成于大规模的二次还原绿色蚀变作用之后，从而避免了现代地表黄色蚀变作用的改造。例如，由邻区露天采煤所揭露的铀储层所示(图6-6)，整块岩石在铀成矿期发生了紫红色蚀变作用(①)，随后发育了第一期钙质胶结作用形成紫红色钙质砂岩结核(②)。二次大规模绿色蚀变作用显然影响了紫红色钙质砂岩结核的外围岩石，使其演化为绿色蚀变砂岩，并同时形成了黄铁矿结核(③)。在此之后，发生了第二期钙质胶结作用，它使整块绿色砂岩演变为致密钙质胶结砂岩，那些黄铁矿也被胶结其中(④)。在黄铁矿周围看到的褐色铁污染晕，应该是露天采煤时岩石被暴露后，黄铁矿遭受现代氧化的痕迹(⑤)。

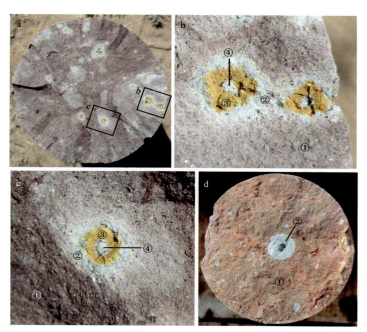

图 6-5 铀储层顶板围岩中植物有机质演变及蚀变作用记录，J_2z^2，大营铀矿床

a.植物根化石被多次蚀变作用改造的痕迹，ZKN24-8，J_2z^2；b、c.照片 a 的局部放大；d.植物碎屑有机质演化对围岩的绿色蚀变，ZKD192-47，J_2z^2；蚀变作用序列：①干旱暴露环境中形成的紫红色泥质粉砂岩或砖红色粉砂质泥岩；②第一次绿色蚀变（可能形成于铀成矿之前）；③黄色蚀变（可能与铀成矿同期发育）；④第二次绿色蚀变（可能与区域二次还原事件有关）

图 6-6 记录多次蚀变作用和钙质胶结事件的铀储层砂岩，J_2z^{1-1}，东胜马家梁

蚀变作用序列：①紫红色蚀变砂岩（铀成矿同期发育，古层间氧化带残留）；②第一次钙质胶结；③绿色蚀变砂岩及黄铁矿（区域大规模二次还原作用的产物）；④第二次钙质胶结；⑤现代氧化作用

(三) 黄色蚀变作用对含铀岩系和铀矿化体的改造

黄色蚀变作用主要形成于露头区(图6-7),是在铀储层经历了构造抬升-掀斜并暴露到地表之后的一种现代地表氧化作用,既表现在对疏松的绿色蚀变砂岩和原生灰色砂岩的蚀变改造,也表现在对古老铀矿体的改造与破坏。

图6-7　现代地表氧化作用对直罗组铀储层的黄色蚀变改造

a. 黄色蚀变砂岩(神木庙沟,J_2z^{1-1});b. 下雨后,从直罗组底部砂体中渗滤出来的橘色氧化流体(神木庙沟,地表冲沟);c. 现代氧化作用导致的褐铁矿化及黄色蚀变(榆林红石峡,J_2z^{1-1})

1. 地表氧化作用对原生灰色砂岩和后生绿色蚀变砂岩的改造

在野外露头区,有充分的证据能够区分黄色蚀变砂岩的原始岩性。那些紧紧围绕钙质紫红色砂岩的黄色蚀变,通常是现代氧化作用对绿色砂岩蚀变改造的结果(图6-2、图6-3)。而那些富含黄铁矿、碳质碎屑或者碳化植物根系的黄色蚀变砂岩(图6-8),特别是那些围绕低渗透灰色砂岩的黄色蚀变砂岩(图6-9),则往往是现代氧化作用对原生灰色砂岩蚀变的结果。

2. 黄色蚀变作用对古老铀矿体的改造

与紫红色蚀变作用同期发育形成的铀矿体,在经历盆地构造抬升-掀斜暴露地表后,同样也会受到现代氧化作用的破坏与改造。在露头上,已经氧化的铀矿体通常会形成颜色鲜艳的次生铀矿物,这些次生铀矿物主要由钙铀云母等组成(图6-10)。在地表氧化期间,古矿床的U^{4+}演变为U^{6+}并以离子形式溶解于地表或者孔隙水中,然后在重力驱动下向铀储层底部汇流,当遇到下伏存在隔水层时(图6-9),含U^{6+}氧化流体将渗出暴露地表,在干旱气候背景中将逐渐结晶从而形成次生铀矿物(图6-10)。次生铀矿物的存在不仅是铀储层中铀含量高的一种标志,同时也是古老铀矿体被破坏经受地表黄色蚀变的重要判别标志。

图 6-8 现代地表氧化作用对原生灰色砂岩的黄色蚀变改造，J_2z^{1-1}
（部分氧化的黄铁矿或者碳质碎屑的存在是判别其为原生灰色砂岩的重要标志）
a. 含黄铁矿砂岩的黄色蚀变（神木庙沟）；b. 含黄铁矿砂岩的黄色蚀变（准格尔旗丁家沟）；c. 碳化植物根系周围砂体的黄色蚀变（准格尔旗黄铁棉图）；d. 含碳质碎屑砂岩的黄色蚀变（东胜神山沟）

图 6-9 野外露头直罗组古铀矿床的现代氧化蚀变改造，J_2z^{1-1}，神木庙沟
注：当直罗组铀储层遇到下伏延安组隔水层时，含 U^{6+} 现代氧化流体渗出地表。

图 6-10 野外露头直罗组铀储层表面的次生铀矿物，J_2z^{1-1}，神木庙沟
a. 铀储层表面次生铀矿物宏观分布特征；b、c. 橘黄色—肉红色的次生铀矿物；
d. 乳白色—浅黄色的次生铀矿物

3. 现代地表氧化作用下铀的再次分配模式

古矿床被氧化后，一些含 U^{6+} 氧化流体经蒸发作用形成了次生铀矿物，而另一些含 U^{6+} 氧化流体继续在重力作用下运移，当运移至强还原介质时将会被吸附富集，从而形成了次生铀异常。

在神木庙沟露头一带，实测的铀含量分布规律性即可说明这一点。直罗组下段下亚段铀储层中伽马值 γ，由上向下逐渐变大，至铀储层底部与下伏煤层的接触面附近，伽马值达到最大。下伏延安组煤层中伽马值则由上向下逐渐降低，煤层之下的暗色泥岩伽马值最低（图 6-11）。

这一现象说明，露头区煤层顶部铀矿化（异常）的铀源来自上覆直罗组铀储层本身，氧化作用导致古老铀矿体中的铀再次重新分配，而煤层是良好的还原剂和吸附剂，促使了铀的再次次生富集。所以，露头区的铀异常不同于原生铀矿床而具有自身的赋存规律性（图 6-12），具体如下。

（1）在铀储层中，铀含量在垂向上具有由上向下增高的趋势。残留的铀异常一般出现在河道砂体底部富碳质碎屑或者黄铁矿结核周围。砂体中泥质条带周围也会残留铀异常。

（2）大部分显著的次生铀异常出现在铀储层之下的泥质隔水层或者煤层中，在垂向上铀异常通常自上而下逐渐降低。

（3）比较而言，鄂尔多斯盆地延安组和直罗组的煤层中通常无铀异常，伽马值一般小于 19×10^{-6}。所以，露头区煤层表面的铀异常通常都是地表氧化作用导致铀重新分配的产物。

四、后生蚀变作用序列

在沉积盆地中，绿色砂岩和灰色砂岩是典型的还原地质体，但是东胜铀矿田的铀矿化体主要产出于绿色砂岩与灰色砂岩的接触部位，这种特殊性是由于蚀变作用的复杂叠加改造形成的。

东胜铀矿田的形成演化总体经历了 3 次大规模的蚀变作用：原生灰色砂岩→紫红色蚀变（区域层间

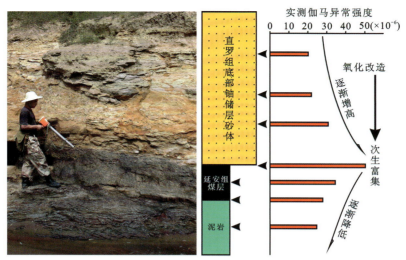

图 6-11　直罗组底部(J_2z^{1-1})铀储层及延安组顶部煤层和泥岩中的铀异常变化规律，神木庙沟

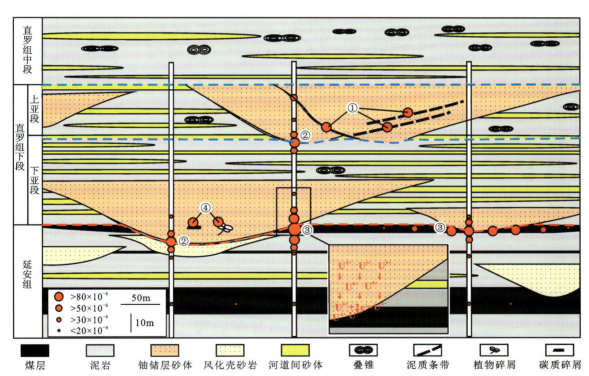

图 6-12　鄂尔多斯盆地北部露头区直罗组底部地层结构及残余与次生铀异常分布模式图

图中推测的残留铀异常点有：①砂体内部的冲刷面或泥质条带处；②砂体底部及底部的冲刷面处；
③砂体底部与泥岩或煤层的接触面处；④砂体中碳质碎屑、黄铁矿或叠层石等还原剂丰富处。

氧化带形成，大规模成矿作用发生）→古层间氧化带经受二次还原绿色蚀变（成矿作用终结，矿床进入保护与改造阶段）→露头区现代氧化作用导致黄色蚀变（古矿床被构造抬升-掀斜暴露地表，遭受改造和破坏，铀重新分配）。

对于东胜铀矿田而言，大规模的紫红色蚀变作用最为重要，这是区域古层间氧化带形成发育的标志，也是导致大型—超大型铀矿床发育的重要地质基础和成矿必备条件。在一定程度上讲，大规模二次还原的绿色蚀变作用保护了早期形成的古老砂岩型铀矿床。而现代氧化作用驱动的黄色蚀变对古老铀矿床起到了破坏作用，值得庆幸的是后期盆地构造抬升-掀斜和剥蚀破坏作用有限，主要矿体得以幸免。

蚀变作用及其成岩作用的有序更替充分表现了东胜铀矿田古砂岩型铀矿床的复杂演化过程和基本地质特征(图6-13)。

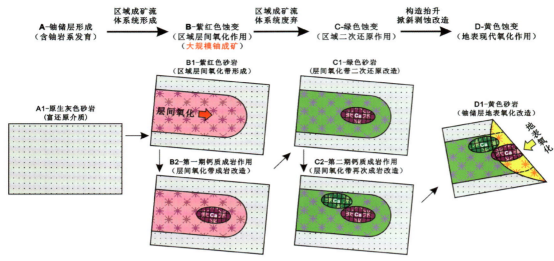

图6-13　鄂尔多斯盆地北部直罗组铀储层宏观蚀变作用及成岩演化序列模式

注：神山沟张家村露头区，直罗组下段铀储层中记录了较为详尽的古老铀矿床的成矿作用过程及其后期的改造过程。它们集中地表现在3个方面，即成矿期古老的层间氧化作用——砂岩紫红色蚀变，成矿之后的二次还原作用——砂岩绿色蚀变，以及现代的地表氧化作用——砂岩黄色蚀变。

第二节　岩石地球化学类型与古层间氧化带

较之于覆盖区的铀储层，露头区不仅经历了古层间氧化作用的影响，同时还接受了地表氧化作用的改造。所以，在PM-01和PM-02典型剖面上，主要存在紫红色、绿色和黄色3种后生蚀变砂岩类型，如果按照岩石地球化学进行分类的话还有一种是灰色砂岩，这样一来共有4种岩石地球化学类型，其中灰色砂岩为原生具有还原性质的砂岩。通过测量和精细写实，在剖面中能够总结各种岩石地球化学类型的空间配置关系和分布规律，这为古层间氧化带的识别提供了准确的地质依据。

一、PM-01剖面岩石地球化学类型空间分布规律

在PM-01剖面上，铀储层中的各类岩石地球化学类型的产出空间具有明显的非均质性，但是它们的空间配置关系却具有良好的规律性(图6-14)。

铀储层中广泛发育的是黄色砂岩，这是由于铀储层直接暴露地表被广泛氧化所致。但是仔细观察发现，黄色砂岩的发育厚度极为有限，通常为几厘米至几十厘米。

在黄色砂岩的掩盖下，其他几种岩石地球化学类型的分布明显受4级界面控制，限定于河道单元(ICU)中。其中，灰色原生砂岩主要分布于河道单元ICU-Ⅰ和ICU-Ⅱ中，而后生的绿色和紫红色蚀变砂岩则主要分布于河道单元ICU-Ⅲ中(图6-14)。这反映了由4级沉积界面限定的河道单元控制了大规模含矿流场发育的空间，后生蚀变作用和古层间氧化带趋向发育于河道单元ICU-Ⅲ中。

第二篇 辫状分流河道型铀储层露头地质建模

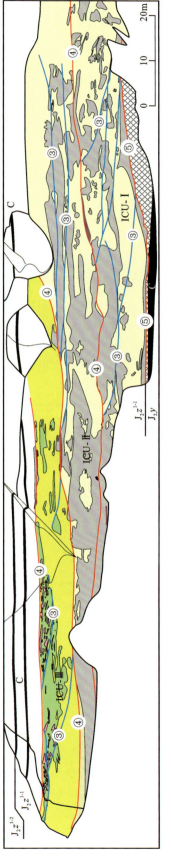

图6-14 张家村PM-01剖面岩石地球化学类型空间配置关系图，J_2z^{1-1}，神山沟

在河道单元 ICU-Ⅰ和 ICU-Ⅱ中,被大面积黄色砂体掩盖下的灰色砂岩,大部分是钙质胶结砂岩,向剖面底部和东侧一带则有一些相对疏松的灰色砂岩,但是所有灰色砂岩的共有特征是富含碳质碎屑和黄铁矿,表明其为具有还原性质的原生岩石地球化学类型(图 6-14)。

在河道单元 ICU-Ⅲ中,所有几种后生蚀变砂岩具有规律性的包容关系,黄色砂岩包裹绿色砂岩,而绿色砂岩又包裹紫红色钙质砂岩(图 6-3a、图 6-14)。在垂向上,自下而上似乎还具有黄色砂岩渐少、绿色砂岩和紫红色砂岩渐多的趋势(图 6-14)。另外,河道单元 ICU-Ⅲ中的 3 级界面还将由绿色砂岩和紫红色钙质砂岩构成的"复合蚀变体"分成两群,这充分显示了沉积非均质性制约下的流体流动单元具有明显的分割性(图 6-14)。

在光学显微镜和扫描电子显微镜下,各种岩石地球化学类型的矿物和胶结物特征也区别明显。紫红色钙质砂岩、绿色砂岩和黄色砂岩的特色矿物分别为赤铁矿(图 6-15a)、绿泥石(图 6-15b)和黄钾铁矾(图 6-15c)。分析认为,这些特色矿物是不同蚀变砂岩致色的标型矿物,也是野外露头区识别后生蚀变作用的标志,而灰色砂岩中的钙质胶结物较为发育(图 6-15d)。

图 6-15　几种典型岩石地球化学类型砂岩的微观结构特征,J_2z^{1-1},神山沟(PM-01)

a. 紫红色钙质粗砂岩中的赤铁矿化,SSG-22;b. 绿色细砂岩中的绿泥石化,SSG-39;c. 黄褐色中砂岩中黄铁矿周边发育的黄钾铁矾矿物,SSG-7;d. 灰色粗砂岩中的钛铁矿被钙质胶结,SSG-19

二、古层间氧化带识别与分布规律

依据岩石地球化学类型,特别是未接受地表氧化作用改造的"古"后生蚀变作用类型(绿色蚀变砂岩+钙质紫红色蚀变砂岩),可以在露头剖面上识别和划分古层间氧化带。

在 PM-01 剖面上,由"古"后生蚀变作用识别出的古层间氧化带,位于该剖面左侧的中上部,显然受控于河道单元 ICU-Ⅲ(图 6-16)。这说明,古层间氧化带的发育是以河道单元为单位的,铀储层内部的高级别构成单元制约了含矿流场,也限制了"古"后生蚀变作用的发育空间。

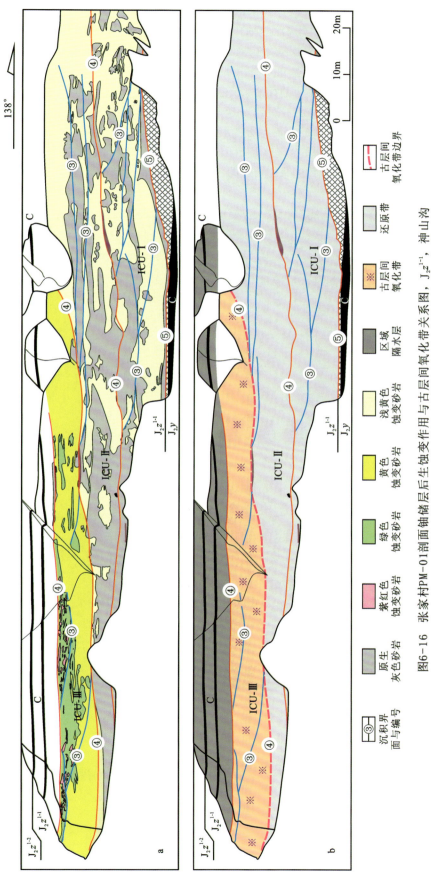

图6-16 张家村PM-01剖面铀储层后生蚀变作用与古层间氧化带关系图，J_2z^{1-1}，神山沟

a. 岩石地球化学类型（后生蚀变砂岩）空间分布图；b. 古层间氧化带空间分布图

在东胜神山沟张家村野外露头区，PM-01 剖面中的古层间氧化带可以追踪对比到 PM-02 和 PM-03 剖面上。在 2009 年，PM-02 剖面刚刚开始挖掘的时候，其西侧有一定规模的紫红色钙质砂岩结核出露（图 6-17），随着剖面的坍塌和继续向南挖掘，其西侧的紫红色钙质砂岩结核越来越少，至目前仅零星可见。在 PM-03 剖面上，其右下部河道单元 ICU-Ⅲ 中的紫红色钙质砂岩结核却较为发育（图 4-13，图 4-14e,f）。在 PM-01 剖面西部邻区的剖面上，绿色蚀变砂岩包裹紫红色钙质蚀变砂岩的"古"后生蚀变现象更为特征（图 6-1，图 6-2），通过追踪对比发现其属于 PM-01 剖面河道单元 ICU-Ⅲ 中古层间氧化带朝向物源方向的部分。因此，PM-01 剖面上的古层间氧化带应该是东胜铀矿田直罗组下段下亚段铀储层中区域古层间氧化带的前端，其边界应该是古层间氧化带的前锋线（图 6-16）。

由野外露头的钙质红色砂岩和绿色砂岩限定的古层间氧化带，总体具有舌状形态、且向东南方向推进延伸的趋势（图 4-6）。

图 6-17　张家村 PM-02 剖面西侧中上部曾经出露的紫红色钙质砂岩结核（箭头所指），J_2z^{1-1}，神山沟
a. 摄于 2009 年 7 月 24 日；b. 摄于 2010 年 8 月 9 日

第三节　钙质胶结作用非均质性

在铀储层 PM-01 剖面中，由钙质胶结作用而形成的钙质砂岩结核具有较强的抗风化能力，在整个铀储层经历了差异风化之后，钙质结核在剖面上表现为"致密凸起结构"，易于识别。由此也显示出，钙

质胶结作用是铀储层中成岩非均质性的显著特征。

在铀储层PM-01剖面中，钙质胶结物具有强烈的非均质性。精细的剖面写实发现，一部分钙质胶结物形成发育于沉积界面附近的原始高孔渗区域，这使原有的沉积非均质性更加复杂化。而另一部分钙质胶结物似乎与古层间氧化带前锋线关系密切，主要发育于前锋线外侧与铀矿化共生的部位，此部分钙质胶结物最为发育、分布规模较大。还有一部分形成于古层间氧化带内部，分布规模有限。以成矿事件为时域标志，PM-01剖面中钙质胶结作用至少可以分为成矿前、成矿中和成矿后三大期次。

一、PM-01剖面钙质结核发育特征

在PM-01剖面上，共识别出323个钙质结核（图6-18）。钙质结核个体相对独立，大部分呈扁平透镜状、椭圆状（图5-7a）、飞碟状（图4-10e）和球状（图6-19），长轴方向平行或近于平行于一些沉积界面。钙质结核的最大长轴直径可达20m，平均直径为1m，最小直径为5～10cm（图6-18）。

比较来看，铀储层中的钙质非均质性主要表现在发育密度和定向排列两个方面。

在PM-01剖面上，钙质胶结物大约以No.374（GPS）为界，其东、西两侧具有明显不同的产出规律（图6-18）。

剖面东侧，即ICU-Ⅰ的主体以及ICU-Ⅱ的右半部分，钙质结核个体较小。比较而言，该区钙质结核具有自下而上、自左向右个体减小的趋势，除ICU-Ⅰ底部外总体呈现均匀分布。在此区，钙质结核产状具有定向性，它们呈串珠状主要分布于河道单元的4级和3级沉积界面上，长轴方向与界面近乎平行。此规律在ICU-Ⅱ的右半部分则更为典型（图6-18，图6-19a、b）。为了对比研究，笔者将此区命名为Ca-A区。

剖面西侧，即ICU-Ⅱ的左半部分以及ICU-Ⅲ中，钙质结核则大不相同，要么集中发育构成较大的规模，要么不发育。特别是在ICU-Ⅱ的左半部分，其几乎完全被钙质胶结并被限制在上、下2条4级界面之间，称其为Ca-B区。该区结核规模巨大，其复合体长达73m，最厚处厚为7m（图6-18）。还有一处钙质结核规模较小，集中发育于ICU-Ⅲ西侧的底部，称为Ca-C区（图6-18）。最具特色的一处钙质结核呈现为紫红色，即紫红色钙质胶结砂岩，集中发育于ICU-Ⅲ的顶部，称其为Ca-D区。Ca-D区主要由一系列规模较小的钙质结核构成，它们也具有很好的定向性，受沉积界面所控制（图6-18、图6-19d）。除了Ca-B、Ca-C和Ca-D以外，剖面西侧的其他区域则少见钙质结核。

在ICU-Ⅰ的底部，一些钙质结核胶结包裹了早期的黄铁矿（图4-10d），这种现象同样被记录在了扫描电镜下的显微矿物组构中（图6-20a）。除了莓状黄铁矿被胶结以外，孔隙中的一些半自形的黄铁矿颗粒、碎屑磷灰石、碎屑钛铁矿、碎屑锆石等也被钙质胶结和包裹（图6-20）。

二、PM-01剖面钙质胶结作用期次识别

在野外，以大规模的铀成矿作用作为时域标准，根据钙质胶结物的发育空间、发育规模、被胶结对象以及岩性的包裹关系等，可以将PM-01剖面上的钙质胶结物进行宏观的期次划分。识别钙质胶结物期次的主要目的在于，能够从中准确获取成矿期钙质砂岩的样品，以期通过流体包裹体等方面的研究，恢复成矿期铀成矿流体的物化条件和成矿信息。

图6-18 张家村PM-01剖面钙质胶结物非均质分布规律图，J_2z^{1-1}，神山沟

图 6-19 张家村 PM-01 剖面铀储层中的钙质结核及其滚石，J_2z^{1-1}，神山沟

a. 沿沉积界面产出的具有定向性的钙质结核；b. 个体相对孤立的钙质结核；c. 切穿沉积纹层的不规则椭球状复合体钙质结核；d. 核心为紫红色的长饼状钙质结核

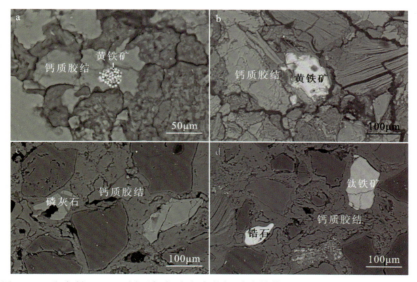

图 6-20 张家村 PM-01 剖面灰色砂岩中的钙质胶结作用显微照片，J_2z^{1-1}，神山沟

a. 莓状黄铁矿被钙质胶结物包裹，SSG-19；b. 孔隙中发育的半自形黄铁矿，周边为钙质胶结物，SSG-19；c. 被基底式胶结的孔隙，其中见有磷灰石，SSG-25；d. 钙质胶结物中的锆石、钛铁矿等矿物碎屑颗粒，SSG-25

1. 成矿前的钙质胶结作用（灰色钙质砂岩结核）

从砂岩成岩演化的角度看，成矿前的钙质胶结作用应该与古层间氧化带和铀矿化带发育的空间无

关。如果该地区之前的成岩作用较为简单,那么钙质胶结物的发育密度和规模都不应该太大,应该是一些偶尔发育的呈球形或椭球形的钙质砂岩,结核的颜色应该是原生还原色——灰色。

由于钙质胶结作用往往导致砂岩孔隙度的大幅度丧失,后期流体将难以改造先期已经形成的钙质结核,从而使其保持原有的灰色钙质砂岩的基本特性。所以,成矿前的灰色钙质砂岩结核可以被后期发育的任何形式蚀变砂岩所包裹,如被铀储层中的灰色砂岩、红色砂岩、绿色砂岩或黄色砂岩所包裹(图 6-21)。

成矿前的钙质结核应该在 PM-01 剖面上星罗棋布。但是,从研究的角度看,Ca-D 区被包裹于紫红色砂岩中的灰白色钙质结核最为可靠。可以推测,Ca-A 区和 Ca-B 区都应该保留此期胶结物,特别是 Ca-A 区可能有相当一部分属于成矿前的钙质结核,而 Ca-B 区的则可能有后期的叠加胶结(图 6-18)。

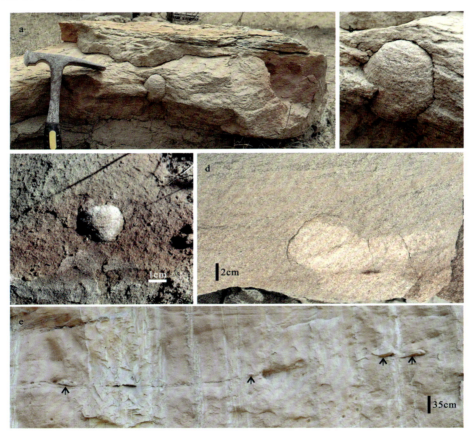

图 6-21　张家村 PM-01 剖面上铀成矿前灰色钙质砂岩结核与铀储层的包裹关系,J_2z^{1-1},神山沟
a. 被浅紫红色砂岩包裹;b. a 图的局部放大;c. 被绿色—紫红色砂岩包裹;d. 被浅红色砂岩包裹;
e. 被灰色砂岩包裹

2. 成矿后的钙质胶结作用

从理论上讲,成矿后的钙质胶结作用应该在 PM-01 剖面中广泛分布。但是,其在古层间氧化带中却最容易被识别,重要的特征是以紫红色钙质砂岩结核的形式产出于古层间氧化带中(图 4-10f、图 6-3、图 6-4、图 6-19d、图 6-22),这是一次钙质胶结作用对已有层间氧化带砂岩的不均一再胶结。由于古层间氧化作用与铀成矿是同期的,所以紫红色钙质砂岩结核被解释为成矿期后的钙质胶结作用事件。

由于东胜铀矿田在此之后还整体经历了一次大规模的二次还原绿色蚀变,所以无论是在露头区还是井下,紫红色钙质砂岩结核均被绿色蚀变砂岩包裹。紫红色钙质砂岩被认为是古层间氧化带的残留,这一特征在东胜铀矿田无一例外,例如在 PM-02 和 PM-03 剖面上也有相应记录(图 4-12c,图 4-14e、f)。

由此可见,PM-01 剖面上 Ca-D 区被包裹于绿色砂岩中的紫红色钙质结核都是成矿后钙质胶结作用的产物(图 6-18)。还有更晚一期的钙质胶结作用,在整个东胜铀矿田都较为少见,它们是对绿色蚀变砂岩的再胶结,表现为钙质绿色砂岩(图 6-6)。

图 6-22 张家村 PM-01 剖面上 ICU-Ⅲ顶部古层间氧化带中紫红色钙质砂岩结核,J_2z^{1-1},神山沟

3. 成矿期的钙质胶结作用

野外放射性测量与钙质胶结砂岩的对比发现,PM-01 剖面 ICU-Ⅱ左侧 Ca-B 区大规模的钙质砂岩结核的形成应该是与铀成矿同期的(图 6-18)。

此期钙质胶结物的特点是:呈灰色,与铀矿物、黄铁矿和碳质碎屑等共生,具有较高的放射性。更重要的是,它们较为集中地发育于古层间氧化带前锋线的外侧,与铀的富集成矿区基本重叠(图 6-16、图 6-18、图 6-23)。

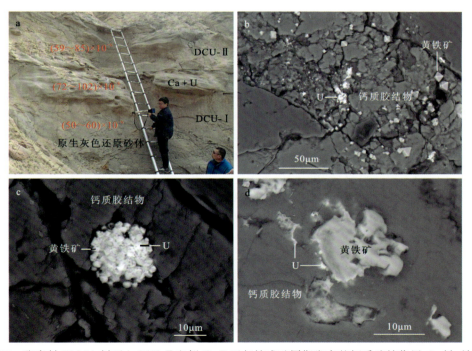

图 6-23 张家村 PM-01 剖面上 ICU-Ⅱ左侧 Ca-B 区与铀成矿同期发育的钙质胶结作用,J_2z^{1-1},神山沟

a.大规模高放射性且富含碳质碎屑的钙质胶结砂岩;b.铀矿物分布于钙质胶结物周围,可见自形黄铁矿颗粒被钙质胶结包裹;c.钙质胶结物包裹莓状黄铁矿,铀矿物充填于莓状黄铁矿微晶间隙;d.胶状黄铁矿与钙质胶结物,铀矿物分布于黄铁矿周围与钙质胶结物裂隙中

4. 显微胶结世代性

在已开展的研究中,已经发现 PM-01 剖面 ICU-Ⅱ 左侧 Ca-B 区中的一些钙质胶结物具有明显的世代性(图 6-24)。但是,微观的世代性如何与宏观的胶结期次进行匹配？特别是哪一世代的胶结作用与铀成矿同期？所指示的成矿流体具有什么样的物理、化学条件？这是一些有待探索的科学选题。

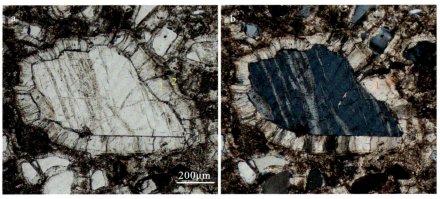

图 6-24 张家村 PM-01 剖面钙质胶结物的世代性,J_2z^{1-1},神山沟
a. 单偏光;b. 正交偏光

三、成矿期钙质胶结作用机理与潜在影响

1. 形成机理

露头的测量与剖面写实表明,成矿期钙质胶结作用集中地发育于古层间氧化带边界外围,与铀矿化区基本吻合,但总体部位靠前。这反映了钙质胶结作用与铀成矿的高度同步性(图 6-23)。

经典的研究发现,碳酸盐溶解度对溶液的 pH 值极敏感,随着 pH 值的升高,其溶解度降低而发生碳酸盐沉淀。在铀储层中,钙质胶结作用的空间与古层间氧化带具有良好的匹配关系。这是否意味着,形成古层间氧化带的氧化蚀变作用与原生还原砂岩之间,除了具有氧化-还原环境的突然变化外,前锋线两侧也是酸-碱环境的突变空间。由古层间氧化带所具有的氧化-还原环境可以促使 $U^{6+} \rightarrow U^{4+}$ 的变价和富集成矿,而促使古层间氧化带发育的后生蚀变作用也造成了成岩环境酸碱度的变化。因此,古层间氧化带的边界实际上是氧化-还原环境和酸-碱环境的双重地球化学障,其既促成了铀的变价沉淀也导致了方解石的结晶。由于古层间氧化带前锋线位置古含矿流体的运移通量最大,因此此区域的含铀钙质胶结物也最为发育。

有学者指出,pH 值的升降常与岩层中有机质在埋藏时被喜氧或厌氧细菌分解形成 CO_2 有关。这很容易使我们将层间氧化作用对铀储层中大量碳质碎屑的消耗联系起来,也容易理解是氧化-还原环境和酸-碱环境的双重地球化学障共同制约了含铀钙质砂岩(矿石)的形成。

实际上,国内外典型铀矿床中钙质胶结作用与铀成矿作用同时相伴生的现象具有普遍性。无论是在邻区的大营铀矿床(焦养泉等,2012b),还是在美国的怀俄明州 Shirley 盆地陆相砂岩铀矿中,铀与钙质胶结物共生的规律性都被一一证实(Harshman,1972,1974;Harshman and Adams,1981;图 6-25)。

2. 钙质胶结作用的潜在影响

在铀储层中,成矿前的钙质胶结作用会使砂岩致密化,它们往往以钙质隔档层的身份影响铀成矿流体场,从而限制了古层间氧化带的发育方向和铀成矿空间。而成矿期钙质胶结作用与铀矿化作用的同步发育,不仅造成了铀矿石的致密化,也改变了铀储层的化学成分,这无疑给未来的地浸开发带来了难度。事实上,对于地浸开发而言,无论是成矿前、成矿中或成矿后形成的钙质胶结物,它们都会影响地浸采铀工艺,即从物性(孔渗性)的角度影响溶矿流体场,而从化学成分的角度影响对溶剂的选择(焦养泉等,2018a)。

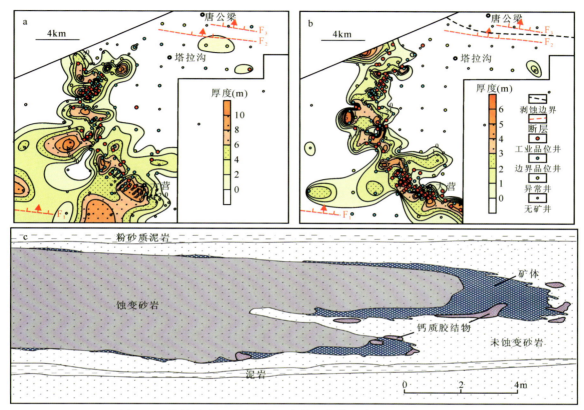

图 6-25 铀储层中钙质胶结作用与铀矿化作用共生发育的典型实例
a、b.分别为鄂尔多斯盆地大营铀矿床直罗组下段下亚段和上亚段铀储层中铀矿体与钙质砂岩叠置关系,注意古层间氧化带由北东向西南方向推进(据焦养泉等,2012b);c.美国怀俄明州 Shirley 盆地陆相砂岩铀矿体与钙质胶结物空间配置关系(据 Harshman,1974;Dahlkamp,1993)

第四节 黄铁矿成岩作用非均质性

黄铁矿在铀储层中最为常见,一般认为它们充当了铀成矿的吸附还原介质。但是,野外露头建模研究发现,铀储层中黄铁矿的种类繁多而且富于多种变化,其空间分布具有明显的非均质性,在铀成矿过程的作用也不尽相同。因此,深入研究黄铁矿的形成演化规律对于深刻理解铀成矿机理具有重要意义。

一、黄铁矿的多样性与宏观表现

铀储层中的黄铁矿形态类型多样,依据自身结构特征及其与碎屑颗粒的赋存关系,可以将黄铁矿微观形貌分为莓状黄铁矿、自形黄铁矿和胶状黄铁矿 3 种类型(图 6-26)。莓状黄铁矿为同沉积期或成岩早期的产物,主要由球状、五角十二面体、正八面体等形态的亚微米级微晶呈聚集体紧密排列、堆积而成,直径一般为几微米到几十微米不等,多成群出现(图6-26a、b)。单个莓状体中黄铁矿微晶形态相同,大小相近,数量通常为 $10^3 \sim 10^6$ 个。在PM-01剖面及附近区域的铀储层中,莓状黄铁矿与铀矿物的共生关系最为密切,通常表现为铀矿物充填入黄铁矿微晶间隙,且可见铀矿物交代部分黄铁矿微晶(图6-26c、d)。自形黄铁矿主要形成于成岩作用阶段中后期,多呈离散或孤立状晶体,可见立方体(图6-26e)、正八面体和五角十二面体等晶形,直径通常超过 $10\mu m$。胶状黄铁矿是以胶结物的形式存在于碎屑颗粒之间,结构均质,起固结砂岩颗粒的作用(图6-26f),为成岩作用中后期产物。同时,偶见小范围分布的胶状黄铁矿与铀矿物共生(图6-26g)。

与微观视域下多样的黄铁矿形貌不同的是,露头区铀储层中黄铁矿的宏观特征主要表现为结核状(图6-26h)和条带状(图6-26i),尤以广泛分布的结核状结构最为特色。仔细观察发现,长条带状黄铁矿是由许多细小的结核状黄铁矿紧密堆积而成(图6-26i)。结核状黄铁矿是成岩作用过程中黄铁矿交代砂岩其他组分沉淀而成,小者长轴直径约1cm,最大者长轴直径可达30cm(图4-10b、c)。在PM-01剖面中,结核状黄铁矿多集中分布于不同级别沉积界面附近,且其长轴方向与沉积界面呈平行或近平行关系。界面级别越高,黄铁矿长轴直径越大,数量越多,黄铁矿的这种分布特征可能与沉积界面处广泛分布的碳质碎屑、分散有机质和泥砾等具有还原能力的组分有关。

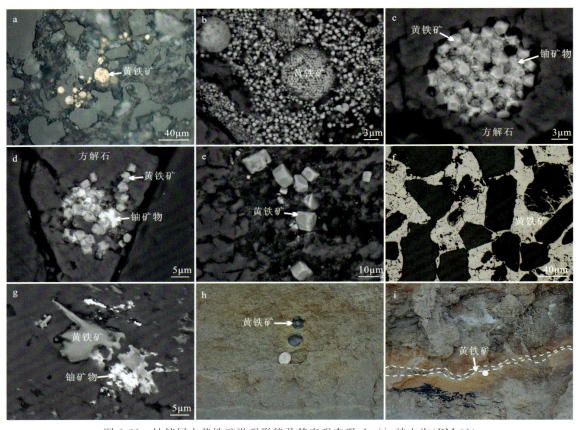

图6-26　铀储层中黄铁矿微观形貌及其宏观表现,J_2z^{1-1},神山沟(PM-01)

a.反射光下的莓状黄铁矿;b.背散射视域下的莓状黄铁矿;c.铀矿物充填莓状黄铁矿微晶间隙;d.铀矿物包裹并交代莓状黄铁矿微晶;e.黄铁矿(自形晶);f.反射光下胶状黄铁矿;g.胶状黄铁矿与铀矿物共生;h.宏观结核状黄铁矿;i.宏观条带状黄铁矿

二、黄铁矿的成岩演化规律

在铀储层内部,黄铁矿不仅数量和种类繁多,受其化学性质的影响很容易遭受成岩环境的叠加改造。因此,黄铁矿的生长和溶蚀现象丰富,而且具有一定的发育演化规律,认识黄铁矿的"易变"属性和规律有利于理解铀成矿机理。

1. 成岩黄铁矿生长的"核"载体

精细的野外露头调查与实验室测试表明,成岩黄铁矿的生长发育和空间分布具有显著的选择性,即黄铁矿沉淀结晶过程对砂岩中的某些特定组分有着较强的依赖性(图 6-27)。如前所述,PM-01 剖面铀储层中广泛分布的宏观黄铁矿与碳质碎屑密切相关(图 6-27a),值得注意的是,多数结核状黄铁矿的长轴方向与碳质碎屑的长轴方向近于平行。

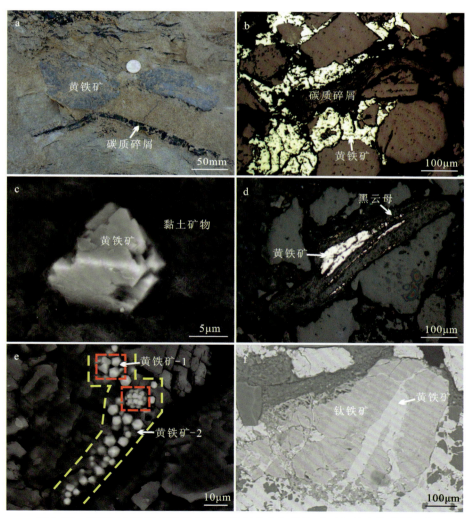

图 6-27 铀储层中成岩黄铁矿与"核"载体的共生关系,J_2z^{1-1},神山沟(PM-01)

a. PM-01 剖面结核状黄铁矿分布于碳质碎屑周围;b. 反射光下胶状黄铁矿分布于碳质碎屑周围;c. 自形黄铁矿被黏土矿物包裹;d. 成岩黄铁矿充填入黑云母解理中;e. 莓状黄铁矿外再生长的成岩黄铁矿;f. 一部分黄铁矿充填于钛铁矿溶蚀裂隙中,另一部分黄铁矿分布于钛铁矿外围

显微视域下，成岩黄铁矿的"核"载体主要包括碳质碎屑、黏土矿物、黑云母、黄铁矿和钛铁矿。载体组分为碳质碎屑的黄铁矿主要充填于碳质碎屑内部或分布于碳质碎屑附近（图6-27b），呈紧密接触关系。原位硫同位素分析显示，黄铁矿$\delta^{34}S$组成为$-47.0‰\sim-19.2‰$，表明为细菌硫酸盐还原反应形成，碳质碎屑作为有机物为硫酸盐还原细菌反应提供了能量来源。被黏土矿物（主要为高岭石和绿泥石）包裹是成岩自形黄铁矿较为常见的赋存状态（图6-27c），可能与黏土矿物有较高的比表面积因而有较强的吸附性能有关。与黑云母密切相关的黄铁矿均充填于黑云母解理裂隙中（图6-27d），这是由于黑云母在成岩作用过程中易被蚀变从而释放Fe^{2+}，而黄铁矿的生长会进一步导致黑云母的形变。早期黄铁矿的存在也可以作为成岩自生黄铁矿的良好载体（图6-27e），这可能与早期黄铁矿的成岩流体蚀变溶解再沉淀过程有一定的联系。钛铁矿在铀储层中作为一种重矿物存在（图6-27f），但在适当条件下可发生蚀变释放Fe^{2+}为黄铁矿的结晶过程提供物质来源（Reynolds and Goldhaber，1978；Bonnetti et al，2015）：$FeTiO_3 + 2H_2S \rightarrow TiO_2 + FeS_2 + H_2O + H_2$。综合以上成岩黄铁矿的赋存状态特征，可将其与"核"载体的共生关系分为周缘式（图6-27b、c、e）、填充式（图6-27d）和混合式（图6-27f）。

2. 黄铁矿生长演化序列

如前所述，早期黄铁矿可作为成岩作用中后期黄铁矿生长的载体。已有的研究表明，黄铁矿新鲜的或蚀变的表面是晚期阶段黄铁矿结晶的有利地球化学场所（Kohn et al，1998），这在其他地区的砂岩型铀矿床中均已得到证实，如澳大利亚Lake Eyre盆地铀矿床（Ingham et al，2014）、中国二连盆地巴彦乌拉铀矿床（Bonnetti et al，2015）、美国怀俄明州地区Lost Creek和Willow Creek Mine Unit 10铀矿床（Hough et al，2019）。

在东胜铀矿田中，成岩黄铁矿的生长演化均是以莓状黄铁矿为载体，在外部物质来源的加入下逐渐沉淀，可分别形成复莓状体、自形晶和胶状黄铁矿（图6-28）。莓状黄铁矿是一种亚稳态结构（图6-28a），其聚集体形态与离散态黄铁矿微晶的聚集作用可形成常见的复莓状体结构黄铁矿。复莓状体黄铁矿大小较莓状体高一个数量级，直径为几十微米到几百微米，依据形态可分为两种类型。依然呈莓状体外形的复莓状体是在封闭空间聚集形成的（图6-28b），可能与周围存在的有机质有关。而无定形的复莓状体是在开放空间聚集形成的（图6-28c）。由莓状体演化为自形黄铁矿，可通过颗粒内部依稀可辨的亚微米级黄铁矿微晶及微晶间隙的矿物成分（主要为黏土矿物）等得到证实（图6-28d）。类似地，胶状黄铁矿内部也可见多个莓状黄铁矿聚集体（图6-28e），或离散状亚微米级黄铁矿微晶（图6-28f），表明后期成岩流体含有较多的铁质和硫质成分在早已存在的莓状黄铁矿外围沉淀的过程。

依据以上多种不同的演化作用过程及成岩黄铁矿与铀矿物的共生关系（图6-26c、d、g），可以归纳和总结出成岩黄铁矿的生长演化及其与铀矿物的赋存关系模式（图6-29）。该模式显示出随着成岩作用过程的进行，黄铁矿的结构有序度逐渐增强，结构更加稳定。

3. 表生氧化改造记录

露头剖面中的黄铁矿常可见外圈发生褐铁矿化蚀变，这是表生成岩作用的结果。黄铁矿的表生氧化改造记录在显微视域下显得更加丰富多彩，通常表现为矿物内核为黄铁矿，而外环则为铁的氧化物或氢氧化物矿物（赤铁矿或褐铁矿），但仍保留原始黄铁矿结构（图6-30）。表生成岩作用形成赤铁矿是少见的，这个过程一般没有黄铁矿成分残留（图6-30a）。而褐铁矿化蚀变作用是黄铁矿表生氧化的主要过程，这也是露头区砂岩呈黄色的主要原因。显微镜下可见多种不同形貌黄铁矿发生氧化作用，褐铁矿呈不均匀分布（图6-30b）或"氧化外壳"包裹黄铁矿残留内核（图6-30c～f），矿物颗粒中褐铁矿分布的多少反映了氧化作用的强弱，而元素面分布图也表明表生氧化改造过程存在明显的不均一性（图6-30g～i）。

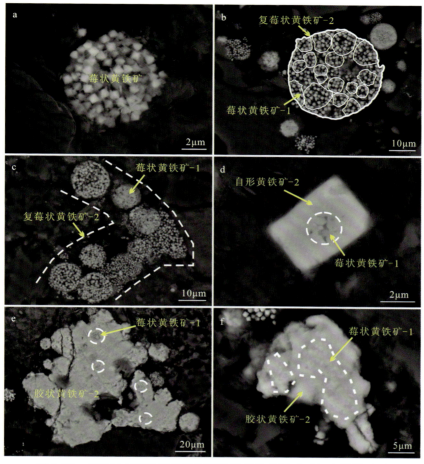

图 6-28　铀储层中成岩黄铁矿微观形貌演化关系，J_2z^{1-1}，东胜铀矿田

a. 呈同心圆状聚集的莓状黄铁矿；b. 呈莓状体外形的复莓状黄铁矿；c. 无定形的复莓状黄铁矿；d. 自形黄铁矿内部残留亚微米级莓状黄铁矿微晶；e. 胶状黄铁矿内部可见多个莓状黄铁矿；f. 胶状黄铁矿内部可见莓状黄铁矿聚集体和离散状黄铁矿微晶

　　黄铁矿的氧化作用过程可分为电化学氧化、生物氧化和化学氧化过程。由钙质成岩胶结作用的发育可知成岩流体的弱碱性质，而当 pH>4.5 时铁氧化细菌的活性大大降低(Rackley, 1972)，因此露头区铀储层中黄铁矿的表生氧化作用应当为简单的氧化反应，反应过程为(Evangelou and Zhang, 1995)：

$$FeS_2 + 7/2O_2 + H_2O \longrightarrow Fe^{2+} + 2SO_4^{2-} + 2H^+$$

$$Fe^{2+} + 1/4O_2 + H^+ \longrightarrow Fe^{3+} + 1/2H_2O$$

$$Fe^{3+} + 3H_2O \longrightarrow Fe(OH)_3(固) + 3H^+$$

$$FeS_2 + 7Fe_2(SO_4)_3 + 8H_2O \longrightarrow 15FeSO_4 + 8H_2SO_4$$

$$Fe(OH)_3 \longrightarrow FeOOH + H_2O$$

$$2FeOOH \longrightarrow Fe_2O_3 + H_2O$$

　　褐铁矿是黄铁矿氧化作用的最初产物，但其在更加干旱的气候条件下处于亚稳态，可通过脱水反应形成黄铁矿的终极氧化产物赤铁矿(图 6-30a)。而褐铁矿分布于黄铁矿内核外围会抑制氧气的进一步进入(图 6-30b~f)，使得表生氧化作用过程更加缓慢而呈现非均质性。此外，铁质的表生氧化过程也可指示露头区铀储层中铀的氧化迁移作用，为野外露头区铀矿勘查工作提供指导意义。

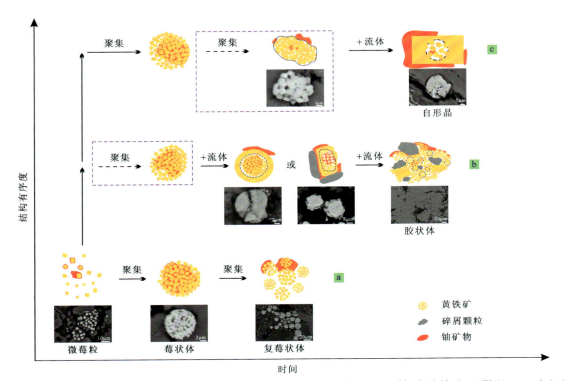

图 6-29 铀储层中不同形貌成岩黄铁矿演化及其与铀矿物赋存关系模式图，J_2z^{1-1}，东胜铀矿田（据 Yue et al，2020）

a. 由显微黄铁矿颗粒逐渐聚集形成莓状体，莓状体聚集形成复莓状体；b. 莓状体或微莓粒在流体加入下逐渐胶结，微粒之间或莓状体颗粒之间间隙被后期黄铁矿胶结，最终形成胶状黄铁矿；c. 随着莓状体聚集，在流体加入下微晶间隙被黄铁矿充填，其外部形态逐渐转化为多面体；注：虚线框表示此为非必要的阶段

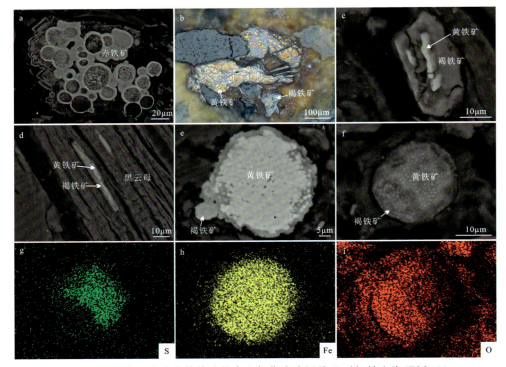

图 6-30 铀储层中成岩黄铁矿的表生氧化改造记录，J_2z^{1-1}，神山沟（PM-01）

a. 莓状黄铁矿被氧化为赤铁矿；b. 反射光下残留的胶状黄铁矿与褐铁矿共生；c. 自形黄铁矿外圈被氧化为褐铁矿，仅残留黄铁矿内核；d. 黑云母解理中的黄铁矿被氧化为褐铁矿；e. 莓状黄铁矿外圈被氧化为褐铁矿；f. 莓状黄铁矿的不均匀表生氧化作用，形成褐铁矿；g. f 图中的 S 元素面分布图；h. f 图中的 Fe 元素面分布图；i. f 图中的 O 元素面分布图

三、成岩黄铁矿的形成机理

野外露头和钻孔的研究发现,铀储层中黄铁矿结核的直径和发育密度均表现出与下伏煤层的距离呈负相关(图6-31),黄铁矿成为煤层含烃流体向铀储层输导运移的成岩痕迹和标志。很显然,这部分黄铁矿的空间分布与下伏煤层提供的硫源(H_2S)及生长所需的还原环境密切相关。其实在铀储层内部,以滞留沉积物形式堆积下来的泥炭沼泽团块或者植物碎屑,也将经历类似于(泥炭)煤化作用的过程而演化为碳质碎屑。该过程同样会产生还原流体,所以与碳质碎屑相伴生的黄铁矿可能大部分属于成岩作用的产物。

图6-31 铀储层内部黄铁矿与外部还原介质(煤层)的空间配置关系,东胜铀矿田

a.延安组煤层含烃流体向上运移进入直罗组铀储层中导致大规模的莓状黄铁矿胶结作用,剖面上红色为黄铁矿结核,PM-01剖面左下部;b.大营铀矿床钻孔岩芯显示黄铁矿成岩作用与下伏煤层关系密切,ZKD96-55,635.8m

野外露头PM-01剖面的实测统计表明,黄铁矿结核仅在距下伏煤层3m范围内大量发育(图6-32),因此下伏硫源不足以满足东胜地区铀矿床成矿带中黄铁矿的广泛分布。结合成矿作用过程分析认为,氧化带黄铁矿的蚀变为后期成岩黄铁矿的沉淀提供了主要硫源,铁质来源包括成矿流体溶解的铁质,以及黑云母、钛铁氧化物(主要为钛铁矿)或黏土矿物(主要为绿泥石)等蚀变释放的铁质。

二次离子质谱仪(SIMS)原位硫同位素测试显示,成矿阶段莓状黄铁矿的$\delta^{34}S$组成为$-31.2‰$~$-3.8‰$,自形和胶状黄铁矿的$\delta^{34}S$组成为$-56.9‰$~$-34.3‰$。综合分析硫源、黄铁矿生长演化序列和硫同位素分馏机制,提出莓状黄铁矿为黄铁矿氧化形成的溶解硫酸盐被细菌还原为还原的溶解硫相(H_2S或HS^-),与流体中的铁质反应形成,其中碳质碎屑等有机质提供细菌反应所需能量:

$$2[CH_2O] + SO_4^{2-} \longrightarrow H_2S + 2HCO_3^-$$
$$Fe^{2+} + 2H_2S \longrightarrow FeS_2 + 4H^+ + 2e^-$$

自形和胶状黄铁矿是黄铁矿氧化形成的不稳定硫相(如SO_3^{2-}、$S_2O_3^{2-}$)发生歧化反应产生同位素分馏形成还原的溶解硫相(H_2S或HS^-),从而发生黄铁矿沉淀:

$$4FeS_2 + 7O_2 + 6H_2O \longrightarrow 4FeO(OH) + 8H^+ + 4S_2O_3^{2-}$$

$$S_2O_3^{2-} + OH^- \longrightarrow HS^- + SO_4^{2-}$$

$$Fe^{2+} + 2HS^- \longrightarrow FeS_2 + 2H^+ + 2e^-$$

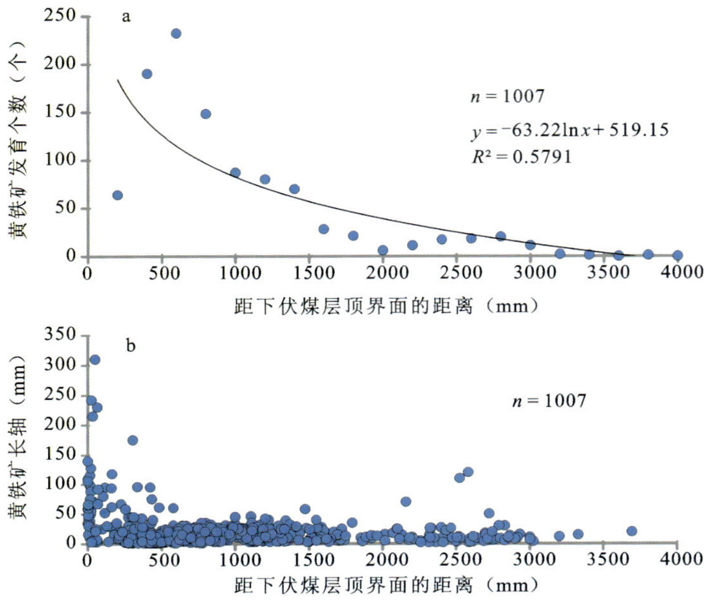

图 6-32 铀储层中黄铁矿发育规律与下伏煤层的统计学关系(位置见图 6-31a)
a. 露头剖面单位区间黄铁矿发育个数(密度); b. 露头剖面单位区间黄铁矿长轴规模统计图
注:统计显示黄铁矿的密度和粒度均向上降低和减小,反映胶结事件与下伏煤层关系密切。

第七章 辫状分流河道铀成矿规律与格架模型

对东胜神山沟张家村野外露头地质建模发现,铀储层存在着严重的沉积非均质性和成岩非均质性,它们通过铀储层的物理结构和物质成分,制约了铀成矿流场、后生蚀变作用和古层间氧化带,并由此而产生了铀成矿的非均质性。深入分析铀成矿非均质性的主要控制因素,从中遴选露头铀储层地质建模的关键表征要素,系统总结铀矿形成富集的基本规律,是露头铀储层地质建模的根本出发点,同时也是服务同类地质研究以至于服务未来地浸采铀的沉积学基础。

第一节 铀成矿非均质性及关键制约要素

野外定量放射性测量和编图发现,PM-01 剖面铀矿化具有强烈的非均质性。研究认为,铀储层内部高级别沉积界面、古层间氧化带的空间位置、岩石地球化学类型、还原介质丰度与类型、现代地表氧化改造作用等,是造成铀成矿非均质性的关键制约要素。

一、PM-01 剖面铀成矿非均质性表现

通过对 PM-01 剖面的系统野外放射性测量发现,铀矿化具有显著的非均质性。从测量数据上看,分异较大,最低值为 22×10^{-6},最高值为 125×10^{-6}。铀矿化总体位于 PM-01 剖面的中西部,主要与 ICU-Ⅱ(河道单元Ⅱ)关系密切,ICU-Ⅰ 及其铀储层的下伏和上覆煤层也有较弱的铀矿化。如果把大于 60×10^{-6} 的矿化区看作是富铀成矿单元的话,那么 PM-01 剖面上存在 5 个富铀成矿单元,将其分别命名为 UA、UB、UC、……、UE(图 7-1)。

(1) UA 富铀成矿单元,位于 ICU-Ⅱ 左侧顶部,严格沿上覆 4 级界面平行水平展布,大于 90×10^{-6} 的铀矿化体长约 31m,最厚处为 1.3m,品位最高达 124×10^{-6}(图 7-1)。

(2) UB 富铀成矿单元,位于 UA 正下方 0.8m 处,沿 ICU-Ⅱ 下伏 4 级界面呈水平分布,但是铀矿化跨越了 ICU-Ⅰ 顶部和 ICU-Ⅱ 底部。由于覆盖的原因,其大于 90×10^{-6} 的铀矿化体长约 10.0m,厚度达 2.9m,品位最高达 125×10^{-6}(图 7-1)。

(3) UC 富铀成矿单元,位于 UB 东侧,即 PM-01 剖面中部。也沿 ICU-Ⅱ 下伏 4 级界面分布且跨越了 ICU-Ⅰ 顶部和 ICU-Ⅱ 底部,但是其矿化规模明显减小,大于 90×10^{-6} 的铀矿化体有两个,最大的仅 2.6m×1.6m,品位最高为 121×10^{-6}(图 7-1)。

(4) UD 富铀成矿单元,位于 PM-01 剖面右侧底部,跨越了 5 级界面并且与直罗组 ICU-Ⅰ 和延安组工业煤层密切有关,但是铀矿化主体发育于延安组工业煤层的表面。相比于 UA、UB 或 UC,其矿化强度降低、矿化规模均减小,大于 60×10^{-6} 的铀矿化体仅 8.1m×2.6m,品位最高仅 90×10^{-6}(图 7-1)。

(5) UE 富铀成矿单元,位于 PM-01 剖面左侧顶部,严格受直罗组下段下亚段顶部 1 煤组的下煤线控制,呈水平状展布,厚度 0.6m,品位 $(44\sim91)\times10^{-6}$(图 7-1)。

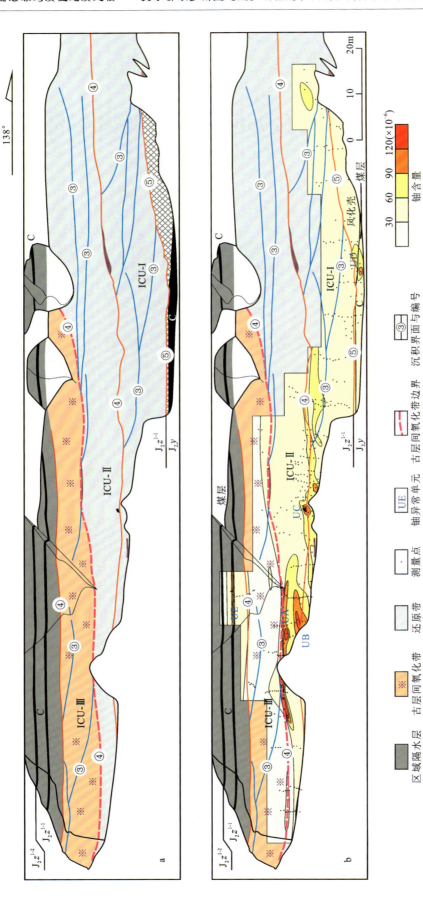

图7-1 张家村PM-01剖面铀储层空间古层间氧化带与铀矿带空间分布规律图，J_2z^{1-1}，神山沟

a. 古层间氧化带空间分布规律；b. 铀矿化带空间分布规律

二、非均质性成因与关键制约要素

PM-01剖面上铀成矿的非均质性,特别是富铀成矿单元的产出发育规律,与铀储层内部高级别沉积界面、古层间氧化带的空间位置、岩石地球化学类型、还原介质丰度与类型、现代地表氧化改造作用等具有密切关系。

(一)高级别沉积界面

在PM-01剖面上,除UE富铀成矿单元外,其余几个富铀成矿单元均与铀储层内部的高级别沉积界面(4级和5级界面)有关,也就是说分别与铀储层内部3个河道单元底部的沉积界面有关(图7-1)。

这充分说明,铀储层内部的高级别沉积界面和构成单元控制着铀成矿的产出部位,是造成铀成矿非均质性的主导因素。所以,露头铀储层地质建模中的沉积非均质结构研究对于理解铀成矿机理具有重要意义。

(二)古层间氧化带

在PM-01剖面上,铀矿化最大的特点是,所有的铀矿化体都富集于古层间氧化带前锋线的外围,而不产生于古层间氧化带的内部(图7-1)。

对UA富铀成矿单元与古层间氧化带的野外观察发现,铀矿化集中就位于古层间氧化带边界之外大约几十厘米至十几米的富碳质碎屑和黄铁矿的灰色砂岩中(图6-23)。分析认为,紧贴古层间氧化带边界发育的UA富铀成矿单元是古老铀矿床的残留(图7-1)。

这一规律符合经典层间氧化带控矿的基本原理。这充分说明,古层间氧化作用是铀成矿的根本性制约因素,即古层间氧化带充当了含矿流体运移的角色,而古层间氧化带前锋线外侧的原生灰色砂岩充当了还原地质体的角色,所以是铀的主要成矿富集区。

(三)岩石地球化学类型

在东胜神山沟张家村露头区,对典型剖面和零散分布的不同岩石的广泛放射性测量发现,含铀岩系中不同的岩石地球化学类型其放射性差异较大(图7-2,表7-1)。

统计发现,灰色含矿砂岩和煤层的U含量基本接近,均大于$50×10^{-6}$。灰色不含矿砂岩的U含量一般在$30×10^{-6}$左右。紫红色钙质砂岩和绿色砂岩中U含量一般在$(20～32)×10^{-6}$之间。泥岩的U含量一般在$25×10^{-6}$左右,风化壳的U含量一般是$38×10^{-6}$左右。黄色砂岩的U含量偏高,为$40×10^{-6}$左右,在直罗组下段上亚段测得的U含量大于$50×10^{-6}$(仅一个数据点,不具代表性),这可能是原生灰色含矿砂岩蚀变的产物。

在垂向上,直罗组下段下亚段铀储层的中部最高($81×10^{-6}$),下伏2煤组和上覆1煤组次之(分别为$73×10^{-6}$和$60×10^{-6}$),直罗组下段上亚段普遍较低。

图 7-2 张家村露头区含铀岩系各种岩性的铀含量分布特征,J_2z^{1-1},神山沟

a.紫红色、绿色、黄色渐变砂岩;b.绿色砂岩和紫红色砂岩;c.灰色富还原介质含矿砂岩;d.灰色富碳质碎屑砂岩;e.直罗组铀储层与延安组2煤组;f.直罗组1煤组的薄煤线

表 7-1 张家村露头区含铀岩系不同岩性的 U 含量分布表,神山沟　　　　　　　　单位:$\times 10^{-6}$

岩石地球化学类型	直罗组下段下亚段(J_2z^{1-1})				直罗组下段上亚段(J_2z^{1-2})			
	平均值	最大值	最小值	个数(个)	平均值	最大值	最小值	个数(个)
紫红色砂岩	31	58	19	20	20	22	18	4
黄色砂岩	46	84	21	17	84	/	/	1
绿色砂岩	31	50	20	15	20	23	17	4
灰色含矿砂岩	81	123	53	21	0	0	0	0
灰色不含矿砂岩	37	49	25	11	27	/	/	1
泥岩	24	38	8	3	26	27	25	/
煤层(线)	60	103	26	10	/	/	/	/
	延安组(J_2y)							
煤层	73	107	44	/	延安组顶部工业煤层(2煤组)			
风化壳	38	47	33	8	主要由砂岩型高岭土组成			

(四)还原介质(碳质碎屑和黄铁矿为主)

在 PM-01 剖面上,以 UA、UB 和 UC 为代表的富铀成矿单元,看似均与高级别沉积界面(4级界面)

相关,实则是这些界面附近具有丰富的还原介质,如碳质碎屑和黄铁矿等,碳质碎屑和黄铁矿促使了铀的富集沉淀。需要强调一点的是,这些矿化区域应该紧邻古层间氧化带。

在露头区,同一种岩性铀成矿的非均质性是常见的。例如在灰色砂岩中,铀矿化往往倾向于碳质碎屑或黄铁矿的区域富集。通过对现代河床的灰色砂岩滚石以及剖面上黄色砂岩的实际检测发现,距离碳质碎屑越近,伽马值越高。而在微观尺度下,铀的分布强烈地受到还原剂或吸附剂的影响。同一薄片中铀的分布与碳质碎屑或黄铁矿的分布特征、形貌特征也存在一定的联系。

1. 还原介质——碳质碎屑

野外宏观测量和室内镜下观察发现,铀储层中的碳质碎屑无论个体大小或产出结构,它们在古层间氧化带前锋线外侧均是铀矿富集的主要还原介质。

在东胜神山沟张家村露头区的现代沟谷河床上,选取了大小约为1.89m×1.72m的灰色含矿钙质粗砂岩滚石进行伽马值测量。研究采用纵横分别以20cm为间距的网格法,共测点94个(图7-3,表7-2)。统计结果表明,铀含量变化范围为$(29\sim92)\times10^{-6}$(表7-2)。对铀含量的等值线编图发现,铀含量呈环带状分布,高值区位于碳质碎屑分布区,随着远离碳质碎屑,铀含量呈环带状降低,且降低梯度随着远离碳质碎屑而减小(图7-3)。这说明,铀的分布受砂岩中呈浸染状分布的碳质碎屑制约。对比分析认为,该滚石应该是附近古老铀矿体的崩解岩块。

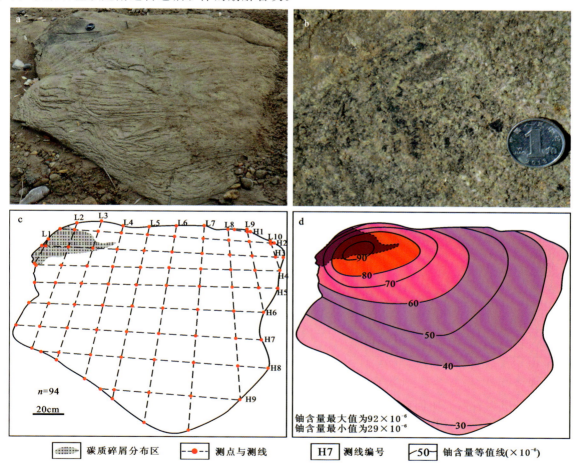

图7-3 现代河床中灰色钙质粗砂岩滚石的铀含量现场测试,神山沟

a. 源于J_2z^{1-1}古矿体的现代滚石;b. 呈浸染状分布的碳质碎屑,局部放大;c. 铀含量测线网;
d. 灰色钙质粗砂岩铀含量不均一分布图(注意:铀含量高值区与碳质碎屑分布区吻合)

表 7-2　含浸染状碳质碎屑灰色钙质粗砂岩滚石中 U 含量数据表，J_2z^{1-1}，神山沟　　单位：$×10^{-6}$

点号	U 含量	点号	U 含量	点号	U 含量	点号	U 含量
L1 上	63	H5 左	60	L3-H8	34	L7-H2	55
L2 上	55	H6 左	46	L4-H2	74	L7-H3	55
L3 上	61	H7 左	35	L4-H3	82	L7-H4	56
L4 上	63	H8 左	33	L4-H4	77	L7-H5	52
L5 上	58	H9 左	31	L4-H5	66	L7-H6	49
L6 上	50	H1 右	35	L4-H6	53	L7-H7	46
L7 上	47	H2 右	33	L4-H7	44	L7-H8	40
L8 上	46	H3 右	35	L4-H8	37	L7-H9	33
L9 上	35	H5 右	36	L5-H2	65	L8-H2	49
L10 上	36	H7 右	37	L5-H3	76	L8-H3	48
L1 下	71	H8 右	35	L5-H4	69	L8-H4	48
L2 下	33	L1-H3	78	L5-H5	65	L8-H5	44
L3 下	32	L2-H2	74	L5-H6	57	L8-H6	44
L4 下	31	L2-H3	92	L5-H7	48	L8-H7	40
L5 下	30	L2-H4	88	L5-H8	40	L8-H8	37
L6 下	30	L2-H5	69	L5-H9	33	L9-H1	39
L7 下	29	L2-H6	43	L6-H2	58	L9-H2	43
L8 下	33	L2-H7	37	L6-H3	67	L9-H3	41
L9 下	37	L3-H2	85	L6-H4	63	L9-H4	41
L10 下	35	L3-H3	89	L6-H5	59	L9-H5	40
H1 左	39	L3-H4	85	L6-H6	55	L10-H2	35
H2 左	59	L3-H5	72	L6-H7	50	L10-H3	35
H3 左	64	L3-H6	52	L6-H8	42		
H4 左	67	L3-H7	41	L6-H9	35		

在东胜神山沟张家村 PM-01 剖面的邻区东侧，选取 3.41m×2.34m 的矩形区域作为原位铀含量测量的解剖区。该剖面属于直罗组下段下亚段（J_2z^{1-1}）铀储层，为含碳质碎屑的黄色砂岩，自下而上由粗砂岩向细砂岩逐渐过渡，其底部为以滞留沉积物形式存在的巨型碳质碎屑（呈透镜状，最厚处约 75cm）。采用以纵横 30cm 为间距的网格法进行了 U 含量原位测量，测点共 136 个。同时在 U 含量高值区附近采取了加密测量，测点共 26 个，共计测点 162 个（图 7-4，表 7-3）。通过碳质碎屑与铀含量分布规律的比较发现，剖面上铀含量呈环带状分布，高值区主要位于碳质碎屑分布区，并且随着远离碳质碎屑铀含量逐渐降低（图 7-4），这也说明碳质碎屑是铀富集成矿的吸附还原剂。

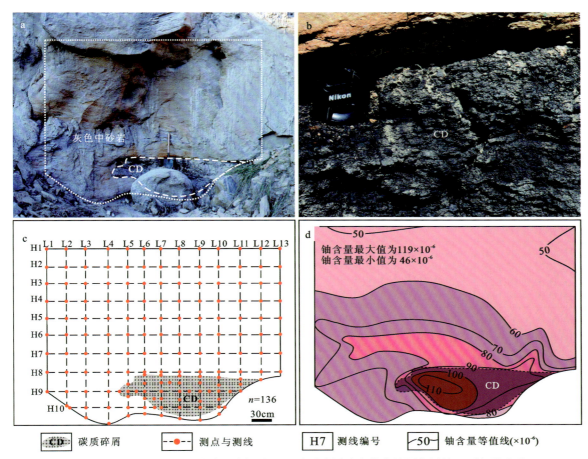

图 7-4 张家村 PM-01 东侧邻区剖面含巨型碳质碎屑砂岩铀含量原位测量，J_2z^{1-1}，神山沟

a. 铀储层剖面的岩性结构；b. 碳质碎屑的局部放大；c. 铀含量测线网；d. 铀含量等值线图

表 7-3　含巨型碳质碎屑铀储层剖面的 U 原位含量数据表，J_2z^{1-1}，神山沟　　　　单位：$\times 10^{-6}$

点号	U含量	点号	U含量	点号	U含量	点号	U含量
L1H1	52	L4H5	63	L7H6	71	L10H7	63
L1H2	52	L4H6	70	L7H7	83	L10H8	71
L1H3	55	L4H7	86	L7H8	83	L10H9	91
L1H4	56	L4H8	74	L7H9	117	L10H10	86
L1H5	59	L4H9	65	L7H10	107	L10 下	77
L1H6	72	L4H10	66	L7 下	90	L11H1	52
L1H7	67	L4 下	72	L8H1	64	L11H2	52
L1H8	68	L5H1	46	L8H2	57	L11H3	53
L1H9	70	L5H2	53	L8H3	57	L11H4	57
L2H1	49	L5H3	58	L8H4	58	L11H5	58
L2H2	56	L5H4	61	L8H5	61	L11H6	58
L2H3	55	L5H5	66	L8H6	68	L11H7	70
L2H4	57	L5H6	76	L8H7	85	L11H8	91
L2H5	62	L5H7	78	L8H8	86	L11H9	85

续表 7-3　　　　　　　　　　　　　　　　　　　　　　　　　　　　　　　　　　　　单位：×10⁻⁶

点号	U含量	点号	U含量	点号	U含量	点号	U含量
L2H6	70	L5H8	74	L8H9	103	L12H1	53
L2H7	69	L5H9	76	L8H10	104	L12H2	48
L2H8	72	L5H10	70	L8下	77	L12H3	50
L2H9	67	L5下	69	L9H1	58	L12H4	52
L2下	69	L6H1	50	L9H2	55	L12H5	54
L3H1	47	L6H2	54	L9H3	55	L12H6	55
L3H2	54	L6H3	58	L9H4	56	L12H7	56
L3H3	56	L6H4	60	L9H5	63	L12H8	63
L3H4	56	L6H5	64	L9H6	65	L12下	91
L3H5	62	L6H6	78	L9H7	74	L13H1	50
L3H6	69	L6H7	84	L9H8	84	L13H2	47
L3H7	86	L6H8	78	L9H9	97	L13H3	48
L3H8	71	L6H9	114	L9H10	90	L13H4	52
L3H9	63	L6H10	85	L9下	68	L13H5	53
L3H10	67	L6下	78	L10H1	50	L13H6	55
L3下	69	L7H1	58	L10H2	55	L13H7	56
L4H1	48	L7H2	57	L10H3	52	L13H8	63
L4H2	53	L7H3	58	L10H4	53	L13下	78
L4H3	56	L7H4	60	L10H5	58	H10左	67
L4H4	60	L7H5	64	L10H6	58	H10右	80
L4-5-H9	65	L6-H8-9	88	L6-H9-8	116	L10-H8-9	93
L10-H9-8	90	L6-H9-10	98	L6-H10-9	94	L6-7-H9-10	102
L7-8-H8-9	103	L7-H8-9	94	L7-H9-8	102	L11-H8-9	89
L11-H9-8	102	L7-H9-10	104	L7-H10-11	102	L5-6-H9	105
L8-H8-9	95	L8-H9-8	101	L9-10-H9	90	L8-H9-10	101
L8-9-H9	96	L9-H8-9	94	L9-H9-8	96	L10-11-H9	90
L9-H9-10	91	L10-H9-10	88				

在显微镜下，铀成矿具有明显的倾向性，主要被吸附于碳质碎屑的表面、原生胞腔、微裂隙，或者显微镜质体的表面、丝质体的微孔中，而且往往与黄铁矿关系密切(图 7-5)。通过对无铀碳质碎屑与富铀碳质碎屑傅里叶红外光谱对比分析研究，初步认为富铀碳质碎屑分子结构中的羰基 C＝O 可能有利于铀的化学吸附络合。

很显然，碳质碎屑的吸附作用主要依赖于其具有较大的比表面积。有机质的络合作用主要是通过官能团的离子交换实现铀的沉淀(Landais,1996)：

$$2R-COOH + UO_2^{2+} \longrightarrow RCOO-(UO_2)-OOCR + 2H^+$$

而还原作用则是通过接收有机质氧化过程中释放的电子促使铀的沉淀(Landais,1996)：

$$2(RH) + UO_2^{2+} \longrightarrow 2R° + 2H^+ + UO_2$$

从时间演化的角度看，沉积和早期成岩阶段吸附作用表现得最为活跃，而成岩期铀有机络合物和＋4价铀氧化物则占主导(Spirakis,1996)。

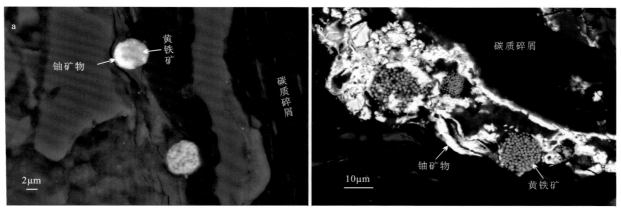

图 7-5　铀储层内部碳质碎屑与铀矿物和黄铁矿的产出关系，J_2z^{1-1}，东胜铀矿田
a. 碳质碎屑条带边缘的黄铁矿与铀矿物；b. 碳质碎屑中的黄铁矿与铀矿物

2. 还原介质——黄铁矿

在世界上已发现的砂岩型铀矿床中黄铁矿均广泛发育，尤其是矿化带中各种微观形貌的黄铁矿均与铀矿物紧密共生。对东胜铀矿田铀储层薄片单位面积内黄铁矿含量统计发现，矿化的灰色砂岩中黄铁矿的含量最高。前人的化学实验分析显示，黄铁矿在铀的还原沉淀过程中充当了还原剂和吸附剂的作用(Scott et al,2007)。在铀成矿作用过程中，沉积期和早成岩期黄铁矿的氧化蚀变为成矿期黄铁矿的发育提供丰富的硫源，砂体中预富集铀的溶解与含矿流体中的铀为铀矿物的富集沉淀提供铀源。成矿黄铁矿的形成略早于铀矿物，增强了铀储层的还原能力，还原溶解的 U^{6+} 转化固定为 U^{4+}，而自身则被氧化形成高价铁氧化物。同时，黄铁矿的新鲜表面为铀矿物提供了沉淀和附着的场所。

在 PM-01 剖面 ICU-Ⅱ 左侧部分的灰色钙质粗砂岩中，发现铀与黄铁矿及钙质胶结作用紧密共生（图 7-6、图 7-7）。露头区铀储层中的铀均残留于灰色钙质砂岩中，被钙质胶结物所包裹，依附于莓状黄铁矿中，这部分莓状黄铁矿多呈孤立分布（图 7-6a、b）。在图 7-6a 中，黄铁矿莓状体直径 2~6μm，铀以胶结物形式充填在黄铁矿微晶之间。此外，充填于莓状黄铁矿内部的铀矿物交代部分黄铁矿微晶也较为常见（图 7-6b）。而在东胜铀矿田钻孔岩芯薄片中，可见到多个莓状体聚集的复莓状体，铀矿物分布于复莓状体外围（图 7-6c）。观察发现井下铀储层中铀矿物更多的是呈胶结物与胶状黄铁矿共生（图 7-6d~f），或分布于半自形—自形黄铁矿裂隙或外围（图 7-6g~i），并紧紧包围黄铁矿，厚度一般不超过 10μm。值得注意的是，在图 7-6e 中，黄铁矿由外向内交代钛铁矿，而铀矿物呈薄层胶结物形式均匀分布于黄铁矿外围，这种赋存状态可能与钛铁矿的溶蚀过程中释放铁质形成黄铁矿及释放微量铀为铀成矿作用提供铀源有关。在图 7-7a 中，莓状微粒黄铁矿轮廓模糊不清，直径 10~40μm，一部分铀被吸附于莓状体的边缘，另一部分铀交代了黄铁矿，还有一部分铀呈分散状充填于黄铁矿微晶间隙。形貌观察和元素面分布图显示充填于莓状体内部的铀矿物包裹每一个黄铁矿微晶颗粒，莓状黄铁矿再被钙质胶结物包裹（图 7-7b~f）。

在东胜神山沟张家村露头区，通过系统统计与莓状黄铁矿紧密共生的铀矿物截面积和莓状黄铁矿直径发现，成矿阶段莓状黄铁矿和微晶的平均直径都较成矿前莓状黄铁矿大（图 7-8a），铀矿物面积与莓状黄铁矿直径呈较好的正相关关系（图 7-8b）。此外，从形态观察还发现，充填有铀矿物的部分莓状黄铁矿的微晶外圈有被氧化的痕迹（图 7-9）。这些现象均表明莓状黄铁矿与铀矿物为同时期产物，黄铁矿对铀矿物的富集沉淀存在吸附和还原作用，同时黄铁矿被氧化为高价的铁氢氧化物。铀的还原过程可表示为：

$$2FeS_2 + 15U^{6+} + 20H_2O \longrightarrow 2FeO(OH) + 15U^{4+} + 4SO_4^{2-} + H^+$$

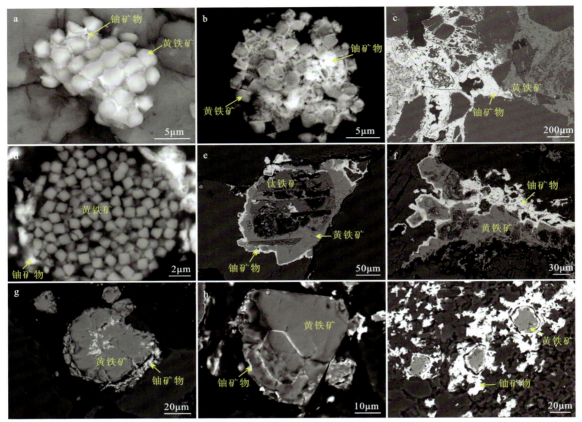

图 7-6 张家村 PM-01 剖面及邻区钻孔岩芯中不同微观形态黄铁矿与铀矿物共生关系，J_2z^{1-1}，东胜铀矿田

a、b. 铀矿物充填莓状黄铁矿微晶间隙；c. 铀矿物呈胶结物与胶状黄铁矿共生；d. 铀矿物分布于复莓状黄铁矿外围；e. 铀矿物分布于胶状黄铁矿外围，呈薄层状包裹黄铁矿；f. 铀矿物与自形和胶状黄铁矿共生；g～i. 铀矿物分布于半自形—自形黄铁矿外围或充填于黄铁矿裂隙中，多期次铀质胶结作用清晰

然而，有学者认为 H_2S/HS^- 才是铀还原过程最重要的还原剂（陈祖伊等，2007；Bonnetti et al，2015）：

$$H_2S + 4U^{6+} + 4H_2O \longrightarrow 4U^{4+} + SO_4^{2-} + 10H^+$$

其中，H_2S 主要来源于硫酸盐的细菌还原反应或不稳定溶解硫相的歧化反应。

在铀储层中，成矿前存在的黄铁矿具有两种功能：一方面增强了铀储层的还原能力；另一方面为成矿期黄铁矿的沉淀提供了物质来源。黄铁矿的溶解再沉淀作用指示了成矿流体中铀的溶解、迁移和富集过程。同时，成矿阶段黄铁矿的多种地球化学信息反映了黄铁矿可能的多种成因机制，这也在一定程度上揭示了铀成矿作用机理。在东胜铀矿田储层砂体中，黄铁矿的微观形貌演化序列和硫同位素组成揭露了成矿黄铁矿的早期生物成因（细菌硫酸盐还原反应）到晚期非生物成因过程（不稳定硫相歧化反应），以及黄铁矿的物理（如莓状体直径）和化学成分（如微量元素）信息等均能约束成矿流体性质。

3. 还原介质——碳质碎屑与黄铁矿关系

值得注意的是，黄铁矿在铀储层内部与碳质碎屑（煤层）的关系最为密切，它们通常产出于碳质碎屑周围（图 7-5）；或者紧邻煤层的砂体中，且随着与碳质碎屑（煤层）距离的增大，黄铁矿丰度与颗粒直径有随之减小的趋势。这说明碳质碎屑及其周边产出的黄铁矿可以共同对铀矿化起到吸附还原作用。

在宏观上，黄铁矿通常具有结核状、团块状和条带状几种形式，仔细观察团块状和条带状往往是结核状黄铁矿的集合体。在微观上，胶状黄铁矿主要充填碳质碎屑的内部孔隙或裂隙（图 7-10a～c），或者大面积胶结碳质碎屑（图 7-10d）。莓状黄铁矿通常独自附着产出于碳质碎屑边缘（图 7-10e），也可以与众多的黄铁矿微晶共同附着于碳质碎屑的表面（图 7-10f）。

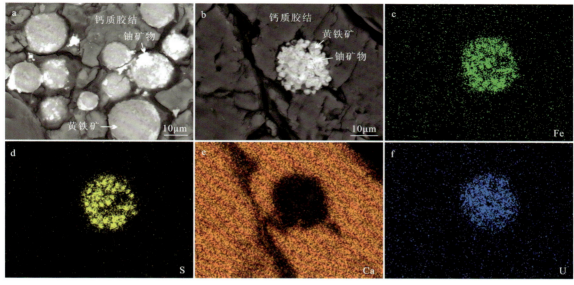

图 7-7 张家村 PM-01 剖面 ICU-Ⅱ左侧部分灰色钙质砂岩中莓状黄铁矿与铀产出关系图（样品编号 SSG-19），J_2z^{1-1}，神山沟

a、b. 扫描电镜，亮白色为铀矿物，灰白色为黄铁矿；c～f. 分别为 b 的 Fe、S、Ca 和 U 面扫描分布图

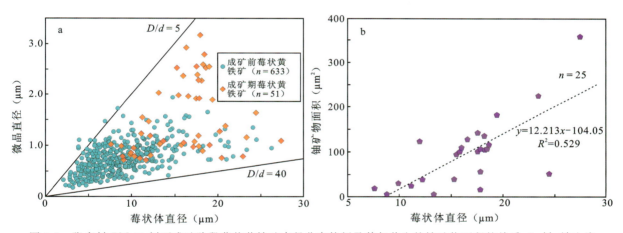

图 7-8 张家村 PM-01 剖面成矿阶段莓状黄铁矿直径分布特征及其与共生的铀矿物面积的关系，J_2z^{1-1}，神山沟

a. 成矿阶段莓状黄铁矿与成矿前莓状黄铁矿的直径和微晶直径的分布特征；b. 成矿阶段莓状体直径
与铀矿物截面积的关系

图 7-9 张家村 PM-01 剖面与铀矿物共生的莓状黄铁矿微晶呈现外圈被氧化的痕迹，J_2z^{1-1}，神山沟

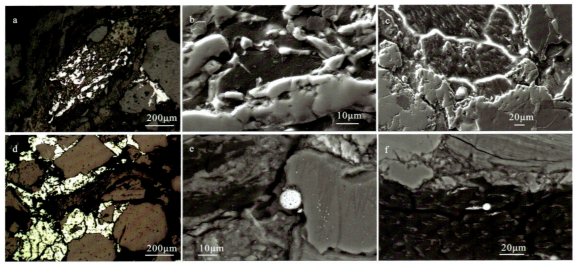

图 7-10　张家村 PM-01 剖面铀储层中莓状黄铁矿与碳质碎屑的附着产出关系，J_2z^{1-1}，神山沟

a. 黄铁矿充填碳质碎屑内部孔隙和裂隙，反射光；b. a 图的局部放大，扫描电镜；c. 黄铁矿充填碳质碎屑内部裂隙，扫描电镜；d. 黄铁矿部分包裹碳质碎屑，反射光；e. 呈孤立状独自附着产出于碳质碎屑和石英碎屑边缘，扫描电镜；f. 与众多黄铁矿微晶一起附着于碳质碎屑表面，扫描电镜

4. 还原介质——其他矿物

除了碳质碎屑和黄铁矿之外，铀矿物通常还充填于黑云母的解理缝，或者镶嵌于钛铁矿的表面，有些还与方解石胶结物或黏土矿物共生（图 7-11）。黑云母的解理缝可为铀矿物提供沉淀场所（图 7-11a），同时其成岩蚀变释放铁质形成的黄铁矿也能为铀矿物的沉淀提供便利。钛铁矿的蚀变作用能够释放微量铀，使得铀矿物易沉淀于其表面或蚀变裂隙中（图 7-11b）。长石颗粒的蚀变作用形成的黏土矿物，以其较强的吸附性能也使得部分铀矿物呈无定形形态与其共生（图 7-11c、d）。

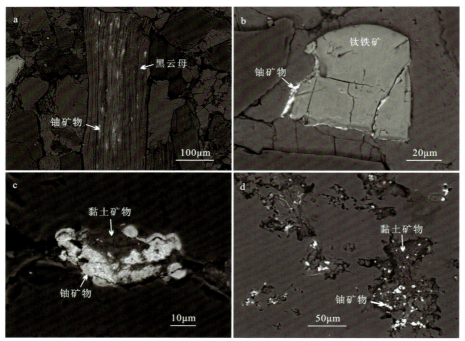

图 7-11　张家村 PM-01 剖面及附近露头区铀矿物与其他矿物组分的共生关系，J_2z^{1-1}，神山沟

a. 铀矿物充填于黑云母解理裂隙中；b. 铀矿物分布于钛铁矿裂隙及其表面；c、d. 铀矿物与黏土矿物共生

(五)现代地表氧化作用

由于露头区叠加有近现代的地表氧化作用,那些古老的铀矿体就会接受改造并被重新分配。在 PM-01 剖面上,无论是与延安组 2 号工业煤层相关的 UD 富铀成矿单元,还是与直罗组下段下亚段顶部 1 煤组相关的 UE 富铀成矿单元,它们都是地表氧化作用导致铀再分配的结果(图 7-1)。因为,近 20 年的区域铀矿和煤田勘查发现,鄂尔多斯盆地北部覆盖区侏罗纪的煤层整体上不含铀(图 7-12),所以不能运用露头见到的煤层(线)表面的近现代铀矿化规律指导地下的铀矿勘查或预测。但是,对其加以研究,有助于理解铀的活化→迁移→沉淀的地球化学行为和过程。

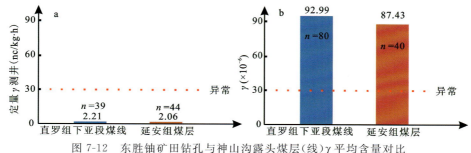

图 7-12 东胜铀矿田钻孔与神山沟露头煤层(线)γ 平均含量对比
a. 钻孔统计;b. 露头统计

注:参考核工业 208 大队标准,本次研究钻井中以 30nc/kg·h 为异常阈值,剥蚀区以伽马值 30×10^{-6} 为异常阈值。

从距离上看,表生再分配的富铀矿化体通常远离古层间氧化带。那么,PM-01 剖面上的 UB 和 UC 富铀成矿单元的成因可能具有多解性。一种解释就是与 UD 和 UE 富铀成矿单元具有相似的成因,是表生氧化流体淋滤改造导致铀再分配的结果,因为其与古层间氧化带具有一定的距离(图 7-1)。另一种解释是原生的古铀矿化体,原因是铀矿化与钙质作用关系密切,另外在 PM-02 剖面的早期揭露面上相应于 ICU-Ⅱ 的区域存在紫红色钙质砂岩结核(图 6-17),那么 UB 和 UC 富铀成矿单元也可能是 ICU-Ⅱ 中古层间氧化带前锋线外围的铀成矿所致。但无论哪种成因,UB 和 UC 富铀成矿单元均与大型沉积界面(4 级界面)附近丰富的碳质碎屑和黄铁矿的吸附还原有关。

第二节 铀储层非均质性格架模型

东胜神山沟张家村野外露头地质建模发现,制约铀成矿非均质性的地质因素有多种类型,因此有必要从中遴选一些适宜于地质建模表征的关键参数,使其成为类似建模研究或延伸至地下建模的参考指标。同时,也有必要从露头建模过程中,系统总结铀矿形成富集的基本规律及其相应的制约机理,以便于理解铀成矿机理和指导地下勘查与开发。

一、露头地质建模表征的关键参数

在鄂尔多斯盆地东北部东胜神山沟张家村露头区,直罗组下段下亚段地层结构完整(图 4-7、图 4-13),辫状分流河道型铀储层内部沉积界面发育,层次丰富,结构清楚(图 5-4、图 5-5)、成岩-成矿(包括后生蚀变)作用明显(图 6-14、图 6-16、图 6-18、图 7-1),是野外铀储层地质建模高度理想的自然实验室。基于该露头区的精细研究,笔者认为有必要从中遴选系列最基本的和最特征的参数作为铀储层地质建模的重点表征内容，也为开展类似研究和指导井下建模提供借鉴。

露头铀储层非均质性地质建模主要涉及对沉积和成岩-成矿作用的研究，因而从时域的角度厘定关键建模参数是恰当的。这样一来，一部分参数是在同沉积期形成的，而另一部分参数是在成岩期形成的，还有一部分参数既继承了沉积期的基本特征同时又在成岩期具有叠加改造。因此，可以将露头铀储层地质建模的关键参数总体分为沉积型、成岩型和沉积-成岩混合型三大类。其中，沉积作用过程中形成的关键参数包含了沉积界面、内部构成单元、岩性相、隔档层等；成岩-成矿作用过程中形成的关键参数有蚀变作用（岩石地球化学类型）、层间氧化带、铀矿化体、胶结作用等；沉积-成岩混合参数主要有还原介质、物性条件（孔隙度、渗透率）等（表7-4）。

表7-4 鄂尔多斯盆地北部直罗组铀储层露头地质建模的关键表征参数（据焦养泉等，2018a）

参数类型	关键要素	研究重点与基本特征	表征功能
沉积型	沉积界面	识别和测量控制5个级别的沉积界面	识别和划分铀储层的各级内部构成单元
	内部构成单元	依次识别和划分分流河道、河道单元、大底形（小型河道、前积砂坝、侧积砂坝）、中底形、微底形（交错层理）	沉积构造和物质成分变化，古水动力条件变化
	岩性相	各种粒度和构造的砂岩、泥岩	物质成分变化，矿物组构研究，古水动力条件变化
	隔档层	泥砾隔档层、泥质隔档层	限制流体垂向运移，划分流体流动单元；泥砾隔档层通常和碳质碎屑共生，评价还原介质发育规律
成岩型	蚀变作用（岩石地球化学类型）	紫红色蚀变砂岩、绿色蚀变砂岩、黄色蚀变砂岩	表征铀成矿作用过程中岩石矿物次生变化，划分岩石地球化学类型，识别层间氧化带
	层间氧化带	界定层间氧化带的发育规模，特别是刻画层间氧化带的边界	预测铀矿化体的发育和分布空间
	铀矿化体	可以理解为是"铀胶结作用"的产物，岩石、矿物、地球化学研究	矿石品质、矿物组构、铀赋存状态与成因
	胶结作用（钙质和硫化铁）	分布规律、成岩-成矿序列、成因机理研究	碳酸盐胶结物含量预测，服务地浸开发工艺评价；黄铁矿研究服务于铀成矿机理解释
沉积-成岩混合型	还原介质	还原介质类型、空间配置关系、分布规律（丰度变化趋势）、成因机制	层间氧化带空间定位预测；铀矿化体空间定位预测
	物性条件（孔隙度、渗透率）	沉积-成岩过程中孔隙演化与结构特征，定量测量	多孔介质各向异性，成矿流体和采矿流体研究基础

二、露头地质建模揭示的基本地质规律

铀储层露头地质建模发现，沉积作用和沉积环境是铀储层内部沉积界面及构成单元形成发育的主要控制因素，成岩作用会进一步增强铀储层结构和成分的复杂性。在铀储层中，层间氧化带和铀矿的形成发育具有很强的选择性，后生氧化蚀变作用优先发育于物性条件好但还原介质丰度低的河道单元中，

而铀矿化却倾向于朝高还原介质丰度的区域富集。铀成矿作用是铀储层成岩序列中重要的环节,其与钙质胶结、黄铁矿生长等成岩作用具有因果关系或共生发育。由精细露头铀储层地质建模而总结的一些规律性,为指导地下建模提供了充分的沉积学依据。

(一)等级界面是认识铀储层非均质性的关键要素

在铀储层内部,沉积界面有等级之分。高级别沉积界面表现出了较强的冲刷能力,界面之上往往具有密度流色彩的快速堆积物——滞留沉积物(包含丰富的碳质碎屑),这是铀储层内部还原介质形成发育的一种重要方式。高级别沉积界面通常切割低级别界面,后期发育的沉积界面可以切割早期形成的沉积界面。根据沉积界面级别按照 Miall(1985)的研究思路,可以识别和划分铀储层内部构成单元,当然这些构成单元也就具有级别之分,如辫状分流河道(复合砂体)、河道单元、大底形、中底形、微底形(交错层理)等(图 7-13)。

实际上,每个构成单元的沉积构造和物质成分等都是在特定的古气候、古物源和古水动力条件下形成发育的,因此它会对制约层间氧化作用的多孔介质和还原介质产生根本性的影响,同时也会制约后期的成岩-成矿作用(图 7-13)。

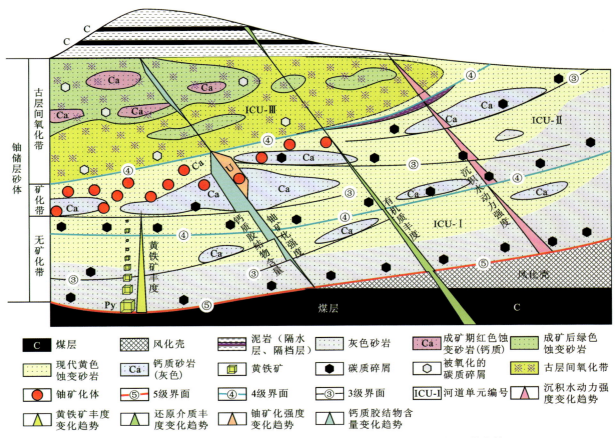

图 7-13　张家村铀储层露头地质建模关键要素简化模型,J_2z^{1-1},神山沟(据焦养泉等,2018a)

(二)沉积作用和环境决定了还原介质的分布规律

露头研究表明,煤层、碳质碎屑和黄铁矿是制约古层间氧化带发育和铀矿化最重要的双重还原介质

(焦养泉等,2018b)。

1. 铀储层外部还原介质

作为铀储层直接底板的延安组工业煤层,以及间接顶板的直罗组薄煤线,是在相对潮湿的沉积期由泥炭沼泽演化而来,它们构成了直罗组铀储层的外部还原介质(李思田,1992;王双明,1996;张泓等,1998;焦养泉等,2006,2015b,2018b)。含煤岩系往往会形成强大的还原环境,对与其伴生的铀储层产生较大影响,而此环境可能从沉积期开始一直延续至今。建模过程中发现,与工业煤层毗邻的铀储层中,黄铁矿的产出和分布规律与煤层距离呈显著的负相关性(焦养泉等,2018a)。这充分反映了煤层在成岩演化过程中释放的含烃流体能够导致铀储层中强还原成岩环境的形成,从而导致黄铁矿胶结作用的发生。

2. 铀储层内部还原介质

鄂尔多斯盆地北部直罗组的砂岩型铀矿床是侏罗纪含煤岩系的一种伴生矿产(焦养泉等,2012b,2015a,2020a;Jiao et al,2016),铀储层内部还原介质的发育自然与侏罗纪聚煤作用密切相关。事实上,在研究区直罗组铀储层中,丰富的碳质碎屑主要沿第5级~第3级沉积界面分布,个别直径达80~100cm,其磨圆度良好(或呈圆状—次圆状等)且具有定向性,反映了明显的搬运特征。分析认为,铀储层内部的碳质碎屑大多数来源于同沉积期发育的泥炭沼泽,经河道水流短距离搬运,以滞留沉积物形式堆积,当然也有一部分可能来自河道水流对下伏延安组煤层的冲刷(焦养泉等,2018b)。

3. 双重还原介质同等重要

在露头PM-01剖面上,还原介质总体丰度在铀储层底部和底板丰度最高,向上逐渐降低,在河道单元Ⅲ(ICU-Ⅲ)中最低,至铀储层顶板又稍有增强。这种分布规律将会直接影响古层间氧化带和铀成矿的发育空间(图7-13)。从理论上讲,无论是外部还原介质还是内部还原介质,它们对铀储层内部层间氧化带的发育以及铀成矿的控制都是协同联合作用的结果。一般来讲,层间氧化作用的发育程度直接与内部还原介质的丰度和产状相关,但是当叠加外部还原介质时,外部还原介质将通过不同方式能够大大地增强铀储层的整体还原能力,这种组合的出现可以极大地抑制层间氧化带的推进速率,从而有利于形成稳定的区域层间氧化带前锋线和持续的铀成矿(焦养泉等,2018b)。东胜神山沟张家村露头建模区就属于这种情况,正好处于东胜铀矿田区域古层间氧化带的前锋线附近。

(三)层间氧化带的发育具有很强的选择性

露头铀储层地质建模发现,古层间氧化带的发育具有很强的选择性,而铀储层结构、物性条件和还原介质是重要的约束条件。

1. 铀储层结构和物性条件约束

建模发现,层间氧化带的发育往往受控于第4级沉积界面的约束,也就是说层间氧化带往往以河道单元为单位而发育。最主要的原因在于,河道单元之间存在隔挡层,或者相邻砂岩存在较大的物性差异(图7-13)。在相邻河道单元之间,沉积界面之下往往发育泥质隔挡层,而界面之上往往发育泥砾隔挡层,这两类隔挡层都能限制富氧含铀流体的垂向运移,使其沿高级别沉积界面之间的内部构成单元运移并发生层间氧化作用。即便是不存在隔挡层,垂向叠置的砂岩之间也通常具有明显的物性差异,在河道单元内部砂岩物性条件往往自下而上具有逐渐降低的趋势,至沉积界面处也会形成较大的物性差异,这也会限定流体的垂向运移。上述两种因素通常联合限制含矿流体运移,也有可能是某一种因素起主导作用。

当然，在自然界相邻河道单元之间也会出现流体的越流现象，这主要取决于前后两次河道单元活化事件的古水动力条件。如果后期沉积事件的古水流能量较强，那么它会对下伏河道单元顶部相对低能的沉积物造成较大规模的冲刷，冲刷的结果会导致前后两次河道活化事件的高能沉积物相接触，它们的物性条件相差不大，流体的越流也就成为自然。

2. 双重还原介质条件约束

在由多个河道单元构成的铀储层中，层间氧化带趋向产出于还原介质丰度较低的河道单元中。无论是内部还原介质还是外部还原介质，如果整体丰度在垂向上存在差异，那么层间氧化作用就会优先选择发育于低丰度的河道单元中（图7-13）。

在东胜地区，直罗组铀储层的下伏底板存在工业煤层，而上覆顶板仅有薄煤线发育，向上递减的还原介质的分布规律决定了该区古层间氧化带在铀储层中总体具有由盆缘向腹地"上倾"的特色，即沿着含氧含铀流体推进的方向，层间氧化带逐渐向上部的河道单元中发育。相应地，铀矿化体也具有"区域上倾"的板状特征（焦养泉等，2012b，2018b）。

因此，双重还原介质非均质性在影响层间氧化带产状的同时也对矿体的形态产生影响，铀在层间氧化带边界优先朝还原介质丰度高的方向富集。

（四）铀成矿作用是铀储层成岩序列中的重要环节

在铀储层内部，成岩作用丰富多彩，但是最为重要的是铀成矿作用，以及与铀成矿作用密切相关的后生蚀变作用、钙质胶结作用和黄铁矿的成岩作用等。砂岩型的铀成矿作用可以看作是砂岩表生成岩作用过程中的一个重要环节。

1. 铀成矿作用与富集规律

在野外露头剖面上，富铀矿化体依赖于古层间氧化带的发育而发育，它们集中就位于古层间氧化带边界之外大约几十厘米至十几米的富还原介质砂岩中，古层间氧化带内部未见铀富集。但是，由于叠加了现代地表氧化作用，除有紧贴古层间氧化带边界发育的古老铀矿残留体外，还有遭受近现代地表氧化作用重新再分配形成的富铀成矿单元。其中，前者主要依赖于铀储层内部高级沉积界面附近的丰富碳质碎屑和黄铁矿等吸附还原成矿，而后者则主要受铀储层顶底板的煤层（线）吸附还原成矿（图7-13）。正确区分古老铀矿残留体和近现代地表再生铀矿体，对于理解铀的变价行为、迁移和富集过程，特别是指导铀矿勘查具有重要意义。

2. 蚀变作用类型与空间分布规律

由于有现代地表氧化作用的叠加影响，露头剖面的后生蚀变作用较为丰富。但总体可以分为钙质红色蚀变砂岩、绿色蚀变砂岩和黄色蚀变砂岩3种类型。其中，钙质红色蚀变砂岩被认为是古层间氧化带的残留物，绿色蚀变砂岩被认为是古层间氧化带经历了大规模二次还原蚀变改造的结果。钙质红色蚀变砂岩和绿色蚀变砂岩可以代表古层间氧化带，属于"古"后生蚀变作用组合。黄色蚀变砂岩仅限于露头区，是铀储层（包含古老铀矿体）经盆地构造抬升-掀斜被暴露地表后遭受近现代地表氧化作用改造的结果。

由于后生蚀变作用是有序的，所以3种蚀变砂岩具有规律性的相互包容关系。后期的蚀变作用总是改造和包容前期的蚀变岩石，即黄色砂岩包裹绿色砂岩，绿色砂岩又包裹（钙质）红色砂岩（图7-13）。

如果按照岩石地球化学分类，除3种后生蚀变砂岩外，还存在第4种岩石地球化学类型，即具有还原性质的原生灰色砂岩。

3. 钙质胶结作用与铀矿化关系

露头建模发现，如果以大规模的铀成矿事件作为时域标准，那么铀储层中的钙质胶结作用存在成矿前、成矿中和成矿后3个重要期次。准确识别与铀成矿同期的钙质胶结作用，为深刻揭示成矿期含矿流体的物化条件提供了一个重要的研究方向和抓手。在PM-01剖面中，将集中发育于古层间氧化带边界外围原生灰色砂岩中的钙质胶结作用解释为与铀成矿同期发育，其最大的特点是规模巨大且与铀矿物、碳质碎屑、黄铁矿等密切共生。铀成矿作用与钙质胶结作用的共生发育，被认为是古层间氧化带前锋线两侧氧化-还原环境和酸-碱环境双重地球化学障共同制约的结果（图7-13）。在铀储层中，由紫红色钙质砂岩结核指示的钙质胶结作用被认为形成于大规模的铀成矿之后。而紫红色钙质砂岩或绿色砂岩中的灰色钙质结核被认定为是成矿前钙质胶结作用的产物。

在铀储层中，成矿前的钙质胶结作用会使砂岩致密化，它们往往以钙质隔档层的身份影响铀成矿流体场。但是，无论是成矿前、成矿中或成矿后形成的钙质胶结物，都会影响地浸采铀工艺，即从物性（孔渗性）角度影响溶矿流体场、从化学成分角度影响对溶剂的选择。

4. 黄铁矿成岩作用的复杂性

在铀储层内部，黄铁矿不仅数量和种类繁多，其化学性质也决定了它们很容易遭受成岩环境的叠加改造，因此黄铁矿的生长和溶蚀现象丰富，但是将其置于砂岩成岩演化序列或铀成矿系统中，它们也具有规律可循。

对野外露头样品的微观矿物学和地球化学分析发现，铀储层中的黄铁矿既有沉积成因的也有成岩成因的，还有一些可能是与铀成矿共生成因的。沉积成因的黄铁矿通常具有莓状形态，而成岩黄铁矿通常以自形或胶状产出。成岩黄铁矿的发育具有明显的选择性，即其沉淀结晶过程对砂岩中的某些特定组分有着较强的依赖性。研究发现，适合黄铁矿生长的"核"载体主要包括碳质碎屑、黏土矿物、黑云母、黄铁矿和钛铁矿等。以"核"载体为基础，成岩黄铁矿逐渐有序生长，可分别形成复莓状体、自形晶和胶状黄铁矿。随着成岩作用过程的进行，黄铁矿的结构有序度逐渐增强，结构更加稳定。成岩黄铁矿发育的物质主要来源于铀储层内部的蚀变作用，也具有外部物质的加入（图7-13）。

无论何种成因的黄铁矿，它们均可以在层间氧化带边缘外围充当铀的吸附还原剂，也极易遭受氧化作用的溶蚀改造。在露头剖面和钻孔岩芯中，黄铁矿遭受氧化作用改造而留下了丰厚的痕迹，如形态上特征的港湾状溶蚀、圈层状包容结构，以及矿物学上向褐铁矿、赤铁矿以及黄铁钾矾的特征转化等。这些标志可能记录了大规模铀成矿期的层间氧化作用，也可能是近现代地表氧化作用的记录。对其进行准确的判别有助于理解古老铀矿床的复杂演化过程。

第三篇 水下辫状分流河道型铀储层露头地质建模

盆地中东部横山石湾镇露头区
铀储层内部结构、流体流动单元与还原介质分布规律

砂岩型铀矿的形成发育首先需要良好的铀储层提供充分的含矿流体运移和铀成矿的物理空间,其次还与铀储层的物质成分有关,特别是制约层间氧化带发育和促使铀变价的还原介质(碳质碎屑等)。为了更好地理解直罗组重要矿集区铀成矿的普遍规律和成矿机理,需要在鄂尔多斯盆地寻找典型的未经层间氧化作用和成矿作用改造的直罗组铀储层进行精细的对比解剖和建模,以充分了解铀储层内部"原生态"流体流动单元和"原生态"碳质碎屑的空间分布规律及其与铀储层内部结构、沉积作用过程的内在成因联系,以期为深刻理解砂岩型铀成矿机理提供沉积学地质基础。区域调查发现,位于榆林横山石湾镇隶属水下辫状分流河道性质的潜在铀储层野外露头剖面,完全满足上述研究的需要。

第八章　铀储层沉积背景与建模露头选择

在鄂尔多斯盆地,直罗组是重要的含铀岩系。源于龙首山的物源-朵体,在其上游的磁窑堡—惠安堡一带具有明显的铀成矿作用(图1-8、图3-8),而位于其下游的横山石湾镇一带的潜在铀储层被大面积剥露地表(图3-8、图3-9)。虽然该露头区骨架砂体隶属于龙首山物源-朵体三角洲前缘的水下辫状分流河道砂体,但是其未遭受后生层间氧化作用和铀成矿作用的影响,对其潜在铀储层内部"原生态"的流体流动单元和碳质碎屑空间分布规律的建模研究,有助于类比东胜铀矿田铀储层内部古层间氧化带发育和铀成矿作用的细节与机理。

第一节　石湾镇露头区含铀岩系地层结构

石湾镇露头区是大理河流域延安组和直罗组的主要出露区。延安组总体位于大理河的下游(石湾—魏家楼一带),而直罗组位于上游相对偏西部位(图8-1)。

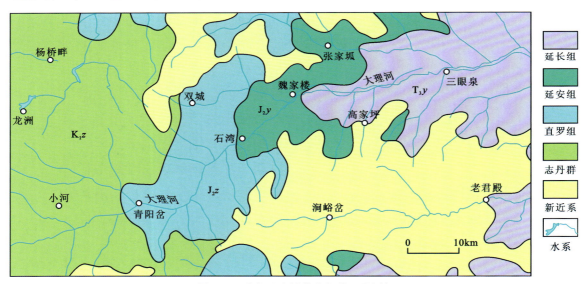

图 8-1　露头区地层分布规律,石湾镇

由于大理河的垂直下切作用显著,加之地层产状几乎处于水平状态,所以该区露头剖面具有良好的出露且可以进行较大范围的追踪对比,因此是较为理想的铀储层沉积体系分析和沉积非均质性建模的区域。为了便于阅读和对比研究,笔者将石湾镇露头区的典型剖面进行了系统命名,并将GPS点位统一列表(图8-2,表8-1)。需要说明的是,本篇重点建模的剖面是指史家坬剖面PM-01和PM-02。

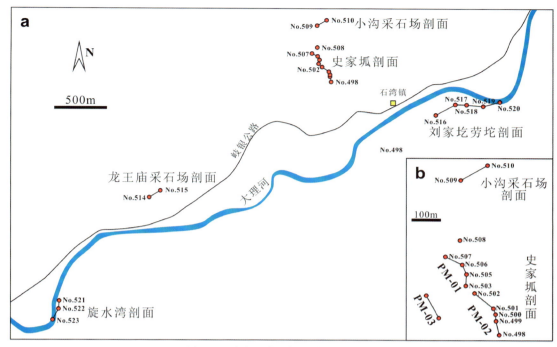

图 8-2 露头区典型剖面位置,石湾镇
a. 全部剖面位置;b. 剖面位置局部放大

表 8-1 露头区典型剖面及其 GPS 点位信息,石湾镇

编号	剖面名称	GPS			高程（m）
		点号	北纬	东经	
1	刘家圪劳坨剖面	No.516	37°28.770′	109°25.930′	1035
		No.517	37°28.824′	109°26.056′	1052
		No.518	37°28.824′	109°26.124′	1058
		No.519	37°28.815′	109°26.232′	1059
		No.520	37°28.839′	109°26.338′	1047
2	史家坬剖面（PM-01）	No.503	37°29.036′	109°25.185′	1062
		No.505	37°29.057′	109°25.187′	1061
		No.506	37°29.075′	109°25.177′	1063
		No.507	37°29.090′	109°25.139′	1065
		No.508	37°29.121′	109°25.172′	1086
3	史家坬剖面（PM-02）	No.498	37°28.944′	109°25.261′	1061
		No.499	37°28.970′	109°25.255′	1060
		No.500	37°28.982′	109°25.253′	1060
		No.501	37°28.993′	109°25.248′	1062
		No.502	37°29.022′	109°25.205′	1063

续表 8-1

编号	剖面名称	GPS			高程(m)
		点号	北纬	东经	
4	小沟采石场剖面	No.509	37°29.234′	109°25.173′	1111
		No.510	37°29.263′	109°25.234′	1106
5	龙王庙采石场剖面	No.514	37°28.333′	109°24.094′	1087
		No.515	37°28.372′	109°24.169′	1090
6	旋水湾剖面	No.521	37°27.788′	109°23.526′	1066
		No.522	37°27.746′	109°23.521′	1067
		No.523	37°27.691′	109°23.485′	1066

一、延安组

在刘家圪劳坨剖面东部（GPS No.519～No.520），延安组的顶部地层是一套深灰色、灰黑色的泥质粉砂岩、碳质泥岩夹透镜状和席状砂体为特征（图 8-3a），局部可见菱铁矿结核层（图 8-3b）和薄煤线，无工业煤层也未见大型骨架砂体，显示了一种湖泊三角洲前缘的沉积特色。

石湾镇恰好位于直罗组/延安组区域不整合界面（SB3）附近（图 8-1、图 8-4）。

图 8-3　露头区延安组顶部沉积学特征，石湾镇（GPS No.519～No.520）
a. 暗色泥岩夹透镜状和席状砂岩；b. 砂泥互层中的褐色菱铁矿结核

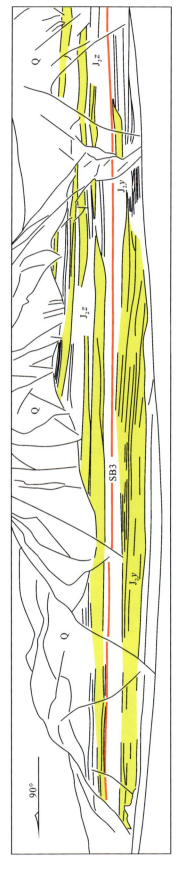

图8-4 大理河南岸直罗组与延安组接触关系,石湾镇(GPS No.520)

二、直罗组

在区域不整合界面之上,直罗组底部的相变较为明显。刘家圪劳坨剖面西部以及史家圪剖面的直罗组下段下亚段骨架砂体发育,是良好的潜在铀储层研究区域(图8-5)。而刘家圪劳坨剖面偏东部、旋水湾剖面一带,骨架砂体相变为砂泥互层,局部有薄砂体产出(图8-4、图8-6)。

图8-5 露头区直罗组底部骨架砂体发育特征,石湾镇

a. 直罗组骨架砂体(顶底部均被覆盖),刘家圪劳坨剖面西侧;b、c. 直罗组与延安组接触关系,史家圪剖面(PM-02);d. 史家圪PM-02剖面

图8-6 刘家圪劳坨剖面东部直罗组底部砂泥互层沉积,石湾镇(GPS No.520)

第二节 石湾镇露头区直罗组沉积体系类型

在石湾镇露头区，直罗组中下段为发育于湖泊中的三角洲沉积体系，且主要为三角洲前缘沉积。但是，在直罗组下段的下亚段和上亚段中三角洲的类型却不相同。其中，下亚段记录了辫状河三角洲前缘的经典沉积组合，而上亚段却记录了源于曲流河的湖泊三角洲前缘成因相组合。直罗组中段的湖泊沉积特征较为明显。

一、辫状河三角洲前缘

在露头区，直罗组下段下亚段最大的特点是具有两种沉积组合，即大型骨架砂体（图 8-5）和砂泥互层（图 8-6），而且横向追踪发现两者在空间上具有相变关系（图 8-7），同时缺乏暴露沉积标志。这两种特征沉积组合及其空间配置关系表明，石湾镇露头区直罗组下段下亚段属于辫状河三角洲前缘沉积。它们主要由 4 种成因相构成，即水下辫状分流河道、近端河口坝、远端河口坝和三角洲前缘泥（相当于浅湖相沉积）。

1. 水下辫状分流河道

水下辫状分流河道是三角洲平原上辫状分流河道在湖泊水下的延伸部分，它当然继承了辫状河道"宽/厚"比值较大的特色。在野外，由骨架砂体表征的水下辫状分流河道砂体，具有极好的横向稳定性，可以在大范围内进行追踪对比（图 8-5、图 8-7）。尽管其厚度较辫状河道和辫状分流河道明显要薄（一般厚度十几米至三十多米），但相对于具有曲流河性质的砂体而言其内部结构较为简单、均质性较好。因此，水下辫状分流河道砂体也是理想的砂岩型铀矿储层。

2. 近端河口坝

近端河口坝是水下辫状分流河道末端的沉积物，此处河道的下切作用较弱，沉积物以河口为点源开始向四周分散。因此，近端河口坝砂体往往表现为具有宽阔的半透镜状形态，其厚度几十厘米至 2m，主要为细砂岩或粗粉砂岩。其中旋水湾剖面最为典型（图 8-8、图 8-9）。由于在三角洲前缘地区，可容空间增长速率通常大于沉积速率，所以每次沉积事件（往往代表洪泛事件）之后，近端河口坝砂体往往会被背景沉积物（浅湖相沉积物）所覆盖。所以，此区具有典型的砂泥互层沉积组合（图 8-8、图 8-9）。

3. 远端河口坝

远端河口坝是近端河口坝的延伸，此区源于三角洲的水流作用已经完全丧失下切能力，但是仍具有向四周搬运和分散沉积物的能力，当然湖泊水体的叠加搬运作用不容忽视。因此，远端河口坝砂体通常呈现为席状，厚度几十厘米，粒度较近端河口坝砂体更细，是辫状河三角洲前缘砂岩互层沉积组合中最为特色的一部分（图 8-6、图 8-8、图 8-9）。

4. 三角洲前缘泥（相当于浅湖相沉积）

三角洲前缘泥实际上就是浅湖相沉积物，是三角洲洪泛事件间歇期的背景沉积物，其中通常会产出淡水动物化石（图 4-4），是辫状河三角洲前缘砂岩互层沉积组合中不可或缺的部分（图 8-6、图 8-8、图 8-9）。

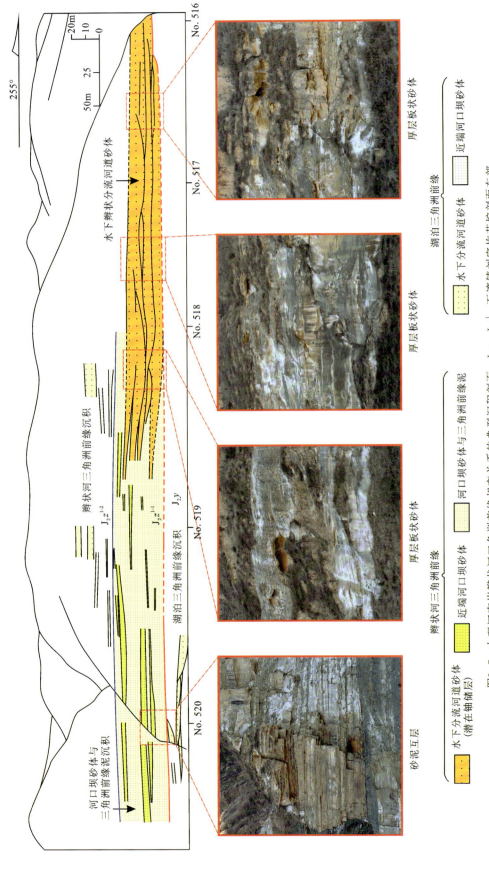

图8-7 大理河南岸辫状河三角洲前缘相变关系的典型沉积剖面，$J_2y-J_2z^1$、石湾镇刘家圪崂芳坨剖面东部

注：厚层板状水下辫状分流河道砂体向薄层席状河口坝砂体演化。

图8-8 辫状河三角洲前缘沉积（透镜状近端河口坝砂体和席状远端河口坝砂体），J_2z^{1-1}，石湾镇旋水湾剖面

a. 剖面北部结构；b. 剖面南部结构

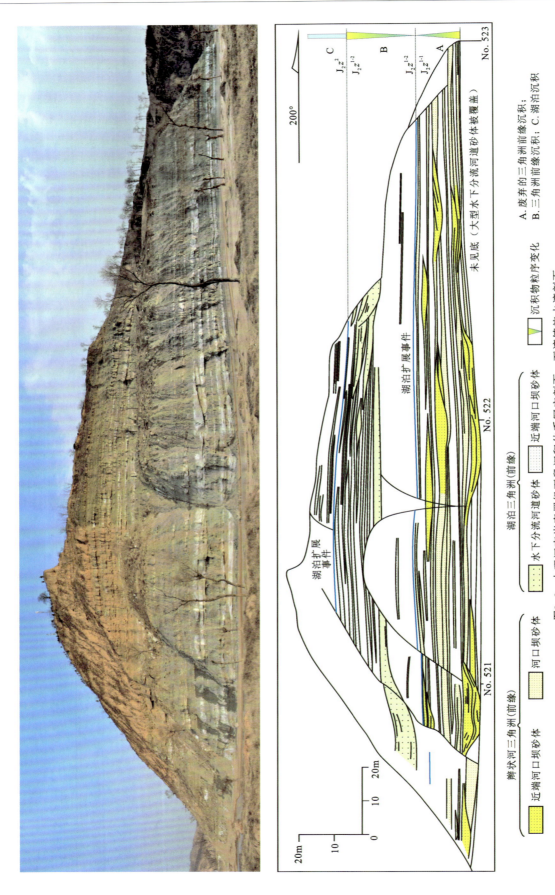

图8-9 大理河南岸直罗组下段沉积体系写实剖面,石湾镇旋水湾剖面

注:下亚段为辫状河三角洲前缘沉积;上亚段为湖泊三角洲前缘沉积

二、湖泊三角洲前缘

在石湾镇露头区，直罗组下段上亚段具有一次明显的湖泊扩张事件，随后记录了源于曲流河入湖的湖泊三角洲沉积记录，因此具有典型的向上变粗的倒粒序（图 8-9、图 8-10）。典型的沉积组合也具有两套特色的记录，即骨架砂体和砂泥互层沉积，它们在横向上也具有相变过渡关系（图 8-9、图 8-11）。但是，骨架砂体却明显不同于直罗组下段下亚段的水下辫状分流河道砂体，其内部非均质性异常醒目。在这些特征组合中未见暴露沉积标志。因此，露头区直罗组下段上亚段被解释为源于曲流河入湖的湖泊三角洲前缘沉积。它们主要由 3 种成因相构成，即水下分流河道、河口坝和三角洲前缘泥（相当于浅湖相沉积）。

图 8-10　湖泊三角洲前缘垂向序列，J_2z^{1-2}，石湾镇龙王庙采石场剖面

图 8-11　透镜状水下分流河道砂体与席状河口坝砂体的相变关系，J_2z^{1-2}，石湾镇旋水湾剖面

1. 水下分流河道

直罗组下段上亚段的水下分流河道是三角洲平原上分流河道在湖泊水下的延伸部分。砂体内部的非均质性较强，主要体现在河道单元的侧向迁移能力较强。其中，小沟采石场剖面（图 8-12）和龙王庙采石场剖面（图 8-13），比较典型地记录了河道单元侧向迁移的沉积特征。

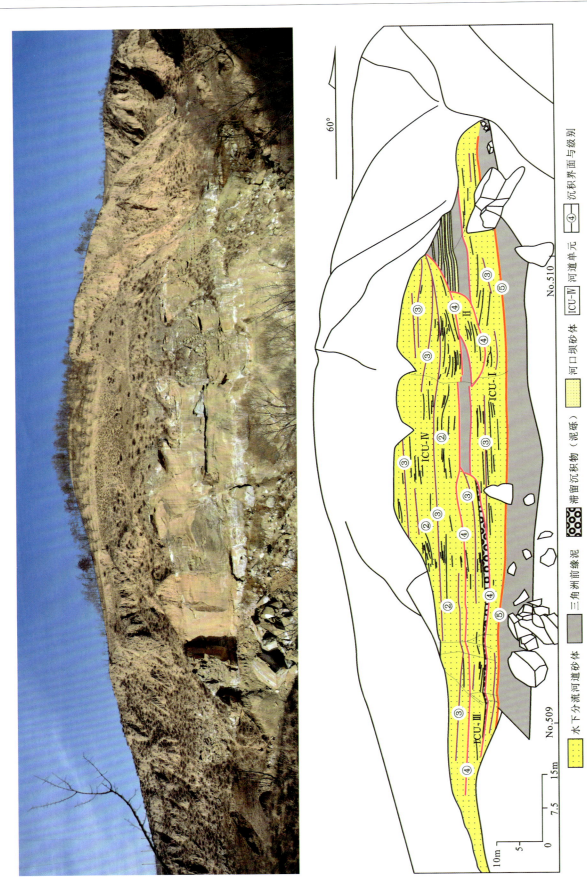

图8-12 湖泊三角洲前缘沉积剖面，J_2z^{1-1}，石湾镇小沟采石场剖面

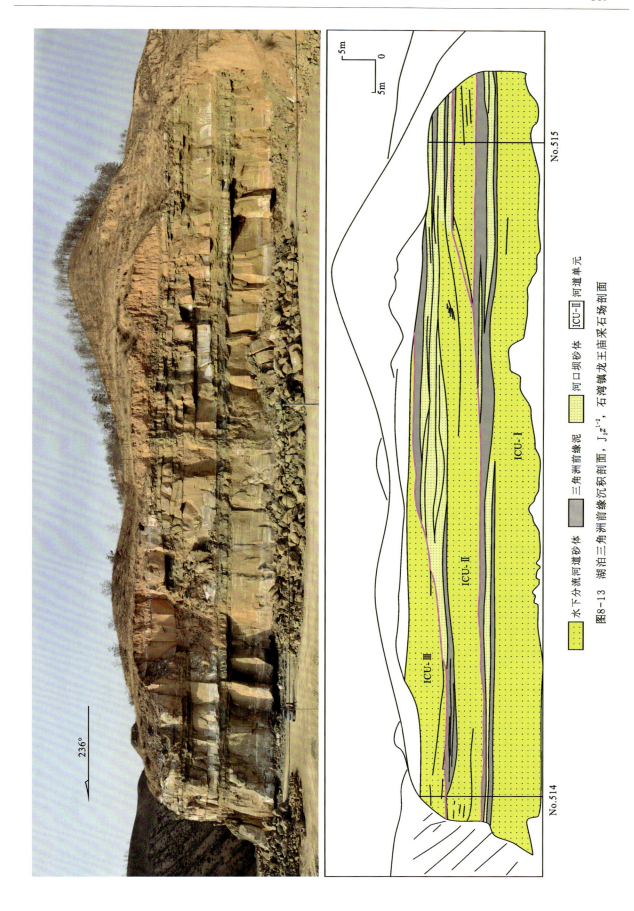

图8-13 湖泊三角洲前缘沉积剖面，J_2z^{1-2}，石湾镇龙王庙采石场剖面

由于侧向迁移，通常在 4 级界面上发育有滞留沉积物，形成泥砾隔档层（图 8-12）。而在 4 级界面之下，通常是先期河道单元废弃期的细粒沉积物，并由此构成了泥质隔档层（图 8-12、图 8-13）。相对于泥砾隔档层而言，水下分流河道砂体中泥质隔档层更为发育，不仅发育数量多，而且规模通常较大，一般厚度几十厘米至 2m，个别厚度超过 10m。在龙王庙采石场剖面左侧中上部，河道单元 II 顶部似乎还记录了半透镜状的废弃水下分流河道泥质沉积物（图 8-13）。

呈现为透镜状的河道单元砂体，其古水动力状态都具有由强到弱的周期性发育演化过程，因此垂向序列均具有向上变细的正粒序特征（图 8-10）。水下分流河道砂体中的河道单元规模通常都不大（厚度十几米，宽度为 150m 左右），加之较强的非均质性，因此并不是理想的铀储层。

2. 河口坝和三角洲前缘泥（相当于浅湖相沉积）

相比于直罗组下段下亚段而言，上亚段的河口坝砂体多为远端河口坝，更多地表现为席状砂体，与三角洲前缘泥构成良好的互层结构（图 8-9、图 8-11、图 8-12）。

三、湖泊沉积

在石湾镇露头区，直罗组中段主要为湖泊沉积体系，其以暗色细粒沉积物为主，夹一些席状砂岩（图 8-14）。这一特点与东胜神山沟张家村露头区形成鲜明对照。在张家村露头区，直罗组中段为紫红色和杂色泥岩，干旱暴露标志明显。但在石湾镇露头区，直罗组中段为暗色泥岩沉积，充分显示了湖泊沉积体系的基本特征。

第三节　石湾镇露头区典型建模剖面概况

选择石湾镇露头剖面进行铀储层地质建模研究，最根本的原因首先是直罗组下段铀储层属于一种新的成因类型，即水下辫状分流河道砂体，其次考虑的是该地区铀储层未受层间氧化作用和铀成矿作用的影响，铀储层的物质成分特别是作为还原介质的碳质碎屑的原生态分布规律成为地质建模的重要目的。以下 3 个方面的露头地质特征基本满足了上述研究的基本需求。

1. 直罗组出露地质条件优越

优越的出露地质条件，是露头地质建模的前提。石湾镇露头区具有众多精彩的沉积剖面（图 8-2），除具有开展区域沉积体系分析的基本功能外，就潜在铀储层而言，史家坬剖面所拥有的 PM-01 和 PM-02 其无论是连续性还是内部结构，都堪称无与伦比（图 8-15）。

史家坬剖面由于地形限制，在现代沟谷东岸人为地划分为 PM-01 和 PM-02（图 8-2b）。其中，PM-01 长约 135m，最高约 22m，主要出露直罗组下段下亚段潜在铀储层，内部沉积界面及其各种构成单元结构清晰，其底部被少量覆盖，但顶部记录了水下辫状分流河道较完整的由鼎盛沉积期到废弃期的演化过程（图 8-15）。PM-02 长约 175m，最高约 30m，底部为延安组暗色泥岩夹砂岩，中部为潜在铀储层，顶部为水下辫状分流河道废弃期的细粒沉积物（图 8-15）。

史家坬剖面的 PM-01 和 PM-02 基本连续，可以进行 330m 的横向追踪对比研究，高度适中，地层结构完整，剖面总体走向基本与古水流方向垂直，因此是地质建模的理想剖面。除此以外，在现代沟谷的西岸还有一个局部出露的 PM-03（图 8-2b），可以与 PM-01 和 PM-02 进行对比。

图8-14 湖泊沉积体系沉积剖面，J_2z^{1-2}，石湾镇龙王庙采石场剖面

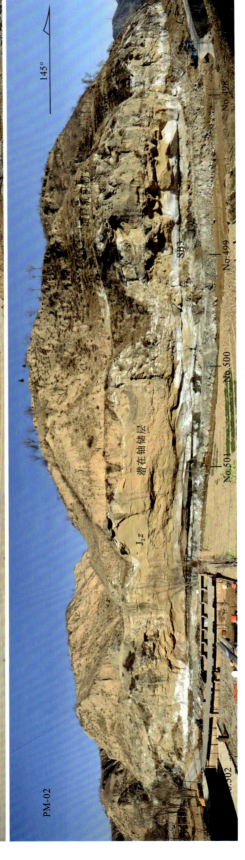

图8-15 露头区铀储层地质建模典型剖面，J_2z^{1-1}，石湾镇史家畖剖面（PM-01和PM-02）

2. 铀储层未受铀成矿作用影响

区域调查发现,石湾镇露头区直罗组下段下亚段的骨架砂体,无论是其发育规模或成因类型,都是构成铀储层的理想砂体。但是,该区骨架砂体从未受到类似盆地东部东胜铀矿田大规模的古层间氧化作用和铀成矿作用的影响,目前仍然继承了直罗组沉积-成岩的原始状态——还原环境,因此属于潜在的铀储层。这为开展与东胜铀矿田铀成矿作用的区域对比研究提供了难得的研究目标。

在鄂尔多斯盆地东北部,以东胜神山沟张家村露头区为代表的东胜铀矿田,铀成矿作用具有极其复杂的非均质性(图6-16、图7-1)。如果说后期的铀成矿作用还不至于对铀储层的结构产生明显的影响,但是古层间氧化作用所表现出来的各种蚀变作用,特别是对黄铁矿和碳质碎屑的影响往往是根本性的或者是彻底的,与此同时也会对孔隙结构和储层物性产生影响。那么,如何了解"原生态"的铀储层结构和物质成分,特别是对古层间氧化作用具有显著抑制作用而对铀具有吸附还原作用的碳质碎屑"原生态"分布规律,以及对含矿流场具有重要影响的"原生态"流体流动单元分布规律等方面开展系统研究,石湾镇未受铀成矿作用影响的露头建模研究就具有重要区域类比科学意义。

在石湾镇史家坬剖面,铀储层中包含有丰富的碳质碎屑,其成因隶属于水下辫状分流河道内的滞留沉积物,表现为大量碳化植物茎秆与泥砾呈混杂块状堆积,有规律性地分布在骨架砂体内部的一些高级别界面之上,是骨架砂体内部一些高级别构成单元的固有沉积产物,其分布自然遵循沉积规律(图8-16)。

由此可见,围绕"原生态"碳质碎屑分布规律的铀储层非均质露头建模研究,既可以把铀储层内部结构与还原介质的分布规律有机地联系在一起,同时也是深刻认识铀储层的沉积作用过程和后生铀成矿作用机理的经典实例,这是对盆地北部东胜神山沟张家村露头铀储层地质建模的重要补充。

图8-16 铀储层中的大型植物茎秆及其滞留沉积物,J_2z^{1-1},石湾镇史家坬剖面
a、b.大型沉积界面上的植物茎秆痕迹(PM-03);c.砂体中下部的厚层滞留沉积物(PM-02)

3. 铀储层成因类型及物源的互补性

从铀储层的成因类型和物源的角度看，横山石湾镇露头区与东胜神山沟张家村露头区具有很强的互补性，这也是选择横山石湾镇露头区进行铀储层地质建模研究的初衷之一。

相对于盆地北部东胜神山沟张家村露头区的辫状分流河道型铀储层而言，横山石湾镇露头区的潜在铀储层隶属于水下辫状分流河道型，对两者进行异同点的比较分析有助于了解铀储层的多样性。另外，横山石湾镇露头区潜在铀储层隶属于龙首山大型物源-沉积朵体，而东胜神山沟张家村露头区的铀储层隶属于乌拉山大型物源-沉积朵体（图3-8）。沉积体系的物源不同意味着构成铀储层的物质成分将存在差异。因此，选择不同物源-朵体开展对比研究也为未来更精细的铀储层物质成分研究奠定良好的基础。

第四节 水下辫状分流河道砂体岩石学特征

借助于偏光显微镜、扫描电镜及能谱仪等测试手段，对石湾镇露头区直罗组典型建模铀储层进行了岩石类型、矿物学及成岩作用分析。在此基础上，进行了水下辫状分流河道砂体的岩性相识别与规律性总结，以及成岩作用规律的总结。

一、砂岩岩石类型

通过宏观岩性观察和岩石薄片鉴定及扫描电子显微镜分析表明，石湾镇露头区直罗组下段下亚段砂岩样品总体特征为石英含量最高，长石次之，岩屑含量低，可以定名为长石石英砂岩（图8-17a）。砂岩总体为中细粒碎屑结构，碎屑颗粒分选中等—好，磨圆度较差，多以棱角—次棱角状为主（图8-17b）。

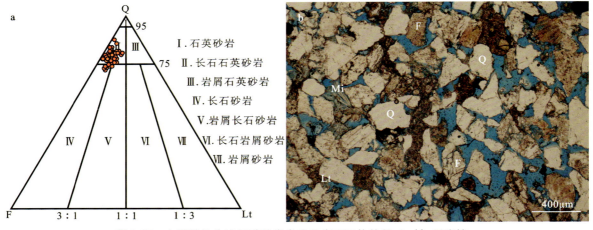

图 8-17 水下辫状分流河道砂岩类型及岩石组构特征，J_2z^{1-1}，石湾镇
a. 砂岩成因类型三角图；b. 砂岩铸体薄片，蓝色为孔隙，单偏光
Q. 石英；F. 长石；Mi. 云母；Lt. 岩屑

1. 碎屑骨架颗粒特征

碎屑成分主要由石英、长石、岩屑及云母和少量重矿物组成，其中石英含量较高，最高可达88%，最

低为72%,平均含量为79%;长石含量次之,变化于11%~23%之间,平均含量为17%;而岩屑含量总体很低,平均含量为4%,仅在少数样品中观察到岩屑含量可达8%。石英碎屑颗粒主要为单晶石英,多晶石英含量较少。单晶石英颗粒多呈椭圆状,磨圆较差为次棱角状,表面干净透明(图8-18a),部分石英碎屑被溶蚀成港湾状(图8-18b)。多晶石英主要由具有隐晶结构的燧石组成(图8-18c),可见典型波状消光;长石多呈板状、短柱状,主要为斜长石和钾长石。斜长石表面浑浊,可见聚片双晶(图8-18d),钾长石主要为微斜长石,具有格子双晶(图8-18e),其次为条纹长石(图8-18f),局部发生溶蚀,转化为黏土;岩屑以变质岩岩屑和火成岩岩屑为主(图8-18g、h),前者含量相对较多,后者局部可见隐晶质结构。此外,多见变形的云母填充粒间孔隙(图8-18i),以及少量碳质碎屑(图8-18j)、黄铁矿(图8-18k)和重矿物,如金红石、锆石以及钛铁矿、独居石等(图8-18l)。

图8-18 水下辫状分流河道砂岩碎屑颗粒组成,J_2z^{1-1},石湾镇

Qm.单晶石英;Qp.多晶石英;Pl.斜长石;Kfs.钾长石;Mi.云母;Lm.变质岩岩屑;Lv.火山岩岩屑;
Lvs.隐晶质火山岩岩屑;CD.碳质碎屑;Py.黄铁矿;Ilm.钛铁矿

2. 填隙物特征

石湾镇露头区直罗组下段下亚段水下辫状分流河道砂岩中的填隙物含量相对较少，含量在3%～10%之间，平均含量为6%。填隙物主要包括杂基和胶结物，砂岩中正常的杂基与自生黏土矿物及其他的交代矿物和蚀变矿物常混在一起，不易区分，整体来看以泥质杂基为主，杂基含量一般低于4%。铸体薄片鉴定、扫描电镜能谱分析表明，直罗组下段下亚段砂岩中的填隙物种类较多，其中包含以高岭石、绿泥石等为主的黏土矿物（图8-19a、b），黄铁矿和铁的氧化物或氢氧化物如褐铁矿、赤铁矿等在内的铁质胶结物（图8-19c、d），以胶状形式充填于粒间孔隙的硫酸盐胶结物，如重晶石等（图8-19e）以及少量呈石英自生加大边的硅质胶结物（图8-19f），而碳酸盐胶结物则很少被观察到。

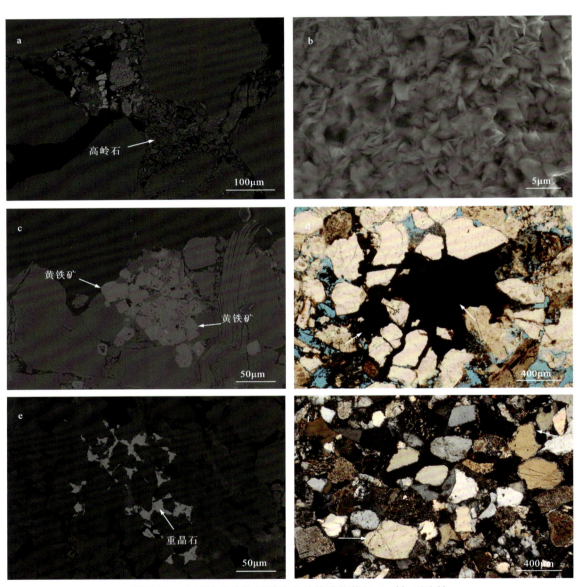

图8-19 水下辫状分流河道砂岩的填隙物特征，J_2z^{1-1}，石湾镇

a.砂岩孔隙中充填大量书页状高岭石，SEM，S06；b.呈花瓣状的绿泥石，SEM，S28；c.具立方体晶形的黄铁矿集合体，SEM，S14；d.石英、长石颗粒间孔隙被胶状铁氧化物所填充，单偏光，S19；e.呈胶状分布的重晶石充填粒间孔隙，SEM，S18；f.石英颗粒边缘局部发育有次生加大边，正交光，S18

二、岩性相及其垂向组合

岩性相(lithofacies)系指特定的水动力条件(能量)下形成的岩石单元,是"沉积构造＋岩性"的组合。调查发现,石湾镇露头区直罗组下段下亚段水下辫状分流河道砂体内部存在 7 类岩性相(表 8-2),分别为具内碎屑泥砾、碳质碎屑等滞留沉积物的中砂岩(MSe)、具槽状交错层理的极细—中砂岩(FvSt、FSt、MSt)、具块状构造的细—中砂岩(FSm、MSm)、具低角度板状交错层理的极细—细砂岩(FvSp、FSp)、具平行层理的极细—细砂岩(FvSp、FSh)、具水平纹层的粉砂岩(Fl)和具薄纹层或块状构造的泥岩、泥质粉砂岩与粉砂岩互层(Fm)。

表 8-2　水下辫状分流河道砂体的主要岩性相类型及特征,J_2z^{1-1},石湾镇

代码	岩性	比例(%)	沉积结构	解释
MSe	Seg:含大量泥砾的中砂,70%～100%	13	不明显交错层理,局部见变形现象	河道底部高能滞留沉积,高流态
	Sec:含大量碳质碎屑、植物碎屑的中砂岩,0%～30%			
FSm、MSm	细—中粒砂岩	18	块状构造	低流态—高流态
FvSt、FSt、MSt	极细—中粒砂岩	56	见单一或多组槽状交错构造	沙丘,低流态
FvSp、FSp	极细—细粒砂岩	7	低角度板状交错层理	沙波,低流态
FvSh、FSh	极细—细粒砂岩	3	平行层理或低角度层理	平层流,高流态
Fl	以粉砂岩为主	1	水平纹层	大底形单元演化末期低能沉积
Fm	泥岩、泥质粉砂岩与薄层细砂岩互层	2	薄纹层或块状构造	废弃河道沉积

1. 岩性相沉积特征

(1)含泥砾的中砂岩(MSe):岩性由灰黄、黄色含泥砾中砂岩组成,泥砾含量为 5%～45%,泥砾粒径为 0.5～15cm。该岩性相是露头砂岩中最具特色的沉积单元,呈条带状、透镜状分布于河道砂体及其内部冲刷面处,且含较多暗色泥砾、碳质碎屑、植物茎秆以及黄铁矿结核等(图 8-20),局部可见一些变形,由此使得砂岩中的层理不清晰。MSe 底部与 FSt 呈侵蚀接触,顶部与上覆岩性相 MSt、MSm 等呈渐变过渡接触(图 8-20a、b)。该岩性相根据所含泥砾和植物碎屑含量的不同,可进一步细分为含大量植物碎屑的中砂岩(MSec,图 8-20c)和含大量泥砾的中砂岩(MSeg,图 8-20d)。该岩性相代表河道底部的滞留沉积,是高流态水动力条件下的产物。

(2)具槽状交错层理极细—中砂岩(FvSt、FSt、MSt):岩性主要为黄色细—中砂岩,局部亦见少量灰色中砂岩,而黄绿色极细砂岩多见于露头顶部。砂岩中发育典型的槽状交错层理(图 8-21a),单层厚 0.1～0.4m,复合层理厚 1.8～2.0m。该岩性相是石湾镇地区直罗组下段下亚段砂岩中最发育的类型,占比最大,高达 50%～85%,分布于该复合河道砂体的各个部位。另外,岩性相 MSt 和 FSt 常组合出现,形成板状或楔形的薄砂体,其顶、底部常与 MSe 呈侵蚀接触关系。该岩性相代表了河道中沙垄的迁移以及沙丘的生长和发育,其古水流条件为低流态。

图 8-20 水下辫状分流河道砂体内部特征岩性相 MSe 的实例,J_2z^{1-1},石湾镇

a. 呈条带状展布的含大量泥砾、碳质碎屑、植物茎秆等厚层滞留沉积物的中砂岩,几乎不见任何层理构造,PM-02;
b. 呈条带状稳定分布的岩性相 MSe,厚 30~40cm,PM-01;c. 发育大量碳质碎屑、植物茎秆的中砂岩 MSec,PM-01、
PM-03;d. 含大量泥砾的中砂岩,MSeg,PM-01;箭头指示滞流沉积物边界

(3) 具块状构造细—中砂岩(FSm、MSm):岩性主要为灰黄色、黄褐色、浅黄色细—中砂岩,砂岩中沉积构造几乎不发育,成分较为均一(图 8-21b)。该岩性相亦是露头砂体中常见的类型,占比高达 27%~34%,常发育于河道充填的中下部位处,横向上具有较大的延伸(10~15m)。岩性相 MSm 的底部常与 MSe 呈侵蚀接触,顶部与上覆的 FSt 呈渐变过渡接触。该岩性相类型反映了水流能量较强,但持续时间短,以沉积物的快速堆积为特征,古水流条件为低流态向高流态转变的过渡型。

(4) 具低角度板状交错层理极细—细砂岩(FvSp、FSp):岩性为灰黄色、浅黄绿色极细—细砂岩,砂岩中交错层理较为密集,层理中可见低角度(<10°)的板状交错层理,该类型层理规模一般为 0.1~0.3m。相比于槽状交错层理,板状交错层理的纹层组界面相对平缓,倾角较小(3°~5°,图 8-21c)。另外,在近平行古水流方向的剖面中,板状交错层理的纹层往往呈锐角状收敛于底部纹层组界面处,而槽状交错层理以切线形式收敛于纹层组界面,这也是区别两者的有效判识方法。该岩性相形成于多期沙波的迁移,是低流态条件下的产物。

(5) 具平行层理极细—细砂岩(FvSh、FSh):岩性主要为灰黄色、黄绿色极细—细砂岩,砂岩中发育代表高流态的平行层理(图 8-21d)。该类岩性相相对较薄,厚 0.1~0.45m,常发育于砂体的中下部,层理面处可见大量云母,局部被侵蚀。该岩性相的沉积构造与水平层理外貌相似,但前者是高流态的产物,后者主要形成于低能或静水的沉积环境。

(6) 具水平纹层的粉砂岩(Fl):岩性以灰色粉砂岩为主,局部含少量泥质,砂岩中发育密集的水平纹层,纹层组厚 0.5~2.5cm,较为连续。该层理通常由悬浮物沉积而成,反映了一种低能或静水的沉积环境。该岩性相仅局部呈薄层透镜状夹于砂体内部(图 8-22a)。

(7) 具薄纹层或块状构造的泥岩与泥质粉砂岩互层(Fm):岩性主要以块状构造泥岩、薄纹层的泥质粉砂岩与粉砂质泥岩互层,且泥岩中局部发育有铁质结核(图 8-22c)。该岩性相的形成反映了河道废弃期的低能沉积环境。

图 8-21 水下辫状分流河道砂体内部各岩性相实例,J_2z^{1-1},石湾镇
a. 具典型同心轴的槽状交错层理细砂岩,FSt;b. 块状构造中砂岩,岩性均一,MSm;
c. 具低角度板状交错层理的细砂岩,FSp;d. 具平行层理的细砂岩,FSh

2. 岩性相垂向组合规律

在垂向上,岩性相通常可以组合形成多个大规模的正韵律沉积旋回。这些沉积旋回在砂体的不同部位具有不同的岩性组合和沉积构造特征(图 8-22、图 8-23)。

在河道砂体的下部,各岩性相的粒度相对较粗,主要由岩性相 MSe、MSm、MSt、FSt、FSp 和 FSh 组成。其中岩性相 MSe 常位于底部,粒度最粗,含大量泥砾、植物碎屑以及黄铁矿等,具有明显的滞留沉积特色;向上,过渡为具槽状交错层理、块状构造、板状交错层理或平行层理的中—细粒砂岩,底部交错层理的层系组宽 2~10m,厚 1~5m,向上规模减小。上述这些岩性相组合在垂向上常交替出现。此外,仅在少数沉积旋回的顶部,发育有呈薄层透镜状的岩性相 Fl(图 8-22a),这标志着一次相对完整的小规模河道水流强化事件的结束。

在河道砂体的中部,砂岩粒度较下部有所变细,岩性相组成相对单调(Sm、St),主要为 FSm 和 FSt,次为 MSt、FSt 和 MSe(图 8-22b)。在垂向上,MSe 位于最底部,厚度薄且横向变化大;向上,渐变为块状构造中—细粒砂岩,该岩性相分布规模大,占比高,且横向上可过渡为槽状交错层理细—中粒砂岩。上述这些岩性相组合重复出现频率较低。

在河道砂体的上部,砂岩粒度明显变细,以细—极细砂岩为主。岩性相类型主要为 F(v)St、FvSp 和 FvSh,次为 MSt 和 FSm(图 8-22c)。其中,MSt、FSt 和 FSm 位于底部,交错层理规模较大,交错层系组宽为 1~5m,厚为 0.5~2m;向上,交错层理规模减小,粒度变细,过渡为具槽状交错层理、板状交错层理和平行层理的极细砂岩。该岩性相组合在垂向上构成了一个完整的向上变细的正韵律沉积旋回。

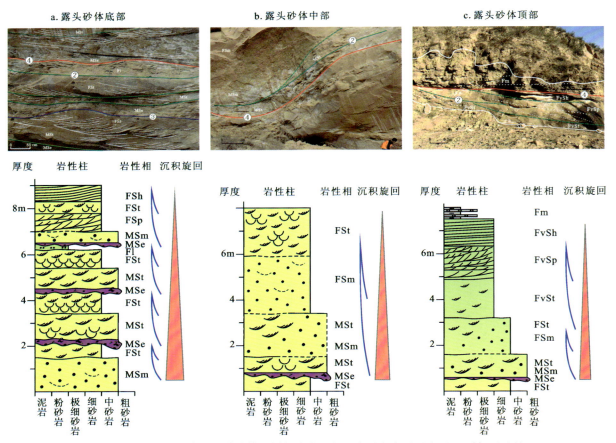

图 8-22 水下辫状分流河道砂体不同部位岩性相组合垂向序列示意图，J_2z^{1-1}，石湾镇

三、砂岩成岩作用特征

石湾镇露头区直罗组下段下亚段水下辫状分流河道砂岩中常见一些自生的黏土矿物、铁质矿物、硫酸盐矿物等，这些矿物是成岩作用的产物。成岩作用对于铀储层非均质性建模研究是非常重要的，这是由于不同成岩作用类型所形成的矿物或其组合会对铀储层物性产生影响，进而增强铀储层的非均质性。研究表明，石湾镇露头区直罗组下段下亚段水下辫状分流河道砂岩中的成岩作用类型主要包括压实作用和胶结作用，其次为溶解作用。

1. 压实作用

压实作用是露头区较重要的成岩作用类型之一，它使得塑性矿物颗粒，如云母等因遭受挤压发生剧烈变形导致弯曲，使刚性碎屑矿物如石英等被压碎（图 8-24a）。此外，在石英颗粒接触部位局部发生有压溶现象，导致两个或多个石英颗粒之间呈现凹凸状接触（图 8-24b）。

2. 胶结作用

石湾镇露头区直罗组下段下亚段水下辫状分流河道砂岩中的胶结作用类型主要为黏土矿物胶结和铁质胶结，其次为重晶石胶结，而硅质胶结作用较弱。现将各成岩作用类型的特征总结如下。

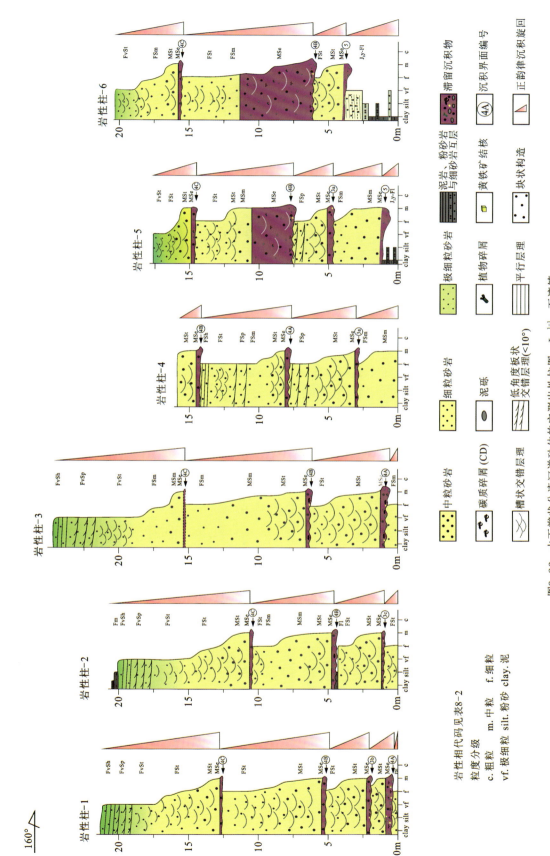

图8-23 水下辫状分流河道砂体的实测岩性柱图，J_2z^{1-1}，石湾镇

注：岩性柱位置见图9-4、图9-5。

(1)黏土矿物胶结作用：黏土矿物胶结作用是露头区水下辫状分流河道砂岩中比较常见的胶结作用。主要自生黏土矿物类型为书页状高岭石和花瓣状绿泥石（图8-24c，图8-19a、b）。高岭石含量约占黏土矿物的80%以上，它们有很大一部分是由长石和云母转化来的。

(2)铁质胶结作用：铁质胶结作用是砂岩中最发育的胶结作用类型，种类较多、现象丰富，包括黄铁矿胶结、褐铁矿胶结和赤铁矿胶结等。其中，黄铁矿胶结相对较少，最多见的为其氧化后形成的褐铁矿和赤铁矿。如图8-24d所示，位于中心呈草莓状形态的黄铁矿已被氧化，向外侧也发生了周期性浸染。在反射光下，黄铁矿呈亮黄色（白色箭头指示，图8-24e）而灰白色的呈胶状分布的为褐铁矿（黄色箭头指示，图8-24e），赤铁矿在偏光显微镜下可显示出酒红色—暗红色（黄色箭头指示，图8-24f）。

图8-24 水下辫状分流河道砂岩的成岩作用类型，J_2z^{1-1}，石湾镇

a.云母受石英颗粒挤压发生变形，石英颗粒局部出现压碎的裂纹，正交偏光，S08；b.石英颗粒间的凹凸接触，正交偏光，S25；c.蚀变绿泥石，局部见黑云母绿泥石化，单偏光，S30；d.莓状黄铁矿已被氧化，外围环带亦为铁氧化物，SEM，S06；e.胶状分布的褐铁矿（灰白色）和星点分布黄铁矿（亮黄色），反射光，S04；f.赤铁矿胶结，呈酒红色—暗红色，单偏光，S04

(3)重晶石胶结作用：重晶石胶结作用也是砂岩中常见的胶结作用类型，主要的胶结矿物为重晶石（$BaSO_4$）。重晶石通常以胶状的形式充填在颗粒之间的孔隙当中，少量充填于颗粒的裂缝中（图 8-25a）。

(4)硅质胶结作用：硅质胶结作用则是一种次要的胶结作用，仅在少数样品中表现为自生石英的加大式胶结（图 8-25b）。

3. 溶解作用

由于露头砂体长期暴露地表，经受了大气降水等氧化作用，因此导致矿物颗粒、填隙物均遭受了不同程度的溶解。主要表现为不稳定矿物（如长石等）颗粒的内部遭受溶蚀后可形成较大的粒内溶孔（图 8-25c），又或者是骨架颗粒边缘遭受溶蚀（图 8-25d）。该溶解作用的发生在一定程度上提高了储层的物性。

图 8-25　水下辫状分流河道砂岩中重晶石、硅质胶结特征及溶解作用特征，J_2z^{1-1}，石湾镇
a. 重晶石胶结物呈胶状充填颗粒孔隙中，局部填充于颗粒裂缝，SEM，S18；b. 在石英颗粒边缘见石英自生加大边，正交偏光，S05；c. 长石颗粒发生溶解，形成了粒内溶孔，铸体薄片，单偏光，S29；d. 石英颗粒边缘发生溶解，正交偏光，S07

第九章　水下辫状分流河道型铀储层内部结构

铀储层内部构成单元是由不同级别沉积界面控制下的岩性相及其组合构成的三维沉积体。在鄂尔多斯盆地东部地区，通过对石湾镇史家畔村两处典型露头剖面的实际测量和沉积写实，划分了不同等级的界面和岩性相类型。在此基础上，总结了砂体内部不同成因、不同级别的构成单元的组构特征及其空间配置关系，建立了潜在铀储层的露头地质格架模型。

第一节　沉积界面识别与级别划分

利用不同规模的沉积界面，可将一套河流及河流三角洲形成的砂体划分成一系列的三维岩石单元——内部结构单元。由此看出，沉积界面的识别和划分是精细解剖砂体内部结构的重要方法和首要任务。借助于前文已述及的砂体内部沉积界面的划分原则，通过对石湾镇露头区典型建模剖面沉积学特征的野外观察和追踪对比，划分了5种级别的沉积界面类型，并总结了各自的沉积特征。

一、典型建模剖面的沉积学特征

石湾镇露头区直罗组下段下亚段水下辫状分流河道典型建模剖面显示其为一套分布稳定的黄色、黄绿色及灰色细—中粒砂岩，厚度一般为15～25m，具有极大的宽厚比，底部与下伏延安组呈不整合接触（图9-1a、c）。砂体内部发育槽状、板状交错层理、块状构造以及水平层理等，并含有较多暗色泥砾、植物碎屑以及黄铁矿结核等滞留沉积物，界面处冲刷特征显著。该水下分流河道底部砂体的岩性较粗，沉积厚度大，槽状交错层理和块状构造发育（图9-1b），中上部岩性以极细—细砂岩为主，交错层理规模变小，顶部沉积具小型水流波痕纹理的薄层状粉砂岩与泥岩互层。另外，对直罗组下段下亚段砂体的野外追踪显示，砂体厚度向东逐渐减薄并尖灭，取而代之的是河口坝与前缘泥互层的出现、增多和变厚（图8-7、图8-4、图9-1c），证实该砂体为三角洲前缘的水下分流河道沉积。

二、沉积界面级别划分与主要特征

通过对石湾镇露头区直罗组下段下亚段水下辫状分流河道砂体内部沉积界面的详细野外观察和追踪对比，识别并划分了5种级别的沉积界面类型，其特征及含义总结如下。

图 9-1　露头区辫状河三角洲前缘沉积特征，J_2z^{1-1}，石湾镇

a.砂体区域分布稳定且冲刷下伏延安组顶部细粒沉积物；b.砂体底部发育中—大型槽状交错层理，并在垂向上显示为正韵律沉积；c.典型相变沉积剖面

第 5 级界面为对应于限定水下辫状分流河道充填复合体边界的最高级别的重要侵蚀界面。该界面主要位于直罗组下段下亚段砂体的底部（图 9-2a），呈不规则起伏状，局部具有明显的下蚀特征，其横向上可延伸几千米远，由此推测该复合河道的边界相对平缓。

第 4 级界面是砂体中最易于识别且特征明显的高级别侵蚀界面。该界面呈不规则、轻微上凹或下凸状展布，界面之上常以覆盖有厚度不等的滞留沉积物为识别标志（图 9-2b），其横向延伸可达几十到几百米远。该界面是砂体内部高级别构成单元如河道单元的边界面，标志着新的河流沉积旋回的开始，即体现了一次相对连续的河道强化事件的发生、发展和消亡过程。

第 3 级界面呈线性展布，仅局部具侵蚀特征。该级别沉积界面可细分为两类：一类是限定砂体内部大底形沉积单元的边界面，界面之上可见一定厚度的特征滞留沉积物（图 9-2c）；另一类为大底形单元内部的活化面，相当于 Miall（1988，1996）提出的"增生面"，与河道径流过程中活跃砂坝的生长密切相关。

第 2 级和第 1 级界面分别是交错层系组及交错层系的边界面（图 9-2d）。其中，第 2 级界面为限定中底形沉积单元的边界面，暗示了水流动条件的变化或流动方向的改变，但无明显沉积间断且位于该界面上、下的岩性相类型不同。

第二节　内部构成单元及其沉积学特征

根据石湾镇典型露头剖面水下辫状分流河道砂体内部沉积界面、岩性相组合的野外观察、追踪以及识别划分，并结合古水流的实测信息（图 9-3），在砂体内部识别和划分了 9 种构成单元，每个单元都具有独立的外部三维几何形态、岩性相组成以及迁移特征（图 9-4、图 9-5）。

图 9-2　水下辫状分流河道内部不同级别沉积界面典型实例，J_2z^{1-1}，石湾镇

①第 1 级界面；②第 2 级界面；③第 3 级界面；④第 4 级界面；⑤第 5 级界面

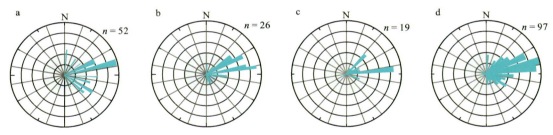

图 9-3　水下辫状分流河道砂体的古水流玫瑰花图，J_2z^{1-1}，石湾镇

a～c. 分别为 PM-01、PM-02 和 PM-03 剖面古水流实测；d. 全部古水流实测数据汇总

露头区砂体及上述砂体内部的构成单元由高到低划分为 6 个级别：①复合河道级别（盆地尺度，几十米到几百千米）——大规模骨架砂体；②河道级别（区域尺度，几米到十几千米）——单一分流河道或小型河道；③河道内部（露头尺度，几百米到几千米）——河道单元及与之同级别的河道废弃沉积单元；④河道单元内部——大底形沉积单元（迁移砂坝）；⑤中底形沉积单元（沙丘复合体）；⑥小底形沉积单元（单一沙丘或河道充填沉积）。现将露头区河道砂体内部主要构成单元特征详述如下。

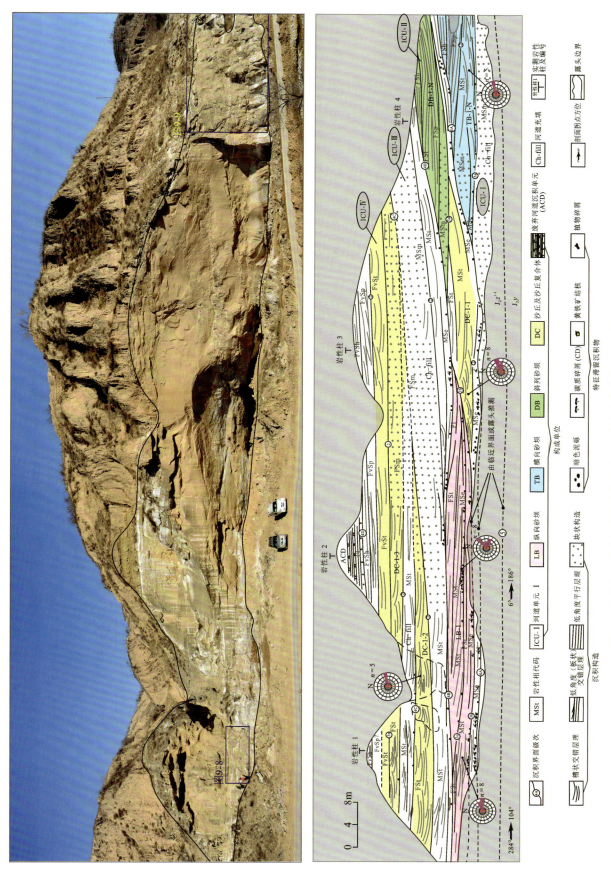

图9-4 典型水下辫状分流河道砂体的内部构成单元结构图，J_2z^{1-1}，石湾镇（PM-01）

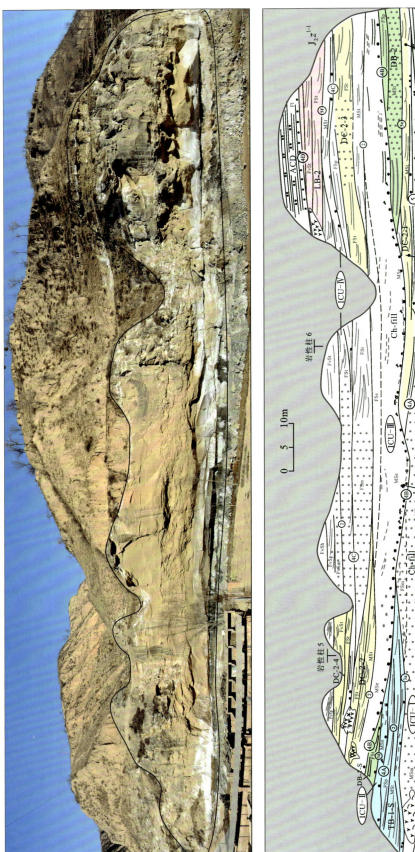

图9-5 典型水下辫状分流河道砂体的内部构成单元成因结构图，J_2z^{1-1}，石湾镇（PM-02）

注：PM-01与PM-02为相邻剖面。

一、河道单元(ICU)及其充填演化特征

河道单元(ICU)是露头砂体内部最高级别的构成单元,其顶底部由不规则的第5级或第4级界面所限定。这些高级别界面具有侵蚀性,局部的下切深度可达1m。据此,将复合水下辫状分流河道砂体划分为垂向上彼此叠置的4个河道单元,依次编号为ICU-Ⅰ、ICU-Ⅱ、ICU-Ⅲ和ICU-Ⅳ。这些河道单元的外部几何形态多呈板状、透镜状或带状,并由特定的岩性相组成,且具有明显的旋回性。此外,受露头出露情况的制约,这些河道单元在横向上的暴露宽度变化于266.8~312.2m,而平均厚度变化于3.4~8.6m(表9-1、表9-2)。由于这些河道单元所隶属的水下分流河道具有非常大的宽度,致使其边界的倾角非常小,故难以确定完整的河道单元的宽度。

ICU-Ⅰ位于露头砂体的最底部,其底界面为第5级沉积界面,界面之下为延安组含煤岩系地层,顶界面为第4级侵蚀界面(图9-4、图9-5),界面之上覆盖特征的滞留沉积物(MSe)。受界面的限定,该单元宏观形态呈透镜状,横向延伸宽约267m,厚度变化为3.2~9.7m,平均厚约6.0m。该单元内部岩性相对较粗,底部以具槽状交错层理、块状构造和内碎屑的中砂岩(MSt、MSm和MSe)为主(图9-6),向上渐变为具块状构造、板状交错层理和平行层理的细砂(FSm、FSp和FSh),在垂向上构成一个相对完整的下粗上细的正韵律沉积旋回。

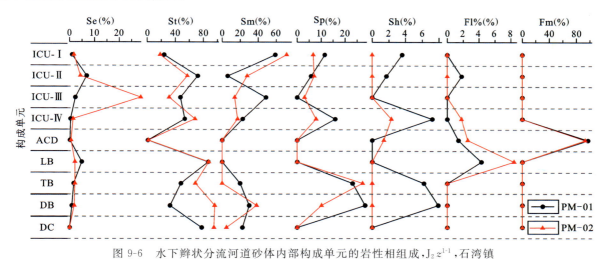

图9-6 水下辫状分流河道砂体内部构成单元的岩性相组成,J_2z^{1-1},石湾镇

ICU-Ⅱ位于露头砂体的中下部,由顶底的两条第4级侵蚀边界面所限定,呈长条板状展布。在PM-02露头砂体中,该单元被具有极强冲刷能力的上覆河道单元ICU-Ⅲ截断为两部分(图9-5)。该河道单元的平均厚度相对最小,仅为4.1m,但是其内部含有较多高级别的内冲刷面,且岩性相类型多样,主要类型为MSt和MSe,两者平均占比分别高达49.3%和10.2%(表9-1、表9-2),其次为MSm、FSt和FSp,FSh和Fl占比最低。上述岩性相在垂向上可构成以内冲刷面为底界、向上变细的多个正韵律沉积旋回组合,表明该单元内部多个次一级构成单元的存在。

ICU-Ⅲ位于露头砂体的中上部,呈下凸顶平的似透镜状形态展布,其底部的第4级边界面具有较强的侵蚀能力,局部可冲刷下切至河道单元ICU-Ⅰ,下切深度高达2~4m,宽约28m(4B,图9-5),而顶部界面的侵蚀能力则明显变小。该单元内部砂岩中主要层理类型相对单调,以槽状交错层理和块状构造为主,岩性相主要为St、Sm和Se,三者平均占比分别高达39.3%、31.3%和24.3%(表9-1、表9-2),并以中砂岩为主,其次为FSt、FSm以及FSp。岩性相Se在砂体中的不均一分布特征明显,如在PM-02

表 9-1 水下辫状分流河道砂体内部构成单元的参数统计表,J_2z^{1-1},石湾镇(PM-01)

构成单元	占比(%)	宽度(m)	厚度变化(m)/平均厚度(m)	内部构成单元岩性相组成(%)													
				Se			St			Sm			Sp			Sh			Fl	Fm
				MSeg	MSec	MSt	FSt	FvSt	MSm	FSm	FSp	FvSp	FSh	FvSh		
ICU-I	11.8	125.5	(3.8~8.7)/5.8	1.8	0.1	24.1	0	0	58.9	0	11.5	0	3.6	0	0	0
ICU-II	26.6	140.5	(3.9~5.5)/4.7	8.3	4.1	48.7	23.5	0	6.1	0	5.8	0	1.7	0	1.8	0
ICU-III	31.7	122.1	(4.8~6.8)/5.9	3.3	0.9	30.8	16.4	0	31.3	17.3	0	0	0	0	0	0
ICU-IV	28.3	105.7	(7.8~7.9)/7.8	0.7	0	14.4	12.5	26.6	5.5	17.2	0	15.9	0	7.2	0	0
ACD	1.7	>70.3	>4.0	0.3	0	0	0	1.1	0	0	0	0	0	0	1.4	97.2
LB-1	11.3	82.8	(2.6~4.1)/3.4	7.1	1.7	56.1	30.8	0	0	0	0	0	0	0	4.3	0
TB-1-N	6.3	38.1	(2.9~5.7)/4.3	2.8	0.2	47.9	0	0	19.8	0	23.1	0	6.2	0	0	0
DB-1-N	5.6	48.0	(2.6~4.1)/3.3	1.6	0	0	32.4	0	29.8	0	28.3	0	7.9	0	0	0
DC-1-1	5.5	43.0	(1.4~4.1)/2.7	0	0	100.0	0	0	0	0	0	0	0	0	0	0
DC-1-2	5.9	64.2	(1.7~3.1)/2.4	0	0	0	87.8	0	0	12.2	0	0	0	0	0	0
DC-1-3	15.1	98.92	(2.8~4.5)/3.9	0	0	0	21.9	45.5	0	32.6	0	0	0	0	0	0

注:ICU.河道单元;LB.纵向砂坝;TB.横向砂坝;DB.斜列砂坝;DC.沙丘复合体;ACD.废弃分流河道。

表 9-2 水下辫状分流河道砂体内部构成单元的参数统计表,J_2z^{1-1},石湾镇(PM-02)

构成单元	占比(%)	宽度(m)	厚度变化(m)/平均厚度(m)	内部构成单元岩性相组成(%)															
				Se			St			Sm			Sp		Sh		Fl	Fm
				MSeg	MSec	FSe	MSt	FSt	FvSt	MSm	FSm	Sm	FSp	FvSp	FSh	FvSh		
ICU-I	17.9	101.3	(3.2~9.7)/6.1	3.0	0.2	0	18.6	0	0	64.2	7.3		6.7	0	0	0	0	0
ICU-II	12.5	125.8	(1.8~5.3)/3.4	6.8	1.1	0	49.8	7.5	0	27.7	0		7.1	0	0	0	0	0
ICU-III	47.1	150.1	(4.4~11.3)/8.6	40.8	3.6	7.3	10.8	20.5	0	0	13.9		3.1	0	0	0	0	0
ICU-IV	18.9	143.1	(5.1~6.6)/5.8	1.4	0.4	0.8	10.0	32.4	25.9	0	17.1		0	7.9	0	2.3	1.8	0
ACD	3.6	>120.0	>4.3	1.1	0	0	0	0	1.8	0	0		0	0	0	1.4	2.6	93.1
LB-2	4.3	39.7	(1.5~4.6)/2.9	0	0.7	3.2	0	57.1	30.6	0	0		0	0	0	0	8.4	0
TB-1-S	6.1	54.1	(2.4~5.9)/4.2	3.3	0.6	0	68.8	0	0	0	0		27.3	0	0	0	0	0
DB-1-S	1.9	15.7	(1.1~2.1)/1.7	3.4	0.4	0	51.4	44.8	0	0	0		0	0	0	0	0	0
DB-2	4.5	44.4	(2.2~3.9)/3.0	1.7	1.3	0	0	0	0	76.6	0		20.4	0	0	0	0	0
DC-2-1	3.0	79.2	(0.9~1.6)/1.2	0	0	0	100.0	0	0	0	0			0	0	0	0	0
DC-2-2	3.1	49.3	(0.8~3.2)/2.2	0	0	0	56.2	43.8	0	0	0		0	0	0	0	0	0
DC-2-3	7.5	79.3	(2.6~3.6)/3.2	0	0	0	0	80.3	0	0	19.7		0	0	0	0	0	0
DC-2-4	1.6	26.2	(1.5~3.2)/2.3	0	0	0	49.0	0	51.0	0	0		0	0	0	0	0	0

注:ICU,河道单元;LB,纵向砂坝;TB,横向砂坝;DB,斜列砂坝;DC,沙丘复合体;ACD,废弃分流河道。

露头中所占比例高达26.4%,而在PM-01露头中的占比仅为5.1%。另外,上述岩性相组合在垂向上亦构成了一个较为完整的正韵律沉积旋回。

ICU-Ⅳ位于露头砂体的顶部,其顶底为第4级不规则或具弱侵蚀的边界面,呈带状展布。该单元内部砂岩的粒度较其他单元显著变细,层理以小—中规模的槽状、板状交错层理以及块状构造为主,主要岩性相类型为FvSt、FSt、FSm和FvSp,其次为MSt、FvSh和Fl(图9-6)。结合砂体中沉积构造类型和第2级界面的识别,在该单元内部可识别出一个总体向上变细的正韵律沉积旋回。

上述垂向上相互叠置的河道单元的边界由河道内部最高级别的沉积界面所限定,是该水下分流河道砂体内部最高级别的构成单元。该构成单元具有一定的三维几何形态和特定的内部岩性相组合,且在垂向上构成了一系列的正韵律沉积旋回。一个完整的河道单元沉积旋回自底到顶,依次为含泥砾的中砂岩(MSe)→具槽状交错层理或块状构造的细—中砂岩(MSt或MSm)→具槽状、板状或平行层理的极细—细砂岩(FSt、FSp或FSh)→具水平层理的粉砂岩(Fl),粒度逐渐减小,层理构造类型变单调且规模变小。

根据以上这些沉积物和沉积构造在垂向上的变化规律,加之河道单元底部存在大量以泥砾、碳质碎屑、植物茎干等内碎屑为典型特征的滞留沉积,表明了水动力条件由强变弱的演化过程,是对一次相对连续的河道强化事件的完整记录。另外,随着时间的推移,上述各河道单元的古水动力相继由强渐弱,而随着沉积充填的不断积聚,垂向上则表现为多个河道单元依次叠置。

二、废弃河道及其充填演化特征

废弃河道沉积(ACD)仅出现于河道砂体的顶部,其底部为第4级不规则或侵蚀界面,受植被和浮土覆盖的影响,顶界面没有出露。该沉积单元外观呈条带状或层状展布,横向延伸宽度大于300m,厚度大于4m,主要由灰色、深灰色泥岩,灰黄绿色、灰色极细—粉砂岩及灰色泥质粉砂岩(Fl)组成。泥岩中可见黄褐色铁质结核,最大直径可达10cm(图9-7),粉砂岩中发育水平层理。在该单元内部,局部发育有相互叠置的小规模透镜状砂体,底部为具槽状交错层理的极细—细砂岩(FvSt、FSt),向上变为具平行层理的极细砂岩或粉砂岩(FvSh或Fl)。

该单元以细粒沉积物为主,且只发育于河道砂体的顶部,表明其形成于河道废弃时期,整个沉积过程以大范围的悬浮沉积为主。另外,一些相互叠置的透镜状砂体中存在的轻微侵蚀界面以及向上变细的正韵律沉积序列,表明在河道废弃时期仍伴有不连续且短暂的决口事件发生。这些决口事件可能是小范围内非河道化卸载及随后与非河道化片流作用有关的水流流速和能量下降综合作用的结果(Walling and He,1998;Fisher et al,2007)。

三、迁移砂坝及其沉积学特征

在河道单元内部,发育有若干第3级沉积界面,受其限定的沉积单元亦具有独特的三维几何形态和岩性相组合,这表明河道单元内部仍包含有次一级的构成单元。因此,在上述对河道单元内部高级别冲刷界面识别和划分的基础上,通过详细描述砂体内部的岩性相组合及沉积序列,并结合对古流向的测量,在河道单元内部进一步识别出了包括纵向砂坝(LB)、横向砂坝(TB)以及斜列砂坝(DB)在内的3种主要的迁移砂坝(大底形)。

图 9-7　水下辫状分流河道砂体顶部废弃河道沉积（ACD）写实素描图，J_2z^{1-1}，石湾镇（PM-02）

1. 纵向砂坝（LB）

该砂坝类型是河道单元内部的大底形沉积单元，其底界面为第 3 级不规则侵蚀边界面，顶界面为平坦或略微上凸的第 4 级边界面，宏观形态呈透镜状（图 9-4、图 9-5）。其中，LB-1 横向出露宽度约 82.8m，厚度为 2.6～4.1m，平均厚约 3.4m；LB-2 出露相对不全，宽度约 39.7m，厚度为 1.5～4.6m，平均厚约 2.9m（图 9-5，表 9-1、表 9-2）。图 9-8 为一个典型纵向砂坝的局部放大写实图。该砂坝内部岩性相主要为 MSt，约占该单元厚度的 70%，底部为具内碎屑泥砾和不清晰交错层理的中砂岩（MSe），向上过渡为槽状或低角度交错层理的细—中粒砂岩（MSt 和 FSt），在局部可见残留的具水平层理的粉砂岩（Fl），从而构成了一个相对完整的正粒序沉积旋回。特别地，该单元内部大部分交错层理的层系组侵蚀界面或者内冲刷面（如 LB，图 9-4）的倾向都与实测的优势古水流方向近似平行或一致（两者夹角小于 40°）。

该构成单元由底平上凸的边界面所限定，内部由具倾斜交错层系组界面的岩性相及其在横向和垂向上的排列组合而成。这些交错层系组界面总体倾向与古流向近似平行，表明该单元大致沿着古水流方向生长，顺流前积特征显著，这与 Hjellbakk（1997）提出的"具顺流倾向的交错层系单元"和 Allen（1983）提到的"顺流砂坝复合体"相类似，为纵向砂坝。该砂坝的沉积物粒度相对较粗，并发育有内冲刷面，界面上覆盖有大量的泥砾、碳质碎屑和植物茎秆等内碎屑，具有滞留沉积色彩。以内部冲刷面为底界，在垂向上可构成由多个正粒序组成的韵律沉积，反映了该砂坝形成、活跃于河水径流时期的强水动力阶段，且其生长具有周期性。另外，砂坝顶部保存的岩性相 Fl 则记录了该砂坝演化末期水动力能量的明显下降和砂坝增生的逐步停滞。

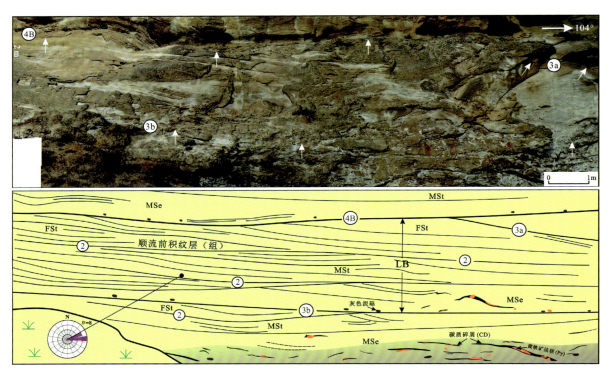

图 9-8　水下辫状分流河道砂体纵向砂坝（LB）的写实素描图，J_2z^{1-1}，石湾镇（PM-01）

2. 横向砂坝（TB）

该大底形单元横向上宽约 132.2m，厚 2.4～5.9m，平均厚约 4.3m，其顶部的第 4 级界面向上凸起，底界相对平坦，宏观形态呈透镜状。该单元出露较完整，如图 9-4 和图 9-5 所示，LB1-N 和 LB1-S 属于同一个横向砂坝，其中部被浮土和植被覆盖（宽约 40m）。与实测平均古流向近似垂直的典型横向砂坝的素描显示，该单元底界为第 3 级侵蚀界面，相比于纵向砂坝，该界面上的滞留沉积物相对要少，以泥砾为主，其次见少量植物茎秆（图 9-9）。底部为具不清晰交错层理和泥砾的中砂岩（MSe）及具槽状交错层理的中砂岩（MSt），向上变为板状交错层理和平行层理的细砂岩性相组合（FSp 和 FSh），尽管局部被上覆河道单元所冲刷，但总体仍保存并显示了向上变细的正粒序沉积。其中，岩性相 MSt 和 FSp 构成了该砂坝的主体，二者占比高达 84%。

该类砂坝具有底平上凸的几何形态,且砂岩中板状交错层理的前积层具有较为一致的倾向,这使得该大底形沉积单元与顺流迁移生长的舌形坝或横向坝(Smith,1971;Ghazi and Mountney,2009)十分类似。但是,相较于纵向砂坝或斜列砂坝,该单元内部倾斜的交错层理的发育规模并不占优势,且内部岩性相组合在垂向上具有较大堆积规模(最厚约6m,横向延伸超过20m,亦即垂向加积作用显著),这些特征都支持该单元应为横向砂坝。另外,该砂坝底部滞留沉积并不发育,底界面的侵蚀性较弱,这说明该砂坝形成发育时期的水流能量相对平稳,才使得长轴垂直于水流方向的坝体在增生过程中能够得以生长和保存。此外,个别层系组界面(第2级界面)处具有轻微侵蚀特征,这可能与水流流动速率和水流方向的轻微波动有关。

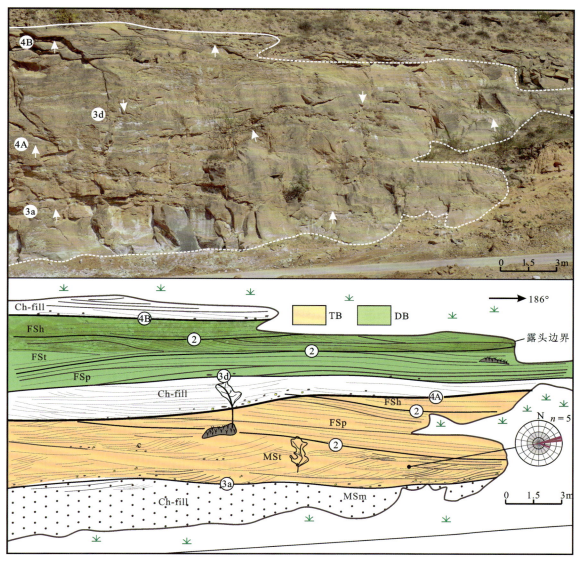

图9-9 水下辫状分流河道砂体横向砂坝(TB)和斜列砂坝(DB)写实素描图,J_2z^{1-1},石湾镇(PM-01)

3. 斜列砂坝(DB)

该大底形单元的底界为第3级不规则或弱侵蚀界面,顶部为平坦的第4级边界面,受二者限定,其宏观形态呈板状或透镜状。该单元的岩性相主要包括具板状交错层理或槽状交错层理的细砂岩(FSp、

FSt)和具块状构造的中砂岩（MSm），其次为具平行层理的细砂岩（FSh）和具不明显交错层理的中砂岩（MSe）。该砂坝的精细写实剖面如图9-9所示，岩性相在垂向上的组合为：底部岩性相为MSe，占比很少，往剖面以北，横向上过渡为MSm，其占比约29.8%（DB, 图9-4）；向上，为岩性相组合FSp和FSt，二者占比高达44%；而顶部岩性相为FSh。另外，该单元内部交错层理面及层序组界面的倾角相对平缓，但局部也发育一些高级别的倾斜层理面，并与下伏交错层以一个较大的角度相交。

该单元内部砂岩的交错层理具有较为一致的倾斜面，而这些增生层理面往往反映了砂坝的迁移特征。古水流数据与砂坝增生有关信息的结合，可以重建砂坝的类型（Dalrymple and Rhodes, 1995; Mclaurin and Steel, 2007）。尽管从该单元内部并不能寻找到足够多的砂坝增生面，但是通过对一些层系组边界面的测量，发现其倾向与实测的区域古流向之间的夹角大于60°，这表明该砂坝主要经历了侧向生长。已有研究发现，退水期阶段的流动条件能够促使这类底形的边缘侧向增生（Allen, 1983; Wakefield et al, 2015）。另外，岩性相Sh、St、Sp在沉积序列上的这种变化（包括流体流动速率由低流态向高流态转变），可能是由砂坝生长时期水流深度或速率的改变引起的，而这两者又与河水流量的变化密切相关。

四、沙丘复合体及其沉积学特征

沙丘复合体（DC）为中底形沉积单元，被第2级沉积界面限定其底界和级别，是由多组具槽状交错层理的岩性相或交错层理与块状构造的岩性相组合堆叠而成，呈板状或层状广泛分布于露头砂体中（DC, 图9-4、图9-5）。这些沉积单元通常位于河道砂体内部一个正粒序沉积旋回的上部或下部。由复合槽状交错层系组叠合而成的呈层状展布的沉积单元，其横向延伸宽度为26.2~98.9m，厚0.8~4.5m，平均厚约2.5m，其中单个交错层系组的宽度为2~8m，厚0.2~0.5m。个别单元内部，在垂向上可观察到交错层系组厚度具有向上递减的变化，如底部层系组厚为0.3~0.5m，向上规模逐渐变小，至顶部层系组厚度减小至不足0.2m。

该类型沉积单元是由多个沙丘联合所形成的沙丘复合体，这些沙丘发育于宽阔而平坦的河床之上。该沙丘复合体与Miall（1985）提到的"砂质底形单元"以及Jo（2001）所识别的"槽状交错层系组单元"类似。另外，与上述迁移砂坝单元相比，沙丘复合体中的层理缺乏倾斜面，这表明该单元的沉积主要是通过垂向加积作用积聚而成。

第三节 沉积作用过程与河道砂体成因分析

碎屑岩的粒度分布是衡量搬运营力的度量尺度和判别沉积环境及水动力条件的良好标志（袁静等，2003）。其中，C-M图及概率累计曲线等相关图解是开展古水动力和沉积环境研究的一个关键手段。C-M图反映了作图单元沉积时流动状态的基本特征和沉积过程的总面貌。概率曲线则更为灵敏地反映了取样点的水动力条件（郑浚茂等，1980；朱筱敏等，2008）。据此，本节通过对PM-01露头砂体系统采集的62件砂岩样品进行的粒度分析，得到了相应的粒度参数，并绘制了砂岩的C-M图及粒度概率累计曲线等相关图解。

一、粒度参数特征及 C-M 图解

露头砂岩粒度的统计结果表明,石湾镇露头区直罗组下段下亚段砂岩的平均粒径范围在 1.62～3.36 之间,以细—中砂岩为主(表 9-3)。在垂向上,露头下部 ICU-Ⅰ 和 ICU-Ⅱ 的平均粒径变化范围小于砂体上部,且由底部向上,砂岩粒径数值逐渐增大(图 9-10),表明粒度总体向上变细,这与野外露头的岩性观察结果相符;标准偏差和分选系数表明 ICU-Ⅰ 和 ICU-Ⅱ 的砂岩颗粒处于较弱的分散状态,分选为中等—较好。砂体上部的 ICU-Ⅲ 和 ICU-Ⅳ 的砂岩粒度分布相对集中,分选较好。偏度和峰度在垂向上的变化性相对不明显,除底部砂岩颗粒的对称性略差于上部外,砂岩颗粒总体为近于对称的近正态分布。

表 9-3 水下辫状分流河道砂岩的主要粒度参数,J_2z^{1-1},石湾镇

构成单元	样品编号	平均粒度 M_Z	标准偏差 σ	偏度 S_K	峰度 S_G	分选系数 S_o	样品编号	平均粒度 M_Z	标准偏差 σ	偏度 S_K	峰度 S_G	分选系数 S_o
ICU-Ⅰ	P01-F-01	1.82	0.46	−0.02	1.03	0.72	S32	2.06	0.41	−0.17	1.07	0.77
	S02	2.65	0.55	0.01	1.01	0.76	S33	1.88	0.42	0.03	1.00	0.73
	S24	1.93	0.35	−0.10	1.06	0.79	ZK-09	2.13	0.36	0.01	0.94	0.79
	S26	1.89	0.26	−0.13	0.95	0.82	ZK-20	1.89	0.39	−0.03	1.01	0.75
	S27	1.89	0.39	−0.05	1.03	0.76	ZK-24	1.92	0.43	−0.12	1.05	0.74
	S28	1.87	0.48	0.01	1.10	0.72	ZK-27	2.50	0.32	−0.10	1.04	0.85
	S29	2.80	0.56	0.02	1.00	0.76	ZK-29	2.51	0.37	−0.15	0.95	0.81
ICU-Ⅱ	S03	1.98	0.45	0.04	0.91	0.71	S30	1.99	0.37	−0.01	1.02	0.77
	S05	1.83	0.47	0.04	1.19	0.74	S31	1.92	0.33	0.02	1.06	0.79
	S06	1.98	0.38	0.04	0.97	0.76	ZK-11	2.02	0.40	−0.05	1.03	0.77
	S08	2.23	0.37	−0.02	0.96	0.79	ZK-12	2.01	0.46	−0.10	1.09	0.75
	S10	2.03	0.47	0.06	0.98	0.72	ZK-16	1.71	0.41	0.08	1.03	0.73
	S12	1.89	0.55	0.07	1.01	0.67	ZK-18	1.82	0.38	0.03	1.13	0.77
	S13	2.15	0.56	−0.20	0.88	0.68	ZK-21	1.93	0.41	0.03	0.92	0.73
	S14	2.71	0.73	0.07	0.92	0.68	ZK-31	2.23	0.29	−0.01	0.96	0.83
	S15	2.01	0.49	0.15	0.94	0.70	ZK-33	1.76	0.35	−0.10	0.85	0.74
	S17	1.65	0.50	0.20	1.01	0.67	ZK-35	2.29	0.40	−0.07	1.01	0.79
	S18	2.09	0.33	−0.07	0.95	0.80	ZK-43	1.64	0.44	0.11	1.11	0.71
	S19	1.92	0.60	0.28	1.02	0.65	ZK-44	2.16	0.38	−0.01	0.95	0.78
	S21	1.82	0.35	−0.04	1.18	0.79	ZK-64	2.04	0.43	−0.04	0.95	0.75
	S22	2.31	0.41	−0.08	0.89	0.77	ZK-65	1.62	0.47	0.00	0.94	0.66
	S25	1.85	0.36	0.04	1.06	0.77						

续表 9-3

构成单元	样品编号	平均粒度 M_Z	标准偏差 σ	偏度 S_K	峰度 S_G	分选系数 S_o	样品编号	平均粒度 M_Z	标准偏差 σ	偏度 S_K	峰度 S_G	分选系数 S_o
ICU-Ⅲ	P01-A-02	2.22	0.40	0.02	0.90	0.77	ZK-41	2.46	0.30	−0.03	1.00	0.84
	P01-A-03	2.10	0.37	0.06	1.08	0.80	ZK-42	2.45	0.29	−0.05	0.98	0.85
	P01-A-06	1.72	0.45	−0.07	0.88	0.68	ZK-46	2.36	0.42	−0.04	1.00	0.79
	S34	3.36	0.38	0.08	1.11	0.87	ZK-48	2.27	0.42	−0.03	1.08	0.79
	ZK-37	2.27	0.38	−0.09	1.02	0.80	ZK-49	2.28	0.40	0.01	1.00	0.79
	ZK-39	2.36	0.33	−0.06	0.91	0.81	ZK-51	2.09	0.34	−0.02	1.04	0.80
ICU-Ⅳ	P01-B-01	2.23	0.42	−0.05	0.94	0.77	ZK-52	1.94	0.46	0.02	0.97	0.72
	P01-B-02	3.10	0.42	−0.01	1.09	0.85	ZK-56	1.71	0.42	0.04	0.96	0.70
	S35	2.20	0.37	0.08	0.99	0.80	ZK-57	2.12	0.32	−0.09	0.97	0.81
	S36	3.10	0.50	0.06	0.87	0.79						

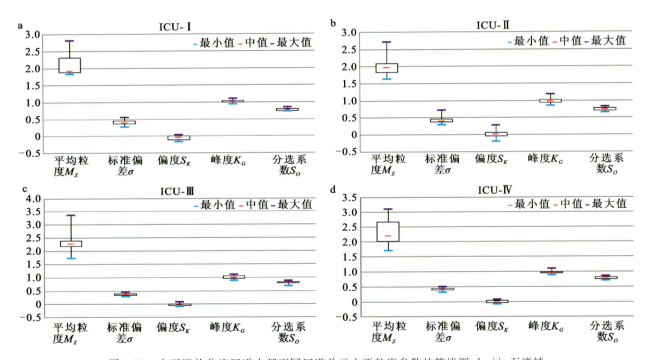

图 9-10 水下辫状分流河道内部不同河道单元主要粒度参数的箱线图，J_2z^{1-1}，石湾镇

Mason 和 Folk(1958)、Friedman(1961，1979)研究认为标准偏差、峰度和偏度的散点图能明显地将河砂、海滩砂和湖滩砂区别开来，而河砂的特点是多为正偏度。本次研究结果表明，露头砂体内部各河道单元砂岩峰度和偏度的分布相对集中，峰度集中分布于 0.9~1.1，峰值中等，近正态分布(图 9-11a、b)；而偏度的分布并不完全对称且略微有些负偏(图 9-11a、c)，对此需要进一步结合 C-M 图来解释。如图 9-11d 所示，露头砂岩大部分样品都落于牵引流作图区域，主要位于 PQ 和 QR 段，而 QR 段相对更为发育。在 QR 段，C 值和 M 值为呈比例的增加，表明总体以递变悬浮搬运为主，其次为少量滚动搬运，缺失均匀悬浮搬运，符合三角洲沉积环境的水动力特征。另外，最大扰动指数 C_s 值位于

200~300μm之间,表明水流具备较强的起动能力,再结合野外区域沉积体系的调查,确认该套砂岩应为水下辫状分流河道沉积。正是由于受到水下河流与湖水的双重扰动,可能造成了砂岩粒度的偏度略呈负偏。

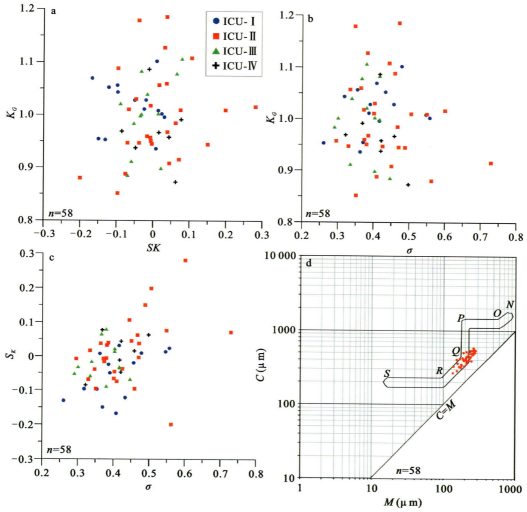

图 9-11　水下辫状分流河道砂岩粒度参数特征,J_2z^{1-1},石湾镇
a. K_G-S_K 散点图;b. K_G-σ 散点图;c. S_K-σ 散点图;d. C-M 图

二、砂岩粒度概率累计曲线特征

砂岩粒度概率累计曲线所反映出的滚动、跳跃和悬浮 3 个次总体含量,T、S 截点可作为推断古流体的相对流速与水流动能大小及其变化的依据(杨飞等,2013;鄢朝,2015)。在野外露头剖面精细解剖的基础上,对所取得的砂岩样品进行了粒度分析和统计,并绘制了各个样品的粒度概率累计曲线图。石湾镇露头区直罗组下段下亚段砂岩的粒度概率累计曲线类型复杂多样,基于 Visher(1969)关于"概率图上的直线段与特定的搬运方式相对应"的认识,同时结合野外露头观察结果,依据粒度概率累计曲线的形态(如直线段数目、跨度、斜率等)将其分为三大类(两段式、三段式和多段式)和相应的 5 个细分亚类(表 9-4),并分析了各类曲线的组成特点与其所反映的沉积环境和古水动力信息。

表 9-4　水下辫状分流河道砂岩粒度概率累计曲线参数统计，J_2z^{1-1}，石湾镇

构成单元	概率累计曲线类型	样品数(个)	滚动总体(%)	跳跃总体(%)	悬浮总体(%)
ICU-Ⅰ	"跳跃-悬浮"两段式	5	—	82~98.5	1.5~18
	"双跳"两段式	3	—	100	0
	"两跳一悬"三段式	4	—	72~99.4	0.6~28
	多段式	1	0.7	97.1	2.2
ICU-Ⅱ	"跳跃-悬浮"两段式	8	—	84~93	7~16
	"双跳"两段式	6	—	100	0
	"两跳一悬"三段式	8	—	86~97.5	2.5~14
	典型三段式	3	0.3~1.5	84.7~95.2	4~15
	多段式	2	5~8	80~90	5~12
ICU-Ⅲ	"跳跃-悬浮"两段式	5	—	80~95.7	4.3~20
	"双跳"两段式	3	—	100	0
	"两跳一悬"三段式	4	—	84~99.1	0.9~16
ICU-Ⅳ	"跳跃-悬浮"两段式	3	—	27~32	68~73
	"两跳一悬"三段式	3	—	52~97.5	2.5~48

1. 两段式

该类型粒度概率累计曲线根据次总体组成进一步划分为"跳跃-悬浮"两段式和"双跳"两段式（图 9-12a、b）。前者粒度概率累计曲线仅由跳跃和悬浮两个次总体组成，缺乏滚动次总体。在 ICU-Ⅰ、ICU-Ⅱ 和 ICU-Ⅲ 砂岩的概率累计曲线中，跳跃次总体为主要组成，含量为 80%~98.5%，斜率 56°~61°，分选中等—好；悬浮次总体的含量为 1.5%~20%，斜率 45°~66°，悬浮次总体与跳跃次总体的分界点在 2.5φ~3.1φ 之间。在 ICU-Ⅳ 中，悬浮次总体的含量占据主导，为 68%~73%，斜率 47°~58°，分选中等，与跳跃次总体的分界点在 2.6φ~3.3φ 之间。"双跳"两段式则主要出现于 ICU-Ⅰ、ICU-Ⅱ 和 ICU-Ⅲ 的砂岩中，仅由跳跃次总体组成，常分为两段，下段斜率较低，分选略差，两段分界点在 1φ~2φ 之间。

露头砂岩的两段式粒度概率累计曲线占比为 36%，主要由跳跃和悬浮两段组成，且以跳跃为主，构成了河床沉积物的主体，代表了水动力较强且动荡的水下分流河道沉积环境。其中，具有较大斜率段的"双跳"两段式分布可能是受到了水下古流能量和流体流动状态的变化所致。另外，次总体组成在垂向上的变化（如在砂体顶部，悬浮次总体占优），反映了水下分流河道砂岩沉积晚期古水流搅动能力有所增强但水动力能量渐弱的动态变化过程，即由河床下部沉积渐变为砂坝沉积。

2. 三段式和多段式

三段式粒度概率累计曲线进一步分为"两跳一悬"三段式和典型三段式（图 9-12c）。"两跳一悬"三段式的粒度概率累计曲线由 3 段组成，跳跃次总体含量为 52%~99.4%，其中下段斜率较缓（34°~45°），上段斜率陡（51°~66°），分选好；悬浮次总体与跳跃次总体的分界点在 3φ~4φ 之间，且悬浮段分选中等。典型三段式曲线包括滚动、跳跃和悬浮 3 个次总体，滚动次总体含量很低，仅为 0.3%~1.5%，斜率平缓（18°~37°），分选相对差；跳跃次总体为主要组成，含量为 84.7%~95.2%，斜率为 53°~57°，分选中等—好，跳跃与滚动段的分界点在 0.6φ~1.3φ 之间；悬浮组分含量为 4%~15%，斜率为 43°~64°，与跳跃段的分界点在 2.5φ~3.5φ 之间。

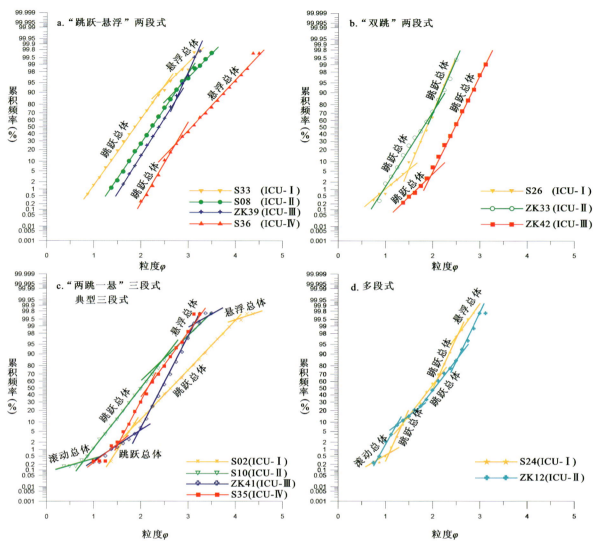

图 9-12 水下辫状分流河道砂岩的粒度概率累计曲线图，J_2z^{1-1}，石湾镇

多段式粒度概率累计曲线主要出现于砂体下部的 ICU-Ⅱ中，包括滚动、跳跃和悬浮 3 种次总体（图9-12d），其中跳跃次总体由两段组成，含量最高，为 80%～90%，斜率较陡；其次为悬浮次总体，含量为 5%～12%，跳跃总体与悬浮总体的分界点在 2.4φ～2.9φ 之间；滚动次总体含量则最低，为 0.7%～8%，斜率较平缓，为 31°～43°。

"两跳一悬"三段式砂岩粒度概率累计曲线在露头砂岩中占比为 33%，其中跳跃次总体为主要组成，斜率较陡，且这类曲线多出现在河道砂体的中上部（ICU-Ⅱ和 ICU-Ⅲ），反映出受河流和湖水双重水流作用的影响。在垂向上，相较于 ICU-Ⅰ、ICU-Ⅲ、ICU-Ⅳ，ICU-Ⅱ的概率累计曲线类型最为多样。而滚动次总体的存在表明，该河道单元形成时期的古水流具有更为明显的牵引流色彩，且古水动能较大且富于变化。

综上所述，石湾镇露头区直罗组下段下亚段河道砂体主要为细—中粒砂岩，分选中等—好。粒度参数显示砂岩的峰态为近正态分布，偏度呈轻微负偏。C-M 图解显示点群主要分布于牵引流区域的 QR段，其次为 PQ 段，表明总体以递变悬浮搬运为主，其次为少量滚动搬运，缺失均匀悬浮搬运，符合三角洲沉积环境的水动力特征。另外，最大扰动指数 C_s 值位于 200～300μm 之间，表明水流具备较强的起动能力，再结合野外区域沉积环境的调查，确定露头区直罗组下段下亚段砂岩段属于以牵引流为特征的水下辫状分流河道沉积。另外，砂体内部不同河道单元砂岩的粒度概率累计曲线一致表现为以跳跃次总体为主的两段式和三段式占优势，反映了水动力较强且动荡的水下分流河道沉积环境。

三、河道砂体成因分析

石湾镇露头区直罗组下段下亚段砂体在区内分布稳定，具有极大的宽厚比，且垂向上由多个具有正韵律沉积旋回的河道单元所构成。露头砂岩的粒度整体偏细，以细—中粒具槽状交错层理、块状构造砂岩为主，且粒度分析显示砂岩分选中等—好，以牵引流沉积为特征，总体以递变悬浮搬运为主，其次为少量滚动搬运，符合三角洲沉积环境的水动力特征。

结合区域沉积环境调查，综合认为石湾镇露头区直罗组下段下亚段潜在铀储层为辫状河三角洲前缘的水下辫状分流河道沉积。根据砂体内部构成单元的沉积组成、岩性相组合特征、垂向序列及相互间关系，将该水下辫状分流河道的形成演化厘定为4个阶段，即河道发生阶段、河道鼎盛发育阶段、河道衰退阶段、河道废弃阶段，各阶段的特征如下。

河道发生阶段的古水动力相对较强，沉积物粒度总体较粗，以块状构造中砂岩为主，迁移砂坝类型以横向砂坝为主，反映了该阶段总体以垂向加积作用为主，其中ICU-Ⅰ就主要形成于该时期。

河道鼎盛发育阶段的一个显著特点就是古水动力条件和能量达到最强，ICU-Ⅱ和ICU-Ⅲ即是该阶段的沉积产物，前者砂岩中见各类型交错层理，且内部的第3级冲刷界面十分发育，由此识别了一系列具典型前积和侧积结构的纵向砂坝和斜列砂坝，表明该河道单元沉积时期的古水流能量明显更强，且水流速率和方向具有周期性的波动；ICU-Ⅲ则主要由具块状构造的中—细砂岩构成，反映了沉积物快速堆积的沉积过程。另外，PM-02砂体中的岩性相MSe十分发育，表现为对下伏河道单元强烈的下蚀作用。因此，上述以侧向加积作用为主的ICU-Ⅱ和以垂向加积作用为主的ICU-Ⅲ的相继形成，表明该水下辫状分流河道达到了其鼎盛发育阶段。

河道衰退阶段标志着古水动力和能量开始不可逆地减弱，ICU-Ⅳ即形成于该阶段，主要表现为沉积物粒度变细和层理构造规模明显减小，界面规模和侵蚀能力明显减弱。

当上述河道建设作用阶段结束时，该分流河道则进入其废弃阶段，这一时期低能悬浮沉积物（主要为粉砂岩和泥岩）占据主导地位。

第十章 铀储层物性特征与流体流动单元

流动单元系指铀储层内部被渗流屏障界面及渗流差异界面所分隔的具有相似渗流特征的储集单元。这类单元不仅是描述铀储层流体特征的基本构成单位,也是进行铀储层物性分析、剖析高渗透网络的最佳编图单位。基于对石湾镇露头区直罗组下段下亚段水下辫状分流河道砂体内部结构的精细解剖,本章将通过对砂岩物性特征的分析,并结合对河道砂体内部各类隔档层的识别,依据隔档层的突变边界和岩性相的渐变边界划分铀储层流动单元,阐释其空间分布规律和成因。

第一节 铀储层孔隙结构与物性特征

阐明铀储层物性非均质性是实现铀储层品质评价和地质建模的关键途径之一,而这基于对石湾镇露头区直罗组下段下亚段水下辫状分流河道砂体岩性相组合和内部结构的精细解剖。本节通过对砂岩孔隙-喉道结构和物性(填隙物含量、面孔率大小等)的分析与统计,并结合露头区砂岩成岩作用特点,总结石湾镇露头区直罗组下段下亚段水下辫状分流河道型铀储层物性不均一分布特征。

一、砂岩孔隙-喉道特征

砂岩的孔隙大小和形态取决于矿物颗粒间的接触关系以及后期遭受成岩作用而发生的改变。孔隙和喉道的配置关系是比较复杂的,孔隙反映了岩石的储集能力,而喉道的形状和大小则控制着砂岩的渗透能力,两者对铀储层的孔渗性能有着重要的影响。

1. 孔隙类型

石湾镇露头区直罗组下段下亚段砂岩孔隙主要包括剩余原生粒间孔、次生溶蚀粒间孔和粒内溶孔以及微孔与裂缝等(图10-1),其中剩余原生粒间孔、次生粒间溶孔和粒内溶孔为主要孔隙类型,其发育程度对储集岩的物性具有直接的影响,是评价该区直罗组铀储层砂岩储集条件的重要因素。

剩余原生粒间孔系指原生粒间孔在经受了机械压实或经胶结作用后保留的孔隙,广泛见于该露头区直罗组砂岩中,是最为发育的孔隙类型(图10-1a),占比达63%~80%,平均约77.2%。

次生粒间溶孔主要为长石和岩屑的边缘发生溶蚀而形成次生粒间孔(图10-1b),其分布较多,占比约13.2%。粒内溶孔主要指发育在长石和岩屑颗粒内部的溶蚀孔,区内铀储层砂岩中长石含量较高,而岩屑含量很低,因此长石粒内溶孔较普遍(图10-1c),占比约5%,而岩屑粒内溶孔较少发育(图10-1d)。

除上述主要孔隙类型外,铀储层砂岩中还可见少量由长石、云母等强溶蚀形成的铸模孔(图10-1e)、泥质环边被溶蚀后形成的沿颗粒边缘分布的粒缘缝(图10-1f)以及岩石遭受构造应力作用形成的破裂缝(图10-1g)等。此外,镜下铸体薄片观察发现碎屑颗粒间的接触类型以点、线接触(图10-1h、i)为主。

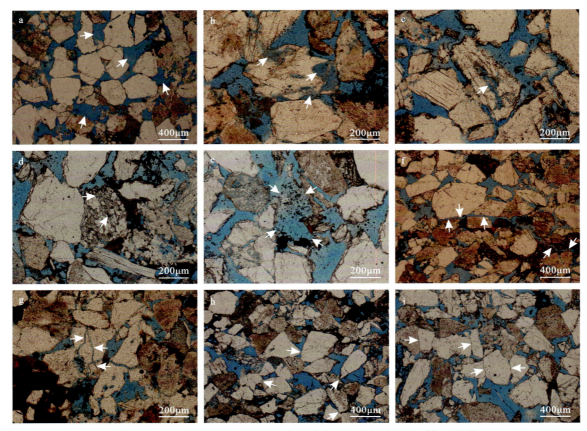

图 10-1　水下辫状分流河道砂岩中孔隙类型及接触关系,J_2z^{1-1},石湾镇

a.剩余原生粒间孔;b.次生粒间溶孔;c.长石矿物粒内溶孔;d.岩屑粒内溶孔;e.铸模孔;f.粒缘缝;g.破裂缝;h.矿物颗粒间的点接触关系;i.矿物颗粒间的线接触关系

2. 喉道类型

在碎屑岩复杂的立体孔隙系统中,控制其渗流能力的主要是喉道或主流喉道,以及主流喉道的形状、大小与数量。在不同的接触类型和胶结类型中,常见有 5 种孔隙喉道类型(图 10-2)。

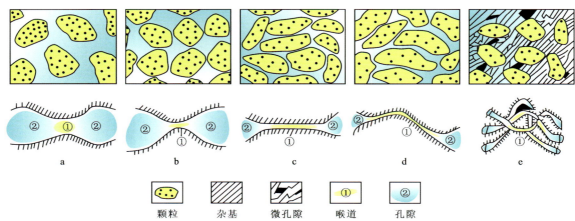

图 10-2　碎屑岩孔隙喉道类型示意图(据罗蛰潭和王允诚,1986 修改)

a.孔隙缩小型喉道;b.缩颈型喉道;c.片状喉道;d.弯片状喉道;e.管束状喉道

通过铸体薄片观察分析认为,露头区直罗组铀储层的喉道类型以缩颈型喉道和(弯)片状喉道为主,

局部可见少量孔隙缩小型喉道(图 10-3)。缩颈型喉道是由压实作用使颗粒排列紧密而导致孔隙间喉道变窄,呈交叉状、树枝状分布(图 10-3a),此时铀储层物性可能表现为高孔低渗,该类孔隙结构属于高孔隙度窄喉道的类型(图 10-2b),在研究区砂岩中较为发育。当压实作用进一步加强,使得颗粒呈镶嵌式接触,此时孔隙变很小,而沟通粒间孔的则为片状或弯片状喉道,其孔隙结构属于低孔隙度细喉道的类型(图 10-2c、图 10-3b),在研究区内以线接触类型为主的胶结砂岩中较为发育,对铀储层孔隙的连通具有重要意义。

图 10-3　水下辫状分流河道砂岩中孔隙的主要喉道类型,J_2z^{1-1},石湾镇

a. 以缩颈型喉道为主,少量为孔隙缩小型喉道,喉道宽度为 10~27μm,平均为 19μm;b. (弯)片状喉道,宽为 12~19μm,平均为 15μm

二、砂岩面孔率不均一分布特征

通过对研究区砂岩样品铸体薄片的镜下观察和分析发现,研究区铀储层的孔隙以粒间孔、粒间溶孔为主,其次为粒内溶孔。砂岩的孔隙发育程度与岩性相有关,通常情况下,随粒度变细,孔隙直径和喉道宽度均明显减小(表 10-1),且面孔率变小(图 10-4a)。在各岩性相中,具槽状交错层理的细—中砂岩(MSt、FSt)和块状构造的中砂岩性相(MSm)具有较好—良好的孔渗性,而伴随粒径减小,其他岩性相砂岩的孔渗性明显变差。其中,岩性相 MSe 的孔渗性变化较大,当砂岩中含较多泥砾、碳质碎屑或植物碎屑时,砂岩颗粒间的孔隙和喉道被堵塞,渗透性变差,面孔率显著降低。另外,砂岩中填隙物含量整体偏低,其中偏细粒的极细—细砂岩中填隙物含量较高,一般为 7%~12%,而中砂岩的填隙物含量一般为 5%~8%,该填隙物含量的变化与面孔率呈负相关(图 10-4b)。

表 10-1　水下辫状分流河道砂体中不同岩性相砂岩的储集性能评价表,J_2z^{1-1},石湾镇

岩性相	孔隙视直径(μm)	统计数	喉道视宽度(μm)	统计数	填隙物含量(%)	面孔率(%)	储集性能
MSe	39.0~123.9 (70.1)	31	6.5~22.9 (13.1)	25	7~9	0.6~8.5 (5.4)	较差
MSt	59.4~208.8 (109.7)	42	7.0~38.7 (18.1)	31	3~6	6.6~11.9 (9.4)	最好
MSm	57.7~127.3 (83.8)	32	7.3~33.3 (14.1)	29	5~8	7.1~11.0 (9.4)	好
FSt	49.2~113.8 (74.4)	31	4.8~19.5 (10.8)	24	4.5~7	3.5~11.8 (7.2)	较好
FSm	45.8~107.0 (69.5)	34	3.9~14.8 (6.4)	30	5.5~8.5	5.2~6.0 (5.6)	较差

续表 10-1

岩性相	孔隙视直径(μm)	统计数	喉道视宽度(μm)	统计数	填隙物含量(%)	面孔率(%)	储集性能
FSp	23.8～63.7 (42.7)	30	3.3～15.8 (8.4)	21	4～6.5	4.2～10.2 (6.7)	较差
FSh	13.6～67.9 (34.9)	35	3.0～14.4 (7.4)	26	5～7	4.3～5.8 (5.0)	较差
FvSt	28.8～52.6 (39.4)	30	4.2～14.9 (7.8)	29	5～8.5	4.3	差
FvSp	25.5～69.6 (40.6)	31	4.6～12.9 (8.6)	25	6～9	3.9	差
FvSh	18.7～50.1 (30.1)	24	2.4～10.8 (5.9)	20	7.5～10	3.6	差
Fl	8.5～27.2 (16.7)	25	1.6～7.0 (3.4)	20	8～16	2.7	最差

注：括号内为平均值。

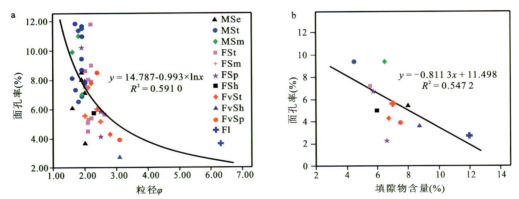

图 10-4　水下辫状分流河道砂体内部各岩性相砂岩面孔率与粒径、填隙物含量相关图，J_2z^{1-1}，石湾镇
a. 粒径与面孔率关系图；b. 填隙物含量与面孔率关系图

三、成岩作用对储层物性的影响

成岩作用对石湾镇露头区直罗组下段下亚段铀储层物性的影响是较为明显的。压实作用的结果使碎屑颗粒间的接触关系变为线状和镶嵌状结构，它使沉积物的原始孔隙大大地丧失，这是早成岩阶段对铀储层物性造成负效应的首位地质因素。压实作用之后发生的一系列胶结作用，尤其是诸如黏土矿物胶结作用、铁质胶结作用以及重晶石胶结作用等大量充填、堵塞了原始孔隙（图 8-24c～f）。而溶解作用在一定程度上改善了铀储层的物性，主要表现为不稳定矿物成分（如长石碎屑、云母、岩屑）以及石英颗粒的局部溶蚀，促进了溶蚀孔隙的发育（图 8-25c、d）。

铀储层中的钙质胶结作用通常具有明显的非均质性，如鄂尔多斯盆地东北部、南部的直罗组铀储层的钙质胶结作用很发育（焦养泉等，2006；邹志维，2018），但在石湾镇露头区铀储层中则未发现钙质结核和其他碳酸盐胶结作用类型，这反映了该区铀储层经历了不同的成岩作用演化过程。相比之下，铁质胶结作用表现出一定的非均质性，其在微观上呈胶状充填于原生孔隙并堵塞喉道，宏观上则以黄铁矿结核及铁氧化物的形式分布于砂体内部层理界面处，是造成砂岩物性条件变差的重要因素之一。

第二节 流体流动单元识别与空间分布规律

在河道型铀储层中,流体流动单元是进行铀储层非均质性分析、剖析潜在含矿流体高渗透网络格架的重要基础。本节将根据对石湾镇露头区直罗组下段下亚段水下辫状分流河道砂体内部隔档层类型的识别,并结合上述对铀储层孔渗空间分布的分析来识别流体流动单元并阐释其空间分布规律,以阐明潜在铀成矿流场的分布特征。

一、隔档层类型及其空间分布特征

隔档层的形成是由于河道在沉积过程中古水流能量与强度的差异以及随后成岩作用的影响造成的,在本次所研究的水下辫状分流河道砂体露头中共识别了 4 种隔档层类型(图 10-5),即植物碎屑隔档层、泥砾隔档层、铁质成岩隔档层和粉砂岩隔档层。

在石湾镇露头区直罗组下段下亚段水下辫状分流河道砂体露头中,最发育的为植物碎屑隔档层,其次为灰色泥砾隔档层和铁质成岩隔档层,而粉砂岩隔档层数量最少。每种隔档层的成因与分布各异,但都与构成单元的沉积界面关系密切。

(1)植物碎屑隔档层为该河道砂体内部最具特色和最重要的隔档层类型之一,以含大量碳质碎屑和植物碎屑等滞留沉积物为主,主要分布于第 4 级和第 3 级界面上,连续性相对较好(图 10-5a)。

(2)泥砾隔档层实际上是一种相对富集泥砾的滞留沉积物,主要分布于砂体内部高级别界面处(图 10-5b),局部具有一定的连续性。

(3)铁质成岩隔档层是在成岩作用过程中沿沉积界面形成的不均一的黄铁矿及铁氧化物的结核层(图 10-5c),空间上与植物碎屑隔档层有重叠,但连续性较差。

(4)粉砂岩隔档层是河道单元或迁移砂坝在沉积末期由于古水动力能量衰减而形成的以粉砂岩为主的细粒沉积,但由于受到上覆河道单元的冲刷仅局部残留,横向连续性变差,呈透镜状展布(图 10-5d)。

上述隔档层的物性相比铀储层变得很差,如植物碎屑隔档层、泥砾隔档层、铁质成岩隔档层以及粉砂岩隔档层的面孔率值仅分别为 0.6%、1.2%、0.8% 和 2.7%。

从空间分布看,植物碎屑隔档层、泥砾隔档层和铁质成岩隔档层主要分布于砂体内部高级别构成单元(如河道单元和迁移砂坝)的底界面处(图 10-5a、b,图 9-2b、c),且其厚度与底界面的侵蚀能力呈正相关。相比之下,粉砂岩隔档层局部残留、厚度薄且连续性差,空间上主要分布于砂体内部构成单元的顶部,预示着其属于沉积演化末期的沉积产物,并容易遭受上覆河道单元的冲刷,故难以大规模保留(图 10-6a)。

二、流体流动单元空间分布规律

根据石湾镇露头区直罗组下段下亚段水下辫状分流河道砂体内部不同岩性相砂岩物性的差异以及低孔渗隔档层的分布,结合对 PM-01 露头砂岩样品的面孔率统计数值的等值线编图分析表明,面孔率

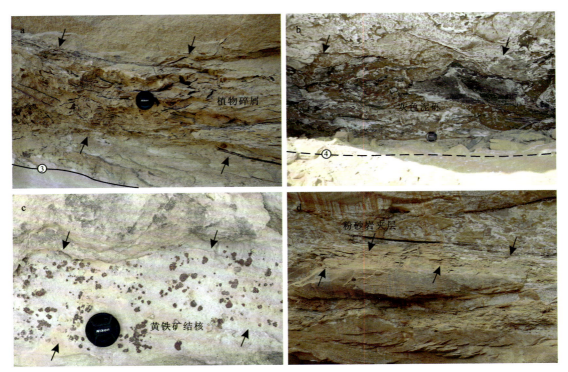

图 10-5 水下辫状分流河道砂体内部隔档层类型,J_2z^{1-1},石湾镇

a.植物碎屑隔档层,横向连续性较好;b.泥砾隔档层;c.铁质成岩隔档层(俯视拍摄);d.局部残留分布的粉砂岩隔档层;③3级界面;④4级界面

高值区(>10%)主要分布于砂体的中下部,并以下部为主,这些高值区即构成了该水下辫状分流河道砂体的6个流体流动单元(编号 F-Ⅰ~F-Ⅵ,图 10-6b)。F-Ⅰ位于 ICU-Ⅰ的中部,面孔率高于 12%的数值主要分布于 TB 单元的底部,高值区分布于储层 MSt 和 MSm 岩性相区;F-Ⅱ、F-Ⅲ和 F-Ⅳ位于 ICU-Ⅱ的中下部,主要分布于储层的 MSt 岩性相区,其次为 FSt 岩性相区,而高于 12%的数值则位于 LB 和 DC 的下部,在这些流体流动单元的底部常发育有条带状、透镜状或板状的各类隔档层;F-Ⅴ和 F-Ⅵ分别位于 ICU-Ⅲ和 ICU-Ⅳ的中部和下部,高值分布于 MSt 和 MSm 岩性相区。

综上分析,河道级铀储层流体流动单元非均质性分布所体现的成矿流场结构特征主要体现在3个方面:①流体流动单元主要发育于河道单元中—下部,或者迁移砂坝及沙丘复合体(DC)的底部;②流体流动单元形态受第4级和第3级界面控制;③流体流动单元空间分布与岩性相关系密切,高值区主要分布于 MSt、MSm 和 FSt 岩性相区,并靠近第4级或第3级界面附近,向上、下及两侧边缘逐渐降低。

上述铀储层流体流动单元分布特征可以应用岩性相及河道单元的空间分布规律给予解释。岩性相是河道砂体最基本的岩石构成单元,其在砂体内部的沉积组合和空间分布受沉积界面的控制而表现出一定的规律性,并构成了垂向上相互叠置的河道单元。前已述及,位于砂体下部的河道单元(如 ICU-Ⅰ~ICU-Ⅲ)代表着该分流河道的发育-鼎盛阶段,因此这些存在于河道单元中—下部的具大型槽状交错层理或块状构造的中砂岩(如 MSt 和 MSm)则是古河道水流处于高能量时期的沉积产物。而恰恰这些岩性相又具有较高的面孔率值,这就是铀储层流体流动单元主要分布于河道单元中—下部的主要原因。另外,第4级或第3级界面的形成是古水动力周期性演变的结果,其间沉积了植物碎屑和泥砾隔档层,所以它们与流体流动单元的形态及空间分布关系密切。

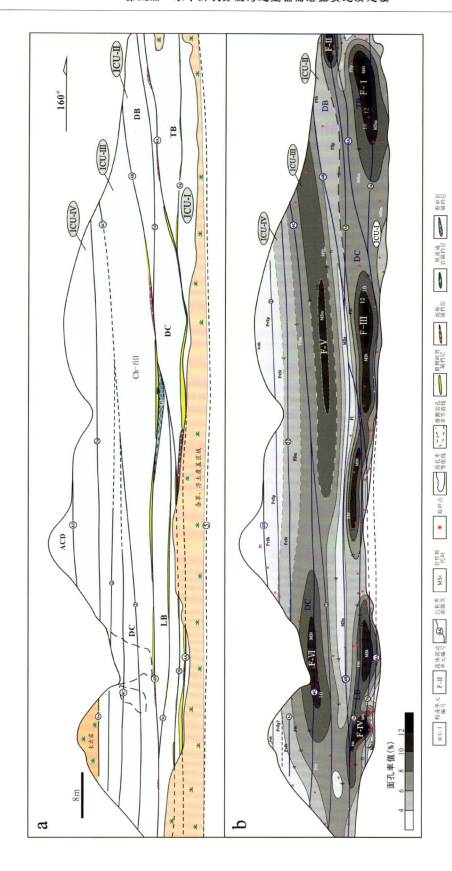

图10-6 水下辫状分流河道型铀储层露头地质建模

a. 隔档层分布规律；b. 流体流动单元分布规律（水下辫状分流河道砂体内部流动单元空间分布图，J_2z^{1-1}，石湾镇（PM-01）

第十一章　铀储层内部碳质碎屑产出规律

铀储层内部结构和成矿流场制约着层间氧化流体的运移。然而，不同于其他矿产类型，砂岩铀矿的形成还需要还原介质的参与，后者会诱发铀矿物变价行为的发生，有利于铀矿物的沉淀和富集。在陆相沉积盆地中，砂体内部的还原介质主要包括有机质（如含烃流体、碳质碎屑、动植物化石等）和无机矿物（如黄铁矿）两大类，其中碳质碎屑被认为是铀储层中最重要的宏观还原介质类型之一。本章将充分运用沉积学、煤岩学以及数理统计等方法，在对碳质碎屑宏观产状、煤岩类型及成熟度特征进行研究的基础上，着重对石湾镇露头区直罗组下段下亚段水下辫状分流河道砂体内部碳质碎屑的赋存特点和空间分布进行定量化表征及规律总结，进而探讨其与铀储层内部构成单元的成因联系。

第一节　碳质碎屑成因机制与显微煤岩学特征

野外露头调查发现，碳质碎屑具有一定的宏观形态，呈黑褐色、黑色或亮黑色，具玻璃光泽，常分布于砂体内部的冲刷面附近。本节通过对露头砂体中碳质碎屑宏观赋存产状的系统梳理和分类，总结了不同类型碳质碎屑的产出特征及其成因机制。另外，基于碳质碎屑与煤的相似性，借鉴煤岩学的分析方法，总结了其显微煤岩组分和成熟度特征。

一、碳质碎屑宏观赋存状态与成因机制

碳质碎屑（CD）主要以碳化植物碎屑条带或团块状的形式产出于砂岩中，风化后，局部可见植物茎秆、叶片的印模（图 11-1a～c）。野外调查发现，碳质碎屑常与黄铁矿、泥砾等共生在一起，以滞留沉积物的形式分布于冲刷面上（图 11-1d～f）。

根据对石湾镇露头区直罗组下段下亚段水下辫状分流河道砂体内部碳质碎屑宏观赋存产状的系统调查，将其宏观产状划分为 3 种主要类型，即条带状、透镜状以及团块状（图 11-2）。条带状碳质碎屑是露头区砂体内部常见的碳质碎屑类型之一，主要以镜煤条带的形式赋存于砂岩中，颜色深黑，硬度小，沥青光泽，不污手，具贝壳状断口，易剥离（图 11-1b）。该类型碳质碎屑在横向上具有较好的连续性，但厚度变化较大，单个条带最厚者可达 4cm，最薄者仅为几毫米（图 11-2a、d）。相比于其他类型，砂体内部透镜状碳质碎屑的分布数量最多，宏观上呈透镜状、细脉状或板状展布，厚度一般在 0.5～2.5cm 之间，且在横向上的连续性较差（图 11-2b）。团块状碳质碎屑在砂体中并不多见，与其他碳质碎屑类型不同，具有一定的分选性和磨圆性，呈棱角状、次圆状，个别的磨圆程度较好（图 11-2c）。另外，在上述不同类型碳质碎屑的周围或其内部，均常见较多的黄铁矿结核和灰色泥砾等（图 11-2d、e）。

图 11-1　水下辫状分流河道砂体内部碳质碎屑的宏观赋存特征，J_2z^{1-1}，石湾镇

a. 砂岩中见大量碳质碎屑条带和植物印模；b. 碳质碎屑以镜煤条带形式与砂岩相接触；c. 大量植物茎叶、茎秆印模，原碳化植物碎屑已遭受风化；d. 石化的植物茎秆，直径为 2~3 cm；e. 细脉条带状碳质碎屑，与黄铁矿紧密共生；f. 大量灰色泥砾，视长轴为 2~30cm

图 11-2　水下辫状分流河道砂体内部碳质碎屑的主要宏观产状类型，J_2z^{1-1}，石湾镇

a. 条带状碳质碎屑，长 40~50cm；b. 透镜状碳质碎屑，最长者约 25cm，一般为 3~5cm；c. 磨圆状碳质碎屑，长轴约 5cm，底部可见植物碎屑、茎秆印模；d. 窄细条带状碳质碎屑，顶部见较多灰色泥砾，砾径一般为 0.3~0.6cm；e. 碳质碎屑与黄铁矿紧密共生；CD. 碳质碎屑；Py. 黄铁矿

综上所述，石湾镇露头区直罗组下段下亚段水下辫状分流河道砂体中的碳质碎屑总体是以顺层产出为主，其形成发育受控于沉积作用，是同沉积作用的产物。碳质碎屑的物质成分以镜煤条带为主，呈条带状、棱角状、个别具有磨圆性质（图11-2c），其产状及分布与冲刷面有关，反映了一种具有搬运特征的牵引流滞留沉积物（焦养泉等，2018b）。另外，在碳质碎屑的周围常见较多的植物茎秆、叶片印模和磨圆状的暗色泥砾（图11-1），但是却很少见植物根的化石。加之泥砾常被视为近源沉积的产物（Wakefield et al，2009），由此可进一步推断碳质碎屑可能来源于上游的岸边植被，在洪泛时期被水流携带进入河道，沉积下来并得以保存。

二、碳质碎屑显微组分与成熟度特征

借鉴煤岩分析的方法，对露头区直罗组下段下亚段水下辫状分流河道砂体中碳质碎屑的显微组分进行了研究，同时基于对碳质碎屑镜质体反射率（R_o）的测定，分析了碳质碎屑成熟度的演化特征。

1. 碳质碎屑显微组分特征

露头区水下辫状分流河道砂体内部碳质碎屑的显微组分主要由镜质组分和惰质组分组成。镜质组分占绝对优势，平均含量高达98%以上，以均质镜质体和结构镜质体为主；惰质组分含量较少，主要为丝质体、半丝质体；矿物组分常见黄铁矿及其氧化物。

（1）镜质组（V）：是碳质碎屑中最常见的组分，主要是由植物茎叶的木质纤维组织受凝胶化作用转化形成的各种凝胶体。镜质组整体上反射能力较弱，无突起，表面近于平滑，在反射光下镜质组颜色从灰色到浅灰色，镜质组在油浸反射光下亮度减弱，多呈深灰色。镜质组多见均质镜质体和结构镜质体，其他显微亚组分则很少见。

均质镜质体：油浸反射光下呈灰色到深灰色，常以均一、纯净的规则或宽窄不等的条带状或透镜状形式产出，轮廓清晰，常见垂直层理方向的裂隙（图11-3a）。此外，在均质镜质体边缘或裂隙内部可见星点状黄铁矿（图11-3b）。

结构镜质体：煤化了的植物残体、植物的根茎叶组织器官的细胞壁经过凝胶化作用得以保存，碳质碎屑中的结构镜质体大多保存完整，形状规整，且胞腔结构明显（图11-3c、d）。

（2）惰质组（I）：是碳质碎屑中的非活性组分，多形成于较干燥的氧化条件下，由植物的富含木质素、纤维素的组织在泥炭沼泽中经丝碳化作用（植物遗体或泥炭表面的氧化、腐败作用等）转变而成的有机非活性组分。惰质组在反射光下一般呈灰白色或白色，大多具有中高突起。研究区砂体中碳质碎屑惰质组显微亚组分主要见丝质体和半丝质体。丝质体在反射光下呈灰白色或浅灰色，具有清晰规则的植物细胞组构且胞腔内部充填大量自形黄铁矿（图11-3e）。半丝质体作为丝质体与结构镜质体之间的过渡型，其细胞结构保存一般（图11-3f）。

2. 碳质碎屑成熟度特征

利用有机质成熟度指标R_o对露头区水下辫状分流河道砂体中碳质碎屑的成熟度特征和煤化程度进行研究，如表11-1和图11-4所示。通过对采集的18件碳质碎屑样品R_o测试结果的统计得出，碳质碎屑最大镜质体反射率平均值变化于0.360%～0.612%，平均值为0.489%，大多数处于未成熟—低成熟作用热演化阶段，仅少数处于低—中成熟作用热演化阶段，煤化程度总体不高。

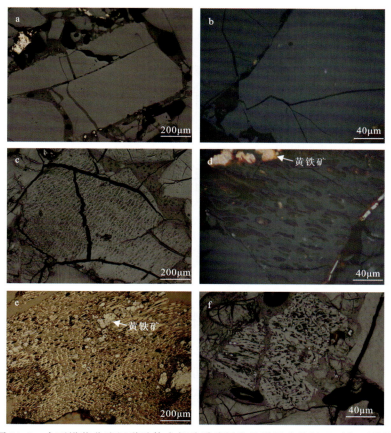

图 11-3　水下辫状分流河道砂体内部碳质碎屑的显微组分特征，J_2z^{1-1}，石湾镇

a.均质镜质体，表面光洁，单偏光镜，ASB51-09；b.均质镜质体，表面常见裂纹，油浸物镜，P01-05；c.结构镜质体，胞腔结构，单偏光镜，P01-02；d.结构镜质体，胞腔内充填有黄铁矿，油浸物镜，ASB51-04；e.具有大量清晰规则植物细胞组构的丝质体，胞腔中充填大量自形黄铁矿，单偏光镜，S12；f.细胞结构保存一般的半丝质体，单偏光镜，ASB51-04

表 11-1　水下辫状分流河道砂体内部碳质碎屑镜质体反射率 R_o 实验数据，J_2z^{1-1}，石湾镇

样品号	有效测点数	$\overline{R}_{omax}(\%)$	标准偏差	样品号	有效测点数	$\overline{R}_{omax}(\%)$	标准偏差
CD-01	218	0.360	0.082	CD-10	390	0.537	0.059
CD-02	317	0.423	0.056	CD-11	204	0.443	0.066
CD-03	329	0.518	0.051	CD-12	222	0.420	0.061
CD-04	325	0.612	0.065	CD-13	392	0.545	0.064
CD-05	374	0.489	0.044	CD-14	206	0.491	0.080
CD-06	144	0.385	0.070	CD-15	296	0.369	0.040
CD-07	375	0.583	0.066	CD-16	322	0.565	0.080
CD-08	258	0.506	0.077	CD-17	381	0.477	0.049
CD-09	323	0.521	0.043	CD-18	387	0.536	0.048

注：R_o 测试采用的 ZEISS 显微镜及 HD 光度计，在平面偏振单色光（$\lambda=546nm$）、室温 23℃ 条件下利用油浸物镜对均质镜质体随机测定。

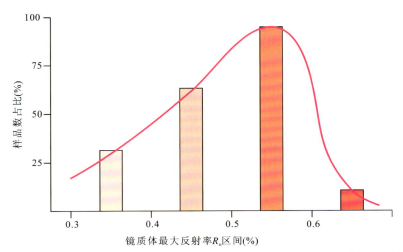

图 11-4 水下辫状分流河道砂体内部碳质碎屑成熟度分布规律，J_2z^{1-1}，石湾镇

第二节 碳质碎屑"原生态"空间分布规律

铀储层中常见有碳质碎屑的分布，但对其空间分布的研究相对较少，这是因为其在砂体中的分布相对分散，难以统计。露头建模研究发现，碳质碎屑与滞留沉积物的关系十分密切。因此，在上述对砂体内部碳质碎屑宏观赋存特点进行系统分类和描述的基础上，选择典型滞留沉积带开展"小规模—高精度"的精细写实和统计，总结碳质碎屑在滞留沉积带中的分布规律。鉴于石湾露头区铀储层未受层间氧化作用和成矿作用的影响，凭此可相对准确地分析并总结"原生态"碳质碎屑在砂体中的空间分布规律。

一、碳质碎屑在滞留沉积带中的分布特征

野外露头地质调查和精细写实表明，碳质碎屑常以滞留沉积物的形式赋存于各河道单元及其内部的高级别沉积界面处。为更加准确地描述和表征露头砂体中碳质碎屑的空间分布规律，以发育大量碳质碎屑的 PM-01 露头中的河道单元 ICU-Ⅱ 为重点解剖对象，对其内部不同级别沉积界面处的典型滞留沉积带（TLDZ）及其内部碳质碎屑的含量和粒径进行了精细写实及定量统计（表 11-2、表 11-3，图 11-5、图 11-6、图 11-7）。

表 11-2 水下辫状分流河道砂体（PM-01）典型滞留沉积带（TLDZ）及内部碳质碎屑（CD）定量统计结果，J_2z^{1-1}，石湾镇

典型滞留沉积带	界面编号	TLDZ 参数		CD 参数			CD 粒径区间			
		面积（m²）	厚度（m）	含量（个）	最大粒径（m）	占比（%）	<5cm	5～10cm	10～15cm	>15cm
TLDZ-1	3c	0.59	0.45	201	0.48	1.9	146	36	14	5
TLDZ-2	3b	0.65	0.40	126	0.19	1.5	80	30	14	2
TLDZ-3	4A-l	16.00	1.25	215	2.73	4.4	22	61	37	95
TLDZ-4	4A-r	0.93	0.30	159	0.25	1.7	113	39	6	1

注：TLDZ 面积为垂直投影视面积；TLDZ 厚度为平均厚度；占比为 CD 视分布面积占 TLDZ 视分布面积的比例。

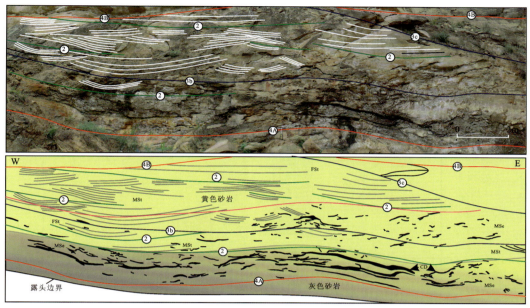

图 11-5　水下辫状分流河道砂体 ICU-Ⅱ 内部典型滞留沉积带（TLDZ-3）
及内部碳质碎屑空间分布，J_2z^{1-1}，石湾镇（PM-01，位置见图 11-8）。

从碳质碎屑发育的数量看，其与滞留沉积带发育规模总体呈正相关关系，且主要集中分布于各滞留沉积带的中下部，空间上靠近底部高级别沉积界面的部位，向上碳质碎屑含量明显减少（图 11-6）。高级别沉积界面处碳质碎屑的含量总体要高于低级别界面处，而位于同一条或同级别沉积界面处滞留沉积带中的碳质碎屑的含量变化亦较大，如 TLDZ-3（4A-l）处碳质碎屑含量明显高于 TLDZ-4（4A-r），而 TLDZ-2（3e）的含量要高于 TLDZ-2（3d）（表 11-2，位置见图 11-8），这体现了碳质碎屑在垂向和横向上的不均一分布。从碳质碎屑粒径的统计结果看，第 4 级沉积界面处碳质碎屑粒径总体要高于第 3 级沉积界面处（表 11-2，图 11-7），如 TLDZ-3 中高于 10cm 的碳质碎屑数量占比高达 61%，而大于 15cm 的碳质碎屑数量更是高达 95 条，约占总数的 44%，TLDZ-1 和 TLDZ-2 中相应的比例则仅分别为 9%（2%）和 13%（2%）。另外，同一沉积界面不同部位处碳质碎屑粒径的变化也较大，如 TLDZ-4 中粒径大于 10cm 的碳质碎屑数量占比仅为 4%。

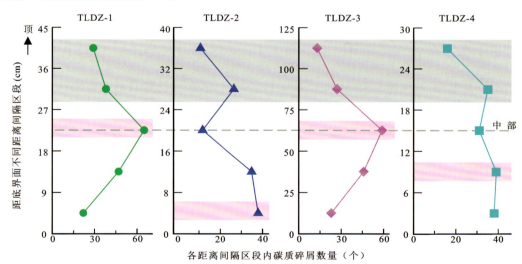

图 11-6　水下辫状分流河道砂体内部典型滞留沉积带中距底部沉积界面
不同距离间隔内碳质碎屑含量分布特征，J_2z^{1-1}，石湾镇（PM-01）

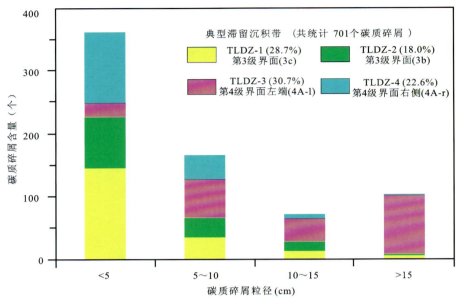

图 11-7 水下辫状分流河道砂体内部典型滞留沉积带中碳质碎屑在
不同粒径范围内含量统计，J_2z^{1-1}，石湾镇（PM-01）

综上所述，石湾镇露头区直罗组下段下亚段水下辫状分流河道砂体内部的碳质碎屑是以滞留沉积物的形式集中分布于滞留沉积带的中下部，受高级别沉积界面的控制作用明显。一般地，界面级别越高，滞留沉积越厚，碳质碎屑的数量就越多，粒径也就越粗。受同级别沉积界面控制下的滞留沉积带中，碳质碎屑的横向分布亦存在着显著差异，河道中心（滞留沉积物最厚的地方）及其附近常是碳质碎屑集中分布的有利部位。

二、碳质碎屑在砂体内部的空间分布规律

上述分析已表明，碳质碎屑是以滞留沉积物的形式集中分布于滞留沉积带的中下部。由于滞留沉积带具有较大规模的横向延伸和厚度，可以在露头砂体中很容易被识别出来，因此可以通过间接地定位砂体中滞留沉积带的发育部位并统计其规模，进而确定其内部碳质碎屑富集区的分布位置，最终来表征和总结铀储层中碳质碎屑的空间分布特征。

石湾镇露头区 PM-01 水下辫状分流河道砂体露头中滞留沉积带（LDZ）及其内部碳质碎屑富集区（CDZ）的精细写实发现，砂体中的 LDZ 和 CDZ 是以条带状、板状或透镜状的几何形态沿剖面走向方位分布（图 11-8）。对 PM-01 砂体中 LDZ 及其内部 CDZ 的相关统计发现，两者均主要分布于 ICU-Ⅱ 和 ICU-Ⅲ 的底部侵蚀界面处，其次为 LB、TB 的底界面处（表 11-3，图 11-9）。如图 11-9a、b 所示，砂体内部第 4 级界面处 LDZ 和 CDZ 的厚度与长度总体较第 3 级界面都要更厚且更长。在砂体不同部位同级别界面处的 LDZ 和 CDZ 的厚度和长度变化亦较大，其中位于砂体下部的高级别界面处（表 11-3，图 11-8）以及同一条沉积界面的明显下凹部位（如 TLDZ-3 与 TLDZ-4，表 11-2，图 11-8）常发育最厚的滞留沉积和最丰富的碳质碎屑。此外，第 4 级界面处 LDZ 和 CDZ 的厚度变化很大（图 11-9c、d），而第 3 级界面处两者的厚度变化较之则明显要小，且横向延伸较短。

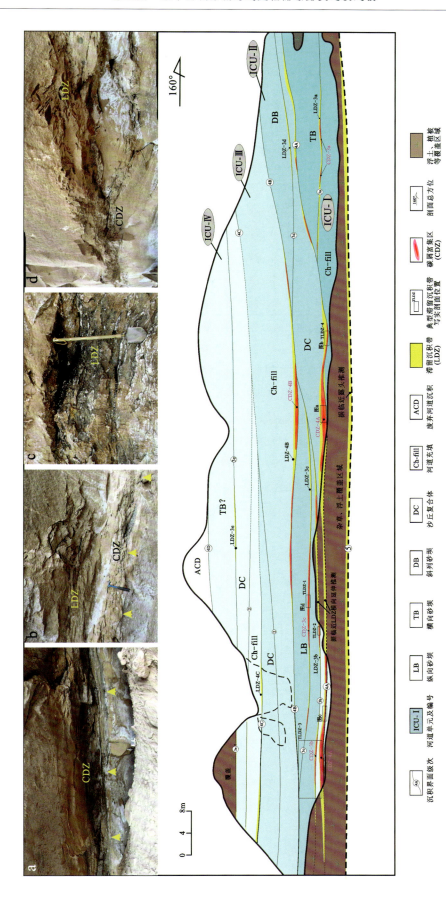

图11-8 水下辫状分流河道砂体内部滞留沉积带（LDZ）及碳质碎屑富集区（CDZ）空间分布，石咔镇（PM-01）

表 11-3 水下辫状分流河道砂体内部滞留沉积带（LDZ）及碳质碎屑富集区（CDZ）相关参数统计表，J_2z^{1-1}，石湾镇（PM-01）

隶属构成单元	LDZ			CDZ			
	编号	视厚度范围（平均视厚度）(cm)	总视长度(m)	编号	视厚度范围（平均视厚度）(cm)	总视长度(m)	占比*（%）
TB	LDZ-3a	4～30(15)	32	CDZ-3a	4～14(9)	9	16.9
LB	LDZ-3b	6～37(20)	65	CDZ-3b	8～23(16)	34	41.8
LB	LDZ-3c	9～32(19)	59	CDZ-3c	8～25(15)	22	29.4
DB	LDZ-3d	5～19(14)	17	CDZ-3d	0	0	0
TB?	LDZ-3e	4～19(12)	14	CDZ-3e	0	0	0
ICU-Ⅱ	LDZ-4A	7～128(39)	138	CDZ-4A	10～77(32)	70	41.6
ICU-Ⅲ	LDZ-4B	4～76(23)	100	CDZ-4B	10～44(20)	38	33.0
ICU-Ⅳ	LDZ-4C	6～34(22)	38	CDZ-4C	0	0	0
ACD	LDZ-4D	4～23(15)	6	CDZ-4D	0	0	0

注：* 该占比为 CDZ 视面积占对应的 LDZ 视面积的百分比。

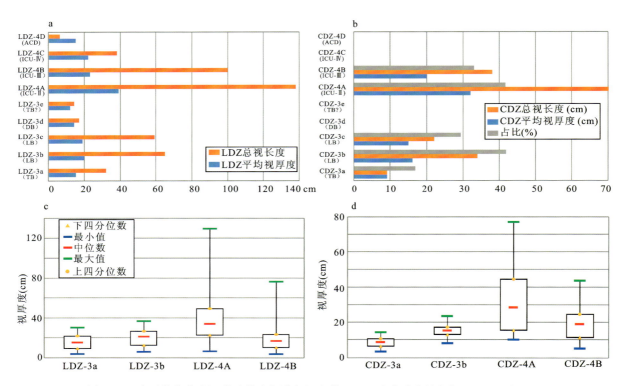

图 11-9 水下辫状分流河道砂体内部滞留沉积带（LDZ）及碳质碎屑富集区（CDZ）主要参数的条形及箱线图，J_2z^{1-1}，石湾镇（PM-01）

a. 砂体内部滞留沉积带（LDZ）的长度和厚度条形图；b. 砂体内部碳质碎屑富集区（CDZ）的长度和厚度条形图；c. 砂体内部高级别沉积界面处 LDZ 厚度分布箱线图；d. 砂体内部高级别沉积界面处 CDZ 厚度分布箱线图

碳质碎屑在垂向和横向上的分布规律与高级别沉积界面关系十分密切，而这些界面代表了砂体内部由其限定的相应构成单元形成初期相对高能水动力条件。如以第 4 级沉积界面为底界的河道单元（ICU-Ⅰ、ICU-Ⅱ 和 ICU-Ⅲ）形成初期的古水动力能量总体要高于迁移砂坝（底界为第 3 级界面），但前者水动力变化较为频繁，而后者相对稳定。另外，在河道形成演化末期，古水能量较之前明显降低。因此，碳质碎屑的空间分布受砂体内部结构的控制，是对砂岩内部由高级别沉积界面所限定的构成单元形成初期相对高能古水动力变化的响应。另外，砂体中这些碳质碎屑宏观上以镜煤条带为主，与植物碎屑出现在一起且局部具有磨圆特征，这些都表明上述碳质碎屑可能来源于上游的岸边植被。

综上所述，石湾镇露头区直罗组下段下亚段水下辫状分流河道砂体内部的碳质碎屑是以滞留沉积物的形式集中分布于滞留沉积带的中下部。一般地，沉积界面级别越高，滞留沉积越厚，碳质碎屑的数量就越多，粒径也就越大。而受同级别沉积界面控制下的滞留沉积带中，碳质碎屑的横向分布亦存在着显著差异，界面明显下蚀部位及其附近常是碳质碎屑集中分布的有利部位。碳质碎屑与砂体内部构成单元的空间配置关系表明，碳质碎屑的空间分布受砂体内部结构的控制，主要富集于河道单元的侵蚀基底部位，其次为纵向砂坝和横向砂坝的底界面处。

第十二章 铀储层结构和还原介质对铀成矿的潜在影响

针对石湾镇露头区直罗组下段下亚段水下辫状分流河道砂体开展内部结构的精细解剖和对砂体内部流体流动单元及碳质碎屑进行空间分布规律研究，其目的在于揭示和构建未遭受层间氧化作用和铀成矿作用改造的制约铀成矿关键要素的基本特征与格架模型。在模型的指导下，基于对砂岩储层内部结构、物性非均性以及还原介质丰度等主要约束条件的综合分析，模拟并预测潜在铀储层内部层间氧化带及铀成矿空间分布模式，为进一步揭示铀成矿机理提供重要地质基础和科学指导。

第一节 铀储层结构及碳质碎屑分布规律与模式

通过对石湾镇直罗组下段下亚段水下辫状分流河道砂体露头的精细沉积学解剖，建立了潜在铀储层内部构成格架及其内部碳质碎屑空间分布的综合沉积模式(图12-1)。露头区直罗组下段下亚段砂体具有极大的宽厚比，砂岩粒度总体偏细，结合区域沉积环境的调查，判定该套砂体应为辫状河三角洲前缘的水下分流河道成因(图12-1a)。另外，收集到的实测古水流数据表明石湾镇露头区的古流向为北北东向，这与鄂尔多斯盆地直罗组砂岩西厚东薄的趋势基本一致(赵俊峰等，2007；焦养泉等，2015)。

石湾镇露头区直罗组下段下亚段河道砂体规模较大，横向延伸稳定，是由多期水下辫状分流河道构成的复合河道砂体(图12-1b)。在单一水下辫状分流河道内部，垂向上显示有多个向上变细的沉积旋回(图12-1c)，这些沉积旋回所显示出的岩性相组合特征表明沉积物主要形成于低流态条件，且发育于水下环境。这些沉积旋回记录了具有侵蚀性质的河道单元的下切和迁移，以及其随后被顺流或侧向迁移的砂坝和沙丘所填充直至废弃的全过程。每个沉积旋回底部的河道充填沉积表明，当最初的河道侵蚀事件发生时，抑或发生过后，由于古水流将所携带的沉积物沿顺流方向卸载，进而减小了河床底部的坡度，又或者由于水流流速或者能量已经降低到足以使沉积作用的发生(Tyler and Ethridge，1983；Gani and Alam，2004)。另外，在露头区河道砂体内部很少发育细粒的沉积夹层，这表明水下分流河道决口和废弃的频率很低。

河道单元是砂体内部最高级别的构成单元，呈透镜状或板状展布，且多个河道单元在垂向上彼此相互叠置，并伴有轻微的侧向迁移。河道单元内部多个沉积旋回的发生，反映了古水动力能量由强到弱的周期性变化。根据各河道单元内部岩性相组成、垂向序列特征，并结合古水流信息，进一步识别了一系列迁移砂坝。以纵向砂坝和斜列砂坝为例，两者内部均发育大量倾斜的交错层理，前者层理面的倾向与古流向近似一致，具有明显的顺流前积特征(图12-1d)，而后者层理面的倾向则与古流向相偏离，表现出侧向加积特征，这些迁移特征使得上述砂坝成为该河道砂体内部颇具特色的构成单元。综合上述砂体内部构成单元的类型、相互关系及其岩性相组合，认为该水下分流河道的形成演化先后经历了河道发生阶段、河道鼎盛阶段、河道衰退阶段和河道废弃阶段。

第三篇 水下辫状分流河道型铀储层露头地质建模

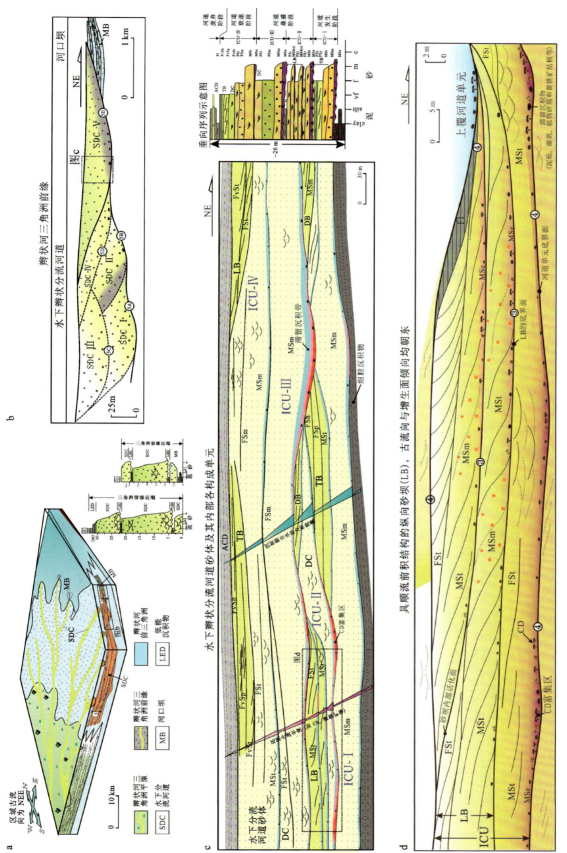

图12-1 水下辫状分流河道砂体内部构成格架及碳质碎屑空间分布综合沉积模式，J_2z^{1-1}，石湾镇（据Tao et al, 2020）

a. 区域尺度；b. 铀储层复合砂体尺度；c. 河道单元尺度；d. 砂坝尺度

碳质碎屑作为铀储层中最重要的还原剂之一,是以滞留沉积物的形式集中分布于滞留沉积带的中部和下部。一般地,沉积界面或构成单元的等级越高,滞留沉积物越厚,所含碳质碎屑就越丰富。碳质碎屑在垂向和横向上所展现出的这种分布规律即是对洪泛时期持续时间相对短暂的强劲水动力条件和古水流能量变化的响应。这些洪泛事件能够削弱或侵蚀河岸,进而有助于将那些源自上游岸边的植被以植物碎屑形式搬运至此(Keller and Swanson,1979;Latterell and Naiman,2007;Ielpi et al,2014)。碳质碎屑与砂体内部构成格架的空间配置关系表明,碳质碎屑的空间分布受砂体内部结构的控制,其富集区主要呈条带状、透镜状或板状分布于河道单元、纵向砂坝和横向砂坝的底界面处。其中,河道单元底部的侵蚀界面处具有最丰富的碳质碎屑,其次为纵向坝,而横向坝相对最少。铀储层中碳质碎屑的上述分布和富集模式将有助于理解砂岩型铀矿的形成机理。此外,除了丰富的碳质碎屑,在露头砂岩中还发现较多植物茎秆化石及其印模,这也进一步佐证了直罗组早期的古气候为湿润向半干旱过渡(陈戴生等,2011;孙立新等,2019)。

第二节 铀储层非均质性对铀成矿潜在影响的预测模式

石湾镇地区出露的直罗组下段下亚段砂体为辫状河三角洲前缘的水下分流河道成因,表现为多河道单元或多个砂层相互叠置,且横向连续性较好。另外,在砂体的顶、底部均发育有稳定分布的由泥岩、泥质粉砂岩和细砂岩互层构成的细粒沉积物,为区域上稳定分布的隔水层,与该砂体在垂向上构成了"泥—砂—泥"的空间配置关系。研究表明,直罗组铀储层与顶底部泥岩所构成的这种良好的地层结构组合,有利于层间氧化的发育(吴仁贵等,2003;焦养泉等,2005)。此外,露头区直罗组砂体暴露地表,结合盆地内部构造条件,具有形成层间氧化带所必需的地下水补—径—排条件。因此,石湾镇露头区直罗组下段下亚段水下辫状分流河道砂体具备层间氧化带形成所需要的基本物理空间,是重要的潜在铀储层。

假设露头区直罗组下段下亚段水下辫状分流河道砂体内部有层间氧化作用的发生,那么砂体内部层间氧化带的发育将主要受储层砂体内部结构、物性条件(亦即流体流动单元)和还原介质丰度等条件约束而表现出较强的选择性,进而决定铀矿物沉淀富集的部位。据此,建立了如图12-2所示的铀储层内部层间氧化带和铀成矿空间分布预测模式,其依据如下。

(1)物性条件(流体流动单元):该砂体顶部物性条件差,因此层间氧化带应向砂体的下方发育。流体流动单元代表着砂体内部的高孔渗区,是氧化流体优先运移的通道,因此其空间分布可指示氧化流体的运移趋势。另外,砂体中下部河道单元及其内部迁移砂坝的高级别沉积界面处或界面之下常发育有一定厚度的滞留沉积物或泥质夹层,如ICU-Ⅰ和ICU-Ⅱ之间的隔档层在横向上的分布十分稳定,制约了富氧含铀的层间氧化流体继续向下运移。特别地,由于河道单元之间存在越流,所以会使层间氧化带发生分叉(IOZ-1和IOZ-2,图12-2)。越流发生的原因主要取决于前后两次河道单元的古水动力条件以及隔档层发育情况。

(2)还原介质条件:位于该砂体下部的ICU-Ⅱ具有丰富的还原介质(以碳质碎屑和黄铁矿为主),其次为ICU-Ⅲ。在ICU-Ⅲ内部,还原介质集中分布于底部侵蚀界面处。因此,在由多个河道单元构成的铀储层中,层间氧化带趋向产出于还原介质丰度较低的ICU-Ⅲ中上部和ICU-Ⅳ中。还原介质的丰度不仅能够制约层间氧化带的发育,还与铀矿化关系密切。根据层间氧化作用和还原介质的制约关系,推测在ICU-Ⅲ底部由碳质碎屑、黄铁矿和暗色泥砾等还原介质构成的隔档层与预测的氧化带前锋之间的区域为主要的铀矿物结晶和沉淀富集的部位,其次为ICU-Ⅱ底部及其内部LB的类似部位(U1,u2和u3,图12-2)。

基于上述对砂体物性条件、还原介质条件的分析,认为层间氧化带的发育受控于砂体内部高级别沉积界面,尤其是第 4 级界面的约束,其次是第 3 级界面,即以河道单元为基本单位。有利的铀矿化部位主要分布于河道单元或纵向砂坝中下部流体流动单元与下伏还原介质丰度高值区之间的过渡部位。

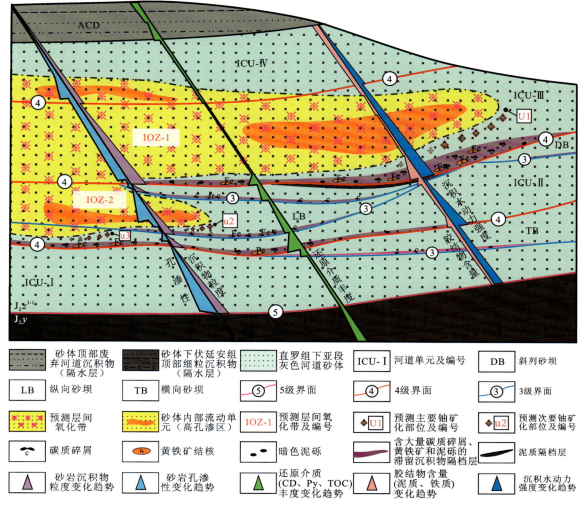

图 12-2　潜在铀储层内部层间氧化带及铀成矿空间分布预测模式(垂直于水流方向剖面)

第四篇 深切谷河道型铀储层露头地质建模

盆地东南部店头-双龙铀矿床铀储层沉积学及其成岩-成矿特色

在鄂尔多斯盆地东南部，店头-双龙铀矿床产出于直罗组下段的深切谷背景中，其中铀储层的成因类型、内部结构和物性品质遵从了深切谷充填演化规律而呈现有序变化。重要的是在优质铀源、强还原环境、后期构造变革等系列关键要素的协同作用下，于狭窄而有限的铀储层物理空间中发生了繁多而复杂的成岩-成矿作用。在有序而高效的成岩-成矿作用演化过程中，不仅形成了"小而富"的铀矿床，还直接导致了铀储层的致密化，同时还记录了近现代富有特色的地表氧化作用改造的痕迹。对这个具有"深切谷铀成矿模式"的古砂岩型铀矿床的解剖，有助于深入了解鄂尔多斯盆地直罗组下段铀成矿的多样性。

第十三章　深切谷发育背景与充填演化序列

鄂尔多斯盆地东南部黄陵露头区,特指直罗—店头—焦坪一带的露头区,属于盆地东南缘直罗组的剥蚀边界(图1-8、图3-8、图3-9)。在直罗组下段,形成发育了店头-双龙铀矿床,它的一部分掩埋地下,而另一部分暴露地表(图13-1)。露头区具有众多精彩的铀储层、层间氧化带和铀矿体的完整剖面(图13-2,表13-1)。2014年卓有成效的铀矿勘查,不仅将其储量规模扩大至大型铀矿床,还获得了一批珍贵的钻孔资料。因此,该区是进行含铀岩系地层学、铀储层沉积学和矿床学研究的理想天然实验室。

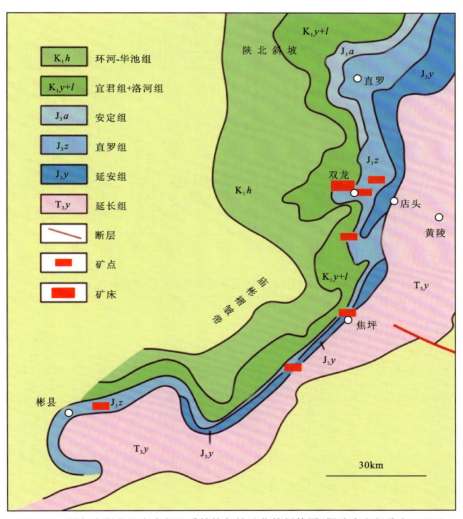

图13-1　鄂尔多斯盆地东南部地质结构与铀矿化特征简图(据孙圭和赵致和,1992)

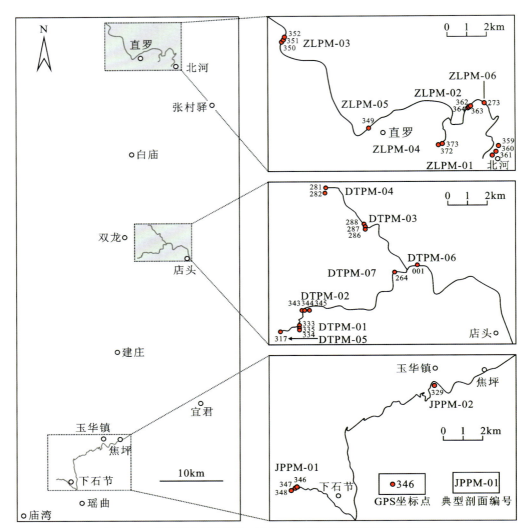

图 13-2 黄陵露头区(直罗—店头—焦坪)典型沉积剖面位置图

表 13-1 黄陵露头区典型剖面编号及 GPS 点位信息

地区	剖面名称		起始点 GPS 位置				
			剖面起点经纬度			剖面终点经纬度	
店头	南峪口剖面	DTPM-01	No.333	N35°38.576′	E109°00.160′	No.334	N35°38.544′	E109°00.188′
	南峪口东剖面	DTPM-02	No.343	N35°38.869′	E109°00.283′	No.345	N35°38.898′	E109°00.454′
	阮家沟剖面	DTPM-03	No.288	N35°40.671′	E109°01.820′	No.286	N35°40.555′	E109°01.839′
	李章河剖面	DTPM-04	No.281	N35°41.437′	E109°00.859′	No.282	N35°41.366′	E109°00.866′
	202 矿点剖面	DTPM-05	No.317	N35°38.334′	E108°59.537′			
	小沟渠剖面	DTPM-06	No.001	N35°39.735′	E109°03.019′			
	小沟渠南剖面	DTPM-07	No.264	N35°39.619′	E109°02.209′			

续表 13-1

地区	剖面名称		起始点GPS位置				
			剖面起点经纬度			剖面终点经纬度	
直罗	北河剖面	ZLPM-01	No. 359	N35°57.078′	E109°04.137′	No. 361	N35°56.875′	E109°03.986′
	杜家砭采石场剖面	ZLPM-02	No. 364	N35°58.149′	E109°03.230′	No. 362	N35°58.187′	E109°03.288′
	教场坪隧道剖面	ZLPM-03	No. 352	N36°00.120′	E108°57.249′	No. 350	N35°59.985′	E108°57.164′
	祁家湾采石场剖面	ZLPM-04	No. 372	N35°57.165′	E109°02.257′	No. 373	N35°57.212′	E109°02.335′
	直罗剖面	ZLPM-05	No. 349	N35°57.634′	E108°59.996′			
	杜家砭采石场东剖面	ZLPM-06	No. 273	N35°58.139′	E109°03.415′			
焦坪	下石节剖面	JPPM-01	No. 348	N35°13.950′	E108°50.327′	No. 346	N35°14.061′	E108°50.509′
	下崾崄剖面	JPPM-02	No. 329	N35°17.098′	E108°55.360′			

第一节 直罗组沉积早期深切谷发育背景

区域沉积体系分析表明，黄陵露头区的直罗组下段隶属于西秦岭北坡大型物源-沉积朵体（图 3-8）。与相同沉积时期的其他几个物源-朵体比较，鄂尔多斯盆地东南部直罗组铀储层的发育具有明显的特殊性，这主要取决于古构造背景的制约。在鄂尔多斯盆地南部，延安组沉积之后经历了一次区域性的不均衡构造抬升-掀斜事件，由该事件造成的势能差异及其与古气候条件的耦合，有效地促进了地表水系的下切作用，这便成为直罗组沉积早期深切谷形成发育的有利地质背景。深切谷充填不同于一般冲积平原上的河流水系沉积物，其在几何形态、发育规模、沉积物结构、充填演化趋势等方面，具有自身的固有特点。

一、古构造背景

在鄂尔多斯盆地，延安组沉积结束之后发生了一次区域性的构造抬升-掀斜事件，但是由于构造形式的差异，因而在盆地北部和南部形成了不同的沉积记录。

在盆地北部，此次构造事件表现为整体抬升，由于长期的沉积间断和风化作用在延安组顶部形成了风化壳，导致直罗组与延安组之间为平行不整合接触关系（李思田等，1992；黄焱球等，1997；黄焱球和程守田，1999；焦养泉等，2020a；图 2-4，图 2-6，图 2-7，图 4-7，图 5-4，图 5-5）。但是在盆地南部，此次构造事件却表现为不均衡的抬升，最重要的标志是直罗组与延安组之间呈角度不整合接触关系（王双明，1996；焦养泉等，2020a；图 2-4，图 2-5）。通过对延安组内部地层结构的分析发现，在盆地南部的偏南地区延安组顶部地层缺失严重,而偏向北部地区延安组顶部地层缺失较少,再向更北部延伸则延安组地层相对完整,并逐渐出现风化痕迹。这一特征在前直罗组的区域古地质编图中得以完整体现(Jiao et al,2016),自盆地南部剥蚀区向吴起—延安一带,直罗组相继与延长组、延安组第Ⅱ+Ⅰ地层单元、第Ⅲ地层单元、第Ⅳ地层单元、第Ⅴ地层单元相接触,显示延安组在南部遭受了更严重的剥蚀(图2-4)。从延安组地层结构及其剥蚀程度可以看出,此次构造事件的性质属于不均衡的构造抬升和掀斜,在盆地南部的构造样式表现为由南向北的区域抬升-掀斜,构造行迹表现为角度不整合,在盆地北部则表现为抬升及其产生的平行不整合。上述地质现象说明,此次构造事件的主导力源可能来自鄂尔多斯盆地以南的秦岭造山带,是一次陆内造山事件在沉积盆地中的远程响应(Jiao et al,1996,1997;焦养泉等,2020a),这一构造背景直接影响了随后发生的直罗组沉积作用。

在直罗组沉积之前,鄂尔多斯盆地南部由于区域不均衡抬升-掀斜作用势必会造成较大的地势落差。这不仅大大地增强了地表水系的下切能力,而且也提供了充足的陆源碎屑,这便是直罗组沉积早期深切谷形成发育的沉积动力学背景和机制。与盆地南缘的沉积充填相匹配,也正是由于延安组末期的区域构造抬升事件并与潮湿向干旱转换的古气候背景的耦合,极大地促进了整个鄂尔多斯盆地陆源碎屑的供给效率并达到罕见高峰,从而形成了源于乌拉山、狼山弧、龙首山和西秦岭北坡的4个大型物源-沉积朵体。其中,黄陵(直罗—店头—焦坪)露头区处于西秦岭北坡大型物源-沉积朵体的东部剥蚀边缘(表3-1,图3-8)。

二、深切谷基本特点

深切谷主要由地表水系驱动,但它不同于一般冲积平原上的地表水系,其几何形态、发育规模、沉积物结构、充填演化趋势等,均具有自身的固有特点。

1. 冲刷作用频繁、高流态沉积物发育

在深切谷的底部,由于物理空间有限,加之古水流能量较高、下蚀能力较强,直罗组对下伏延安组的频繁冲刷作用较为显著。在冲刷面之上,也通常发育有高流态的沉积物和沉积构造(图13-3a)。例如,发育大规模的滞留沉积物(图13-3b),具有大量的远源碎屑物砾石、丰富的泥砾以及大量大型植物茎秆(图13-3c)。它们要么呈现为滞留混杂堆积,要么表现为具有良好分选的大型槽状交错层理砂岩(图13-3d),另外含砾砂岩也较为常见(图13-3e),局部含细砾岩(图13-3f,g)。这些都是高流态的牵引流沉积产物。

在一些地区,由直罗组底部砂岩表征的深切谷局部下切幅度可达15~20m,直罗镇的北河剖面还存在明显的大规模箱状冲刷现象(图13-4)。

图 13-3 深切谷铀储层内部高流态沉积物与沉积构造，J_2z^1，店头镇

a. 冲刷界面及其高流态滞留沉积物频繁发育（南峪口）；b. 砾石、泥砾、碳质碎屑混杂堆积（南峪口）；c. 大型植物茎秆印痕（仰视，阮家沟）；d. 大型槽状交错层理（阮家沟）；e. 冲刷界面上富集的砾石层（南峪口）；f. 含植物碎屑和铁质氧化物的细砾岩，ZP04040；g. 含中砾细砾岩，ZP05009

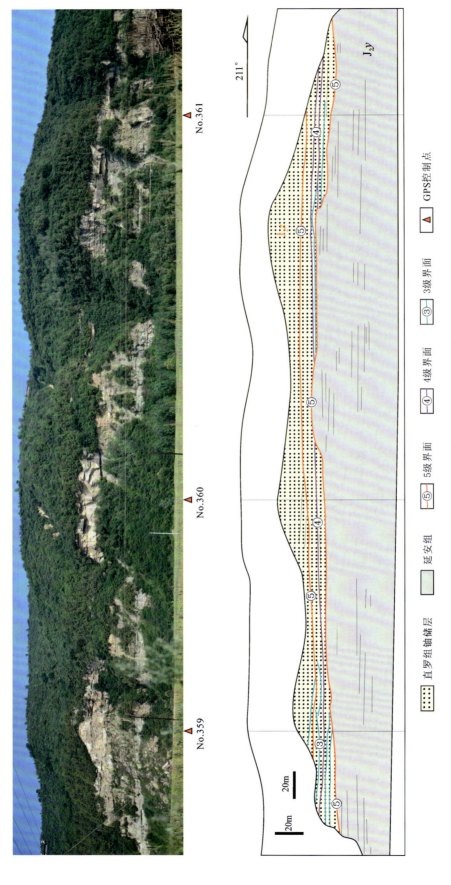

图13-4 展示直罗组底部箱状冲刷现象的露头剖面，$J_2y-J_2z^1$，直罗镇北河（ZLPM-01）

2. 伴生有罕见的稀性泥石流

深切谷的存在意味着沉积期具有较大的地势落差,高势能的存在又意味着存在形成重力流的沉积条件。实际上,在对一些钻孔的高精度编录和岩芯观察过程中,就发现了直罗组存在稀性泥石流沉积(图 13-5)。需要说明的是,在深切谷内部先前形成的泥石流沉积很容易被随后的河道水流改造,泥石流沉积物被保留的概率较小,但是它却能在沉积速率较为缓慢的层段得以保存。

稀性泥石流产出于直罗组的地质现象,这在鄂尔多斯盆地同沉积期的其他几个大型物源-沉积朵体中是罕见的。所以,稀性泥石流的发现也佐证了直罗组下段深切谷存在的合理性解释。

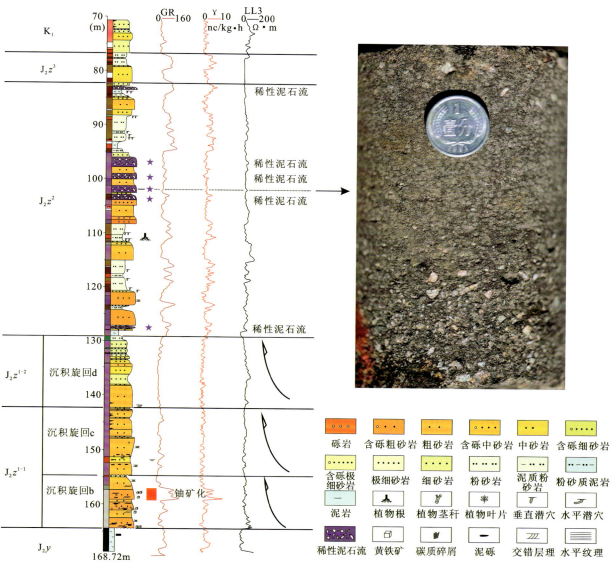

图 13-5　位于店头深切谷边缘 ZK004 钻孔中的稀性泥石流沉积

注:该钻孔缺失沉积旋回 a。

3. 呈半透镜状—条带状几何形态

在鄂尔多斯盆地东南部,对直罗组的区域地层对比发现,直罗组下段地层厚度存在较大的变化。在店头地区地层相对发育,最厚可达 90m。然而,在直罗和焦坪的一些地区,地层厚度仅 44m,甚至不足

24m。这充分显示了深切谷在垂向剖面上以深而窄的半透镜状几何形态为特色(图 13-6)。

深切谷的性质限定了其横向的发育规模,因而在平面上体现为纵向发育的条带状几何形态。在鄂尔多斯盆地东南部,直罗组下段主要为粗粒沉积物——砂岩和含砾砂岩,含砂率通常高于 85%,所以地层厚度图可以表征深切谷发育的空间位置。通过大区域的直罗组下段地层厚度编图发现,黄陵露头区主要存在 3 条彼此平行的深切谷,它们由北向南依次为店头深切谷、焦坪深切谷和庙湾深切谷(图 13-7)。通过比较,店头深切谷规模最大,保留最为完整,因而成为店头-双龙铀矿床最为有利的发育空间。这些深切谷总体呈现为南西-北东向展布,与区域露头古水流测量结果相吻合(图 13-8)。

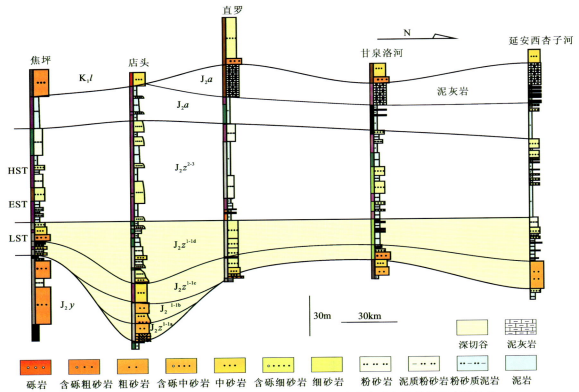

图 13-6 区域地层对比所展示的直罗组下段不均衡发育现象及其沉积充填结构

层序结构:LST.低位体系域;EST.湖泊扩展体系域;HST.高位体系域

注:该剖面方向近乎垂直区域古水流方向。

4. 深切谷中河道砂体的古水流方向

露头古水流测量是揭示深切谷中铀储层走向和含铀岩系物源位置最直接和最有力的手段。在鄂尔多斯盆地南缘,众多的直罗组露头剖面为古水流测量提供了充分条件。

在野外露头上,被用于进行古水流方向测量的指向标志主要有槽状交错层理(槽轴的倾伏向)、板状交错层理(前积纹层倾向)、叠瓦状砾石(倾向)、水流线理(走向)、植物茎秆(长轴走向)、透镜状河道(走向)等。其中,叠瓦状砾石的倾向与古水流方向相反,而水流线理、植物茎秆和透镜状河道的古水流方向确定,还需要借助其他具有确定性质的指向标志进行辅助判别。由于研究区地层近于水平,故无需进行地层校正。

据此,分别在直罗、店头和焦坪 3 个露头区获得实测数据 31 个、308 个和 16 个,优势古水流方向分别为 45°、30°～90°和 45°～60°(图 13-8),指示深切谷中铀储层的物源来自鄂尔多斯盆地西南部外围的西秦岭北缘(宝鸡)一带。

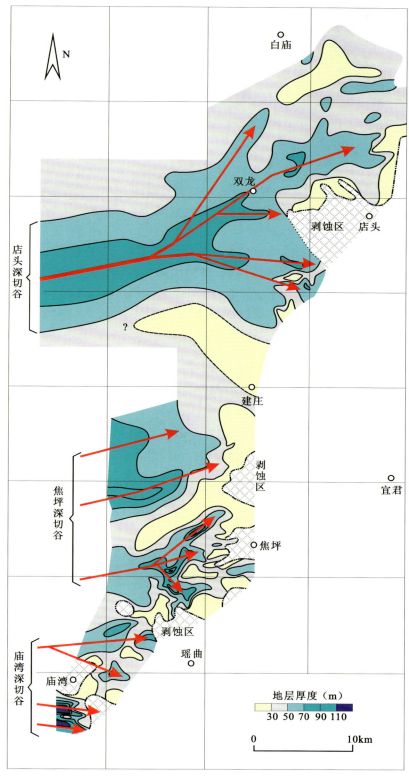

图 13-7 鄂尔多斯盆地东南部店头—焦坪—庙湾地区直罗组下段地层厚度分布图
注:店头地区的深切谷保留最为完整,而且规模最大。

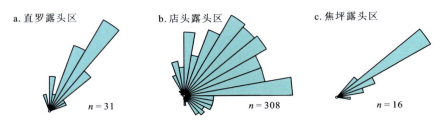

图 13-8　深切谷中河道砂体古水流玫瑰花图，J_2z^1，黄陵（据熊清，2016）

5. 深切谷中辫状河向曲流河的有序演化

深切谷既是沉积物的运移通道，也是沉积物堆积的有效空间。在古气候、古物源的协同配合下，直罗组下段深切谷的特有地质背景决定了沉积体系由辫状河向曲流河的特征有序演化，也为后期"下铀＋上油"的特色成矿（藏）奠定了良好地质基础。

在深切谷发育早期，坡降比比较大，辫状河沉积体系占据了深切谷的主导地位。随着时间推移，深切谷逐渐被淤浅，地形渐渐开阔，坡降比逐渐降低，沉积体系开始向曲流河性质的水系演变（图13-9）。目前的区域调查尚未在直罗组下段深切谷中发现有湖泊沉积的记录，因此辫状河和曲流河是深切谷充填演化的主体。辫状河和曲流河具有较大的区别，它们在沉积体形态、沉积物结构、沉积构造和垂向序列等方面具有系列的判别标志（焦养泉等，2015）。

在深切谷的充填演化过程中，具有辫状河性质的水系充填逐渐向曲流河演化，造就了河道砂体由相对的均质性向非均质性的有序演化，这恰恰从岩石物理和物性的角度为铀成矿和油成藏的发育以及"下铀＋上油"垂向叠置组合的形成提供了有利的储层地质条件。我国的砂岩型铀矿，大部分有选择性地形成于与辫状河相关的砂体中（焦养泉等，2006，2015b）。在鄂尔多斯东南部直罗组下段也不例外，铀矿优先富集于深切谷中下部的辫状河道型铀储层中（图13-10）。而在深切谷的上部，以曲流河沉积为主的砂岩中，却发现了石油充注的痕迹（图13-10）。在店头地区，虽然石油充注尚未达到工业油藏的规模，但是"下铀＋上油"的垂向叠置组合却引起了铀矿地质学家的关注。两者是否具有成因联系，尚有待深入研究。但是，它们有选择性地在深切谷的不同层位成矿与成藏，却是由沉积作用形成的储层性质决定的，显然这一点需要沉积学家进行解释。

第二节　直罗组下段深切谷充填演化序列

在鄂尔多斯盆地南部，直罗组沉积早期特有的深切谷背景，一方面会制约含铀岩系等时地层格架的样式，超覆式地层结构是其重要的特色；另一方面会制约沉积体系类型由辫状河向曲流河有序演化。

一、深切谷沉积旋回的单元识别

在鄂尔多斯盆地，直罗组下段通常被分为下亚段和上亚段。在盆地北部，直罗组下段的上下亚段间普遍存在1～2层薄煤线，成为东胜铀矿田主要的地层划分和对比的标志层。但是在盆地东南缘，除了焦坪地区直罗组下段中普遍缺失薄煤线。前人曾记载，焦坪地区直罗组下段具有两层薄煤线。然而，笔者仅在下石节煤矿发现了与薄煤线相对应的碳质泥岩（图13-11）。由此看来，薄煤线和碳质泥岩可以作为该地区直罗组下段上下亚段地层划分的标志，并且能与全盆地进行对比。在焦坪以北的店头和直罗地区，可以利用与薄煤线或碳质泥岩相对应的界面划分直罗组下段的上、下亚段。

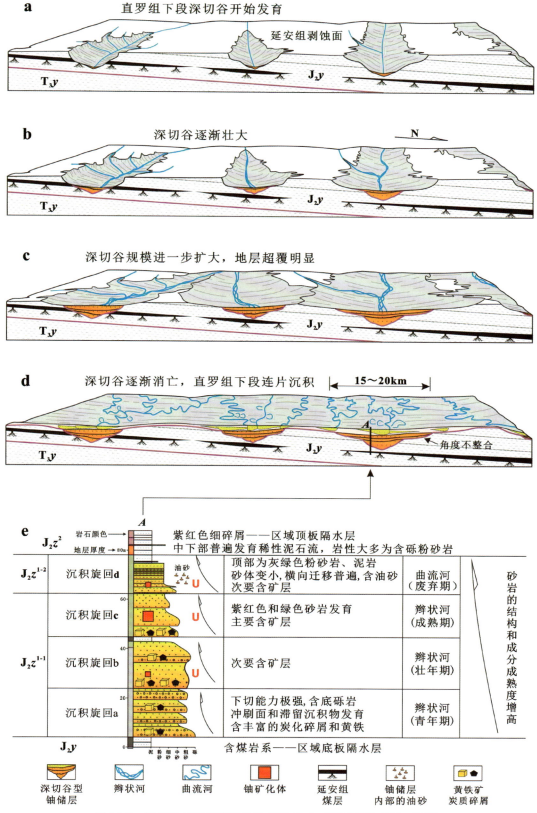

图 13-9 深切谷沉积充填演化模式图，J_2z^1，黄陵（直罗-店头-焦坪）

a.深切谷发育的青年期(沉积旋回 a)；b.深切谷发育的壮年期(沉积旋回 b)；c.深切谷发育的成熟期(沉积旋回 c)；d.深切谷发育的衰退期(沉积旋回 d)；e.深切谷沉积充填特征与铀成矿层位

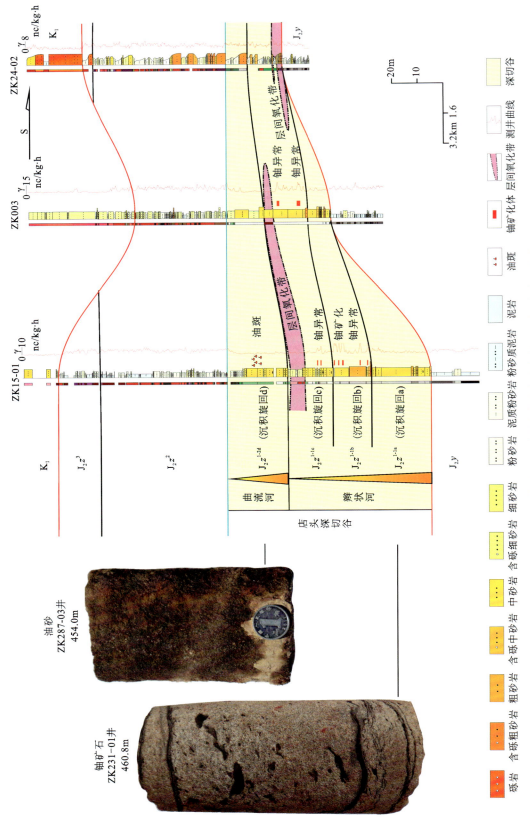

图13-10 深切谷中"下铀+上油"的垂向叠置组合规律，J_2z^1，店头—双龙

图 13-11 直罗组下段下亚段顶部发育的碳质泥岩成为地层划分的标志,焦坪下石节煤矿
a.延安组顶部—直罗组下段野外露头剖面;b、c.直罗组下段黑色薄层碳质泥岩

在黄陵(直罗—店头—焦坪)露头区,依据垂向序列的岩性韵律,可以将直罗组下段的粗碎屑岩段自下而上划分出4个沉积旋回(图13-12)。对比分析认为,沉积旋回a、b、c对应于直罗组下段下亚段(图13-6、图13-10、图13-13),而沉积旋回d对应于直罗组下段的上亚段(图13-12)。直罗组下段下亚段的沉积旋回a滞留沉积物很发育,冲刷面底部可见大量底砾岩和镜煤碎屑,黄铁矿很发育;直罗组下段上亚段(沉积旋回d)砂岩的成分成熟度相对较高,往往含有油斑,在沉积旋回顶部通常表现灰绿色粉砂岩和泥岩(图13-12)。

然而,在直罗—店头—焦坪露头区,直罗组下段的4个沉积旋回并非同步发育。比较而言,店头地区的4个沉积旋回发育齐全,也显示了具有较大的地层厚度特征(图13-6)。而直罗和焦坪地区仅发育沉积旋回c和沉积旋回d,地层厚度也较薄(图13-14)。这种地层厚度的悬殊差异现象充分地体现于图13-6和图13-10中。

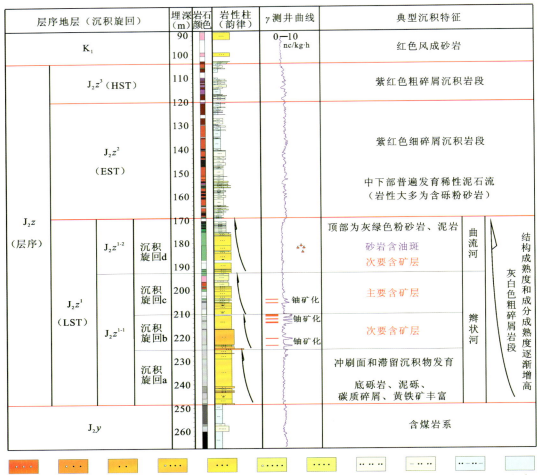

图 13-12 店头-双龙铀矿床典型地层结构,钻孔(ZK15-01)

层序结构:LST.低位体系域;EST.湖泊扩展体系域;HST.高位体系域

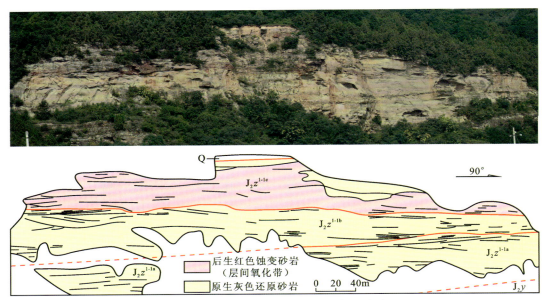

图 13-13 直罗组下段下亚段内部的 3 个沉积旋回,店头(DTPM-06)

注:剖面位于店头镇黄五公路旁,注意沉积旋回 c 被氧化。

图 13-14 直罗组下段沉积特征,焦坪下石节煤矿(JPPM-01)
a. 小型透镜状砂体与细粒沉积物(泥岩、粉砂岩)互层,沉积旋回 c;
b. 延安组、直罗组下段(沉积旋回 c、d)地层结构

二、深切谷沉积旋回超覆叠置型式

深切谷的沉积背景决定了其沉积充填具有超覆的垂向叠置型式。

通过区域地层对比和露头调查发现,在焦坪、店头、直罗及其以北的甘泉和延安地区,直罗组下段地层厚度变化较大(图 13-6、图 13-7)。其中,店头剖面地层相对完整,4 个沉积旋回齐全(图 13-12、图 13-15a),并且能够与店头-双龙铀矿的大部分钻孔进行对比。而焦坪下石节剖面仅发育有沉积旋回 c 和沉积旋回 d(图 13-16),沉积旋回 c 中的砂体极不发育(图 13-14、图 13-16)。即便是在前人建立直罗组的直罗镇一带,地层也不完整,明显缺少直罗组下段的沉积旋回 a 和沉积旋回 b(图 13-15b、图 13-17、图 13-18)。

在店头至建庄的小区域地层对比中,也发现了相似的规律性。如图 13-10 所示,从北向南,即由 ZK15-01→ZK003→ZK24-02,直罗组下段各沉积旋回表现出逐渐的超覆现象,显示了深切谷充填的透镜状几何形态。在 ZK15-01 附近,地层齐全而且厚度最大,应该是深切谷的轴部。由深切谷轴部逐步向南,沉积旋回 a 首先尖灭并被沉积旋回 b 超覆,随后沉积旋回 b 尖灭并被沉积旋回 c 超覆,沉积旋回 c 和沉积旋回 d 显示了充填补齐的特征。但是,可能由于差异压实作用的影响,沉积旋回 c 和沉积旋回 d 的沉积主体仍然处于深切谷的腹地。

因此,在黄陵(直罗—店头—焦坪)露头区,直罗组下段各沉积旋回的发育并非具有同步性,由沉积旋回 a 至沉积旋回 d 表现出了由早到晚逐渐超覆的地层结构(图 13-19)和由辫状河到曲流河演化的基本规律(图 13-9),这一过程也记录了深切谷由鼎盛期到逐渐消亡的演化历史。

图13-15 铀储层沉积剖面，J_2z^1，黄陵

a. 店头镇小沟渠南剖面（DTPM-07）；b. 直罗镇杜家砭采石场东剖面（ZLPM-06）

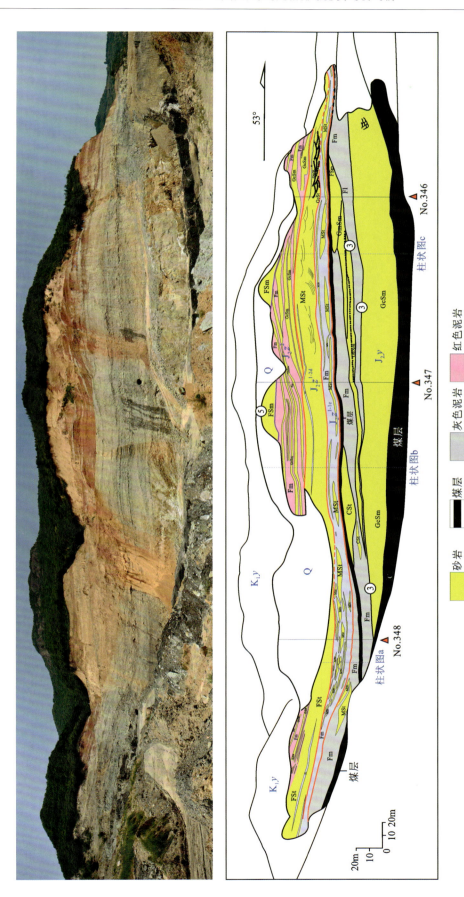

图13-16 延安组—直罗组大型野外露头写实剖面，焦坪下石节煤矿（JPPM-01）

GcSt.槽状交错层理含砾粗砂岩；GmSt.槽状交错层理含砾中砂岩；GcSm.块状含砾粗砂岩；GmSm.块状含砾中砂岩；CSt.槽状交错层理粗砂岩；MSt.槽状交错层理中砂岩；FSt.槽状交错层理细砂岩；FSm.块状交错层理细砂岩；Fm.块状、泥裂粉砂岩或泥岩；Fl.细纹理、很小的波痕粉砂岩或泥岩；C.煤或碳质泥岩

注：直罗组下段仅发育沉积旋回c和沉积旋回d。

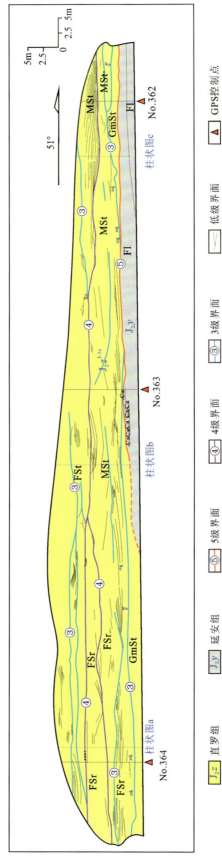

图13-17 铀储层沉积剖写实图，J_2z^{1-1}，直罗（ZLPM-02）

GmSt. 槽状交错层理含砾中砂岩；CmSt. 槽状交错层理粗砂岩；MSt. 槽状交错层理中砂岩；FSr. 各种小型交错纹层细砂岩；Fl. 细纹理、很小的波痕粉砂岩或泥岩

注：剖面位于直罗镇杜家砭采石场，注意缺失直罗组下段的沉积旋回a和沉积旋回b。

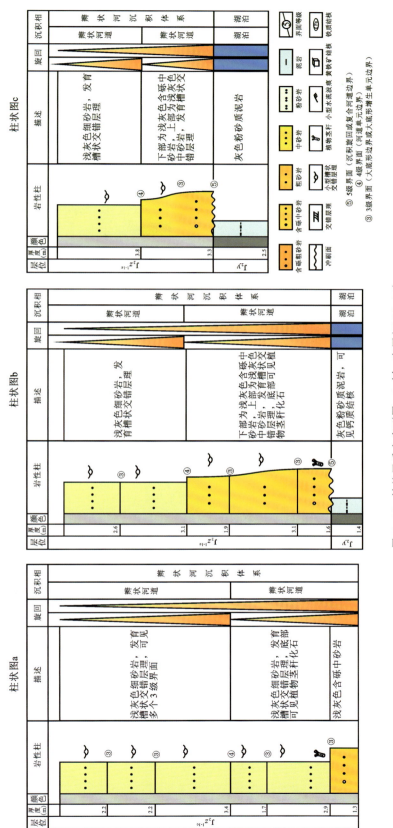

图13-18 铀储层垂向序列图，J_2z^{1-1}，直罗（ZLPM-02）

注：垂向序列位置见图13-17。

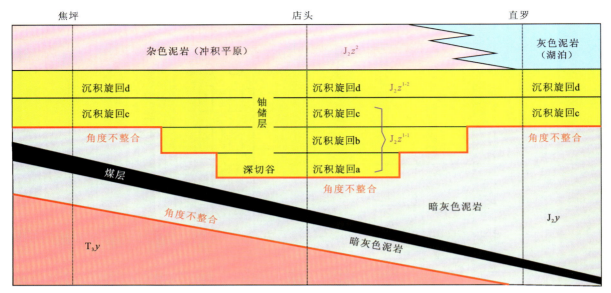

图 13-19　深切谷沉积充填超覆叠置型式示意图，J_2z^1，黄陵

T_3y.延长组；J_2y.延安组；J_2z^{1-1}.直罗组下段下亚段；J_2z^{1-2}.直罗组下段上亚段；J_2z^2.直罗组中段

三、深切谷消亡后的沉积充填序列

如果按照层序地层学的原理来分析，那么直罗组下段（J_2z^1）总体属于低位体系域（LST），其中下亚段的沉积旋回 a、沉积旋回 b 和沉积旋回 c 真正属于深切谷充填，上亚段（沉积旋回 d）属于深切谷填平补齐阶段的产物。在深切谷衰亡之后，具有盆地级规模的厚层泥岩超覆其上。在区域上，该套地层属于直罗组中段（J_2z^2），被解释为湖泊扩展体系域（EST）（焦养泉等，2005b，2006）。

在盆地南部偏北的直罗露头区至盆地北部的横山庙湾露头区，直罗组中段为大套灰色厚层泥岩（图8-9、图 8-14、图 13-20a），而在盆地南部偏南的店头地区（图 13-10）和焦坪露头区（图 13-16），直罗组中段是一套杂色细粒沉积物，暴露标志显著，两者形成了鲜明对照。如果将其与盆地北部东胜神山沟露头区进行对比，该区域直罗组中段也是一套杂色细粒沉积物（图 13-20b）。据此，可以大致恢复鄂尔多斯盆地直罗组中段沉积时期的沉积环境面貌，自南而北依次为冲积平原（焦坪—店头）→湖泊（直罗—庙湾）→冲积平原（东胜），此时湖泊的中心应该在直罗—庙湾地区，古气候属于干旱型。

直罗组上段（J_2z^3）在区域上被解释为高位体系域（HST）。在直罗教场坪隧道剖面上，还可以见到直罗组（J_2z）紫红色泥岩夹砂岩、安定组（J_2a）灰色泥岩-泥灰岩、洛河组（K_1l）风成沉积体系的完整大型沉积剖面（图 13-21）。

图13-20 鄂尔多斯盆地南部和北部直罗组中段细粒沉积物典型剖面差异性对比

a. 深切谷衰亡之后沉积的灰色湖泊泥岩沉积剖面,盆地南部直罗露头区ZLPM-05;b. 冲积平原上的杂色细粒沉积物,盆地北部东胜神山沟露头区

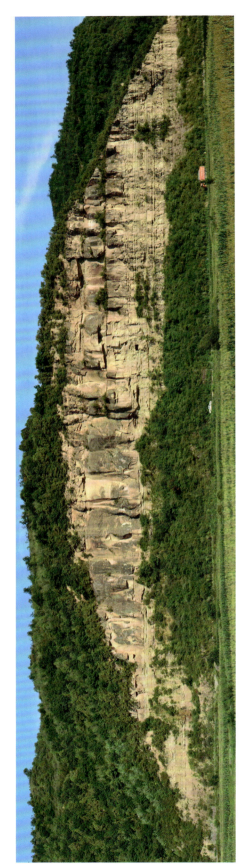
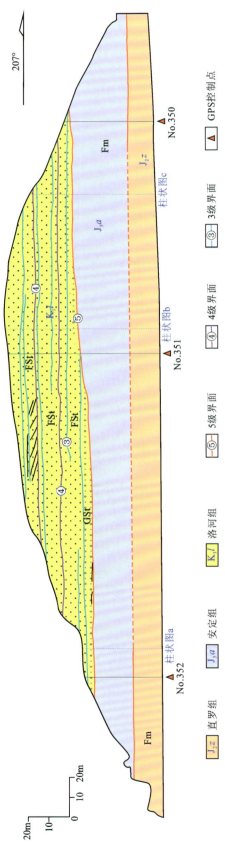

图13-21 深切谷上覆的直罗组上段—安定组—洛河组大型沉积剖面，直罗镇教场坪隧道（ZLPM-03）

Gst. 槽状交错层理含砾粗砂；FSt. 槽状交错层理细砂；Fm. 块状、泥裂粉砂或泥

第十四章　深切谷河道型铀储层结构与品质

发育于深切谷中的河道型铀储层,由于深切谷的限制以及沉积体系类型的不同,在内部结构和储层品质上具有较大的差异。总体来讲,在店头地区位于直罗组深切谷中下部的辫状河道型铀储层规模较大,结构简单,具有良好的均质性,可以构成优质铀储层。而位于深切谷充填演化末期的曲流河道型铀储层规模变小,泥质隔档层常见,结构较为复杂,非均质性较强,不是理想的铀储层。

在店头地区,目前见到的直罗组下段深切谷铀储层最显著的特色是砂岩高度致密化。分析和推理认为,在铀成矿前至少在成矿期,深切谷铀储层应该具有良好的物性条件。导致铀储层致密化的原因,可能是来自于铀成矿之后的强烈胶结作用。

第一节　不同类型铀储层的主要区别

受深切谷和沉积充填演化序列的约束,鄂尔多斯盆地南缘直罗组下段的下亚段和上亚段铀储层表现出了较大的差异性。在下亚段(沉积旋回 a~c)辫状河道型铀储层内部,一些河道单元或者大型底形以垂向叠置为特征,具有正韵律但是粒度较粗而且差别不大,其中缺少细粒沉积物隔档层。而在上亚段(沉积旋回 d)曲流河道型铀储层内部,河道单元具有强烈的侧向迁移特点,同时细粒沉积物隔档层较为发育,正韵律较为特征,非均质性显著增强。

一、辫状河道型铀储层

无论是在井下还是在野外露头上,处于深切谷底部(直罗组下段下亚段)的辫状河道型铀储层均具有极大的宽厚比,厚度大,含砂率高,连续性好。在露头上,通常难以见到下亚段各沉积旋回辫状河道砂体的两侧边缘。在下亚段各沉积旋回砂体外围,均缺少细粒沉积物(图 13-3、图 13-12、图 13-13、图 13-15)。无论是在垂直古水流的沉积剖面上还是在平行古水流的沉积剖面上,砂体内部的构成单元均呈现了垂向叠置的基本特征(图 14-1)。

1. 垂直古水流方向的典型剖面(DTPM-01)

DTPM-01 是一个垂直古水流方向的典型沉积剖面,位于店头镇南峪口村东部,剖面宽 70m,高 17m。该剖面由沉积旋回 a(J_2z^{1-1a})和沉积旋回 b(J_2z^{1-1b})构成,很好地记录了深切谷中辫状河砂体的基本特征(图 14-2)。

沉积旋回 a 发育有 5 条 4 级界面,由 6 个河道单元组成,编号依次为 ICU-Ⅰ~ICU-Ⅵ。除了 ICU-Ⅴ规模较大外,其余规模均较小。各河道单元以错落的垂向叠置(加积作用)为主。各河道单元的岩性均相对较粗,主要为槽状交错层理含砾粗砂岩(GcSt)和槽状交错层理含砾中砂岩(GmSt)。在冲刷界面或者纹层组界面上,成层出现的砾石最为特征,个别砾石粒径最大为 10cm,平均为 4cm。在沉积界面附近,大型植物茎秆铸模和印痕丰富,部分残留有碳质,表现为碳质碎屑。围绕碳质碎屑,被褐铁矿化的黄铁矿也极其发育(图14-3)。这些沉积特征均显示,在深切谷发育的早期辫状河流的古水动力能量较强,而且古水动力周期性变化频繁,源区具有良好的植被和充足的碳质碎屑。

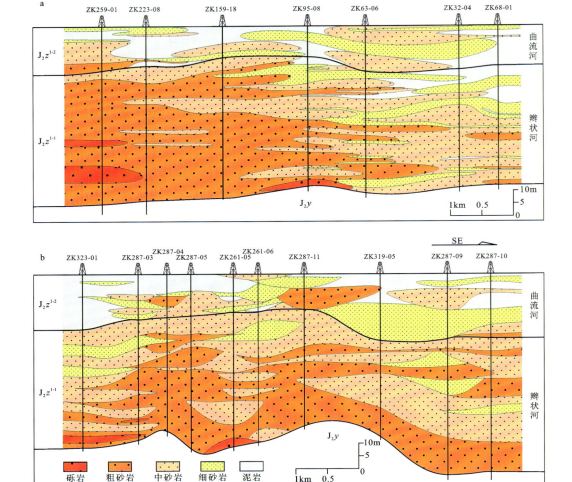

图14-1 店头-双龙铀矿床直罗组下段的典型沉积剖面
a.平行古水流剖面;b.垂直古水流剖面

沉积旋回 b 有4条4级界面,由5个河道单元组成。除ICU-Ⅴ残留规模有限外,ICU-Ⅰ和ICU-Ⅲ规模较小,但是 ICU-Ⅱ 和 ICU-Ⅳ 规模较大,这是一个重要的变化。各河道单元及其内部更低级别构成单元,开始显现有规律的侧向斜列叠置。岩性明显变细,以具有槽状交错层理的中砂岩(MSt)为主。砂体中明显缺少植物茎秆(碳质碎屑)和黄铁矿。这预示着沉积旋回 b(J_2z^{1-1b})发育时期,深切谷中辫状河流的古水动力能量开始降低,古水流能量的波动性也趋渐缓和。古水流能力的降低和高流态事件的减少直接导致冲刷作用相对减弱,因此沉积旋回 b 中相对缺乏滞留沉积物,则砂体中相对缺乏植物茎秆(碳质碎屑)和黄铁矿。

由此可见,在 DTPM-01 剖面上,直罗组下亚段的两个沉积旋回区别较为明显。下部沉积旋回 a(J_2z^{1-1a})代表了直罗组中相对最强的古水动力能量,高能沉积与冲刷事件频繁发育,滞留沉积物发育,沉积物粒度较粗(普遍含砾石),沉积界面上碳质碎屑和黄铁矿较为发育。也可能铀储层内部的构成单元具有较大的沉积规模,但是由于随后强烈的冲刷作用,从而导致铀储层内部各构成单元的残留规模相对较小。而上部的沉积旋回 b 则显示了相对较低的古水动力能量的沉积特征。整个剖面上,无论沉积旋回的级别或高或低,它们均表现为具有正韵律的垂向序列(图14-4)。

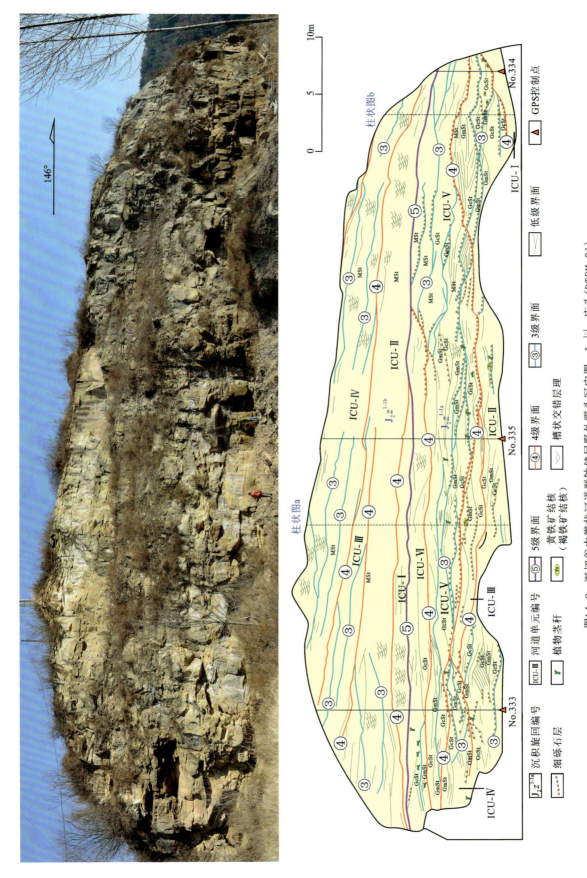

图14-2 深切谷中辫状河道型铀储层野外露头写实图，J_2z^{1-1}，店头（DTPM-01）

GcSt. 槽状交错层理含砾粗砂岩；GmSt. 槽状交错层理含砾中砂岩；MSt. 槽状交错层理中砂岩

注：剖面位于店头镇南岭口，剖面方向与古水流方向基本垂直。

图 14-3　辫状河道型铀储层中丰富的碳质碎屑和黄铁矿（褐铁矿化），J_2z^{1-1}，店头镇

a. 沉积界面附近严重的褐铁矿化现象（南峪口，DTPM-01）；b. 滞留沉积物的褐铁矿化现象（南峪口，DTPM-01）；
c. 植物茎秆附近的褐铁矿化现象（黄五公路）；d. 碳质碎屑及其周边镶嵌的黄铁矿（ZK323-01，499.6m）；
注：黄铁矿在地表被氧化表现为大规模的褐铁矿化污染，碳质碎屑被地表氧化后有机质大部分丧失。

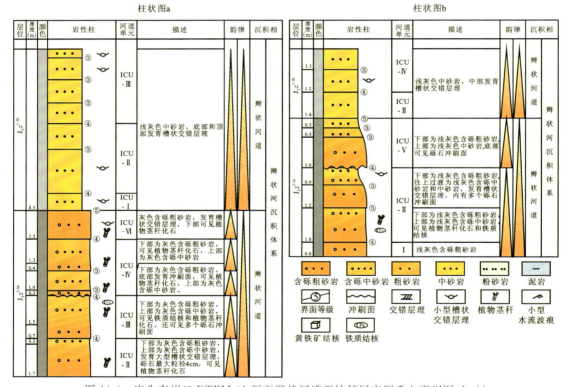

图 14-4　店头南峪口 DTPM-01 剖面辫状河道型铀储层实测垂向序列图，J_2z^{1-1}

⑤5 级界面（沉积旋回或复合河道边界）；④4 级界面（河道单元边界）；③3 级界面（大底形边界或大底形增生单元边界）
注：实测柱状位置见图 14-2。

2. 垂直古水流方向的典型剖面（DTPM-03）

DTPM-03 是另一个垂直古水流方向的典型沉积剖面，位于南峪口 DTPM-01 剖面北东方向的阮家沟一带，两者相距约 4km。该剖面相对规模较大，宽 263m、高 40m，主要由延安组和直罗组下段下亚段的沉积旋回 a（J_2z^{1-1a}）、沉积旋回 b（J_2z^{1-1b}）和沉积旋回 c（J_2z^{1-1c}）构成，但是沉积旋回 c 遭受剥蚀较为严重（图 14-5）。

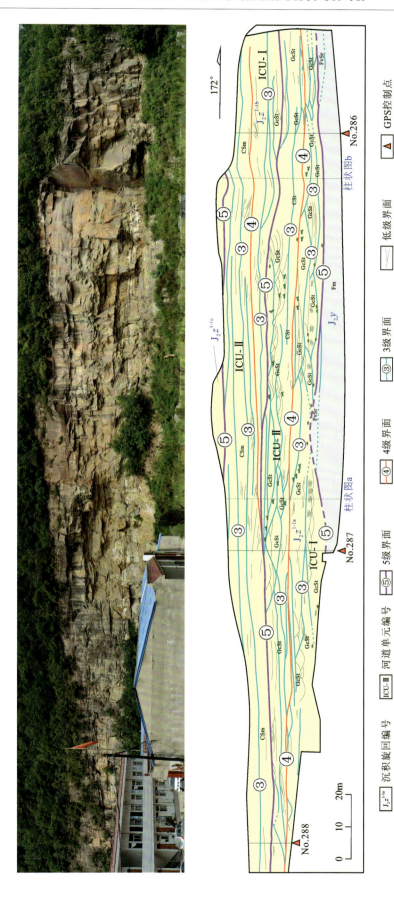

图14-5 深切合中辫状河道型铀储层野外露头素写图，J_2z^{1-1}，店头（DTPM-03）

GcSt.槽状交错层理含砾粗砂岩；CSm.块状粗砂岩；CSt.槽状交错层理粗砂岩；FvSr.小型水流波痕纹理粉砂岩；Fm.块状粉砂岩或泥岩

注：剖面位于店头镇阮家沟，剖面方向与古水流方向基本垂直。

该剖面与南峪口 DTPM-01 剖面基本相似，剖面走向总体垂直古水流方向，各河道单元以垂向叠置为主，也具有向上变细的正韵律（图 14-6）。在沉积旋回 a 中，沿高级别沉积界面也发育有丰富的滞留沉积物，植物茎秆化石、碳质碎屑和黄铁矿同样较为发育。而在沉积旋回 b 和沉积旋回 c 中，却相对缺少植物茎秆化石、碳质碎屑和黄铁矿。

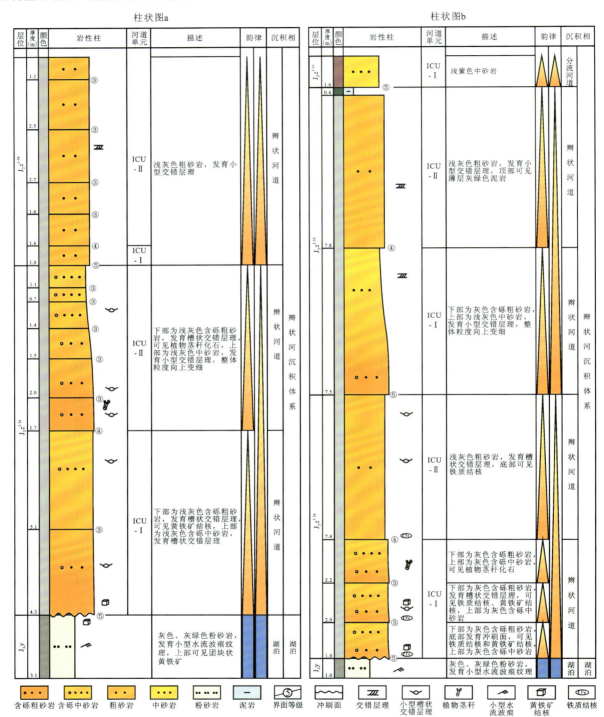

图 14-6　阮家沟 DTPM-03 剖面辫状河道型铀储层实测垂向序列图，J_2z^{1-1}，店头镇

⑤5 级界面（沉积旋回或复合河道边界）；④4 级界面（河道单元边界）；③3 级界面（大底形边界或大底形增生单元边界）

注：实测柱状位置见图 14-5。

3. 平行古水流方向的典型剖面（DTPM-02）

DTPM-02 位于 DTPM-01 剖面北偏东方向，相距约 650m（图 13-2）。但是，该剖面与 DTPM-07 剖面（图 13-15a）相似，剖面走向总体上平行于古水流方向，因此两者可以从另一个角度认识深切谷中辫状河道型铀储层的内部构成特征。

DTPM-02 剖面宽 445m，高 75m，主要由延安组和直罗组下段下亚段的沉积旋回 a（J_2z^{1-1a}）、沉积旋回 b（J_2z^{1-1b}）和沉积旋回 c（J_2z^{1-1c}）构成，沉积旋回 c 也遭受了较为严重的剥蚀。该剖面最大的特点在于，铀储层内部的 5 级和 4 级沉积界面在较大的范围内基本水平或相互平行，由其限制的沉积旋回和河道单元均以严格的垂向叠置为特征（图 14-7），由此表现出了与垂直古水流剖面的细微差别。

在直罗—店头地区，无论是垂直古水流剖面（图 13-17、图 14-2、图 14-5）还是平行古水流剖面（图 13-13、图 13-15a、图 14-7），它们还具有一个共同的特点，那就是各沉积旋回中均缺乏由细粒沉积物构成的泛滥平原沉积，这是辫状河道砂体能够成为潜在优质铀储层的重要特征。缺乏细粒沉积物的铀储层，将拥有更高的孔隙度和更好的渗透性，这易于含矿流体的运移，并为铀矿沉淀富集奠定了良好的物理空间。

二、曲流河道型铀储层

与辫状河道型铀储层相比，曲流河道型铀储层的最大变化是非均质性大大增强，这是深切谷发展演化末期坡降比进一步减小的一种沉积学响应。位于店头镇李章河的 DTPM-04 剖面及直罗镇祁家湾采石场的 ZLPM-04 剖面，记录了曲流河道型铀储层内部构成非均质性的精彩细节。

1. DTPM-04 剖面铀储层结构特征

DTPM-04 剖面走向大致垂直于古水流方向，剖面宽度为 180m，高度为 30m。精彩地记录了直罗组下段上亚段，也就是沉积旋回 d（J_2z^{1-2d}）中具有侧向迁移的曲流河道型铀储层结构（图 14-8）。

在该剖面上，识别了 1 条 5 级界面和 4 条 4 级界面，由此将沉积旋回 d 划分为 5 个河道单元，依次命名为 ICU-Ⅰ～ICU-Ⅴ（图 14-8）。ICU-Ⅰ位于剖面左下角，规模有限。ICU-Ⅱ向右迁移，它切割了早期的 ICU-Ⅰ，并且扩大了规模。ICU-Ⅲ继承了 ICU-Ⅱ的特征，除对早期的河道单元切割外，继续向右迁移，规模进一步增大，由 3 级界面限定的点坝及其点坝增生单元具有向左侧向迁移的特征，而且在沉积末期被泛滥平原所取代，由此构成了 4.5m 厚的泥质隔档层。ICU-Ⅳ位于剖面右上角，由于剥蚀严重，结构不明朗。ICU-Ⅴ位于剖面左上部，切割了下伏的 ICU-Ⅱ 和 ICU-Ⅲ，其内部的点坝及其点坝增生单元具有向右侧向迁移的规律，其规模进一步增大。

相对于辫状河道型铀储层而言，曲流河道型铀储层的粒度相对较细（图 14-8）。DTPM-04 剖面主要由槽状交错层理含砾粗砂岩（GcSt），块状中砂岩（MSm），槽状交错层理中砂岩（MSt），块状细砂岩（FSm），槽状交错层理细砂岩（FSt），块状、泥裂层理粉砂岩或泥岩（Fm）组成，其中砂岩和细砂岩占有较高的比例。这些岩性在河道单元内部乃至沉积旋回 d 的内部，分布具有良好的规律性。通常来讲，在河道单元内部，中砂岩和细砂岩主要位于中下部，而粉砂岩和泥岩则位于顶部，显示了古水流能量逐渐减弱的趋势。在沉积旋回 d 内部，存在两个大的演化周期，由 ICU-Ⅰ～ICU-Ⅲ古水流能量具有由强变弱的趋势，至 ICU-Ⅲ末期降至最低。从 ICU-Ⅳ～ICU-Ⅴ，似乎又开始了新一轮的演化。但是相比而言，从 ICU-Ⅰ～ICU-Ⅲ至 ICU-Ⅳ～ICU-Ⅴ，显示了更高层次的古水流能量降低的变化周期。

总之，无论是在河道单元内部，还是在河道单元"组"中，甚至是在沉积旋回 d 内部，均具有下粗上细、粒度区别明显的正韵律（图 14-9）。DTPM-04 剖面整体缺乏植物茎秆化石、碳质碎屑和黄铁矿。

2. ZLPM-04 剖面铀储层结构特征

ZLPM-04 剖面与 DTPM-04 剖面非常相似，也是曲流河道型铀储层的一个典型代表。该剖面位于直罗镇祁家湾采石场，宽 240m、高 21m（图 14-10）。

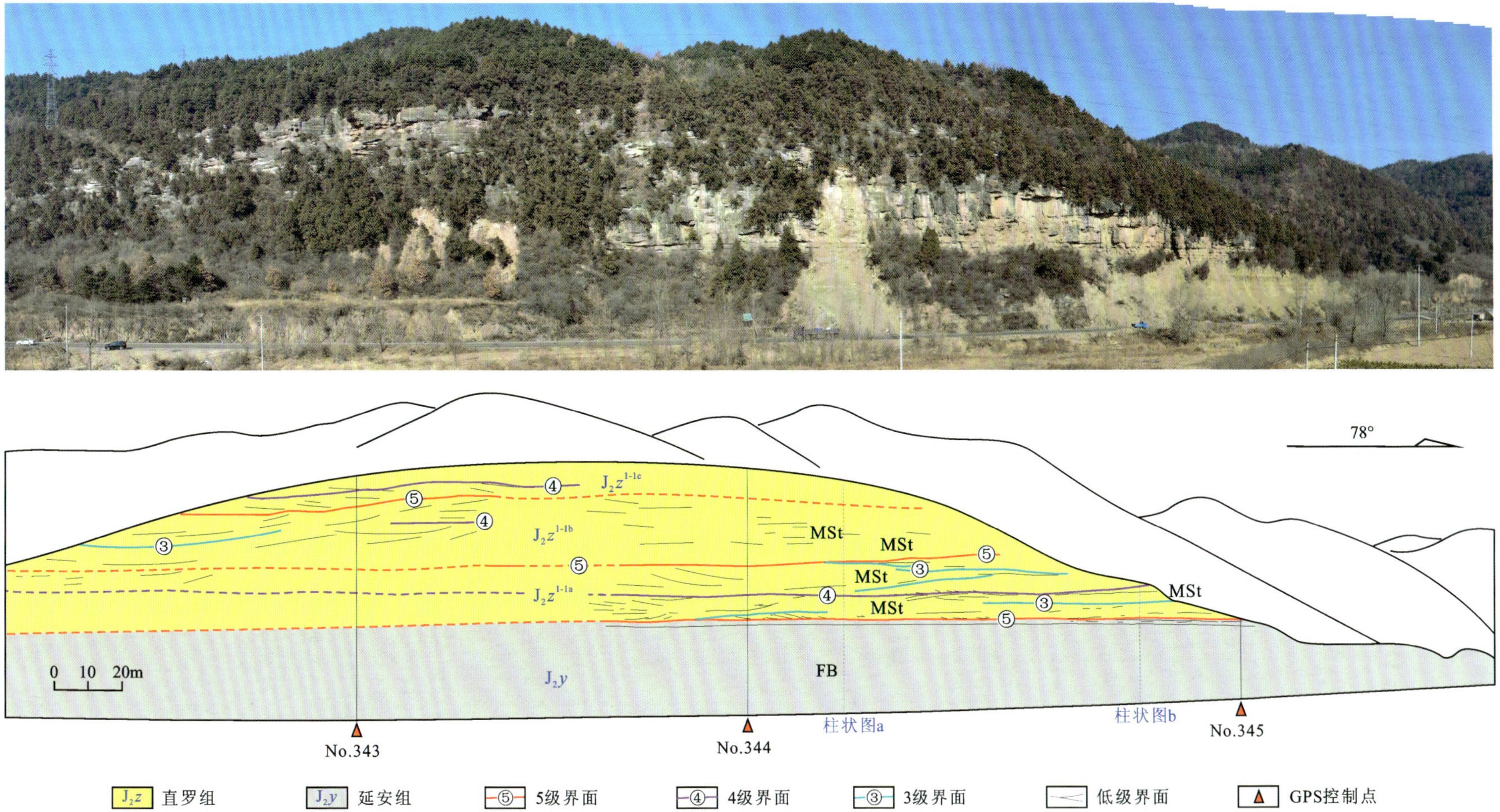

图14-7 深切谷中辫状河道型铀储层野外露头写实图，J_2z^{1-1}，店头（DTPM-02）

MSt.槽状中砂；FB.泛滥平原

注：剖面位于店头镇南峪口东，剖面方向与古水流方向基本平行。

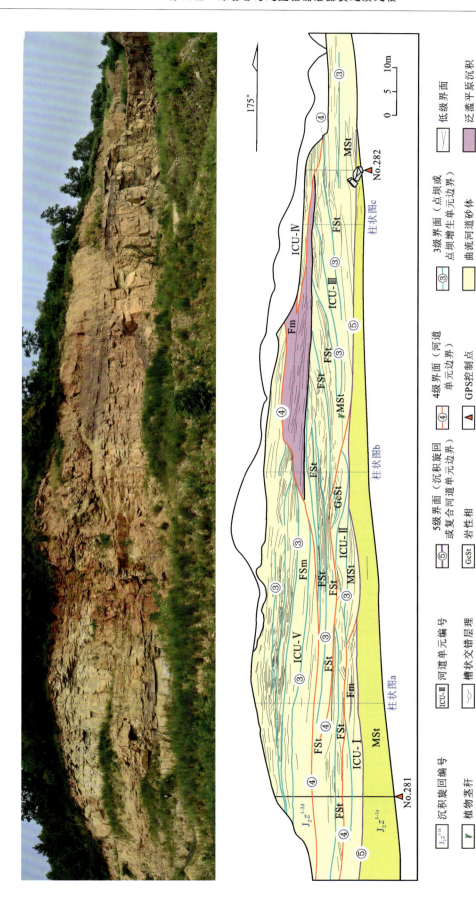

图14-8 深切谷中曲流河道型铀储层野外露头写实图，J_2z^{1-2}，店头（DTPM-04）

GcSt.槽状交错层理含砾粗砂岩；MSt.块状中砂岩；MSm.块状层理中砂岩；FSm.块状细砂岩；FSt.槽状交错层理细砂岩；Fm.块状且具有泥裂的粉砂岩或泥岩

注：剖面位于店头镇李章河，剖面方向与与古水流方向基本垂直。

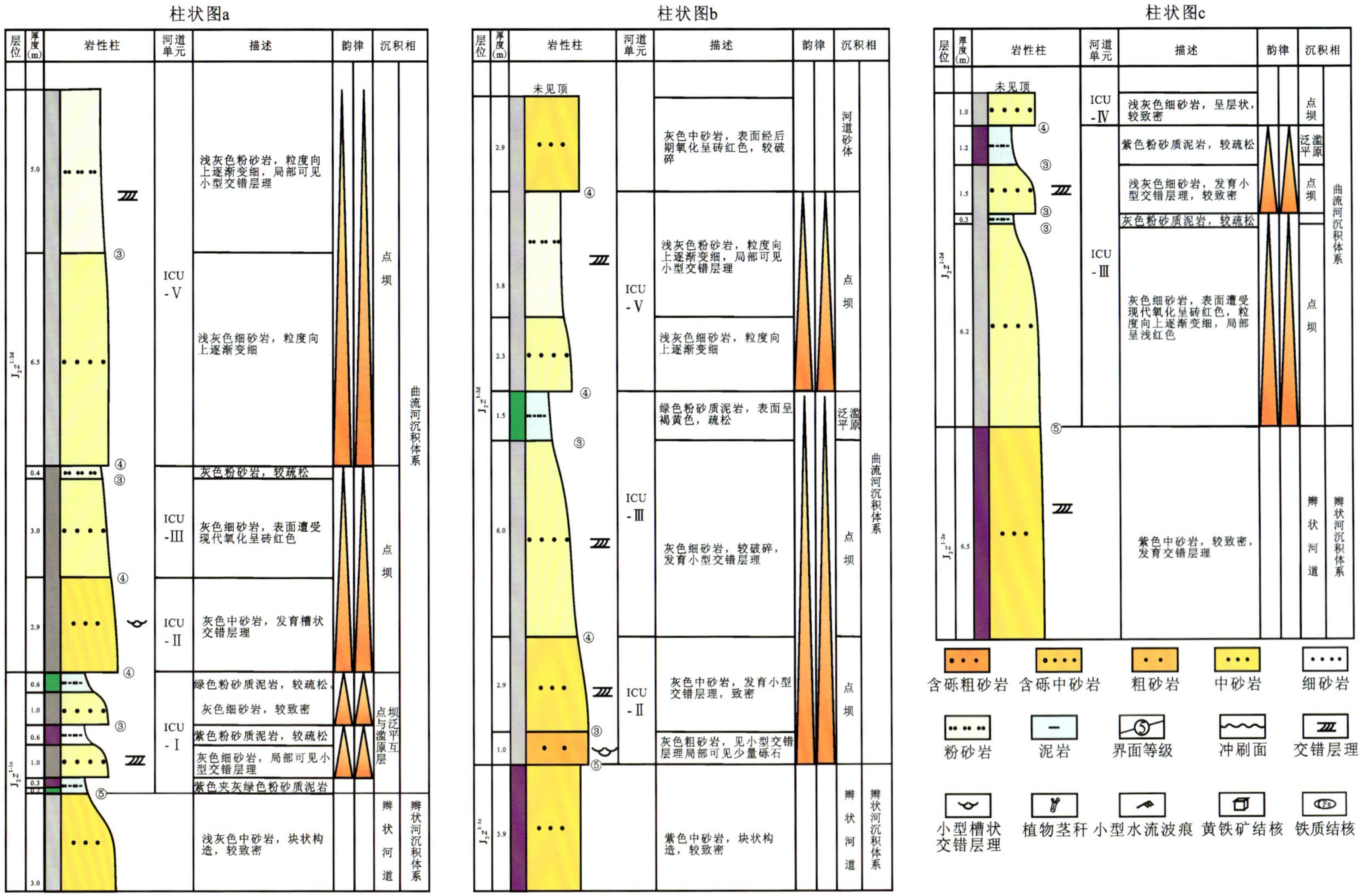

图14-9 李章河DTPM-04剖面曲流河道型铀储层实测垂向序列图，J_2z^{1-2}，店头镇

注：实测柱状位置见图14-8。

⑤ 5级界面（沉积旋回或者复合河道边界）；④ 4级界面（河道单元边界）；③ 3级界面（点坝或点坝增生单元边界）

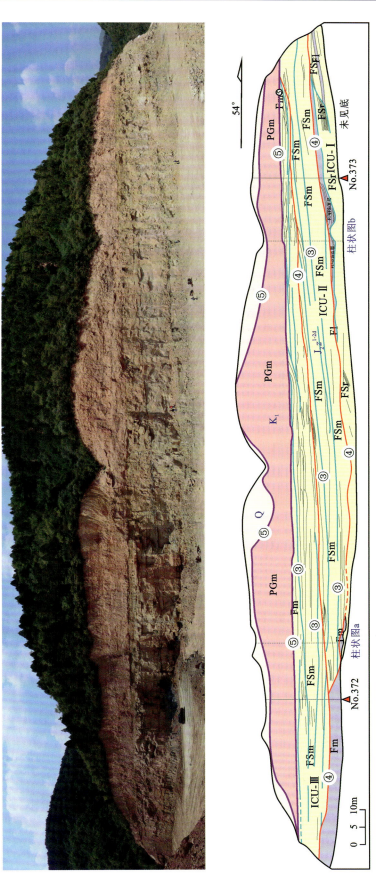

图14-10 深切谷中曲流河道型铀储层野外露头写实图，J_2z^{1-2}，直罗（ZLPM-04）

PGm.块状中砾岩；FSr.各种小型交错纹理细砂岩；FSm.块状细砂岩；Fm.块状且具有泥裂的粉砂岩或泥岩；Fl.细纹理、很小的波痕粉砂岩或泥岩

注：剖面位于直罗镇祁家湾采石场，剖面方向与古水流方向基本垂直。

剖面中主要记录了3个河道单元，它们最大的特色是依次向左侧迁移，并对剖面左下部早期形成的泛滥平原沉积物造成了严重冲刷（图14-10）。侧向迁移的河道单元叠置方式、4级界面几何形态，以及河道单元与泛滥平原的空间配置结构表明，在直罗组下段上亚段沉积期，该剖面的左侧为曲流河的凹岸，而右侧为凸岸，河道单元则主要由依次向左侧向迁移的点坝或点坝增生单元构成。该剖面也明显缺乏植物茎秆化石、碳质碎屑和黄铁矿。

比较而言，在ZLPM-04剖面和DTPM-04剖面中，甚至在黄陵露头区的其他一些剖面上（图14-11），丰富的细粒沉积物夹层（泥质隔档层）是曲流河道型铀储层非均质性的重要表现之一。

图14-11 黄陵露头区直罗组下段上亚段曲流河沉积特征
a.河道单元内部侧向迁移的点坝，店头镇李章河DTPM-04剖面附近；b.河道单元间的泛滥平原沉积（泥质隔档层），直罗镇杜家砭采石场剖面ZLPM-02剖面附近

由此可见，在鄂尔多斯盆地南缘深切谷背景中，直罗组下段下亚段和上亚段由于沉积体系类型的差异，辫状河道型和曲流河道型铀储层具有明显的区别，前者规模较大，粒度较粗，均质性较强，而后者粒度较细，非均质性更强（图14-12）。所以，从形成大规模区域含矿流场的角度看，辫状河道型砂体是最理想的铀储层（焦养泉等，2006，2012a，2015b）；从深切谷中铀储层内部还原介质的角度看，辫状河道型砂体也是最理想的铀储层（焦养泉等，2008b）。

第二节　深切谷河道型铀储层品质分析

在铀储层空间定位预测及内部结构分析的基础上，铀储层的品质分析显得愈加重要，因为铀储层品质直接制约含矿流体运移的效率、化学反应的进程和铀矿物沉淀的空间（焦养泉等，2006，2011）。铀储层的品质特指影响铀储层多孔介质特性的岩石物质成分和物性条件，主要包括沉积物粒度、孔隙度、渗透率、岩石密度、特色矿物、氧化-还原环境等方面。沉积环境、沉积作用和成岩作用直接决定了铀储层品质的优劣。

在鄂尔多斯盆地南缘，受深切谷发育演化和充填过程的制约，直罗组铀储层品质表现出了一些特殊性和规律性。最显著的特色是砂岩高度致密化，目前的铀储层具有较低的孔隙度和渗透率，以及较高的岩石密度。致密化砂岩对于砂岩型铀矿的形成应该是致命的，但是恰恰其中却产出了大型规模的铀矿体。经分析和推理认为，在铀成矿前至少在成矿期店头地区直罗组下段深切谷铀储层应该具有良好的物性条件，导致深切谷河道型铀储层致密化的原因，可能是来自于铀成矿之后的强烈胶结作用。

综合比较发现，受深切谷的沉积作用类型和沉积充填演化过程的制约，下亚段隶属于辫状河沉积体系成因的沉积旋回c拥有最好的铀储层，其次是沉积旋回b，而沉积旋回a相对较差。上亚段的沉积旋回d不是理想的铀储层，但却有利于油气的储存。

图14-12 深切谷中不同类型铀储层非均质性直观比较，J_2z^1，店头镇

a.辫状河道型铀储层，南岭口DTPM-01剖面；b.曲流河道型铀储层，李章河DTPM-04剖面；两个剖面方向均与古水流方向垂直

一、铀储层的粒度分析

粒度分析是沉积环境判别和古水动力研究的重要指标,也可以作为铀储层品质评价的一个指标,因为其与孔隙结构关系密切。对店头地区直罗组下段深切谷中铀储层的粒度分析表明,其属于牵引流的沉积产物,且由下亚段到上亚段粒度明显变细,古水动力能量逐渐降低,由此也制约了铀储层的品质(图14-13)。

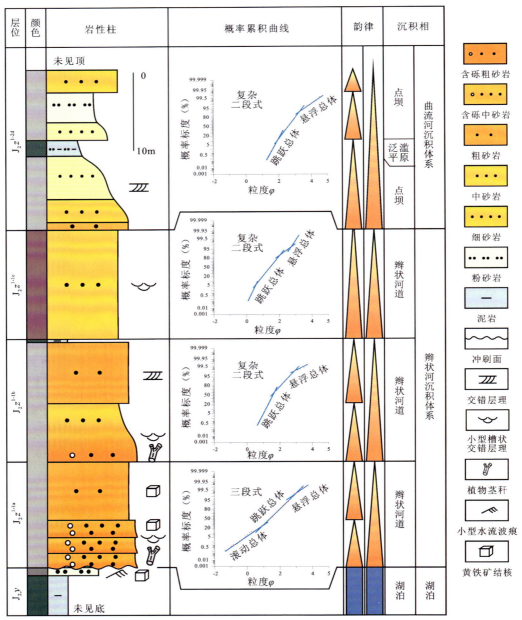

图 14-13　深切谷河道型铀储层综合柱状图与粒度分析,J_2z^1,店头镇

店头地区直罗组下段深切谷铀储层各样品的概率累计曲线,主要为"三段式"和"复杂的二段式"两种结构类型。比较发现,自下亚段依次向上亚段概率累计曲线具有由"三段式"向"复杂的二段式"演化

的特征,粒度也明显变细,反映了深切谷充填过程中古水动力条件逐渐减弱的趋势。其中,沉积旋回 a 为三段式,以滚动总体和跳跃总体为主,含少量的悬浮总体,粒度最粗,曲线斜率较低(分选较差),显示了高流态沉积特征。沉积旋回 b 和沉积旋回 c 为复杂的二段式,以跳跃总体和悬浮总体为主,但以跳跃总体更为发育,粒度较沉积旋回 a 明显变细,曲线斜率增高(分选性变好),显示为高流态但是能量有所降低。沉积旋回 d 粒度最细,也为复杂的二段式,以跳跃总体和悬浮总体为主,曲线斜率进一步增高(分选性更好),但是悬浮总体的比例明显增加,显示古水流能量进一步降低(图 14-13)。

店头地区直罗组下段 4 个沉积旋回铀储层的粒度参数特征具体表现如下。

(1)平均粒径(M_z)在 0.90φ～3.60φ 之间,下亚段和上亚段平均值分别为 1.49φ 和 1.95φ,反映粒度具有变细的趋势。

(2)分选系数(σ)在 0.48～0.93 之间,下亚段和上亚段平均值分别为 0.67 和 0.63,反映砂体分选好—中等,总体分选性变好。

(3)偏度(S_K)在 -0.14～0.30 之间,下亚段和上亚段平均值分别为 0.04 和 0.06,总体上近于对称或正偏,表现出河流沉积的特征。

(4)峰度(K_G)在 0.76～1.21 之间,下亚段和上亚段平均值分别为 1.02 和 0.93,大部分样品峰度为平坦或中等(表 14-1)。

表 14-1 深切谷中铀储层粒度参数汇总,J_2z,店头镇(据鄢朝,2015)

	层位	平均粒径(M_z)	标准偏差(σ)	偏度(S_K)	峰度(K_G)	$C(\varphi 1)$	$M(\varphi 50)$	样品数(个)
	J_2z^3	0.91	0.77	-0.10	1.04			1
	J_2z^2	1.45	0.85	0.00	1.03			2
深切谷	J_2z^{1-2d}	1.95	0.63	0.06	0.93	0.57	1.94	6
	J_2z^{1-1c}	1.36	0.69	0.07	0.98	0.02	1.53	11
	J_2z^{1-1b}	1.29	0.62	0.03	1.13	-0.18	1.29	2
	J_2z^{1-1a}	1.36	0.62	-0.05	1.06	-0.33	1.38	3

由粒度参数编制的直罗组下段的 $C-M$ 图,主要由 NO 段(代表滚动搬运的粗粒物质)、OP 段(以滚动搬运为主,与悬浮组分相混合)、PQ 段(以悬浮搬运为主,含有少量滚动组分)和 QR 段(代表递变悬浮段)构成,显示出牵引流的特征。由沉积旋回 a 到沉积旋回 d,从 NO 段和 OP 段逐渐向 PQ 段和 QR 段演化,沉积物粒度逐渐变细。特别是上亚段 NO 段比例减小、QR 段比例增加,说明上亚段水动力条件较之于下亚段明显降低(图 14-14)。这总体上与直罗组下段深切谷由辫状河向曲流河演化的趋势相吻合(图 13-9、图 13-12)。

二、铀储层的物性和密度特征

现今店头地区直罗组铀储层的显著特色是砂岩致密化严重,它们具有较低的孔隙度和渗透率以及较高的岩石密度。

1. 铀储层的孔隙度和渗透率

对店头地区直罗组下段砂岩的物性测试(孔隙度和渗透率)结果表明,直罗组深切谷河道型铀储层总体属于低孔、特低(超低)渗的致密储层。

砂岩的孔隙度介于 7.97%～16.55%,平均为 12.42%(图 14-15a),大部分为低孔隙度;渗透率变化范围较大,空气渗透率的最小为 $0.14\times10^{-3}\mu m^2$,最大为 $214.01\times10^{-3}\mu m^2$,平均为 $35.61\times10^{-3}\mu m^2$;克氏渗透率的最小为 $0.09\times10^{-3}\mu m^2$,最大为 $209.79\times10^{-3}\mu m^2$,平均为 $34.58\times10^{-3}\mu m^2$(图 14-15a),主要集中在小于 $10\times10^{-3}\mu m^2$ 的特低和超低渗透性区域。

铀储层孔隙度与渗透率呈正相关(图 14-15b)。

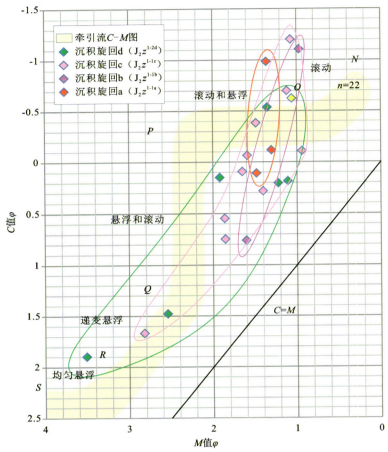

图 14-14 深切谷河道型铀储层粒度分析 C-M 图,J_2z^1,店头镇

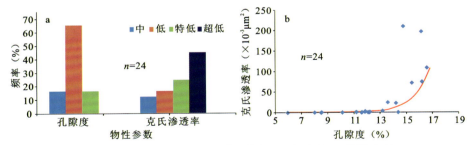

图 14-15 深切谷铀储层孔渗性特征,J_2z^1,店头-双龙铀矿床
a.孔隙度、渗透率分级频率直方图;b.孔隙度、渗透率相关性图

从深切谷铀储层的发育层位上看,自沉积旋回 a 至沉积旋回 d,孔隙度变化不大,但总体依次增加,即 $12.05\%\rightarrow11.56\%\rightarrow13.23\%\rightarrow13.46\%$;对应的空气渗透率变化较大,具有先变小再变大再变小的演化周期,依次为 $34.05\times10^{-3}\mu m^2\rightarrow15.53\times10^{-3}\mu m^2\rightarrow63.92\times10^{-3}\mu m^2\rightarrow26.07\times10^{-3}\mu m^2$;克氏渗透率也具有与空气渗透率相一致的变化规律,依次为 $33.06\times10^{-3}\mu m^2\rightarrow14.92\times10^{-3}\mu m^2\rightarrow62.34\times10^{-3}\mu m^2\rightarrow25.17\times10^{-3}\mu m^2$(表 14-2)。相比而言,沉积旋回 c 的物性条件最好(图 14-16)。

表 14-2　深切谷铀储层的孔隙度、渗透率和密度统计表，J_2z^1，店头镇（据万璐璐，2015）

层位	孔隙度（%）			空气渗透率（$\times 10^{-3} \mu m^2$）			克氏渗透率（$\times 10^{-3} \mu m^2$）			密度（g/cm³）			样品数（个）
	极小值	极大值	平均值	极小值	极大值	平均值	极小值	极大值	平均值	极小值	极大值	平均值	
J_2z^{1-1d}	12.05	16.18	13.46	0.55	76.84	26.07	0.42	74.45	25.17	2.23	2.301	2.27	3
J_2z^{1-1c}	8.47	16.55	13.23	0.14	200.77	63.92	0.09	196.66	62.34	2.23	2.34	2.28	5
J_2z^{1-1b}	8.51	15.41	11.56	0.78	73.99	15.53	0.23	71.62	14.92	2.16	2.56	2.33	5
J_2z^{1-1a}	7.97	14.75	12.05	0.31	214.01	34.05	0.22	209.79	33.06	2.18	2.67	2.32	8

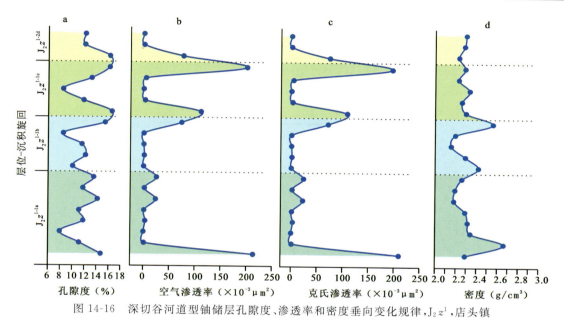

图 14-16　深切谷河道型铀储层孔隙度、渗透率和密度垂向变化规律，J_2z^1，店头镇

铀储层中几种主要岩石地球化学类型的物性统计表明，红色砂岩和灰白色砂岩平均孔隙度较为接近，表现为最高，为 14.13%；灰色砂岩平均孔隙度次之，为 11.80%；灰绿色砂岩平均孔隙度最小，为 5.93%（表 14-3）。

表 14-3　深切谷铀储层的孔隙度与密度统计表，J_2z^1，店头镇

岩石地球化学类型	孔隙度（%）			样品数（个）	平均密度（g/cm³）			样品数（个）
	极大值	极小值	平均		极大值	极小值	平均	
红色砂岩	15.41	11.56	13.77	3	2.47	2.20	2.36	12
黄色砂岩	—	—	—	—	2.37	2.16	2.26	2
灰绿色砂岩	—	—	5.93	1	2.67	2.40	2.50	4
灰白色砂岩	16.18	12.05	14.13	4	2.42	2.19	2.32	11
灰色砂岩	16.55	7.97	11.80	16	3.05	2.16	2.38	21

2. 铀储层的岩石密度

铀储层的密度是一项重要参数,不仅制约铀成矿过程,而且还决定了铀的采矿方式,同时还是铀资源量计算的一项必备参数。店头地区深切谷铀储层密度测试的结果显示,砂岩密度介于2.16～3.05g/cm³之间,平均为2.37g/cm³(表14-2、表14-3)。在垂向上,除个别样品外岩石密度总体变化不大(图14-16)。不同的岩石地球化学类型,其岩石密度总体变化也不大,灰绿色砂岩平均密度偏大,黄色砂岩平均密度偏小,红色砂岩、灰白色砂岩、灰色砂岩平均密度介于上述两者之间(表14-3)。这表明,店头地区直罗组下段铀储层密度偏大。

砂岩密度通常与孔隙度之间存在一定的联系。由图14-17可知,直罗组下段深切谷铀储层的岩石密度与孔隙度呈明显负相关。

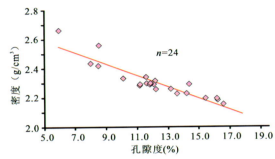

图14-17　深切谷铀储层岩石密度与孔隙度相关性图,J_2z^1,店头镇

三、深切谷铀储层品质的综合评判

砂岩的孔渗条件和岩石密度对铀储层品质评价是至关重要的,低孔渗和高密度对砂岩型铀矿的形成发育是致命的,因为这直接限制了含矿流体运移和氧化-还原反应的效率、铀供给的通量以及铀矿物生长储存的空间。从目前的露头剖面和钻孔资料看来,虽然店头-双龙铀矿床铀储层具有较高的岩石密度和较低的孔渗性,但是该矿床却拥有大规模的制约铀矿化的由红色砂岩表征的层间氧化带(图13-13)。这种现象表明,至少在成矿期深切谷铀储层仍然具有良好的物性条件。

事实上,店头地区直罗组下段深切谷铀储层的原生孔隙大多数已被胶结物充填(图14-18),所以铀储层的致密化可能发生在铀成矿之后。

在成矿前至少在成矿期,店头地区直罗组下段深切谷铀储层应该具有良好的物性条件。准确评价成矿前-成矿期直罗组深切谷铀储层品质的优劣,对于排除成矿期后的影响,从而揭示成矿机理和指导勘查具有积极意义。显然,原生铀储层品质判别的关键因素就是深切谷的沉积作用类型和沉积充填演化过程(图14-12)。综合比较发现,下亚段隶属于辫状河沉积体系成因的沉积旋回c拥有最好的铀储层,其次是沉积旋回b,而沉积旋回a相对较差。上亚段的沉积旋回d不是理想的铀储层,但却有利于油气的储存。

在下亚段中,沉积旋回a发育于深切谷的最底部,由于深切谷发育的早期阶段沿走向落差较大(坡降比大),古水流能量强,冲刷能力强而且频繁发育,所携带的沉积物粒度较粗;滞留沉积物发育(图13-3),分选性相对较差。在这些因素制约下的铀储层,虽然其具有较大的规模,但储层砂岩的物性条件差(孔隙度较小,渗透率较低),加之滞留沉积物中具有丰富的碳质碎屑及伴生大量的黄铁矿(还原性较强)(图14-2、图14-3、图14-4),使得沉积旋回a具有较差的铀储层品质,该沉积旋回层间氧化带发育有限,铀矿化可能位于深切谷更上游地区。沉积旋回c发育于深切谷充填的中晚期,虽然仍具有辫状河沉积体系的特色,但是随着深切谷的持续充填其坡降比已大大减小,在这种水动力作用下沉积物分选性大大提高,某种程度上增强了铀储层的物性(孔隙度和渗透率),有利于区域层间氧化带形成发育,因而成为相对最好的铀储层,实际上沉积旋回 c 是店头-双龙铀矿床最主要的含矿层(图 13-12)。比较而言,沉积旋回 b 的铀储层品质介于沉积旋回 a 和沉积旋回 c 之间。

在上亚段(沉积旋回 d)发育时期,深切谷基本处于填平补齐阶段,更低的坡降比使得河流体系演变为曲流河。曲流河由于其相对发育的泛滥平原沉积和规模有限的河道砂体的侧向迁移性(图 14-8、图 14-9、图 14-10),大大增加了作为潜在铀储层的非均质性,河道砂体间细粒沉积物的频繁出现,不利于区域含矿流场的形成,当然也就没有区域层间氧化带发育的条件。在野外或者井下,抑或见到一些氧化砂体及其铀矿化现象,通常也是它们与下伏沉积旋回 c 辫状河道铀储层沟通导致越流的结果,其规模往往有限。但是沉积旋回 d 作为曲流河沉积,其沉积物分选性大大增强(图 14-13、图 14-14),是下亚段辫状河道砂体所不能比拟的。这就必然会拥有良好的储层物性条件,虽然其砂体规模小,对于油气的运移和储存却是极好的,所以这是双龙普查区部分钻孔在上亚段(沉积旋回 d)钻遇油砂的根本原因(图 13-10)。

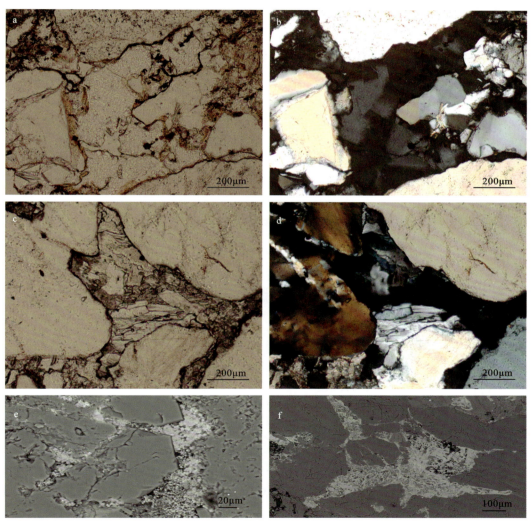

图 14-18　深切谷铀储层中超大原生孔隙被胶结物充填,J_2z^1,店头-双龙铀矿床

a、b. 充填孔隙的胶结物具有自形晶结构,单偏光与正交偏光对比,ZK2402-19;c、d. 多种胶结物充填原生孔隙,单偏光与正交偏光对比,ZK004-16;e. 自生石英和黏土矿物先后完全充填粒间孔隙,SEM,S03-01;f. 胶结物完全充填孔隙和喉道,SEM,S03-03

第十五章 深切谷铀成矿作用与铀成矿模式

2014年的勘查表明，形成于深切谷背景中的店头-双龙铀矿床是一个"小而富"的铀矿床，个别钻孔铀矿石品位接近1％，一批钻孔平米铀量超过40kg/m²。野外露头剖面建模和钻孔揭露也发现，该矿床总体遵循层间氧化带控矿的基本原理。但是，铀储层中的成岩-成矿作用却有着异乎寻常的复杂性，其中铀的超常富集作用、胶结作用导致铀储层致密化以及丰富多彩的现代地表氧化作用，都成为深切谷型砂岩铀矿的重要特色，也昭示着该矿床也是一个典型的古砂岩型铀矿床。

第一节 后生蚀变作用与铀成矿规律

在店头和焦坪露头区，深切谷铀储层野外露头剖面上记录了丰富的后生蚀变作用的痕迹，主要表现为3种岩石地球化学类型，即紫红色砂岩、绿色砂岩、黄色砂岩。其中，紫红色砂岩是古层间氧化带的识别标志，大部分黄色砂岩是现代地表氧化带的识别标志，绿色砂（泥）岩有可能是紫红色砂岩经历了二次还原改造的产物。之所以称之为古层间氧化带，主要是因为一些典型的层间氧化带及其共生的铀矿体已经被抬升-掀斜暴露地表，并接受了严重的现代氧化作用的改造。准确识别古层间氧化带和现代地表氧化带，是露头地质建模的重要任务之一，这直接涉及到了对铀矿勘查的指导和对铀成矿过程复杂性的认识。

一、紫红色蚀变砂岩与层间氧化带形成

在店头地区，由紫红色蚀变砂岩而表征的古层间氧化带具有大规模的出露。沿店头镇黄五公路两侧及其沟谷剖面上，后生紫红色砂岩异常显著，主要产出于直罗组下段下亚段深切谷辫状河道型铀储层中，它们通常是对灰色或灰白色砂岩的改造，呈层状产出，且受沉积旋回控制。如店头地区DTPM-06剖面，后生蚀变作用（氧化作用）有选择性地发育于沉积旋回c中，古层间氧化带被风化从而使Fe^{3+}污染了部分剖面而格外醒目（图13-13）。

无论露头与井下，铀储层中的紫红色砂岩被认定为古层间氧化带的主要识别标志（图15-1a、b、f）。它通常在一个沉积旋回或河道单元中切割沉积界面或纹层，与原生灰色还原砂岩呈现为侧向过渡关系（图15-1c、d）。而且受泥质隔档层或泥砾隔档层的影响，后生蚀变作用通常被限定在一定的区间内发育，显示了高级别沉积界面的控制作用（图15-1e）。这一切的标志，都符合含氧富铀流体的后生层间氧化（蚀变）作用的基本原理。

测试发现，后生蚀变紫红色砂岩的标型矿物是褐铁矿和赤铁矿（图15-2）。

焦坪地区玉华镇附近的JPPM-02剖面上，记录了一处规模有限的灰色还原残留地质体，其特色是在还原残留地质体外围具有显著的紫褐色蚀变的环带镶边（图13-2、图15-3）。该剖面上的直罗组下段

图15-1 古层间氧化带识别标志——后生蚀变的紫红色砂岩

a.紫红色蚀变砂岩,完全氧化带的标志;b.被苔藓覆盖的古层间氧化带;c、d.向外扩散的古层间氧化带,箭头指示扩散方向,注意c图右下角碎石覆盖的紫红色砂岩;e.后生蚀变受沉积界面限制,紫红色砂岩和灰白色砂岩分界明显;f.钻孔岩芯中的后生蚀变紫红色含砾砂岩

图15-2 深切谷铀储层紫红色后生蚀变砂岩的标型矿物——褐铁矿与赤铁矿,J_2z^1,店头-双龙铀矿床

a.孔隙中的褐铁矿化,ZK127-12,单偏光;b.具有复杂蚀变历史的赤铁矿,扫描电镜,S02-01;c.胶状褐铁矿包裹晶形不完整的赤铁矿,扫描电镜,YP09095-01;d.褐铁矿包裹黄铁矿,扫描电镜,S02-01

深切谷铀储层发育有3个沉积旋回,各沉积旋回均具有明显的正韵律。其中,中下部的两个沉积旋回,在沉积末期由于古水动力能量降低依次形成了两层间距不超过5m的相对细粒的灰色沉积物。灰色细粒沉积物的存在,其物性条件远远不及其顶部和底部的粗粒沉积物,加之灰色细粒沉积物中还可能存在一定量的分散有机质,因此其属于原生还原地质体。当深切谷铀储层具备大规模层间氧化作用时,粗粒

图15-3 深切谷铀储层中灰色还原残留地质体外围的紫褐色蚀变环带镶边，J_2z^1，焦坪玉华镇（JPPM-02）

沉积物首先被氧化,而灰色细粒沉积物便成为古层间氧化作用难以消化的"劲敌",持续缓慢的氧化作用则在灰色还原残留地质体外围形成了紫褐色的环带镶边。该环带镶边的发育也说明在成矿期 JPPM-02 剖面的氧化作用与还原环境之间具有较大的"反衬度"或者"反差",是一种强氧化作用的蚀变记录。

在直罗组深切谷上亚段(沉积旋回 d)也具有古层间氧化带。在店头镇李章河 DTPM-04 剖面的右侧核部,还发现了受断层破碎带影响可能具有越流性质的古层间氧化带(图 14-8、图 15-4、图 15-5)。该氧化带发育于曲流河砂体的河道单元Ⅲ(ICU-Ⅲ)中,其最显著的特征是:①以近直立的断层破碎带为轴心,向左、右两侧紫红色砂岩由多逐渐变少,迅速尖灭(图 15-4a、b);②在断层破碎带的两侧,具有类似平卧褶皱、向外围发育的蚀变扩散晕圈,其"褶皱轴面"近乎平行沉积界面(图 15-4c、d)。由此推测,在成矿期含矿流体曾经沿断层破碎带,以越流方式在 DTPM-04 剖面沉积旋回 d 的 ICU-Ⅲ 中形成了规模有限的古层间氧化带(图 15-5)。

图 15-4　断裂破碎面两侧记录了古层间氧化带发育过程的后生蚀变扩散晕圈,J_2z^{1-2},店头(DTPM-04)

a、b. 断裂破碎面西侧沿沉积界面向西扩展的后生蚀变扩散晕圈;b. a 图的局部放大;c、d. 紫红色砂岩中由灰白色条带显示的后生蚀变扩散晕圈细节特写,黄色箭头指示扩散方向

二、层间氧化带的绿色蚀变改造

在店头地区,直罗组下段深切谷铀储层中也存在后生绿色蚀变现象。相比于东胜铀矿田而言,虽然店头-双龙铀矿床绿色蚀变的规模有限,但是也反映了其具有复杂的成矿演化历史。

在店头露头区,深切谷铀储层中的二次还原改造作用确实存在。例如,在李章河 DTPM-04 剖面上,曲流河铀储层在下伏紫红色泛滥平原沉积物外围就形成了薄层的绿色蚀变带(图 15-6)。前述研究发现,DTPM-04 剖面的储层中曾经发生过古层间氧化作用(图 15-4、图 15-5),由于断层尚未沟通图 15-6 所在区域,该区域铀储层尚未被氧化。但是紫红色泛滥平原沉积物外围存在绿色蚀变的现象,表明曲流河道型铀储层中曾经饱含含烃流体,它是造成紫红色泥岩被还原的根本驱动力。虽然目前尚不清楚铀储层中氧化流体和含烃流体发生蚀变的序次,也不清楚是否与图 13-10 中石油的充注事件同期,但是这些现象说明店头-双龙铀矿床一带不乏深部含烃流体。推测 DTPM-04 剖面上的绿色蚀变可能形成于大规模铀成矿之后。

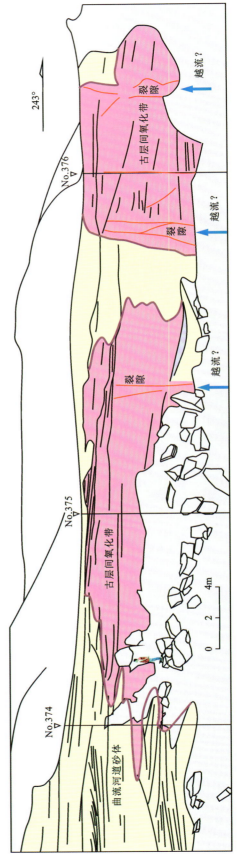

图15-5 深切谷曲流河道型铀储层中受断裂破碎面控制的古层间氧化带野外露头写实图

注：店头镇李章河DTPM-04剖面，直罗组下段上亚段沉积旋回d。

店头-双龙铀矿床绿色蚀变的主要特点在于：①绿色蚀变主要表现为绿泥石在孔隙中的充分发育（图15-7）；②在剖面上，绿色砂岩介于紫红色砂岩和灰色含矿砂岩之间（图15-8a）；③绿色蚀变砂岩总体上与紫红色砂岩的发育区相一致，但是绿色砂岩规模略大，呈现为古层间氧化带的镶边（图15-8b、c）。

推测其为成矿之后源于盆地腹地含烃流体对紫红色砂岩的有限二次还原蚀变作用的产物，可以视之为古层间氧化带的一部分。

图 15-6　与曲流河道型铀储层毗邻的紫红色泛滥平原沉积物外围的绿色蚀变带

注：箭头指向的泥岩发生了绿色蚀变，店头地区李章河 DTPM-04 剖面。

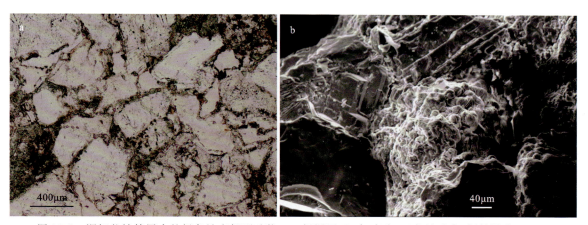

图 15-7　深切谷铀储层中的绿色蚀变标型矿物——绿泥石，J_2z^1，店头-双龙铀矿床（据晏泽夫，2016）

a.绿泥石充填孔隙和喉道，单偏光，ZK143-02；b.绿泥石充填孔隙，扫描电镜，123-01

三、现代地表氧化的黄色蚀变改造

深切谷铀储层中的黄色蚀变砂岩主要出现于黄陵一带的露头区，钻孔中较为少见但具有明显的后期改造特征。地表黄色蚀变的最大特色是对铀储层表面或裂隙的氧化改造，通常覆于岩石表皮，深度有限（图15-9a）。在黄铁矿集中发育的部位，后生蚀变最为显著，而且通常表现出了多期次的氧化圈和扩散晕环带的特征（图15-9b、c）。有的是对原生灰色砂岩的蚀变改造，也有的是对后生红色砂岩的再次改造（图15-9d）。有些还发育有李泽冈格环（或称假层理），显示了由裂隙和层面限定的氧化水对铀储层的黄色蚀变改造过程，有一些类似球形风化的特征（图15-10）。

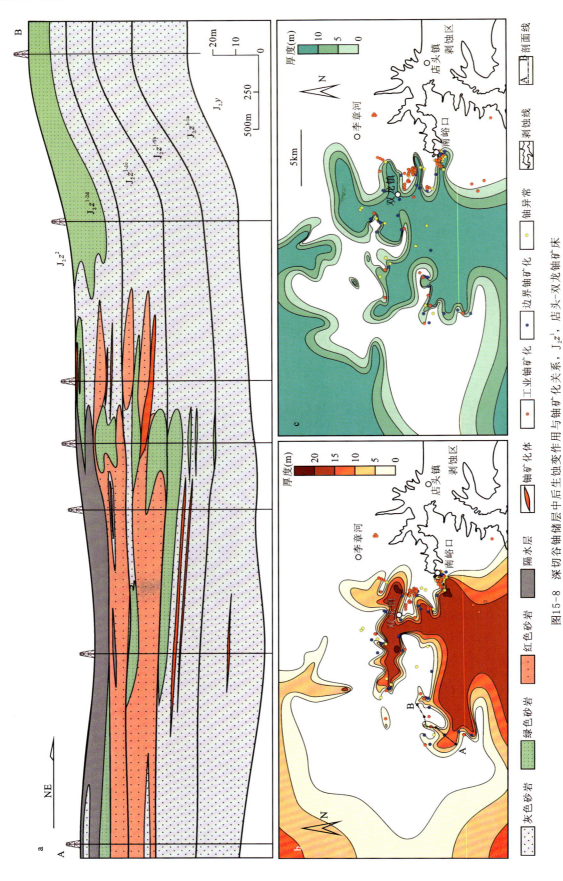

图15-8 深切谷铀储层中后生蚀变作用与铀矿化关系，J_2z^1，店头-双龙砂岩厚度图
a. 典型合矿剖面（剖面线位置见b图）；b. 直罗组下段下亚段红色—紫色—黄色砂岩厚度图；c. 直罗组下段下亚段绿色砂体厚度图

图 15-9　深切谷铀储层中的现代地表黄色蚀变砂岩，J_2z^1，店头镇

a. 黄色蚀变砂岩（含有部分灰色残留）；b. 被周期性氧化的黄铁矿；c. 剖面底部滞留沉积中被氧化的
黄铁矿及其扩散晕环带；d. 黄色蚀变对红色砂岩的进一步改造记录（浸染过渡关系）

图 15-10　受裂隙和层面限定而发育的李泽冈格环（假层理），J_2z^{1-1}，店头南峪口（DTPM-01）

a. 在竖直裂隙两侧发育的不完整环带状黄色蚀变晕圈；b. 由灰色核部到红色和黄色晕圈演化而构成
的后生蚀变现象，裂隙和层面显示了良好的氧化流体的输导通道和改造空间

通过对深切谷铀储层地表露头和钻孔岩芯的矿物学对比发现，由现代地表氧化作用所形成的黄色蚀变砂岩具有 3 个典型标志。

（1）黄钾铁矾-重晶石-软锰矿-锰钡矿是地表氧化作用的特征标型矿物组合（李强，2017；图 15-11）。该矿物组合为地表出露的铀储层所特有，地下铀储层中并未发现。黄钾铁矾类物质是干旱—半干旱气候条件下黄铁矿的典型表生氧化产物。次生锰矿物也是含锰碳酸盐等经过强烈的化学风化之后形成的表生氧化产物。

图 15-11 深切谷铀储层地表氧化作用的关键矿物组合，J_2z^1，店头-双龙铀矿床

a. 黄色砂岩中褐黄色黄钾铁矾的孔隙式胶结现象，单偏光，YP10006-01；b. 对应图 a 的黄钾铁矾，正交偏光；c. 含铅、铝等黄钾铁矾类矿物充填在黄色砂岩孔隙中，呈细小颗粒状集合体，扫描电镜，YP03058-01；d. 黄色砂岩孔隙中黄钾铁矾的能谱图，YP10006-01；e. 黄色砂岩孔隙中的胶状褐铁矿和丛状软锰矿，扫描电镜，S02-01；f. 黄色砂岩中的重晶石，充填颗间孔隙但后期被溶蚀，扫描电镜，YP09074-01；g、h. 黄色砂岩孔隙中的自生锰钡矿与褐铁矿，扫描电镜，S03-03

(2) 溶解作用是地表氧化作用的重要表现(图 15-12)。地表铀储层中胶结物和碎屑颗粒遭受了强烈的溶解作用，胶结物中出现了大量粒间溶蚀孔，仅在颗粒边缘残留方解石、长石以及重矿物颗粒中也出现了大量粒内溶蚀孔。

图 15-12　深切谷铀储层孔隙中碳酸盐胶结物受地表氧化作用
而发生的溶蚀现象，J_2z^1，店头-双龙铀矿床

a.方解石胶结物部分溶蚀，ZK2402-12，正交偏光；b.溶蚀的扩大孔隙，孔隙壁上有方解石残留，扫描电镜，S07-03；c.方解石胶结物被部分溶蚀，孔隙扩大，扫描电镜，YP12040-01；d.含锰方解石的溶蚀导致了氧化水渗入，从而使黄铁矿被部分蚀变为褐铁矿，扫描电镜，YP08030-01

(3)铁锰质自生矿物的示顶构造也是地表氧化改造作用的一种罕见标志。在地表的黄色蚀变砂岩中，一些超大的孔隙壁上形成了呈"U"形底部厚且向两侧上方逐渐变薄尖灭的铁锰质自生矿物(图 15-13)。这是深切谷铀储层暴露于潜水面之上发生的一种非饱和流体的成岩胶结作用。推测孔隙中可能充满了流体，或者充注了一部分，孔隙流体在垂向上具有矿化度的分异，底部的滞留状态有利于自生矿物结晶沉淀。

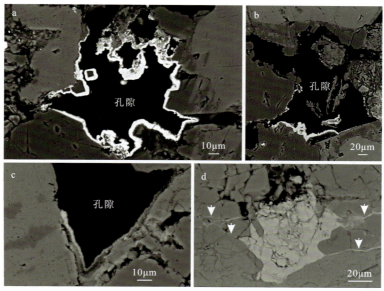

图 15-13　深切谷铀储层孔隙中由铁锰质矿物不均匀
沉淀所显示的示顶构造，J_2z^1，店头-双龙铀矿床

a、b.铁锰质自生矿物产出于孔隙中下部和底部，扫描电镜，S03-2；c.铁锰质及其他的自生矿物产出于孔隙中下部，扫描电镜，S03-2；d.铁锰质自生矿物有选择地充填于孔隙中下部及其相连通的喉道中(箭头指示)，注意之上的孔隙和喉道未受影响

研究认为，铀储层暴露地表以后，干旱—半干旱气候条件导致大气降水量减少、蒸发量增加，渗入铀储层中的地下水有限，从而形成了含氧量较高且酸度较大的流体。此类流体对碳酸盐胶结物以及硅酸盐矿物等造成了剧烈的溶蚀，含锰方解石等碳酸盐胶结物释放Mn^{2+}，首先被氧化成软锰矿，再结合Ba^{2+}，形成更为稳定的锰钡矿。酸性流体通过溶蚀长石、云母，以及氧化黄铁矿、方铅矿等硫化物，生成黄钾铁矾类矿物和重晶石（李强，2017）。

现代地表氧化作用，即后生黄色蚀变叠加改造作用，是对区域构造的抬升-掀斜作用的积极响应，抬升-掀斜作用直接导致了铀成矿作用的终结，所以将店头-双龙铀矿床称之为古砂岩型铀矿床。

第二节 特殊的成岩-成矿作用

相比于东胜铀矿田、磁窑堡-惠安堡铀矿床而言，位于鄂尔多斯盆地南部的店头-双龙铀矿床却具有繁多而复杂的成岩-成矿过程。在沉积之后，铀储层不仅经历了强烈的压实作用和种类繁多的胶结作用（包含成矿作用），还经历了抬升暴露地表之后的现代氧化作用改造。该区铀储层的最大特色在于硅质胶结作用和长石胶结作用较为发育，而且压实作用和硅质胶结作用还至少发育了两次。研究认为，铀成矿前的成岩作用致使铀储层物性大大降低，但仍未影响铀成矿作用。但是成矿之后的成岩作用，即便是在抬升暴露过程中有明显的淋滤溶蚀改造，仍使铀储层发生严重致密化，从而不利于未来的地浸开发。

一、成岩作用类型

1. 压实作用

压实作用在店头地区直罗组下段深切谷铀储层中较为发育，它们除了有向化学压溶方向发展之外（图15-14），通过与胶结作用的比较发现压实作用还至少发育了两次（图15-15）。有些自形黄铁矿甚至压裂了碳质碎屑胞腔中的铀矿物，反映压实作用一直延续到了铀成矿阶段。

图15-14 深切谷铀储层的压实作用，J_2z^1，店头-双龙铀矿床

a. 石英碎屑颗粒被压裂，正交偏光，ZK003-30，123.6m；b. 云母被压实变形，单偏光，S03-02，J_2z^1；

c. 灰色砂岩，石英颗粒之间呈缝合线接触，局部发生压溶，正交偏光，ZK1501-08，184.4m，J_2z^{1-2}；

d. 石英颗粒之间呈凹凸接触，局部压溶明显，正交偏光，ZK1501-11，194.1m，J_2z^{1-1}

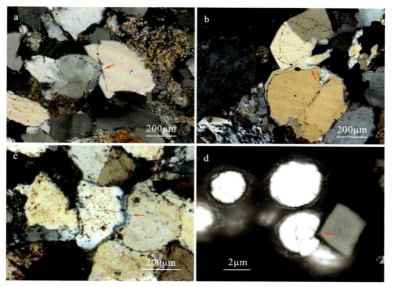

图 15-15　深切谷铀储层的多期次压实作用，J_2z^1，店头-双龙铀矿床

a、b. 石英自生加大后再压实（箭头所指），正交偏光，YP02005-01；c. 石英自生加大后再压溶（箭头所指），正交偏光，ZK1501-08；d. 碳质碎屑胞腔中的铀矿物被自形黄铁矿压裂，扫描电镜（SEM），ZK175-03，401.5m

2. 胶结作用

胶结作用是店头地区直罗组下段深切谷铀储层最重要的特征之一，种类繁多而且有些胶结作用较为罕见。

（1）硅质胶结作用比较普遍，主要体现在石英的自生加大，加大边与内部碎屑石英的分界线清晰可见，有些样品还记录了两次自生加大过程（图 15-15、图 15-16）。

图 15-16　深切谷铀储层的硅质胶结作用，J_2z^1，店头-双龙铀矿床

a. 石英自生加大，正交偏光，ZK1501-08；b. 两次石英自生加大，正交偏光，ZK143-02；c. 两次石英自生加大，正交偏光，S05-01；d. 两次石英自生加大，正交偏光，YPF03002

（2）比较特色的是普遍发育有较为罕见的长石自生加大（硅铝质胶结作用），自生加大边和内部的碎屑长石差异明显，加大边不再发育解理，单偏光下呈浅褐色，也被黏土化，黏土化现象比内部的碎屑长石

更加明显,加大边并不等厚,加大后的长石与周围碎屑颗粒紧密地结合在一起(图15-17)。

图15-17 深切谷铀储层的硅铝质胶结作用(长石自生加大),J_2z^1,店头-双龙铀矿床

a.长石自生加大(格子双晶外围是自生加大的聚片双晶),单偏光,ZK143-36;b.a图的正交偏光;c.长石自生加大,正交偏光,L02-31;d.长石自生加大,正交偏光,S03-12

(3)铁质胶结作用比较普遍而且非常活跃,胶结物主要有黄铁矿、褐铁矿、赤铁矿、黄钾铁矾。其中,黄铁矿最为常见,以充填孔隙为主要特色(图15-18a、b)。形状有莓状的(图15-18c),但更多的是自形的(图15-12d)和胶状的(图15-18a、b),多期次生长的胶结现象较为明显(图15-18c、d)。黄铁矿经氧化后向褐铁矿、赤铁矿和黄钾铁矾等矿物演变,多期次蚀变演化作用也较为明显(图15-2b、c)。褐铁矿和赤铁矿是典型的后生氧化作用的标型蚀变矿物(古层间氧化带的主要判别标志)(图15-2)。黄钾铁矾是铀储层暴露后现代氧化作用的标型矿物(图15-11a~d)。

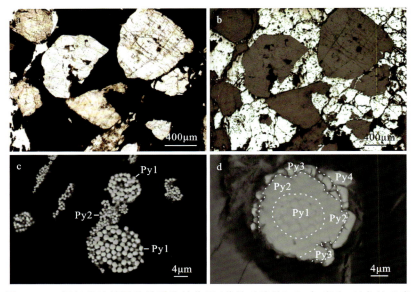

图15-18 深切谷铀储层的铁质胶结作用(黄铁矿胶结),J_2z^1,店头-双龙铀矿床

a.粒间不透明的黄铁矿,单偏光,ZK1501-18;b.a图的反射光;c.两期莓状黄铁矿的生长现象,扫描电镜(SEM),ZK159-09;d.粒间黄铁矿由莓状向半自形再向胶状的多期次生长过程,扫描电镜(SEM),ZK159-09

(4)铀质胶结作用就是铀成矿作用,主要表现为铀被黄铁矿(图15-19a、b)、碳质碎屑(图15-19a、c、d)、钛铁矿、方铅矿、闪锌矿和黄铜矿等吸附还原沉淀,铀矿物主要为沥青铀矿、铀石(图15-19e、f)和含铀钛矿物。在钻孔岩芯的新鲜样品中,铀的多期次胶结过程是店头-双龙铀矿床铀成矿作用的重要特色(图15-19b、f),这也是该矿床超常富集的具体表现。

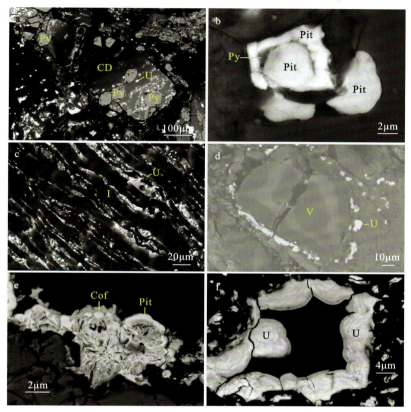

图15-19 深切谷铀储层中的铀成矿作用(铀质胶结作用),J_2z^1,店头-双龙铀矿床
a.碳质碎屑与黄铁矿和铀矿物的产出关系,ZKD159-09;b.沥青铀矿的两次生长(中间夹有黄铁矿),ZK175-03;c.以微粒体的形式分布在半丝质体中的铀矿物,粒径一般为2μm,ZK231-01;d.以吸附形式存在于镜质组外围的铀矿物,ZK231-01;e.铀石和沥青铀矿,ZK175-03;f.多期次生长发育的环带状铀矿物,ZK175-03;a~e.均为扫描电镜;CD.碳质碎屑;V.镜质组;I.惰质组;Py.黄铁矿;U.铀矿物;Pit.沥青铀矿;Cof.铀石

(5)钙质胶结作用也较为发育,胶结物主要为方解石(图15-20),一些方解石含有锰(图15-12d),一些样品还显示曾发生过两次胶结事件(图15-20d)。

(6)泥质胶结作用主要表现为高岭土化(图15-21a、b)和绿泥石化(图15-8)。

(7)硫酸盐胶结作用主要表现为重晶石(图15-11f)和石膏在孔隙中的产出(图15-21c、d)。

(8)硫化物的胶结作用也是该区的一个特色,主要表现为黄铜矿、闪锌矿和方铅矿。黄铜矿形成于黄铁矿之后;方铅矿存在两期胶结,大致顺序为自然方铅矿→铀矿物→他形方铅矿;闪锌矿多形成于成矿前期,存在氧化残留的痕迹。硒铅矿可以交代闪锌矿,交代时间可能在方铅矿形成前或同期。

正是由于胶结作用种类繁多而且异常发育,所以目前在店头地区见到的直罗组下段深切谷铀储层致密化较为严重,岩石密度较高(表14-2、表14-3,图14-17)。

3. 淋滤作用

淋滤作用主要发生在古层间氧化带发育时期以及铀储层暴露后的现代地表氧化时期,主要的表现是长石的溶蚀作用和方解石胶结物的溶蚀作用(图15-12a~c)。

图 15-20　深切谷铀储层的钙质胶结作用(正交偏光)，J_2z^1，店头-双龙铀矿床

a、c. ZK143-02；b. ZK2402-12；d. ZK127-12

注：钙质胶结作用形成于硅质胶结作用和褐铁矿化之后。

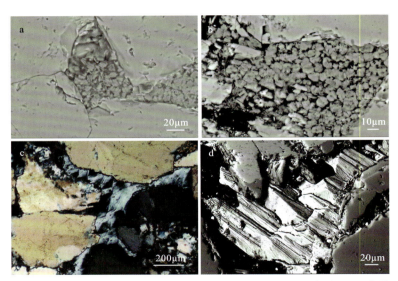

图 15-21　深切谷铀储层的泥质胶结作用和硫酸盐胶结作用，J_2z^1，店头-双龙铀矿床

a. 粒间高岭石，扫描电镜，S03-02；b. 具有自生特征的粒间高岭石，扫描电镜，S03-01；c. 粒间的石膏胶结物，正交偏光，ZK003-29；d. 粒间的石膏胶结物，扫描电镜，ZK004-16

二、成岩-成矿作用序列

在铀储层内部，一些矿物的特征形态特别是自生矿物的组构，是进行成岩-成矿序列恢复的重要标志。

在店头地区，中侏罗世铀储层沉积之后就开始了压实作用。与此同时，泥质胶结作用首先发生，但主要表现为依附于碎屑颗粒表面形成"衬膜"，或者充填于刚性碎屑颗粒的微裂缝中，这说明第一次泥质胶结作用有限而且也晚于压实作用。

随后便是大规模石英自生加大和长石自生加大。一些石英的自生加大边显示出与周围碎屑颗粒具有紧密的镶嵌接触关系甚至发生压溶现象(图 15-15a、c),这预示店头地区发生过第二次较为严重的区域压实作用。另一些石英的自生加大边外围被丰富的黏土矿物所包围(图 15-22a),预示着店头地区也经历过第二次泥质胶结事件,那些产出于粒间、晶形完整的自生高岭石可能形成于此期(图 15-21a、b)。

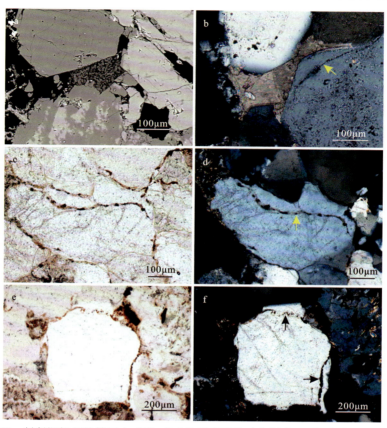

图 15-22 判断深切谷铀储层中成岩-成矿作用序列的矿物标志,J_2z^1,店头-双龙铀矿床
a. 硅质胶结后的高岭石化,注意碎屑石英经过自生加大后边界平直,高岭石生长于孔隙中,扫描电镜,S03-12;b. 硅质胶结之后的孔隙被钙质胶结完全充填,正交偏光,ZK1501-08;c~f. 层间氧化作用形成的 Fe^{3+} 污染"衬膜"被后期自生石英加大边包裹,两组单偏光与正交偏光的对比照片,YP11011-01

在成岩阶段早期,黄铁矿就具备了良好的自生发育的还原条件。黄铁矿通常位于孔隙之中,有些黄铁矿直接与石英自生加大边拼贴,表明黄铁矿主要形成于第一次硅质胶结事件之后(图 15-18a、b)。其他硫化物(黄铜矿、闪锌矿、方铅矿)主要形成时间略晚于黄铁矿而早于铀矿化,仅他形方铅矿可以延续至铀成矿之后(Sun et al,2021)。但是随着黄铁矿向褐铁矿和赤铁矿的演化,意味着深切谷铀储层内部发生了大规模的后生红色蚀变作用(图 15-2),此时古层间氧化带形成并伴生了铀的沉淀富集(图 15-19),这标志着成岩-成矿演化阶段进入最重要的砂岩型铀矿成矿时期(图 5-23)。

钙质胶结作用一方面包裹了部分石英的自生加大边(图 15-20a,图 15-22b),这说明钙质胶结晚于硅质胶结。还有一些钙质胶结物明显发育了两期,它们以红色 Fe^{3+} 污染环带为边界,临近孔隙边缘一侧的方解石可能与铀成矿同期发育,而位于孔隙中心一侧的方解石则形成于铀成矿之后(图 15-20c、d)。

在成矿之后,应该发育第三次泥质胶结事件——自生绿泥石的形成(图 15-8)。另外,一些石英的自生加大边中包裹了 Fe^{3+} 的污染环带(图 15-8,图 15-22c~f),这既说明深切谷铀储层中发生了第二次的硅质胶结作用,而且还晚于大规模的铀成矿事件(图 5-23)。

硫酸盐胶结作用发育时间相对较晚,它们表现为对残留孔隙的充分胶结(图 15-21)。露头区大量出现的黄钾铁矾、软锰矿和锰钡矿等(图 15-11、图 15-13),当然还包括一些褐铁矿和赤铁矿(图 15-12d),

它们属于深切谷铀储层被抬升暴露地表后一种现代氧化作用的产物(图15-23)。

图15-23大致梳理了店头地区深切谷铀储层中成岩-成矿作用发生的序列。以砂岩型铀矿的成矿期为界,成矿前受两次压实作用、两次泥质胶结作用,特别是硅质(石英自生加大)和硅铝质(长石自生加大)胶结作用的影响,铀储层的物性(孔隙度和渗透率)具有一定程度损失,但不足以影响成矿期大规模后生蚀变作用的发生和铀成矿作用的多周期性叠加发育(图15-19d)。成矿期和成矿后的两次钙质胶结作用,以及成矿后的第二次硅质胶结作用及硫酸盐胶结作用,使得深切谷铀储层物性大大降低,岩石的致密化将严重影响未来铀矿的地浸开发。

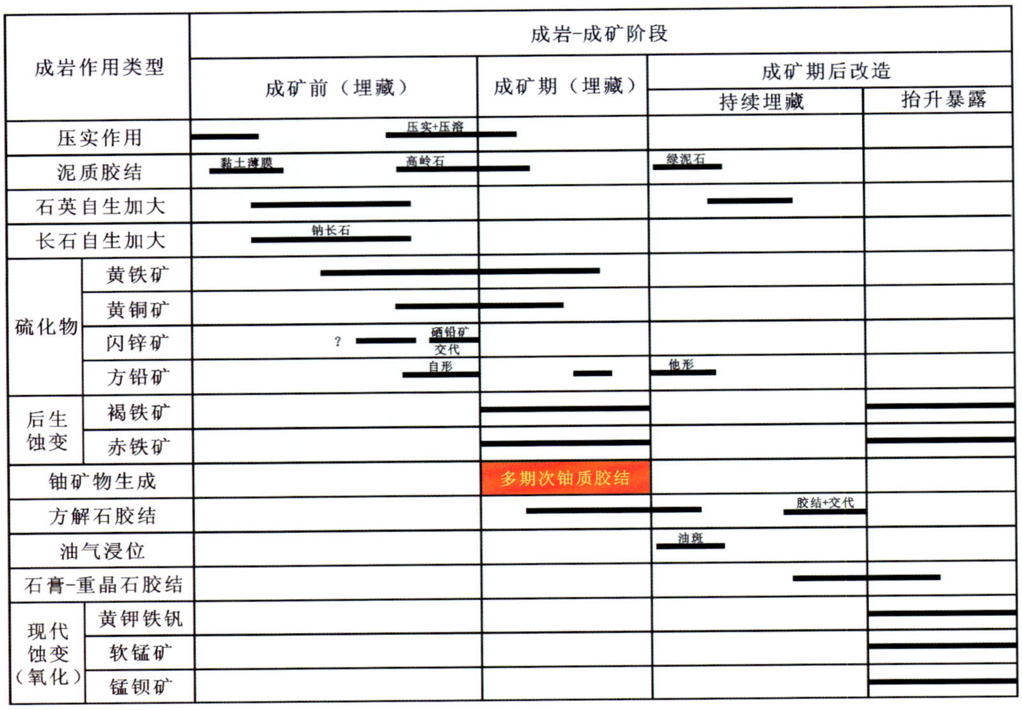

成岩作用类型		成岩-成矿阶段			
		成矿前(埋藏)	成矿期(埋藏)	成矿期后改造	
				持续埋藏	抬升暴露
压实作用			压实+压溶		
泥质胶结		黏土薄膜	高岭石	绿泥石	
石英自生加大					
长石自生加大		钠长石			
硫化物	黄铁矿				
	黄铜矿				
	闪锌矿	?	硒铅矿 交代		
	方铅矿		自形	他形	
后生蚀变	褐铁矿				
	赤铁矿				
铀矿物生成			多期次铀质胶结		
方解石胶结				胶结+交代	
油气浸位				油斑	
石膏-重晶石胶结					
现代蚀变(氧化)	黄钾铁矾				
	软锰矿				
	锰钡矿				

图15-23 深切谷铀储层的成岩-成矿作用序列,J_2z^1,店头-双龙铀矿床

第三节 铀储层内部结构与铀矿化规律

在店头镇南峪口一带的露头区,直罗组下段下亚段为含矿层。选择的露头剖面是前人发现的202铀矿化点,故命名为202矿点剖面(DTPM-05),其可以作为店头-双龙铀矿床的一个典型代表。该剖面位于店头镇南峪口西南方向约300m处,长约40m,高约4m(图13-2、图15-24)。出露地层为直罗组下亚段(可能相当于沉积旋回c),岩性以浅褐黄色、褐黄色的含砾粗砂岩、粗砂岩及中砂岩为主,局部发育交错层理。

一、DTPM-05剖面铀储层内部结构

1. 沉积界面与内部构成单元

野外追踪调查发现,该剖面上的沉积界面可以依据其横向连续性,特别是界面之上的沉积物类型划分级别。相对于一般砂岩而言,含砾砂岩或滞留沉积物(泥砾、碳质碎屑等)的存在,表明其下沉积界面

的级别较高,反之较低。在店头南峪口202矿点剖面上,有两条沉积界面连续性较好,且界面之上发育有较大规模的砾石,因此认定其为4级界面。两条4级界面将整个砂体划分为3个河道单元,分别用ICU-Ⅰ、ICU-Ⅱ和ICU-Ⅲ表示。此外,还有几条3级界面,分别将ICU-Ⅰ划分为3个大底形,即LBF-a、LBF-b和LBF-c,将ICU-Ⅲ划分为LBF-e和LBF-f,而ICU-Ⅱ结构简单仅由LBF-d构成。更低级别的沉积界面是一些交错层理纹层组或纹层界面(图15-24a)。

2. 岩性相

在ICU-Ⅰ中,LBF-a底部具有少量灰色泥砾(最大粒径6mm),总体以灰色夹褐黄色含砾中砂岩为主,呈斑点状的褐铁矿化较为严重;LBF-b下部发育极薄的褐黄色砾岩,含植物茎秆,上部为褐黄色粗砂岩,具有斑点状褐铁矿化;LBF-c粒度变细,为褐黄色、深褐色细砂岩,或者灰白色中砂岩。

ICU-Ⅱ以褐黄色砾岩(砾石最大粒径8mm)、含砾粗砂岩和粗砂岩为主,发育少量浅褐黄色中砂岩,局部显现交错层理。

在ICU-Ⅲ中,LBF-e底部发育褐黄色细砾岩,含少量褐黄色泥砾(最大粒径为5mm)和植物茎秆,发育交错层理,总体以褐黄色含砾粗砂岩、粗砂岩和中砂岩为主,分选中等到较好,局部可见交错层理;LBF-f以灰白色中砂岩为主,分选性更好发育小型交错层理。

比较来看,ICU-Ⅰ的岩性变化相对最为复杂,粒级从砾岩到细砂岩都有,表现出较强的非均质性。ICU-Ⅱ沉积物粒度最粗,说明古水流能量很强。ICU-Ⅲ粒度相对偏细,古水流能量降低。在垂向上,各河道单元均具有正韵律结构(图15-24a)。

二、铀储层结构与矿化关系

对店头南峪口202矿点剖面进行了原位γ测量,并编制了等值线图,发现存在3个大于60×10^{-6}的高值区,即铀异常单元。3个铀异常单元,均位于每个河道单元的底部,且由ICU-Ⅰ、ICU-Ⅱ到ICU-Ⅲ γ强度和矿化规模具有依次降低的趋势(图15-24b)。

铀异常单元UA位于ICU-Ⅰ底部。γ值相对最高,大部分γ值大于90×10^{-6},测得的极大值为147×10^{-6}。铀异常单元UB位于ICU-Ⅱ的底部,γ高值区呈带状,与底部4级界面(部分被覆盖)产状一致,测得的极大值为119×10^{-6}。铀异常单元UC位于ICU-Ⅲ的底部,γ强度总体较低(小于60×10^{-6}),最高值为60×10^{-6},分布于4级界面上且规模极为有限(图15-24b)。

一个共同的特点是,由高γ分布区表征的铀矿化单元,它们在铀储层内部严格受4级界面控制,特别是与4级界面上滞留沉积物中的碳质碎屑以及已被褐铁矿化的黄铁矿关系密切。

第四节 关键控矿要素与深切谷铀成矿模式

与盆地北部的东胜铀矿田相比,虽然店头-双龙铀矿床也产出于直罗组下段,但是却在铀储层、还原地质体、成岩-成矿作用、铀源供给等方面存在有较大的特殊性,其中深切谷的沉积学背景在很大程度上影响了铀成矿作用和铀矿床的特色。

1. 深切谷铀储层为铀成矿奠定了良好的物理空间

显然,在黄陵的直罗—店头—焦坪一带,能够满足砂岩型铀成矿条件的最佳层位是直罗组下段,狭窄的、呈条带状分布的深切谷成为制约黄陵地区铀成矿特色最关键的地质因素。

在该区,位于深切谷铀储层顶底板的延安组、直罗组中段—安定组总体上以泥质沉积物为主(图13-6、图13-12、图13-20a),是两层区域稳定的隔水层。当具备铀成矿条件时,含矿流体的运移、层间氧化带

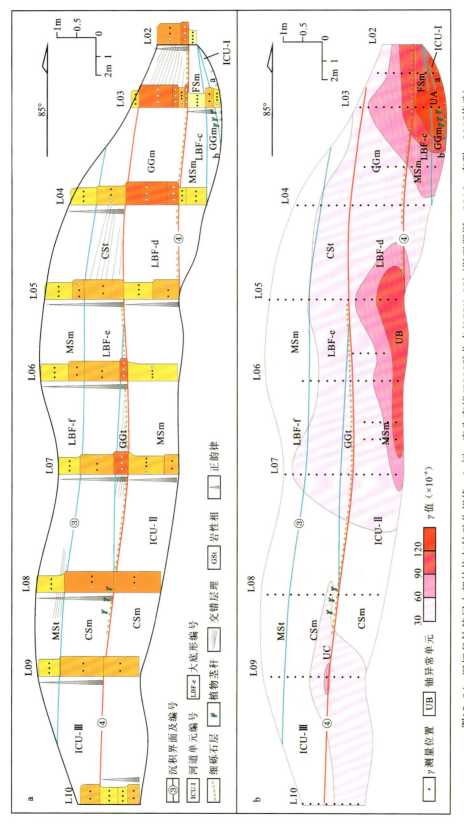

图15-24 深切谷铀储层内部结构与铀矿化规律，J_2z^{1-1}，店头南峪口202矿化点（DTPM-05）（据丁郑军，2016；李强，2017修改）
a. 储层内部沉积界面、内部构成单元、岩性相和垂向序列图；b. 野外原位γ测量及其等值线图

的发育、铀的沉淀与成矿,都被严格限定在深切谷铀储层中完成(图15-25)。这一特色有别于鄂尔多斯盆地其他的铀矿床,属于砂岩型铀矿的一种新类型,具有"深切谷铀成矿模式"(焦养泉等,2014)。

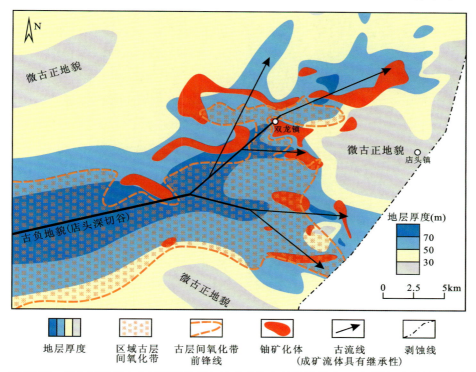

图15-25　店头深切谷中古层间氧化带与铀成矿的空间配置模式,J_2z^1,鄂尔多斯盆地南缘
注:直罗组下段地层厚度几乎等同于铀储层的厚度。

深切谷通常发育于一次区域构造变革事件之后,是在有利的古气候配合下,由于区域沉降基准面调整,较大的势能一方面增强了河流的下切作用,另一方面又提供了充分的碎屑沉积物。因此,陆相盆地的深切谷中,通常发育辫状河沉积体系。辫状河沉积体系以其极大的宽厚比为特色,充足的砂质河道沉积以及超大规模和良好稳定性能够满足区域含矿流场的形成,因此是砂岩型铀矿形成发育的优质储层(焦养泉等,2006)。尽管深切谷具有狭长型条带分布的特点,但是辫状河道砂岩的岩性和物性条件却是毋庸置疑的(图14-2、图14-5、图14-7)。随着深切谷进一步演化,坡降比降低,辫状河终将被曲流河替代。此时尽管沉积物的分选性增强,但这一单纯的优势也终将被诸如含砂率降低和非均质性增强等更多的劣势抵消(图14-8、图14-10),从而不利于砂岩型铀矿的发育。因此,深切谷发育的鼎盛期通常能为砂岩型铀矿提供良好的铀储层。

2. 深切谷与围岩关系以及古气候决定了铀储层具有强烈的还原性

店头-双龙铀矿床最重要的一个特色是铀储层内部包含有丰富的碳质碎屑和自生的黄铁矿(图15-26a、b),甚至一些泥砾也具有强烈的还原能力(图15-26c)。分析认为,直罗组深切谷发育期的古气候背景以及深切谷下切作用及其与延安组的空间配置关系,是导致铀储层具有较强还原能力的根本原因。

首先,由潮湿向干旱转换的古气候背景有利于植被发育,辫状河的冲刷作用易于导致富含植物茎秆的滞留沉积物在深切谷中堆积,植物茎秆经历成岩作用可以演变为碳质碎屑,与此同时释放的有机物质能促使黄铁矿的发育。这就是在铀储层中,黄铁矿总是与碳质碎屑相伴产出的根本原因。如果作为滞留沉积物的泥砾也包含丰富的分散有机质,它也可以形成有利的还原环境而促使黄铁矿的形成。

其次,深切谷下切作用使延安组与直罗组直接接触,从而导致深切谷铀储层具有强烈的还原能力。在鄂尔多斯盆地南缘,延安组为含煤岩系,露头上要么为暗色泥岩要么为煤层(图13-14~图13-17、图

图 15-26　深切谷铀储层中的还原介质，J_2z^1，店头－双龙铀矿床（ZK1501）

a. 碳质碎屑及其自生黄铁矿团块，235.3m；b. 碳质碎屑及其自生黄铁矿（自形晶），454m；c. 泥砾及其周边的自生黄铁矿环带，248.0m

15-27），本身具有强大的还原能力。深切谷下切作用使深切谷铀储层的底部和两侧直接与延安组含煤岩系相接触，延安组成为直罗组下段深切谷铀储层的典型外部还原介质。

图 15-27　延安组含煤岩系沉积物，黄陵，鄂尔多斯盆地南缘

a. 焦坪地区下石节煤矿直罗组下伏的煤层及其暗色泥岩沉积；b. 店头镇黄五公路旁延安组的湖泊泥岩沉积

另外，下切作用还可以从延安组或者更老的延长组携带大量碳质碎屑、泥砾和黄铁矿等还原介质堆积于深切谷中，从而使深切谷铀储层中包含更多来源的内部还原介质。事实上，对碳质碎屑煤岩学、矿物学和地球化学的深入研究表明，一些深切谷铀储层中碳质碎屑的 R_o 高达 1.84%（Zhang et al，2019c），这远远超出了直罗组和延安组正常的有机质成熟度，推测其来自于石炭系—二叠系含煤岩系或者更老的地层中。

3. 深切谷的有限物理空间和强还原性导致铀超常富集和铀储层致密化

深切谷的有限物理空间限制了含矿流体的运移途径和发生化学反应的空间。在有利的构造、古气候和其他因素驱动下,源于造山带的含氧富铀成矿流体,以及源于盆地深部的含烃流体,均会在空间有限的深切谷铀储层中运移并发生化学反应。

由于深切谷强大的还原能力,致使后生氧化蚀变作用被严格限制在深切谷铀储层的某个部位集中发生,此背景下层间氧化带的发育和推进速度极其缓慢,相当于形成了一个稳定的层间氧化带前锋线——地球化学障,这有利于铀的持续变价沉淀。加之铀成矿作用的多期次叠加(图15-19d),从而导致了铀的超常富集。

但是,同样背景下成岩-成矿作用的多样性,特别是诸如压实作用、泥质胶结作用、硅质胶结作用、硅铝质胶结作用(长石自生加大)、铀质胶结作用、钙质胶结作用、硫酸盐胶结作用等频繁叠加发育(图15-23),也产生了一个负面效应,即导致铀储层的致密化。

看来,深切谷有限的物理空间以及铀储层的超强还原能力直接影响了店头-双龙铀矿床的成岩-成矿作用,繁多复杂而且反复叠加的成岩-成矿作用,一方面导致铀的超常富集,而另一方面又致使铀储层致密化。从某种意义上讲,这不同于其他砂岩型铀矿床,是一种特色鲜明的新类型,可以归纳为"深切谷铀成矿模式"。

4. 优质和充分的物源-铀源供给也是该矿床形成发育的一大特色

与盆地北缘和西缘的铀矿床不同,源于西秦岭北坡的大型物源-沉积朵体(焦养泉等,2015b;Zhou et al,2017),在铀储层的岩石物质组成上也具有明显的特色。

一方面,深切谷铀储层砂岩中存在丰富的钾长石碎屑,这些层段恰恰也是一些铀矿化的重要部位(图15-17、图15-28)。在钻孔岩芯中,由于钾长石含量过高有些砂岩显示为红色,这有被误认为是后生红色蚀变砂岩的可能,而实际上这些砂岩是原生还原的(图15-28b~d)。铀储层砂岩富钾长石碎屑的现象表明,在直罗组下段深切谷发育时期西秦岭北坡存在中酸性花岗岩(富铀母岩),而且能通过地表水系为深切谷铀储层提供优质的和充足的物源-铀源补给(图3-8)。直接的证据就是在切谷铀储层中发现了一些具有良好搬运磨圆性质的含铀碎屑矿物(图15-29a、c),以及一些含金属矿物的岩屑(图15-29b)。如果这一优质物源-铀源能够持续到铀成矿期,那么源于西秦岭北坡的溶解铀将成为重要的铀质来源。即便是在铀成矿期,源于西秦岭北坡的铀源供应不畅通,仅凭沉积期铀储层中原始积累的分散铀经层间氧化也能释放相当的铀参与成矿。当然在成矿期,如果既有源于造山带的溶解铀供给,也有铀储层中经层间氧化而释放的铀的叠加,将是铀成矿最好的预期。

图15-28　富含钾长石碎屑的深切谷铀储层,J_2z^1,店头-双龙铀矿床

a.滞留沉积物中的钾长石碎屑(细砾石),ZK231-01;b、c.呈红色富含钾长石碎屑的含泥砾和碳质碎屑砂岩(含矿段),ZK231-01;d.富含钾长石碎屑的粗砂岩,ZK0004,105.4m

另一方面,有别于鄂尔多斯盆地的其他铀矿床,店头地区深切谷铀储层中存在丰富的除黄铁矿以外的金属硫化物,如闪锌矿、黄铜矿和方铅矿等。这些金属硫化物与铀矿物共存,在铀成矿过程中也充当

了重要的还原介质(图15-19b、图15-30)。这一现象的出现,最大的可能是与西秦岭北坡特有的物源-铀源供给有关,但是这些金属硫化物来源、成因和演化,特别是与铀成矿的关系问题等仍需深入研究。

除此以外,深切谷应该具有较大的流域面积,它也可能会冲刷和切割延安组、延长组和石炭系—二叠系含煤岩系或含油岩系,这样一来铀储层内部不仅会具有复杂来源的还原介质,而且还可能富集源于延长组第7个油层组富铀烃源岩的铀源贡献。

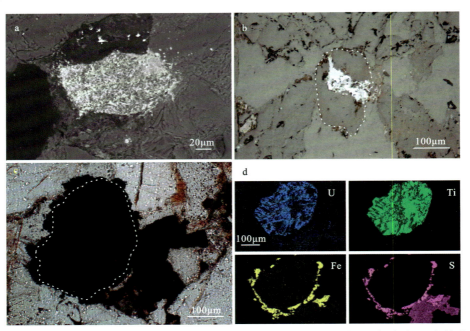

图15-29 深切谷铀储层中具有磨圆性质的含铀岩石碎屑和金属硫化物,J_2z^1,店头-双龙铀矿床
a. 主要由黄铁矿(暗灰)和铀矿物(亮灰色)构成的碎屑矿物,扫描电镜,ZK143-02;b. 含黄铁矿和其他金属矿物的石英碎屑颗粒,反射光,S04-05;c. 主要由U和Ti组成的碎屑矿物(后期被黄铁矿胶结),正交偏光;d. c图中U、Ti、Fe和S的元素图,X射线能量谱

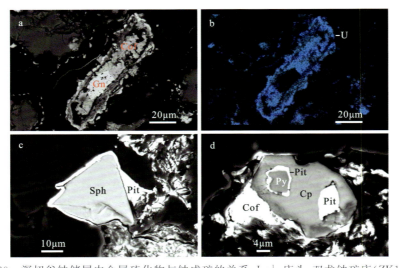

图15-30 深切谷铀储层中金属硫化物与铀成矿的关系,J_2z^1,店头-双龙铀矿床(ZK175-03)
a. 外形规则的方铅矿及其多期次生长的铀石,扫描电镜;b. a图中U的元素图,X射线能量谱;c. 闪锌矿及其外围的沥青铀矿,扫描电镜;d. 黄铁矿、黄铜矿、铀石的共生组合关系,扫描电镜;Py. 黄铁矿;Gn. 方铅矿;Sph. 闪锌矿;Cp. 黄铜矿;Cof. 铀石;Pit. 沥青铀矿

5. 深切谷的复杂演化表明店头-双龙铀矿床也是一个典型的古砂岩型铀矿床

铀矿床的形成发育是区域大地构造作用的响应。基于铀储层中岩石地球化学类型以及成岩-成矿作用的系统研究，本文认为鄂尔多斯盆地南缘深切谷型砂岩铀矿床经历了复杂的演化过程，它类似于盆地北部的东胜铀矿田，也是一个古老的砂岩型铀矿床(图15-31)。

总体来看，店头-双龙铀矿床的形成发育经历了4个大的演化阶段。

(1)成矿前：首先在深切谷背景中沉积发育了潜在的优质铀储层(图3-1、图3-8、图13-7、图14-1)。其中，适当的砂体规模和还原能力、丰富的分散铀原始堆积、稳定的大地构造以及恰到好处的成岩程度(保障了铀储层的良好物性条件)，均为后期铀成矿作用的发生奠定了良好基础。

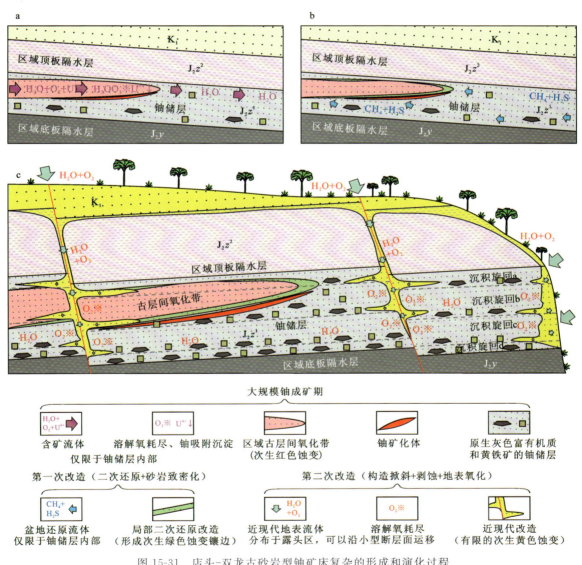

图15-31　店头-双龙古砂岩型铀矿床复杂的形成和演化过程

a. 铀成矿期铀储层内部的红色蚀变，导致层间氧化带形成，并伴以大规模的铀矿化；b. 成矿后的第一次改造(绿色蚀变)，是对古层间氧化带的一次还原改造，这意味着大规模铀成矿作用已经结束；c. 成矿后的第二次改造(地表黄色蚀变)，是由于铀矿床被抬升剥蚀地表，古层间氧化带和铀矿体接受了现代地表氧化作用的改造

(2)成矿期：燕山运动导致的晚侏罗世和晚白垩世沉积间断应该是最佳的铀成矿期。大规模的次生红色蚀变形成了层间氧化带，并为铀的大规模迁移和变价成矿创造了必要的氧化-还原地球化学条件

(图15-31a)。其中,黄铁矿-赤铁矿-铀石-沥青铀矿是该阶段的标型矿物组合。

(3) 成矿后(初期):主要为化学改造,此时铀矿床持续了深埋藏状态,但是浅部地表的氧化流体场已被深源的还原流体场所取代,一方面层间氧化带被二次还原改造演变为绿色蚀变砂岩,另一方面钙质、硅质(第二次)和硫酸盐等的胶结作用导致了砂岩的严重致密化。这些标志均意味着区域大规模铀成矿作用已经终止,铀矿床进入了成矿后的改造阶段(图15-31b)。

(4) 成矿后(晚期):铀矿床接受了一次革命性的构造破坏与化学改造(图15-31c)。大约在古新世以后,由于区域性的构造抬升和掀斜,铀矿床遭受了严重的风化剥蚀,残留矿体被近现代地表氧化作用的改造,形成了黄色蚀变砂岩以及以黄铁钾钒-重晶石-软锰矿-锰钡矿为代表的标型矿物组合,同时还形成了罕见的铁锰质自生矿物示顶构造。

第五篇 纳岭沟铀矿床非均质性地质建模

盆地北部典型矿床铀储层内部结构、关键控矿要素与铀成矿规律

露头地质建模的意义在于指导地下铀矿床模型的构建。露头地质建模具有很强的直观性和典型性，而地下地质建模受参数获取方法和精度约束而具有很大的预测性。实践表明，通过露头地质建模而总结的技术路线可以借鉴应用于地下，只是需要重新遴选适宜于地下建模的关键参数。纳岭沟铀矿床是鄂尔多斯盆地北部发现的第二个特大型砂岩铀矿床，其含矿层渗透性好，钻孔抽注液量大，适宜地浸开采。同时，该矿床钻孔资料丰富，钻孔间距为100～200m，是进行地下铀储层非均质性地质建模先导性研究的理想目标。

第十六章　铀矿床建模特点与参数遴选

露头地质建模与地下地质建模具有很大的不同。但是，通过露头地质建模而总结的技术思路可以引申应用于地下（焦养泉等，2018a，2018c）。因此，充分对比露头建模与地下建模的特色，并从中遴选适宜于地下铀矿床地质建模的关键参数是研究工作的焦点。研究认为，地下地质建模受参数获取方法和精度约束而具有很大的预测性，但是在矿床尺度下系统总结关键参数的空间配置规律和相互制约关系，对服务找矿预测和地浸采铀才具有真正的实际应用价值。

第一节　典型铀矿床地质建模的特点

与国内外的一些著名油气田和金属矿床类似，将露头研究获得的经验运用到地下矿产资源的勘查开发才是地质建模的归宿。由于获取建模信息的渠道和方法以及建模研究尺度等因素的不同，需要针对露头与地下特点进行建模异同点分析，并从中归纳和总结地下地质建模的核心任务（表征铀矿床的非均质性）。

一、纳岭沟铀矿床基本信息

纳岭沟铀矿床是鄂尔多斯盆地北部发现的第二个特大型铀矿床（图16-1），处于东胜铀矿田中部。该矿床含矿层渗透性好，钻孔抽注液量大，适宜地浸开采。同时，该矿床钻孔资料丰富，钻孔间距为100～200m，是进行铀储层非均质性地质建模先导性研究的理想目标。

目前，纳岭沟铀矿床已经完成了地浸采铀实验并即将进入商业性开发阶段，笔者围绕纳岭沟铀矿床的核心区域，选择了一块包含306口钻孔、面积25.6km²的区域进行建模研究（图16-2）。选取该矿床为试验区，开展铀储层非均质性地质建模研究，以便于人们从铀储层结构和物质成分的角度探讨及解释铀成矿作用与成因机理，另一方面从提高采收率角度探讨地浸采铀过程中对溶质的选择和对溶矿流场的控制。

纳岭沟铀矿床的主要铀储层为直罗组下段砂体。由于纳岭沟铀矿床位于古乌拉山大型物源-沉积朵体的上游中轴区（图3-8、图3-9、图4-1），所以直罗组下段主要为一套粗碎屑沉积物，砂体厚度为87.0～228.1m，平均厚度为147.3m。铀储层下部为砾质辫状河道沉积，岩性为灰色砾岩、砂质砾岩，局部夹薄层砂岩，多见碳质碎屑和团块状黄铁矿（图4-2、图4-3）。铀储层上部为砂质辫状河道沉积，岩性为灰色、绿色、灰绿色中粗粒、中粒、中细粒砂岩，固结程度低，较松散，是铀矿赋存的骨架砂体。

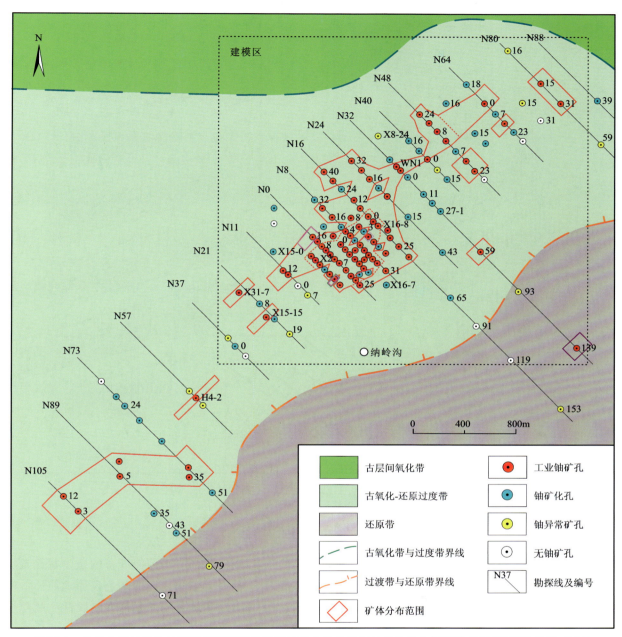

图16-1 盆地北部纳岭沟铀矿床直罗组下段岩石地球化学分带与铀矿化体空间配置关系（据彭云彪等，2019）

注：建模区东南部及其外围为大规模的还原地质体。

在建模研究区，直罗组下段的上亚段对下亚段冲刷严重，导致上下亚段间普遍缺失1煤组，区域标志层保留较少（焦养泉等，2006，2015b；Jiao et al，2016），所以建模过程中将直罗组下段砂岩作为一个复合铀储层对待，按照上述思路将其划分为5个沉积旋回，并实现了全区的统一对比（图16-2）。

与东胜铀矿田一致，纳岭沟铀矿床的铀成矿作用也受"绿色"古层间氧化带控制。古氧化带和铀矿化主要产出于铀储层上部的砂质辫状河道中。古氧化砂体厚度为0～101.5m，由北西向南东逐渐变薄直至尖灭。古氧化砂体底界埋深为283.2～627.0m，由北东向西南埋深逐渐加大（彭云彪等，2019）。在垂向上，具有工业意义的铀矿体呈板状产出于古层间氧化带底板的灰色砂岩中。但是从区域的角度看，如果把铀矿化体（即包含了铀异常、低品位和高品位地质体）进行剖面编图的话（图16-3），那么板状的纳岭沟铀矿床应该为区域复合铀矿化体的"下翼矿体"，而西南部的大营铀矿床则是区域复合铀矿化体的

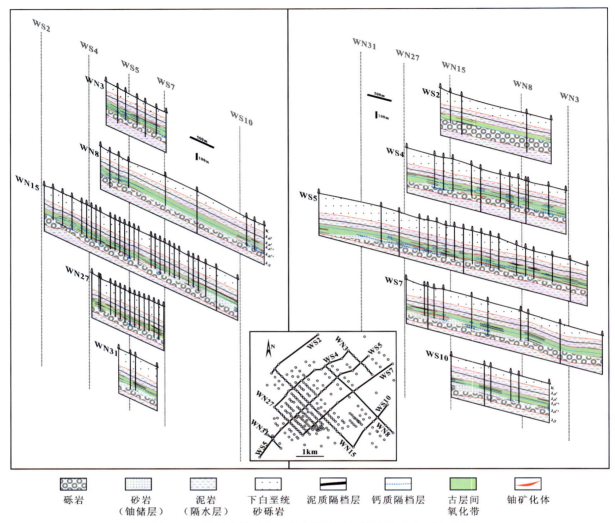

图 16-2 纳岭沟铀矿床地质建模关键参数的系列对比剖面图

"卷头"(焦养泉等,2012b,2018a)。在平面上,垂直投影的工业矿体呈北东-南西向展布的条带状叠置于古氧化-还原过渡带中。仔细分析条带状矿体的产出部位,其严格受到紧邻南侧的灰色还原地质体的限制,两者大致平行分布,相距不足1000m(图16-1)。因此,可以认为是铀储层下部具有还原性质的砾质辫状河道及其南侧铀储层上部具有还原性质的砂质辫状河道,联合制约了区域古层间氧化带的形成和发育,并进而限制了纳岭沟铀矿床铀矿体的产生空间。

勘查发现,纳岭沟铀矿床由多个铀矿体构成。其中,主矿体长约5500m、宽200～1700m,面积约5.0km^2,整体上连续性较好(图16-1)。主矿体平均厚度为3.6m,变化较大,平均品位为0.0771%,平均平米铀量为6.11kg/m^2。纳岭沟铀矿床矿石为砂岩类矿石,主要为疏松—较疏松的浅灰色、灰色长石砂岩和长石石英砂岩,以中粒、粗粒砂状结构为主,分选中等,磨圆度多为次棱角状。矿石中碎屑颗粒间以接触式胶结为主,少数为孔隙式胶结。矿石各主量元素含量与围岩基本相同,但矿石烧失量较高,说明矿石中有机质含量稍高。与标准砂岩成分对比,矿石SiO$_2$含量低而Al$_2$O$_3$、K$_2$O、Na$_2$O含量高,说明含矿碎屑岩中长石含量较高,成分成熟度低。纳岭沟铀矿床铀的赋存形式为吸附铀、铀矿物及含铀矿物,其中以吸附铀为主。铀矿物主要为铀石,偶见沥青铀矿和含铀钛铁氧化物(彭云彪等,2019)。

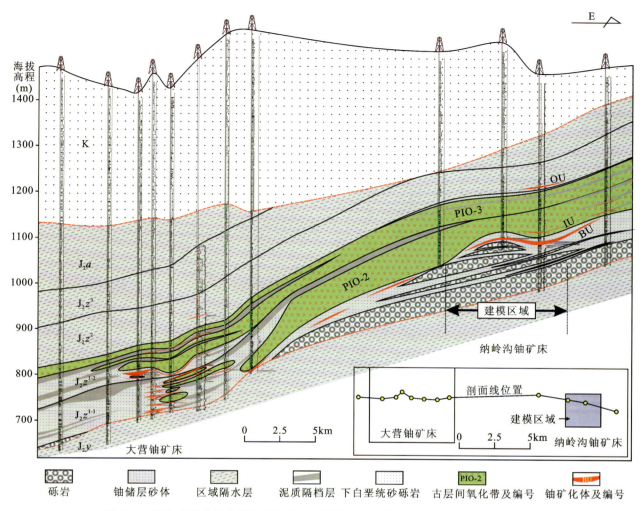

图 16-3 鄂尔多斯盆地北部东胜铀矿田区域铀成矿规律(纳岭沟铀矿床-大营铀矿床)

二、露头与地下地质建模异同点

露头地质建模具有直观性和典型性,但是地下地质建模却具有很大的特殊性,这主要取决于建模参数获取的方法和精度。对于前者而言,选择一个结构完整、现象丰富、便于测量的露头剖面是最关键的环节,只要时间和精力允许,就能从中提取丰富的建模信息。然而,地下地质建模却主要依赖于钻孔信息,要求在一定范围内钻孔数量多,密度大。但是,钻孔间距再小也避免不了二维空间分辨率的巨大差异,即钻孔具有丰富的垂向信息而缺少横向井间信息(往往带有人为预测性)。所以,地下铀储层地质建模的特点在于:①关键参数的选择具有局限性,仅凭钻孔资料;②主要依据钻孔中有限参数的信息统计而建模,因此模型的确定性较差,预测的成分更多;③所表征的模型尺度更大,至少是矿床级别或者涵盖了主要矿体,因此模型的预测性更强(表 16-1)。

表 16-1　铀储层露头地质建模与地下地质建模的比较分析

类比内容	露头地质建模	地下地质建模
资料来源	露头剖面实测	钻孔编录与统计
关键参数	信息获取便捷，而且资料丰富；纵横方向同等比例无死角测量；关键参数类型丰富	依赖于钻孔，资料有限；垂向精细测量，横向仅凭预测；关键参数类型有限
模型尺度	河道尺度（几十米至几百米）	矿床尺度（几千米至十几千米）
研究任务	铀储层复杂性的直观表征，偏重沉积和成岩非均质性的精细解剖，识别沉积界面、流体流动单元	铀矿床非均质性表征与预测，偏重区域铀储层沉积旋回划分和小层对比，关键隔档层的表征，特别是控矿要素和成矿规律的总结
模型功能	服务成矿机理研究；指导地下地质建模	服务找矿远景预测；服务矿山地浸采铀的溶矿流场分析，以及溶剂的选择

三、铀矿床地质建模的核心任务

基于露头地质建模的经验，指导地下铀储层地质建模才真正具有实际应用价值。地下地质建模的核心任务是表征铀矿床的非均质性，偏重区域铀储层沉积旋回划分和小层对比、关键隔档层的表征，特别是成矿要素相互制约关系和成矿规律的总结，赋予模型以成矿机理解释和勘查预测的功能。同时，铀储层结构、物质成分（如钙质含量等）和铀赋存状态则直接影响采铀效率，同样也需要阐明建模研究服务于地浸采铀的切入点和应用价值，但是客观地讲此方面的研究仍处于探索之中。

第二节　铀矿床建模关键参数遴选

地下地质建模需要借鉴露头地质建模的经验。只有充分进行两者的对比，才能从中筛选出具有共性的建模参数。研究发现，露头地质建模中的高级别沉积界面和构成单元研究思路，以及对不同类型隔档层的研究，可以全面借鉴并拓展应用至地下。但是由于研究尺度不同，沉积相变导致的岩性变化在地下较为突出。宏观的成岩-成矿标志有利于地下区域铀成矿规律的总结。

一、高级别沉积界面和构成单元的拓展与延伸

地下地质建模主要依赖钻孔信息。其实，在露头模型中所识别的各级沉积界面都能够在钻孔中被识别。但是，在地下识别高级别的沉积界面才更具有意义。因为对于常见的具有辫状河道、辫状分流河道和水下辫状分流河道性质的铀储层而言，只有高级别的沉积界面在井间（钻孔与钻孔之间）才能够被对比。比如，5级和4级沉积界面，它们就具有较大的规模，由其所限定的复合河道砂体或河道单元才能够在井间被追踪对比。

与露头地质建模不同，在钻孔中由高级别沉积界面所限定的构成单元通常被沉积学家称之为沉积旋回。所以地下地质建模强调铀储层的旋回结构分析，而井间的沉积旋回对比被石油地质学家称之为小层对比。由此可见，地下地质建模的重点之一是在铀储层内部进行沉积旋回结构分析和区域小层对比。

二、相变导致的岩石岩性分析更加重要

相对于露头地质建模而言，地下地质建模由于具有较大的尺度，能够捕捉到区域沉积相变的机会更多。在纳岭沟铀矿床一带，由于相变而导致的具有穿时性质的岩性转换界面（砂岩/砾岩），成为制约古层间氧化带和铀矿化体发育的第一位地质要素（图16-4）。

在自然界，砾岩和砂岩的沉积条件完全不同，沉积物的结构特别是矿物组构具有极大的差异，由此严重地影响了两种岩石的物性条件（即孔隙度和渗透率）。已往的油气储层建模研究发现，砂岩的物性条件通常优于砾岩（焦养泉等，1998）。在纳岭沟铀矿床，铀储层中岩性-古层间氧化带-铀矿化体的空间配置特征表明，砂岩的物性条件也优于砾岩。砾岩首先限定了含氧含铀流体的运移通量。其次，相对于砂岩而言，砾岩中的砾石含量通常大于30%，可以想象层间氧化作用可以氧化部分砾石间的填隙物，但是要把砾石充分氧化是罕见的。尽管纳岭沟铀矿床铀储层底部的砾岩属于牵引流沉积产物（焦养泉等，2005b），填隙物含量较少，物性条件优于重力流成因的砾岩，但是事实上研究区的砾岩仍然属于抗"氧化作用"较为明显的一类岩石。所以，铀储层中砂岩与砾岩的岩性转换界面，就成为纳岭沟铀矿床古层间氧化带发育的区域底界面。而铀矿化作用则符合普遍的铀成矿规律，集中就位于古层间氧化带底部界面下方的灰色砂岩中，也就是岩性转换界面之上规模有限的灰色砂岩中（图16-4）。

看来，纳岭沟铀矿床直罗组底部发育的砾岩是古层间氧化带发育的禁区，当然铀矿化也就极为少见。岩性变化是最大的制约该区铀储层沉积与成岩（矿）非均质性的关键要素。

三、隔档层的研究可以全面借鉴于地下

由露头建模识别的几种类型隔档层，如泥质隔档层、泥砾隔档层和钙质隔档层等，完全可以借鉴应用于地下地质建模研究。它们不仅可以作为含矿流体或者溶矿流体"流动单元"的边界，而且有可能从化学成分的角度参与铀成矿或者影响地浸采铀。由于泥砾隔档层分布具有局限性，在地下铀矿床建模研究中应当把泥质隔档层和钙质隔档层作为重点表征对象。

1. 泥质隔档层

与露头相似，借助钻孔资料可以识别并在井间追踪对比泥质隔档层。需要强调的是，隔水层和隔档层是两个具有不同含义的地质术语。隔水层是水文学家通常使用的一个术语，借鉴到砂岩型铀矿研究中，是指含铀岩系格架中低渗透的岩层（多数为泥质层），与铀储层属于同一级别的术语。笔者将铀储层顶板或底板的泥质沉积物称为隔水层，它们往往具有一定的厚度和较稳定的区域分布面积。而泥质隔档层（焦养泉和李祯，1995）仅限于铀储层中，是铀储层沉积旋回发育末期的低能沉积物，它们通常为泥岩和粉砂岩，厚度薄，分布面积有限，仅具有小区域对比的意义，即在一个矿床范围内可以进行追踪对比（图5-7）。

值得强调的是，在盆地北部直罗组下段的上亚段与下亚段间理应存在一个包含1煤组的区域隔水层。但是，同样由于纳岭沟铀矿床位于古乌拉山物源-朵体的上游中轴区，上亚段发育时的下切冲刷能力较强，导致区域隔水层在建模区欠发育，因此就将其作为铀储层内部的一个隔档层来看待。

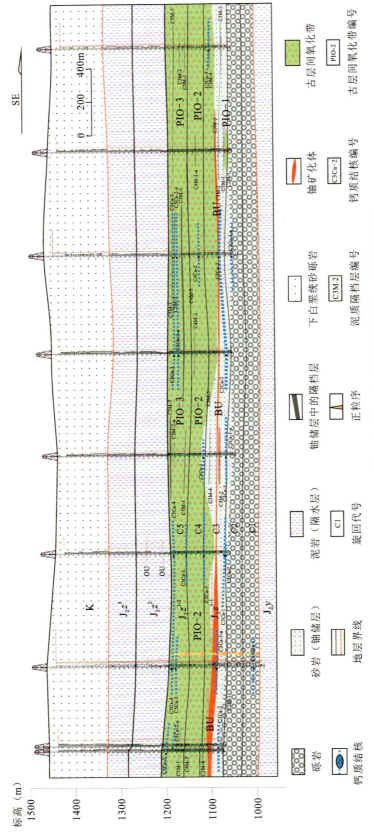

图16-4 WN7剖面小层对比地层格架及相关参数空间配置关系图，纳岭沟铀矿床

2. 泥砾隔档层

泥砾隔档层在钻孔中也经常存在，但是由于其分布的局限性，通常难以进行较大范围的对比，有些还由于取芯率较低或者较薄而难于识别，特别是当泥砾的粒径较粗或者是大量集中堆积构成泥砾隔档层时更难于与泥岩相区别，从而给人为判别和测井识别都带来了困难。但是，由其造成的铀储层非均质性却不容忽视。例如，由于泥砾隔档层的存在，可以导致下伏流体流动单元顶部氧化作用欠彻底。

一个极端的例子来自于纳岭沟铀矿床附近的钻孔 ZKX2017-3，在第 138 回次 633.4～633.9m 深处为 0.5m 厚的泥砾滞留沉积物，并构成了泥砾隔档层（图 16-5a、b）。如果不能仔细分辨，该泥砾隔档层极易被误认为是薄层泥岩（图 16-5a～c）。在钻孔中，大约从 670m 到 605m 的录井资料中可以识别出 4 个沉积旋回，这些沉积旋回的顶部往往发育泥质隔档层，而沉积旋回的底部往往发育泥砾隔档层（图 16-5a）。但是，由于沉积旋回 3 底部的泥砾隔档层较薄，且泥砾较为集中致使肉眼不易区分，测井响应也较弱从而与泥岩相似而不易识别（图 16-5a）。实际上，凭该段最底部（633.9m）特征的泥砾（图 16-5c），以及沉积旋回的结构（图 16-5a、b），判别其为泥砾隔档层。

而正是由于沉积旋回 3 底部泥砾隔档层的存在，造成了下伏沉积旋回 2 中古层间氧化带的发育存在明显的非均质性。在沉积旋回 2 中，铀储层的主体表现为绿色蚀变砂岩（古层间氧化带的完全氧化亚带），但是在该旋回的顶部 635.1m 和 634.4m 处存在纹层状氧化，具体表现为绿色蚀变砂岩中存在灰色条带砂岩（图 16-5d、e），表明沉积旋回 2 的顶部为不完全氧化亚带。

造成铀储层非均质性氧化的最好解释是，由于沉积旋回 3 底部 0.5m 厚泥砾隔档层的存在，限制了沉积旋回 2 和沉积旋回 3 中流体的垂向运移，在相邻的两个沉积旋回中形成了两个流体流动单元。在沉积旋回 2 中，由底部泥质隔档层和顶部泥砾隔档层限制的流体流动单元，受沉积物粒度自下而上由粗变细的垂向变化影响，以及铀储层中流体的重力分异影响，含矿富氧流体主要充注于沉积旋回 2 的中下部，这使得铀储层的中下部易于被完全氧化而顶部却相对难于被氧化，从而产生了铀储层垂向氧化的非均质现象。

3. 钙质隔档层

钙质隔档层的研究也可以应用于地下建模。钙质隔档层特指铀储层中由于钙质胶结作用而丧失了孔渗性的砂岩（焦养泉和李祯，1995），它们通常呈现结核状并具有一定的分布规律。露头调查显示铀储层钙质胶结物发育程度与古层间氧化-铀成矿作用关系较为密切。在记录有古层间氧化带发育和铀成矿的露头剖面上，钙质胶结物相对发育，且主要集中于古层间氧化带边界外围附近的还原带砂体中，即沿含矿流体运移方向，钙质胶结物覆盖和超越了铀矿化带（图 6-18）。然而，在没有古层间氧化作用干扰的铀储层露头剖面上，如横山石湾镇露头区，钙质胶结作用几乎不发育（焦养泉等，2018c）。

如图 6-18 所示，在铀矿化作用活跃的露头剖面上，钙质胶结物的发育往往依赖于高级别的沉积界面（3 级界面和 4 级界面），多数呈透镜状产出于沉积界面之上。如此小的钙质结核规模，在井间对比上一定存在困难。所以，按照铀储层沉积旋回和"层间氧化-铀成矿"单元，在钻孔识别和统计中笔者使用了"钙质结核层组"的概念，即多个结核的"组合"。按照目前对钙质结核成因的认识，"钙质结核层组"应该具有一定规模，至少与铀矿体相当或者略大，所以用此概念以保证井间对比的准确性（图 16-4）。

四、宏观标志有利于总结区域铀成矿规律

通过露头地质建模研究，获取了丰富的成岩-成矿作用信息，特别是后生蚀变作用类型及空间配置关系，建立了东胜铀矿田古层间氧化带的识别标志，揭示了后生蚀变作用、古层间氧化带、还原介质与铀

成矿的关系等。野外露头建模总结的宏观成岩-成矿标志同样存在于钻孔岩芯中,这是识别钻孔中古层间氧化带,建立古层间氧化带与铀矿化关系以及垂向演化规律的基础(图16-4)。

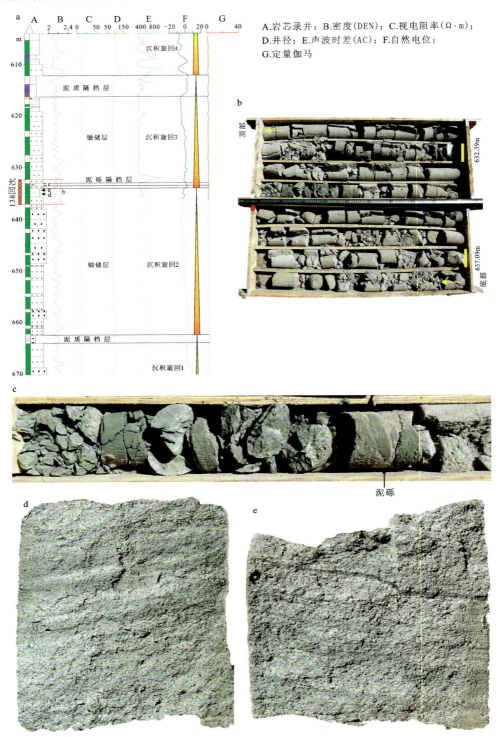

图16-5 典型钻孔铀储层中泥砾隔档层导致的垂向氧化非均质现象,东胜铀矿田(ZKX2017-3)

a.钻孔录井柱状图及其测井曲线;b.第138回次(637.1~632.4m)的完整岩芯,其中637.1~635.4m为块状灰绿色中砂岩(完全氧化亚带),635.4~633.9m为灰绿色夹灰白色细砂岩(纹层状不完全氧化亚带),633.9~633.4m为绿色泥砾滞留沉积物(泥砾隔档层),633.4~632.4m为块状灰绿色中砂岩(完全氧化亚带);c.633.9~633.4m深处的泥砾隔档层;d.635.1m深处的纹层状不完全氧化亚带;e.634.4m深处的纹层状不完全氧化亚带

第十七章 铀储层沉积非均质性

地下地质建模的核心任务是表征铀矿床的非均质性，这首先需要构建一个适宜进行地下铀矿床非均质性精确评价的地层单位和等时地层格架。以直罗组下段铀储层为目标，我们试图将露头区常见的河道单元应用于地下，但是受地下地质建模所依赖的钻孔资料的限制，井间对比能够识别的通常是一些高级别的沉积旋回。因此，铀储层中沉积旋回的识别与精细对比就成为构建等时地层格架的基本地层单位。在沉积旋回的识别和对比过程中，难免要将铀储层中一些细粒沉积物夹层充当沉积旋回识别和对比的标志层，而这些细粒沉积物夹层又是地质建模中一项重要的关键参数——泥质隔档层。所以，铀储层中的沉积旋回和泥质隔档层研究就成为铀储层沉积非均质性地下地质建模的重点。

第一节 铀储层内部的沉积旋回结构

参照鄂尔多斯盆地直罗组含铀岩系充填演化序列和等时地层格架（图2-2、图2-4、图2-10），特别是依据盆地北部延安组含煤岩系和白垩系底部砾岩两个区域性的标志层，以及直罗组内部的湖泛面和岩性岩相转换面，将纳岭沟铀矿床直罗组划分为下段、中段和上段，它们分别对应于三级层序的低位体系域（LST）、湖泊扩展体系域（EST）和高位体系域（HST），相应的地层厚度分别为230m、51.5m和57.3m。但是，由于纳岭沟铀矿床位于乌拉山大型物源-沉积朵体的上游中轴区（图4-1、图4-2），辫状河道的冲刷能力较强，导致直罗组下段不易区分下亚段和上亚段（图17-1、图17-2），所以此次建模过程将直罗组下段铀储层作为一个整体目标来研究。

一、沉积旋回识别与划分

纳岭沟铀矿床的直罗组下段（J_2z^1）为主要含矿层，其由多个正旋回韵律组成。以纳岭沟矿床少量钻遇完整直罗组下段的钻孔为标准，按照沉积韵律和主要的细粒沉积物夹层，可以将直罗组下段划分为5个沉积旋回，自下而上依次命名为C1、C2、C3、C4和C5。其中，沉积旋回C1～C4相当于下亚段，而沉积旋回C5相当于上亚段（图17-3、表17-1）。

由于沉积旋回的识别和划分，往往利用了旋回顶部存在的薄层细粒沉积物，而它们又是铀储层地质建模中最为重要的关键要素之一——泥质隔档层，所以泥质隔档层也作为沉积旋回划分和对比的标志（表17-1）。分析发现，在5个沉积旋回中共识别出22个泥质隔档层，分别依据沉积旋回进行了命名，其中具有较大发育规模的5个泥质隔档层，即C1M-1、C2M-1、C3M-5、C4M-3和C5M-4，成为纳岭沟铀矿床直罗组下段铀储层沉积旋回划分和对比的标志层（图17-3）。

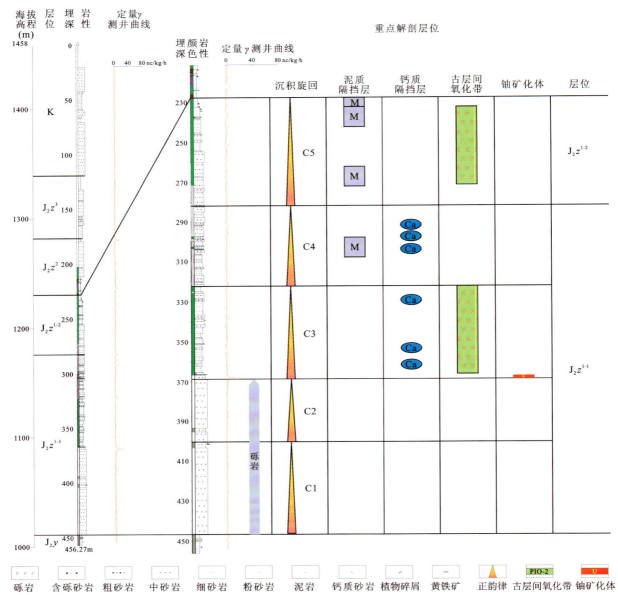

图 17-1 典型钻孔直罗组下段沉积旋回结构与建模参数图,纳岭沟铀矿床（WN1 剖面,ZKN80-16）

二、沉积旋回基本特征

1. 沉积旋回 C1

沉积旋回 C1 厚度为 40m 左右,厚度稳定。岩性整体为大套的灰色—灰白色砾岩,可见植物茎秆,发育少量钙质结核。在沉积旋回 C1 的顶部,发育 1 层小区域规模的由泥岩或粉砂岩组成的细粒沉积物——泥质隔挡层 C1M-1,该泥质隔挡层可作为沉积旋回的边界。沉积旋回 C1 整体表现为正韵律（图 17-1、图 17-3）,但在其内部发育 1 层局部规模的泥质隔挡层,因此局部可细分为两个正旋回（表 17-1）。

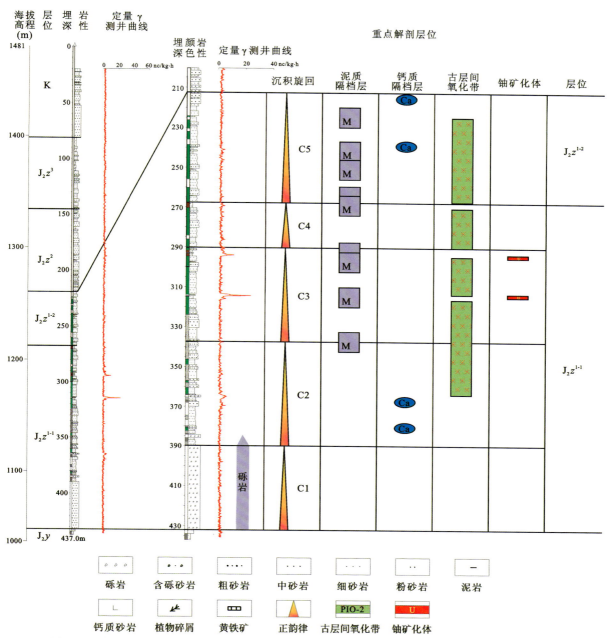

图 17-2 典型钻孔直罗组下段沉积旋回结构与建模参数图，纳岭沟铀矿床（WN1 剖面，ZKN96-145）

表 17-1 直罗组下段沉积旋回划分依据及泥质隔档层与铀矿体发育规律，纳岭沟铀矿床

沉积旋回			主要岩性	泥质隔档层产出部位与发育数量		矿体发育规律
层位	编号	厚度（m）		沉积旋回顶部	沉积旋回内部	
J_2z^{1-2}	C5	50	砂岩为主	1层（隔水层）	一般3层	—
J_2z^{1-1}	C4	30	砂岩为主	1层	一般2层	次级矿体
	C3	50	砂岩为主	1层	一般4层	连续稳定的主矿体
	C2	40	砾岩-含砾砂岩	1层	1~2层	次级矿体
	C1	40	大套砾岩	1层	1层	—

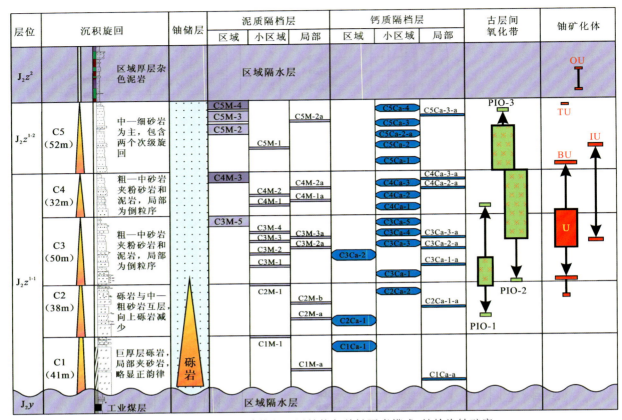

图 17-3 铀储层地质建模的地层结构与关键要素模式,纳岭沟铀矿床
C1~C5.沉积旋回及编号;C1M~C5M.泥质隔档层及其编号;C1Ca~C5Ca.钙质隔档层及其编号;
PIO-1~PIO-3.古层间氧化带及其编号;BU、IU、TU、OU.相对于古层间氧化带的空间位置而言,它
们分别代表了底部铀矿化体、内部铀矿化体、顶部铀矿化体、外部铀矿化体

2. 沉积旋回 C2

沉积旋回 C2 厚度为 40m 左右,厚度稳定。岩性整体以灰色—灰白色砾岩、含砾粗砂和粗砂岩为主(图 17-4a),部分钻孔在旋回顶部可见少量绿色细砂岩,交错层理发育。沉积旋回 C2 整体也表现为正韵律(图 17-3),旋回顶部发育 1 层小区域规模的泥质隔档层 C2M-1,旋回内部发育 1~2 层局部规模的泥质隔档层。部分钻孔在沉积旋回 C2 内发育钙质结核。

沉积旋回 C2 内部发育有次级铀矿体。

3. 沉积旋回 C3

沉积旋回 C3 厚度为 50m 左右,厚度变化较大,整体表现为由北东向南西逐渐减薄。岩性以绿色、灰绿色中—细砂岩为主,可见泥砾、碳质碎屑和黄铁矿(图 17-4b),交错层理发育(图 17-4c),局部可见少量绿色粗砂岩,整体表现为正韵律。在旋回顶部发育 1 层区域性规模的泥质隔档层 C3M-5,在旋回内部发育 4 层小区域规模的泥质隔档层(图 17-3),钙质结核较为发育。

沉积旋回 C3 内部发育 1 层连续稳定的主铀矿化体(表 17-1)。

4. 沉积旋回 C4

沉积旋回 C4 厚度为 30m 左右,厚度较为稳定。岩性以灰绿色、绿色中—粗砂岩为主,交错层理发

图 17-4 铀储层典型钻孔岩芯照片,纳岭沟铀矿床

a. 灰色含砾粗砂岩,WTN-3,362.5m;b. 灰色中砂岩,见碳质碎屑,ZKN32-67,462.7m;c. 灰色中砂岩,ZKN12-43,329.5m

育,整体表现为正韵律。在旋回顶部,发育一套相对稳定的灰色、灰绿色、灰黑色泥岩,将其命名为具有区域性规模的泥质隔挡层 C4M-3,它是直罗组下段下亚段和上亚段地层分界的标志(图 17-3)。在沉积旋回 C4 内部,一般各发育 2 层小区域规模和局部规模的泥质隔挡层,该旋回顶部发育有钙质结核(图 17-3)。沉积旋回 C4 内部发育有次级铀矿体(表 17-1)。

5. 沉积旋回 C5

沉积旋回 C5 厚度为 50m 左右,厚度变化较大,整体表现为由北东向南西逐渐减薄。岩性以灰色、灰绿色细砂、中砂、粗砂岩为主,发育交错层理,部分钻孔见含砾粗砂岩,整体表现为正韵律。在砂体中,可见大量碳质碎屑、黄铁矿等。在该旋回顶部,发育 1 层区域性的泥质隔挡层——隔水层 C5M-4(图 17-1、图 17-3)。在旋回内部,一般发育 2 层次一级的区域规模的泥质隔挡层和 1 层小区域规模的泥质隔挡层,这使得沉积旋回 C5 更为复杂化。

三、沉积旋回对比与发育演化规律

纳岭沟铀矿床直罗组下段的铀储层主要隶属于辫状河道沉积(图 4-2、图 4-3)。虽然辫状河道砂体在自然界具有相对较好的均质性,但是其垂向非均质性依然较为突出并将直接影响后生含矿流体运移以及层间氧化作用和铀成矿作用的发生。这是进行精细铀储层沉积旋回划分并揭示垂向沉积非均质性规律的根本出发点。

1. 沉积旋回发育演化规律

针对直罗组下段铀储层,自下而上将其划分为 5 个沉积旋回:沉积旋回 C1～C5。沉积旋回 C1、C2 厚度一般均在 40m 左右,厚度稳定,以发育大套的灰色砾岩和含砾砂岩为特色。在各自沉积旋回的顶部细粒沉积物欠发育,但依然能够识别出两个完整的正韵律,而且由 C1 到 C2 也构成了更大规模的正韵律(图 17-3)。

相对于沉积旋回 C1 和 C2 而言，沉积旋回 C3、C4 和 C5 沉积物粒度明显变细，主要以中—粗砂岩为主，厚度分别为 50m、30m 和 50m。而另一个区别在于，各自旋回顶部以及旋回内部均发育了多套区域性规模或者小区域性规模的泥质隔档层。虽然，各沉积旋回仍整体表现为正韵律结构，但较小级别的沉积旋回更为发育，显示其垂向非均质性更强，而恰恰纳岭沟铀矿床的主要铀矿体和次要铀矿体就产出于沉积旋回 C2、C3 和 C4 之中（图 17-3）。

2. 沉积旋回的地层对比

在对关键界面、标志层及沉积旋回系统识别和划分的基础上，利用纳岭沟铀矿床的 300 多个钻孔资料，通过编制 40 余条网络骨架地层对比剖面（图 17-5），实现了全区的井间地层对比，建立了含铀岩系等时地层格架（图 17-6、图 17-7）。

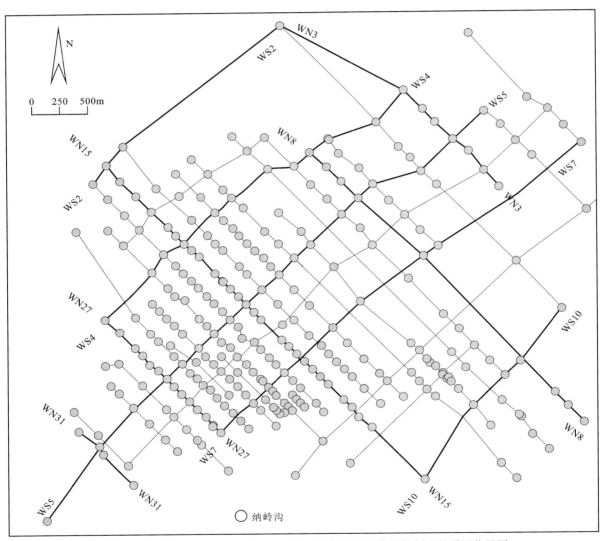

图 17-5　纳岭沟铀矿床含铀岩系沉积旋回地层对比网络骨架剖面的平面位置图

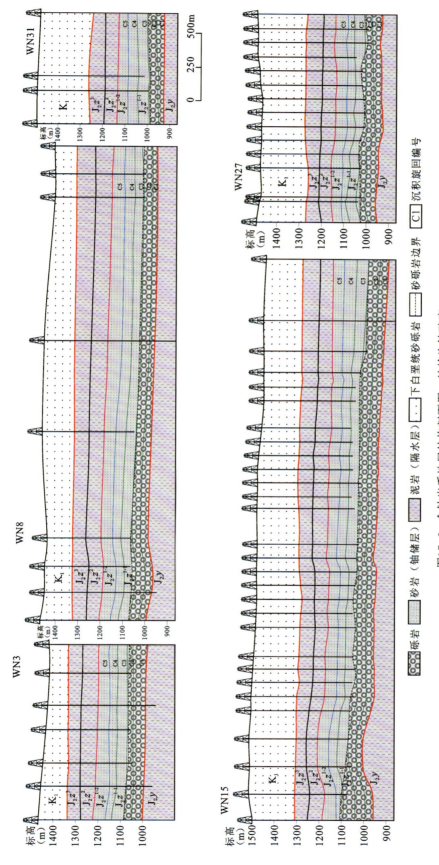

图17-6 含铀岩系地层结构剖面图，纳岭沟铀矿床

注：剖面为北西—南东向，位置见图17-5。

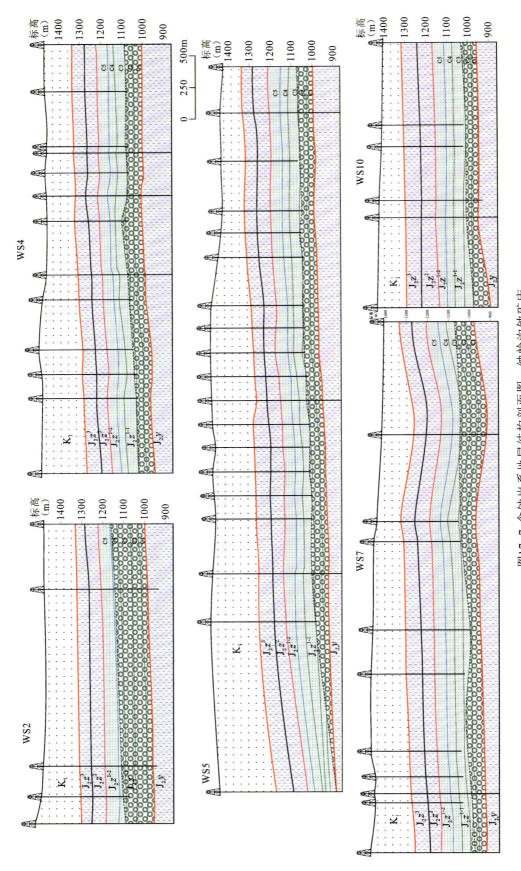

图17-7 含铀岩系地层结构剖面图,纳岭沟铀矿床

注:剖面为南西-北东向,位置见图17-5,图例同图17-6。

第二节　铀储层内部泥质隔档层发育规律

在铀储层内部,识别和划分泥质隔档层不仅仅在于阐明铀储层的沉积旋回结构,更重要的是揭示其对含矿流场和溶矿流场的物理制约。也就是说,在铀储层这一多孔介质载体中,由于沉积作用导致的低渗透泥质隔档层的发育,它们会对成矿期和采矿期的两种流场产生垂向限制。在铀成矿时期,泥质隔档层会通过低渗透的物理方式限制含矿流体的垂向运移,进而对层间氧化带的发育空间和形态产生影响,当然也会进一步地制约铀矿体的产出部位。在采矿期的地浸采铀过程中,溶矿流体当然也会受到低渗透泥质隔档层的物理影响,从而限制其垂向运移和流场分布。所以,从铀储层非均质性地质建模的角度,开展泥质隔档层的精细解剖对于深刻理解砂岩型铀矿床的铀成矿机理和提高采收率具有至关重要的作用。

一、泥质隔档层识别与分级

无论是在露头上还是在钻孔岩芯中,铀储层内部的泥质隔档层都是由泥岩、煤线、粉砂质泥岩、泥质粉砂岩或者粉砂岩等细粒沉积物所构成(图17-8),而且通常都是发育在高级别内部构成单元的衰退期。在露头上,泥质隔档层一般发育于河道单元的沉积末期(图4-13、图5-7)。然而在地下,由于钻孔之间缺乏类似露头的连续精细追踪对比,所以一般认为泥质隔档层通常发育于一个相对高级别的沉积旋回的末期(图17-3)。

我们试图将露头区诸如常见的河道单元类比为地下的高级别沉积旋回。但事实上,在一些看似级别不高的沉积旋回中仍然发育多个泥质隔档层。这就需要我们对泥质隔档层进行井间对比,以确定泥质隔档层的发育规模,并进行等级划分。

图 17-8　铀储层内部的泥质隔档层典型钻孔岩芯照片,J_2z^1,纳岭沟铀矿床

a.灰绿色粉砂质泥岩,ZKN89-11,516.6m;b.含植物碎屑的灰绿色粉砂质泥岩,ZKN89-16,550.0m;
c.灰绿色粉砂岩,WTN-1,383.5m

1. 隔档层的系统编号

对泥质隔档层进行区域对比,首先涉及到系统的命名与编号。编号的基本原则是以沉积旋回为单位,依据各沉积旋回内部泥质隔档层发育的规模级别,对其自下而上进行编号(图17-1、图17-9、图17-10)。如C4M-2,表示沉积旋回C4内自下而上发育的第二层具有较大规模的泥质隔档层。如果其规模较小,则用C4M-2a表示,含义是在沉积旋回C4内部介于C4M-2和C4M-3之间的局部泥质隔档层。如果在钻孔中,相邻两层泥质隔档层垂向间距小于5m,则定义为同一泥质隔档层。

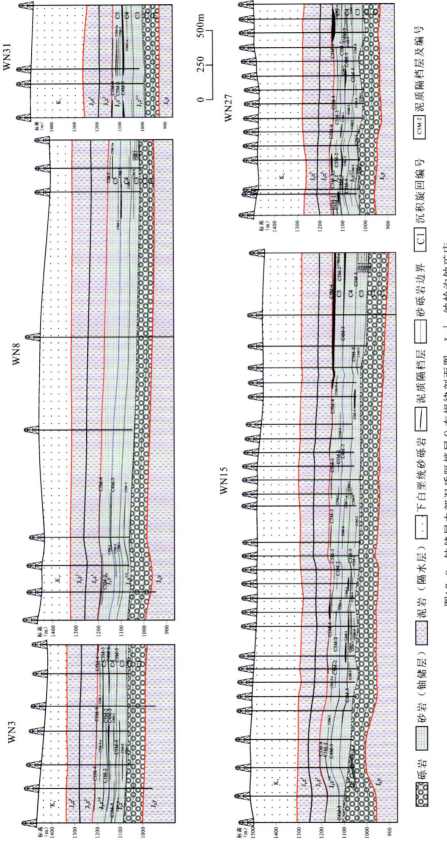

图17-9 铀储层内部泥质隔档层分布规律剖面图，J_2z^1，纳岭沟铀矿床

注：剖面为北西-南东向，位置见图17-5。

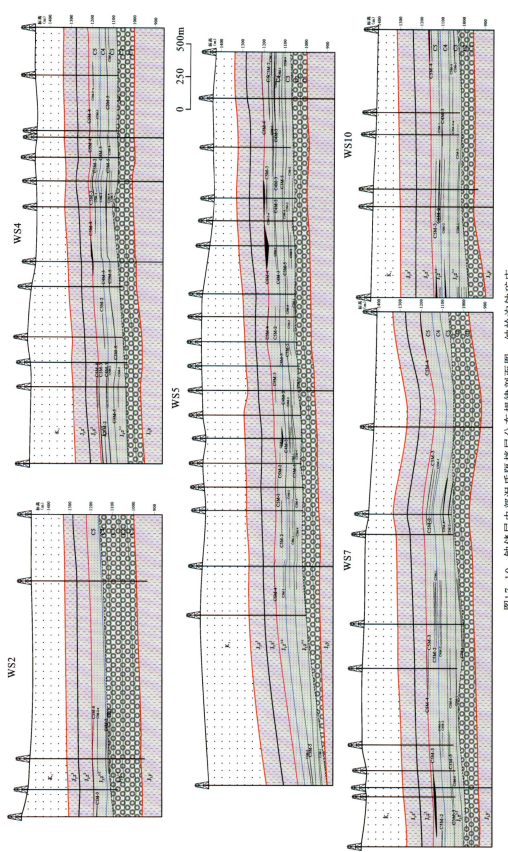

图17-10 铀储层内部泥质隔档层分布规律剖面图,纳岭沟铀矿床

注:剖面为南西-北东向,位置见图17-5,图例同图17-9。

2. 泥质隔档层规模等级划分

考虑到纳岭沟铀矿床建模区域的钻孔分布是基本均匀的,可以通过统计指定泥质隔档层的钻孔数量再人为划分规模级别。在研究中,将泥质隔档层按钻孔占比划分为3个等级,即区域规模、小区域规模和局部规模。这样一来,泥质隔档层规模等级越高,意味着形成它的沉积旋回级别也越高(图 17-1、图 17-9、图 17-10)。

(1)区域规模的泥质隔档层,是指在建模区中发育该泥质隔档层的钻孔数量占全区钻孔数量 3/10 以上。主要涉及 C5M-4、C4M-3、C3M-5、C5M-3 和 C5M-2 五个泥质隔档层。其中,C5M-4 和 C4M-3 发育规模最大,约占全区钻孔总数量的 2/5;C3M-5、C5M-3 和 C5M-2 的发育规模略小,约占全区钻孔总数量的 1/3。

(2)小区域规模的泥质隔档层,是指在建模区中发育该泥质隔档层的钻孔数量占全区钻孔数量 1/10～3/10。主要涉及 C5M-1、C4M-2、C4M-1、C3M-4、C3M-3、C3M-2、C3M-1、C2M-1 和 C1M-1 九个泥质隔档层。其中,C5M-1、C4M-2、C4M-1、C3M-4 发育规模相对较大,约占全区钻孔总数量的 1/4;C3M-3 和 C4M-1 的发育规模相对较小,约占全区钻孔总数量的 1/5;C3M-2、C3M-1、C2M-1 和 C1M-1 的发育规模相对更小,约占全区钻孔总数量的 1/10。

(3)局部规模的泥质隔档层,是指在建模区中发育该泥质隔档层的钻孔数量占全区钻孔不及 1/10。主要涉及 C5M-2a、C4M-1a、C4M-2a、C3M-2a、C3M-3a、C2M-a(b) 和 C1M-a。

二、泥质隔档层空间分布规律

1. 沉积旋回 C1～C2 中泥质隔档层发育特征

由于沉积旋回 C1 不含矿,钻孔施工通常终结于沉积旋回 C2。从已有的沉积旋回 C1 和 C2 钻孔资料中发现,沉积旋回 C1 中共发育了 2 个泥质隔档层,即 C1M-1 和 C1M-a。沉积旋回 C2 共发育 3 个泥质隔档层,即 C2M-1、C2M-a 和 C2M-b。其中,C1M-1 和 C2M-1 具有小区域规模,分别是沉积旋回 C1 和 C2 顶部的地层对比标志层(图 17-1、表 17-2)。

目前,在沉积旋回 C1 中见到的泥质隔档层,仅产出于建模区的西南部局部区域,呈孤岛状,累计厚度为 0.4～1.5m。相对于沉积旋回 C1 而言,沉积旋回 C2 中的泥质隔档层相对较为发育,在平面上呈零星孤岛状且沿北东-南西向展布,相对高值区分布于建模区的中部和西南部,平均累计厚度约 0.81m,最大累计层数为 2 层(图 17-11)。

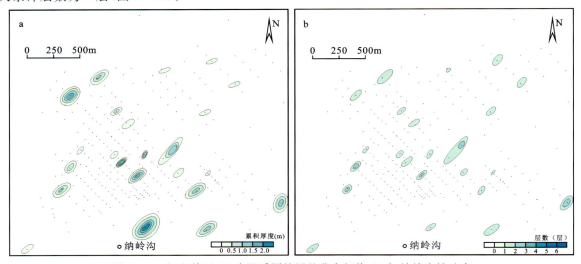

图 17-11 沉积旋回 C2 中泥质隔档层的分布规律,J_2z^1,纳岭沟铀矿床
a. 累计厚度图;b. 发育数量图

表 17-2 铀储层内部泥质隔档层基本信息表，J_2z^1，纳岭沟铀矿床

沉积旋回	编号	产出特点	占全区钻孔数比例(%)	单层厚度(m) 最大	单层厚度(m) 最小	单层厚度(m) 平均	规模级别	累计平均厚度(m)	累计最多层数(层)
C5	C5M-4	旋回顶部边界	42	19.6	0.2	2.5	区域	3.5	4
	C5M-3a(b)	旋回内部	1	—	—	0.3	局部		
	C5M-3	旋回内部	34	10.4	0.2	1.8	区域		
	C5M-2a(b)	旋回内部	8.0	3.2	0.2	0.9	局部		
	C5M-2	旋回内部	29	8.0	0.1	1.3	区域		
	C5M-1a(b)	旋回内部	1	—	—	1.0	局部		
	C5M-1	旋回内部	25	6.2	0.2	1.1	小区域		
C4	C4M-3	旋回顶部边界	39	7.7	0.2	1.3	区域	1.5	4
	C4M-2	旋回内部	19	5.3	0.1	0.7	小区域		
	C4M-1a(b)	旋回内部	5	1.8	0.2	0.6	局部		
	C4M-1	旋回内部	19	4.2	0.1	0.7	小区域		
C3	C3M-5	旋回顶部边界	31	3.7	0.2	0.7	区域	1.2	6
	C3M-4	旋回内部	23	4.5	0.1	1.1	小区域		
	C3M-3a(b)	旋回内部	1	—	—	0.4	局部		
	C3M-3	旋回内部	20	5.0	0.2	1.4	小区域		
	C3M-2	旋回内部	10	4.0	0.2	1.5	小区域		
	C3M-1	旋回内部	7	3.6	0.5	1.8	小区域		
C2	C2M-1	旋回界面附近	8	2.5	0.2	0.8	小区域	0.8	2
	C2M-a(b)	旋回内部	2	1.6	0.3	0.7	局部		
C1	C1M-1	旋回界面附近	1	—	—	0.4	小区域	0.4	1
	C1M-a(b)	旋回内部	1	1.5	1.3	1.5	局部		

2. 沉积旋回 C3 中泥质隔档层发育特征

在沉积旋回 C3 中共发育了 6 个泥质隔档层，即 C3M-1、C3M-2、C3M-3、C3M-4、C3M-5 和 C3M-3a(b)。其中，C3M-1~C3M-4 是小区域规模的，C3M-5 是区域规模的而且构成了沉积旋回的顶部边界。

相比较而言，C3M-1 和 C3M-2 具有相似性，它们大多分布在建模区的中部和南东部，在剖面上整体呈透镜状展布，连续性一般。C3M-3 和 C3M-4 也整体呈现为透镜状，但它们的连续性较好。C3M-5 的连续性相对最好（图 17-9、图 17-10）。

对沉积旋回 C3 中 6 个泥质隔档层的累计厚度和累计层数编图发现，它们均表现为南北两个彼此平行的条带状，两个条带自建模区东北部开始分岔。其中，北部一支总体沿北东-南西方向展布，且频繁分岔，至西南部形态变得复杂而且尖灭；南部一支形态简单，总体沿北北东-南南西方向延伸，至中部一带尖灭，但它极有可能与北部一支的次级分支属于一体（图 17-12）。

3. 沉积旋回 C4 中泥质隔档层发育特征

在沉积旋回 C4 中共发育了 4 个泥质隔档层，即 C4M-1、C4M-2、C4M-3 和 C4M-1a。其中，C4M-1 与 C4M-2 的形态和厚度相似，分布范围有限，连续性差，属于小区域规模的泥质隔档层。而 C4M-3 作为沉积旋回的边界，无论是规模还是连续性都较好，属于区域规模的泥质隔档层（图 17-9、图 17-10、图 17-13）。

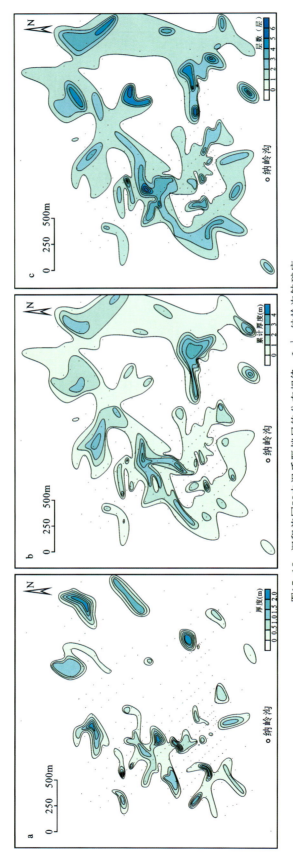

图17-12 沉积旋回C3中泥质隔档层的分布规律，J_2z^1，纳岭沟铀矿床

a. C3M-5泥质隔档层厚度图；b. 沉积旋回C3泥质隔档层累计厚度图；c. 沉积旋回C3泥质隔档层累计层数图

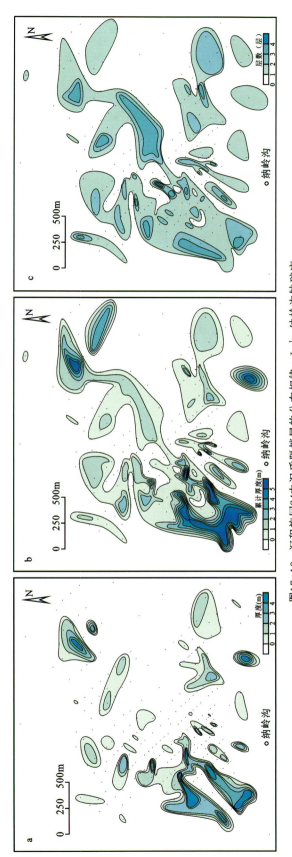

图17-13 沉积旋回C4中泥质隔档层的分布规律，J_2z^1，纳岭沟铀矿床

a. C4M-3泥质隔档层厚度图；b. 沉积旋回C4泥质隔档层累计厚度图；c. 沉积旋回C4泥质隔档层累计层数图

对C4M-3发育厚度的编图发现,其分布面积较大,呈岛链状分布于建模区的东北部、西部和南部,复合轮廓形似"C"形(图17-13a,图8-16a)。对沉积旋回C4泥质隔档层的累计厚度和发育层数的编图发现,其总体呈现为不连续的北东-南西向展布,高值区主要分布在建模区的西南部(图17-13b、c)。

4. 沉积旋回C5中泥质隔档层发育特征

沉积旋回C5中的泥质隔档层最为发育,共有7个泥质隔档层,即C5M-1、C5M-2、C5M-3、C5M-4、C5M-1-a、C5M-2-a 和C5M-3-a。其中,C5M-2、C5M-3和C5M-4具有区域性的发育规模,C5M-1具有小区域性发育规模,其余的C5M-1-a、C5M-2-a和C5M-3-a具有局部规模(表17-2,图17-9、图17-10)。

泥质隔档层C5M-1位于沉积旋回C5的底部,多为单层,少数为2层,连续性较差。之上的C5M-2连续性增强,规模变大,呈现为不规则的条带状(图17-14a)。C5M-3连续性进一步增强。至沉积旋回C5顶部,C5M-4连续性更好,规模更大,是区域的隔档-隔水层(图17-14b)。

对沉积旋回C5泥质隔档层累计厚度与累计层数的编图发现,其总体呈现为群岛状,高值区主要分布在建模区东北部、西南部和东南部(图17-14c、d)。

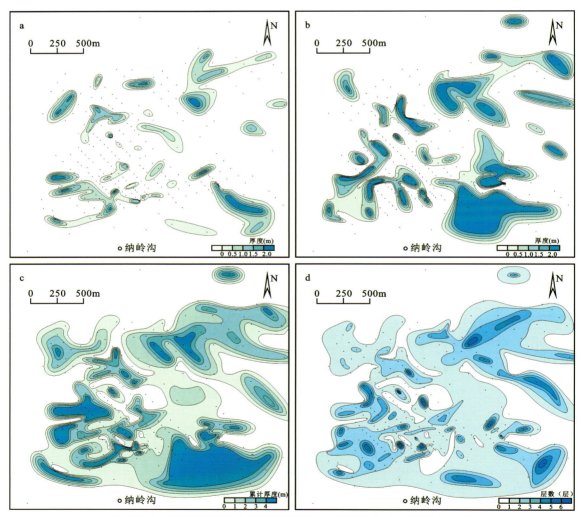

图17-14　沉积旋回C5中泥质隔档层的分布规律,J_2z^1,纳岭沟铀矿床

a. C5M-2泥质隔档层厚度图;b. C5M-4泥质隔档层厚度图;c. 沉积旋回C5泥质隔档层累计厚度图;
d. 沉积旋回C5泥质隔档层累计层数图

三、泥质隔档层发育演化规律

充分了解铀储层内部泥质隔档层的时空演化规律,有助于了解铀储层的非均质性结构。特别是像纳岭沟这样的铀矿床,恰好处于乌拉山大型物源-沉积朵体的轴线上,古水动力强劲,铀储层异常发育。在这种条件下,泥质隔档层的存在,一方面能够制约成矿流体场、限制古层间氧化带和铀矿化体的形成空间;另一方面,能够制约溶矿流体场,对未来地浸采铀的工程工艺产生影响。

对纳岭沟铀矿床直罗组下段铀储层中主要泥质隔档层的统计分析发现,随着时间推移泥质隔档层具有逐渐发育壮大的趋势。

(1) 就小尺度的沉积旋回而言,自下而上泥质隔档层具有逐渐发育的趋势,特别是沉积旋回C3、C4和C5顶部的隔档层都最为发育(图17-15a、b)。然而,在沉积旋回C3中泥质隔档层的"平均厚度"参数似乎产生了反常,自下而上逐渐变薄(图17-15c)。但是仔细分析发现,"平均厚度"参数的变化幅度极为有限(绝对值为1.02m),当综合考虑了泥质隔档层另一参数"占全区钻孔的百分数"的显著增加时,这就相当于泥质隔档层的分布面积显著增加。所以,总体上随着时间推移,每个沉积旋回内部泥质隔档层的发育趋势是在逐渐壮大。

(2) 从更大的尺度来看,直罗组下段由沉积旋回C1~C5,泥质隔档层总体也具有逐渐发育的趋势(图17-15a、b)。泥质隔档层的垂向演化规律说明,纳岭沟铀矿床直罗组下段铀储层的非均质性具有自下而上逐渐增强的演化趋势。这一演化趋势与东胜铀矿田(乌拉山大型物源-沉积朵体)区域性沉积体系更迭相匹配,即相对于直罗组下段下亚段的辫状河-辫状河三角洲而言,上亚段的曲流河-(曲流河)三角洲骨架砂体的非均质性更强(焦养泉等,2005a,2005b,2006)。

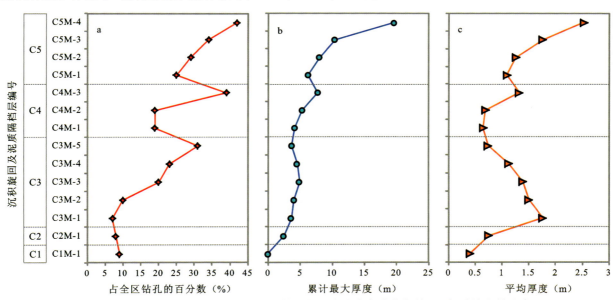

图17-15 沉积旋回C1~C5中泥质隔档层的垂向发育与演化规律,J_2z^1,纳岭沟铀矿床

注:各沉积旋回中泥质隔档层"占全区钻孔的百分数"这一参数,相当于泥质隔档层的分布面积。

综合系列沉积学编图和各种参数的统计规律发现,纳岭沟铀矿床直罗组下段铀储层中的泥质隔档层的发育演化过程可以划分为3个阶段。

1. 第一阶段(沉积旋回C1~C2发育时期)

泥质隔档层发育层数少、厚度小、连续性差,由建模区西南角向东北部、西北部和南部地区发育,且主要呈孤岛状零星分布。这意味着,在沉积旋回C1~C2形成时期,辫状河沉积作用占有主导地位,古水动力较强,不易形成或者不易保留细粒沉积物夹层(图17-3、图17-15、图17-16)。

2. 第二阶段(沉积旋回C3～C4发育时期)

泥质隔档层层数明显增多,累计厚度显著增大,连续性中等—好,在平面上主要呈"C"形条带状集中分布于建模区的东北部、西南部,次为东南部。该时期泥质隔档层仍向北东向发育和迁移,但至沉积旋回C4时期,向东北方向发育演化的势头有所减慢(图17-3、图17-15、图17-16)。这一方面表明,该时期辫状河流的古水动力能量开始减弱,能够形成和保留一定比例的细粒沉积物;另一方面表明,沉积盆地的地表古地貌开始平坦化,辫状河开始向物源区(北部和北东向)退缩。

3. 第三阶段(沉积旋回C5发育时期)

泥质隔档层最为发育,层数迅速增多,累计厚度增大,连续性好,主要呈面状和宽阔的条带状分布于建模区大部分地区,其中东北部和西南部是泥质隔档层发育演化的主要部位(图17-3、图17-15、图17-16)。这说明,该时期河流的古水流能量已明显减弱,低能沉积物占有了一定比例。这与区域上直罗组下段上亚段演变为曲流河-(曲流河)三角洲的趋势相匹配。

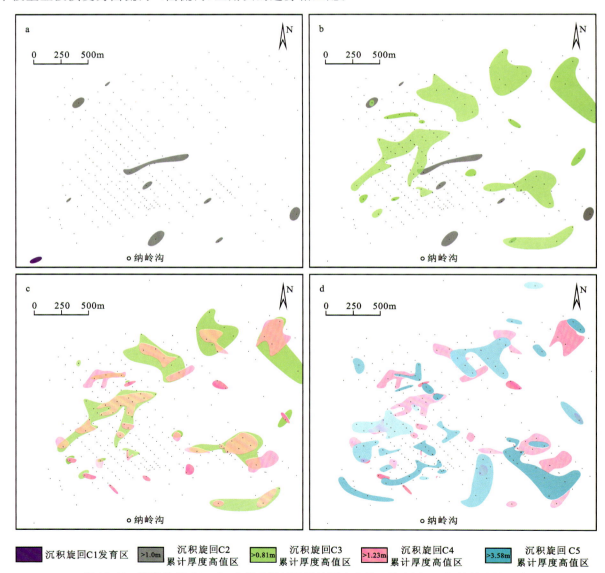

图17-16 沉积旋回C1～C5中泥质隔档层累计厚度高值区叠合图,J_2z^1,纳岭沟铀矿床
a.沉积旋回C1～C2;b.沉积旋回C2～C3;c.沉积旋回C3～C4;d.沉积旋回C4～C5

第十八章　铀储层成岩非均质性

铀储层成岩非均质性是铀储层地质建模研究的重要组成部分。类似于常见的砂岩,潜在铀储层在形成之后,各种复杂的成岩作用将陆续登场,其中铀成矿作用便是其中之一。我们关注的焦点是那些能够限制铀储层中含矿流体(成矿期)或溶矿流体(采矿期)运移的大规模或者显著的成岩事件。比较而言,在铀储层中钙质胶结作用最为常见,它们可以构成隔档层;而成矿期的后生蚀变作用最为特色,它们在形成层间氧化带的同时还制约了铀矿化体的产出空间,所以将钙质胶结作用和层间蚀变作用造成的非均质性,作为纳岭沟铀矿床成岩非均质性研究的重点。在工作中,针对钙质胶结作用非均质性的研究,是借助钙质隔档层的关键参数统计和编图进行表征;针对层间蚀变作用非均质性的研究,是借助对古层间氧化带的精细刻画实现的。

第一节　铀储层内部钙质隔档层发育规律

在铀储层内部,钙质胶结作用非常多见,有的形成于成矿作用之前,有的形成于成矿作用之后,还有一些与铀成矿作用同期形成发育。但是,钙质砂岩的重要特征就是低孔渗性,当其发育具有一定规模时,它们通常可以构成含矿流体流动单元或溶矿流体流动单元中的边界,笔者称之为钙质隔档层(焦养泉和李祯,1995;焦养泉等,2018a)。由于钙质隔档层都是在沉积期之后的成岩过程中形成的,所以可以归入成岩隔档层的范畴。由成岩作用在铀储层中产生的非均质性称之为成岩非均质性,它们可以使铀储层中的沉积非均质性更加复杂化(焦养泉等,1993,2006;焦养泉,1993,2001)。

一、钙质隔档层划分与命名

钙质隔档层是指铀储层中具有一定规模或成群集中发育的钙质砂岩,多数表现为扁平状、似层状或透镜状,俗称钙质结核(图 6-18、图 6-19、图 18-1)。

通过对纳岭沟铀矿床建模区域直罗组下段(沉积旋回 C1~C5)钙质砂岩的系统研究,共识别出 24 层规模不等的钙质隔档层(表 18-1、图 17-3、图 18-2、图 18-3)。

参照泥质隔档层的命名原则,对钙质隔档层进行了系统编号。同样,也参照泥质隔档层的分级方式,将钙质隔档层也划分为 3 个等级,即区域的、小区域的和局部的。相对于泥质隔档层而言,钙质隔档层多以小区域规模和局部规模为主,区域规模的较少(表 18-1)。

(1)区域规模的钙质隔档层共计 3 层,分别为 C1Ca-1、C2Ca-1 和 C3Ca-2。其中,C2Ca-1 的发育规模最大,C1Ca-1 次之,C3Ca-2 最小。

（2）小区域规模的钙质隔档层共计12层，分别为C2Ca-2、C3Ca-1、C3Ca-3、C3Ca-4、C3Ca-5、C4Ca-1、C4Ca-2、C4Ca-3、C5Ca-1、C5Ca-2、C5Ca-3、C5Ca-4。其中，C3Ca-3的发育规模最大，C3Ca-4和C3Ca-1次之，随后为C5Ca-3和C5Ca-2，发育规模较小的有C5Ca-4、C5Ca-1、C4Ca-3、C4Ca-2、C4Ca-1、C3Ca-5、C5Ca-2-a(b)和C2Ca-2。

（3）局部规模的钙质隔档层共计9层，分别为C1Ca-1-a(b)、C2Ca-1-a(b)、C3Ca-1-a(b)、C3Ca-2-a(b)、C3Ca-3-a(b)、C4Ca-2-a(b)、C4Ca-3-a(b)、C5Ca-2-a(b)和C5Ca-3-a(b)。

图18-1　铀储层中典型的钙质隔档层岩芯照片，纳岭沟铀矿床

a.灰白色钙质中砂岩，ZKN37-20，546.8m；b.被灰绿色砂岩包裹的紫红色—褐黄色钙质细砂岩，ZKN89-16，541.9m；c.浅红色钙质粗砂岩，ZKN89-16，592.8m；d.灰白色含碳质碎屑和黄铁矿的钙质砂岩，ZKN72-15，343.9m；e.厚层状的灰白色钙质砂岩，ZKN37-20，546.3m；岩芯直径为110mm

表 18-1　铀储层内部钙质隔档层基本信息表，J_2z^1，纳岭沟铀矿床

沉积旋回	编号	产出特点	占全区钻孔数量的比例(%)	单层厚度(m) 最大值	单层厚度(m) 平均值	规模级别	累计平均厚度(m)	累计最多层数(层)
C5	C5Ca-4	旋回顶界面附近	10	4.6	0.7	小区域	1.1	5
C5	C5Ca-3-a(b)	旋回内部	0	0.6	—	局部	1.1	5
C5	C5Ca-3	旋回内部	16	5.0	0.6	小区域	1.1	5
C5	C5Ca-2-a(b)	旋回内部	14	1.5	0.6	小区域	1.1	5
C5	C5Ca-2	旋回内部	15	3.6	0.6	小区域	1.1	5
C5	C5Ca-1	旋回底界面附近	8	1.0	0.5	小区域	1.1	5
C4	C4Ca-3-a	旋回顶部	4	1.0	0.5	局部	0.9	4
C4	C4Ca-3	旋回内部	10	2.7	0.6	小区域	0.9	4
C4	C4Ca-2-a(b)	旋回内部	9	7.0	0.7	局部	0.9	4
C4	C4Ca-2	旋回内部	8	1.0	0.5	小区域	0.9	4
C4	C4Ca-1	旋回底界面附近	12	3.9	0.6	小区域	0.9	4
C3	C3Ca-5	旋回顶界面附近	10	2.0	0.5	小区域	1.4	7
C3	C3Ca-4	旋回内部	18	1.7	0.5	小区域	1.4	7
C3	C3Ca-3-a(b)	旋回内部	6	2.2	0.6	局部	1.4	7
C3	C3Ca-3	旋回内部	26	2.5	0.6	小区域	1.4	7
C3	C3Ca-2-a(b)	旋回内部	4	2.0	0.7	局部	1.4	7
C3	C3Ca-2	旋回内部	29	2.0	0.6	区域	1.4	7
C3	C3Ca-1-a(b)	旋回内部	0	—	—	局部	1.4	7
C3	C3Ca-1	旋回底界面附近	17	2.0	0.6	小区域	1.4	7
C2	C2Ca-2	旋回顶界面附近	13	1.8	0.7	小区域	1.1	5
C2	C2Ca-1-a(b)	旋回内部	6	1.1	0.6	局部	1.1	5
C2	C2Ca-1	旋回底部	2	1.6	0.8	区域	1.1	5
C1	C1Ca-1	旋回顶界面附近	2	3.5	1.4	区域	1.7	5
C1	C1Ca-a(b)	旋回内部	3	1.5	0.7	局部	1.7	5

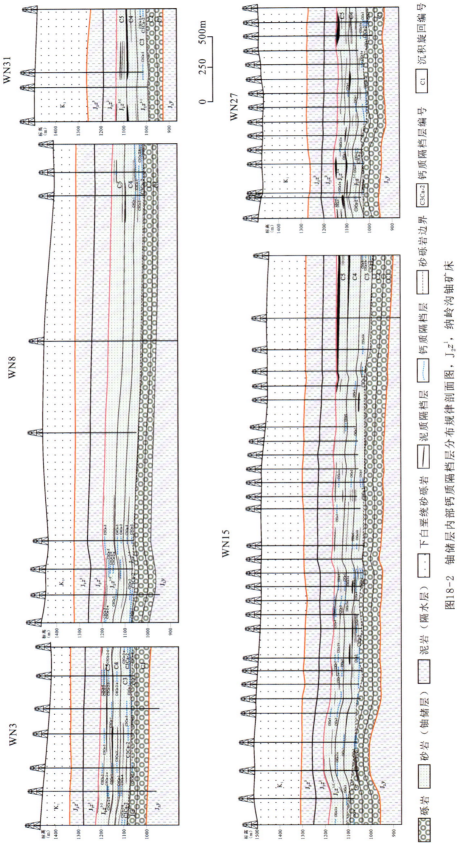

图18-2 铀储层内部钙质隔档层分布规律剖面图，J_2z^1，纳岭沟铀矿床

注：剖面为北西-南东向，位置见图17-5。

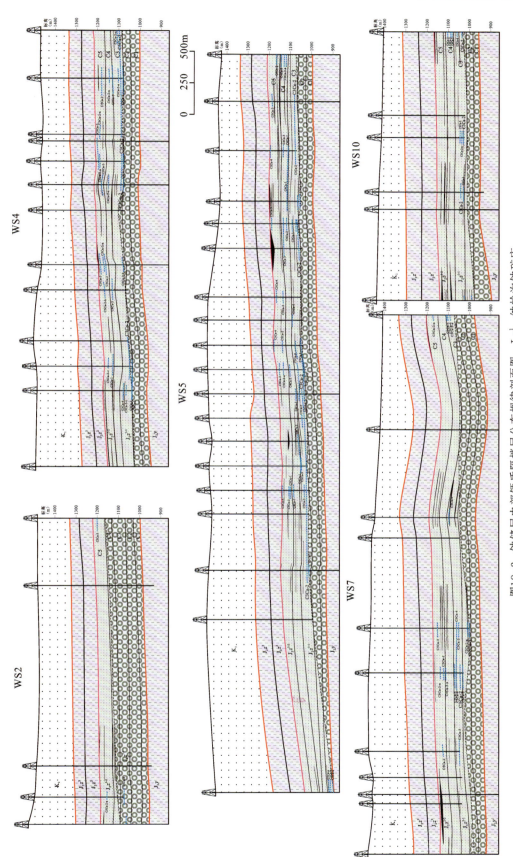

图18-3 铀储层内部钙质隔档层分布规律剖面图，J_2z^1，纳岭沟铀矿床

注：剖面为南西-北东向，位置见图17-5，图例同图18-2。

二、钙质隔档层发育与分布特征

基于密集钻孔资料的分层统计与关键参数的编图，能够充分展示和总结各沉积旋回中钙质隔档层的发育程度与空间分布规律。

1. 沉积旋回 C1～C2 中钙质隔档层

由于钻探设计的原因，仅有 11 个钻孔钻穿沉积旋回 C1，所以在沉积旋回 C1～C2 中被揭露的钙质隔档层有限。

从已钻穿的钻孔资料来看，在沉积旋回 C1 中发育有 2 层钙质隔档层，分别为区域规模的 C1Ca-1 和局部规模的 C1Ca-a(b)。累计层数为 1～3 层，累计平均厚度为 1.7m，累计最大厚度为 4.0m，单层最大厚度可达 3.5m（表 18-1）。成层性极差，主要呈孤岛状零星分散于建模区的北部、南部和西南部（图 18-2、图 18-3）。

沉积旋回 C2 中共发育 3 层钙质隔档层，其中 C2Ca-1 具有区域规模，C2Ca-2 为小区域规模，C2Ca-1-a(b)为局部规模（表 18-1）。累计层数为 1～5 层，最多为 5 层，累计平均厚度为 1.1m，最大厚度为 3.2m，单层最大厚度为 5.2m（表 18-1）。该隔档层呈孤岛状零散分布于建模区的中部、南部和西南部（图 18-2～图 18-4）。

2. 沉积旋回 C3 中钙质隔档层

沉积旋回 C3 中共发育 8 层钙质隔档层，其中 C3Ca-2 具有区域规模，C3Ca-1、C3Ca-3、C3Ca-4 和 C3Ca-5 为小区域规模，C3Ca-1-a(b)、C3Ca-2-a(b)和 C3Ca-3-a(b)为局部规模。累计层数为 1～5 层，最多为 7 层，累计平均厚度为 1.4m，累计最大厚度为 5.2m，单层最大厚度为 2.8m（表 18-1）。主要呈现为群岛状，优势方向为北东-南西向。高值区位于建模区的东北部、西南部和东南部（图 18-2、图 18-3、图 18-5）。

3. 沉积旋回 C4 中钙质隔档层

沉积旋回 C4 中共发育 5 层钙质隔档层，其中 C4Ca-1、C4Ca-2 和 C4Ca-3 为小区域规模，C4Ca-2-a(b)和 C4Ca-3-a 为局部规模。累计平均层数为 1～3 层，最多为 4 层，累计平均厚度为 0.9m，累计最大厚度为 11.6m，单层最大厚度为 7.0m（表 18-1）。高值区位于建模区的北部，其中东北部呈岛链状分布，而中部、西北部、西南部和东南部呈孤岛状零散分布（图 18-2、图 18-3、图 18-6）。

4. 沉积旋回 C5 中钙质隔档层

沉积旋回 C5 中共发育 6 层钙质隔档层，其中 C5Ca-1、C5Ca-2、C5Ca-3 和 C5Ca-4 为小区域规模，C5Ca-2-a(b)和 C5Ca-3-a(b)为局部规模。累计层数为 1～3 层，最多为 5 层，累计平均厚度为 1.1m，累计最大厚度为 5.6m，单层最大厚度为 5.0m（表 18-1）。高值区主要位于建模区的中北部，呈现为北东东-南西西走向的宽阔条带状，在建模区的中偏南部主要为孤岛状零散分布（图 18-2、图 18-3、图 18-7）。

5. 钙质隔档层成因发育与影响

与泥质隔档层相比，铀储层内部的钙质隔档层横向发育规模极为有限，但是其形成发育空间与沉积界面、泥质隔档层关系密切（图 18-2、图 18-3），显示了形成钙质胶结作用的盆地流体受控于多孔介质的物性突变界面。所以，钙质胶结作用将使铀储层的沉积非均质性更为复杂化。如果钙质隔档层形成于成矿之前，那么它会限制成矿期富氧含矿流体的运移，从而对层间氧化作用的发育空间产生影响。如果考虑成矿期的层间氧化作用，那么氧化带的边界同样也是一个酸碱环境突变的边界，所以一些钙质胶结作用通常可以表现为与铀成矿作用共生。但是无论如何，一旦铀储层内部产生了钙质隔档层，其对酸碱的化学敏感性必将影响采矿期的工程工艺选择。

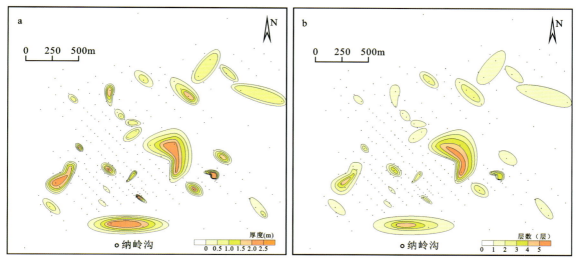

图 18-4　沉积旋回 C2 内部钙质隔档层分布规律，J_2z^1，纳岭沟铀矿床
a. 累计厚度图；b. 发育数量图

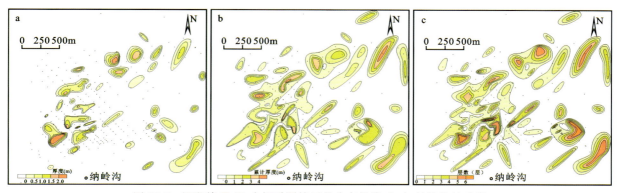

图 18-5　沉积旋回 C3 中钙质隔档层的分布规律，J_2z^1，纳岭沟铀矿床
a. C3Ca-2 钙质隔档层厚度图；b. 钙质隔档层累计厚度图；c. 钙质隔档层累计层数图

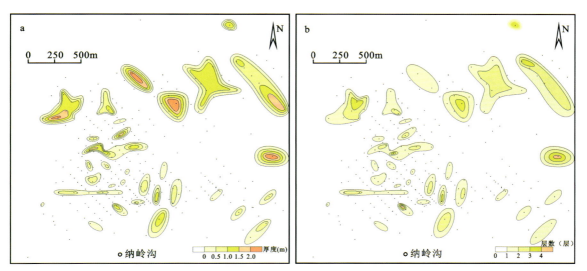

图 18-6　沉积旋回 C4 内部钙质隔档层分布规律，J_2z^1，纳岭沟铀矿床
a. 累计厚度图；b. 发育数量图

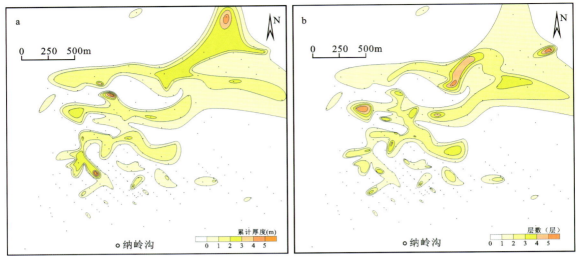

图 18-7 沉积旋回 C5 内部钙质隔档层分布规律，J_2z^1，纳岭沟铀矿床

a.累计厚度图；b.发育数量图

三、钙质隔档层的时空演化规律

根据钻孔资料和剖面信息的统计分析能够有效地展示钙质隔档层的垂向演化规律。而按照时间顺序，系统比较相邻两个沉积旋回中钙质隔档层的空间分布形态，有助于总结钙质隔档层的平面迁移与演化规律。

1. 垂向发育与演化规律

对研究区 5 个沉积旋回中钙质隔档层的系统统计分析发现，如果不考虑沉积旋回 C1 的话（数据有限），从沉积旋回 C2 到 C5，钙质隔档层总体上具有先增加后减小再增加的趋势。其中，沉积旋回 C3 中钙质隔档层最为发育，沉积旋回 C4 中最不发育，沉积旋回 C2 和 C5 发育程度中等（图 18-8）。就单个钙质隔档层而言，C3Ca-2 最为发育，其次为 C3Ca-3（图 18-8，表 18-1）。

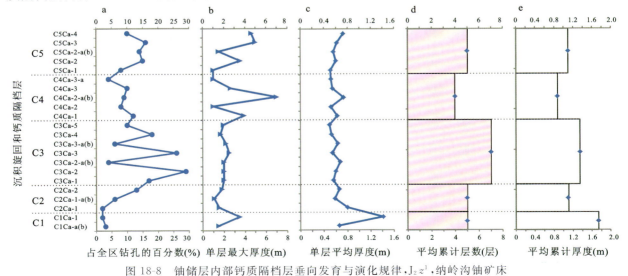

图 18-8 铀储层内部钙质隔档层垂向发育与演化规律，J_2z^1，纳岭沟铀矿床

a.占全区钻孔数量的百分数；b.单层最大厚度；c.单层平均厚度；d.平均累计层数；e.平均累计厚度

2. 平面迁移与演化规律

从时间演化的角度,通过系统对比相邻两个沉积旋回中钙质隔档层的平面分布范围发现,在沉积旋回 C1～C2 阶段,零星分布的钙质隔档层总体由建模区的西南角和北部向中部和东北部迁移,分布范围显著扩大(需要注意的是沉积旋回 C1 资料有限)。在沉积旋回 C2～C3 阶段,呈孤岛状离散分布的钙质隔档层在北东部-南西部一线总体扩大演变为条带状,与此同时也向东南部迁移。在沉积旋回 C3～C4 阶段,呈北东-南西向条带状的钙质隔档层明显发生"右旋",主体向北部迁移,形成近东西向的孤岛状高值区。在沉积旋回 C4～C5 阶段,北部孤岛状分布的钙质隔档层进一步扩大,形成近东西向的多个条带状高值区。总之,从沉积旋回 C1～C5,钙质隔档层总体表现为由南部向北部迁移和右旋的演化规律(图 18-9)。

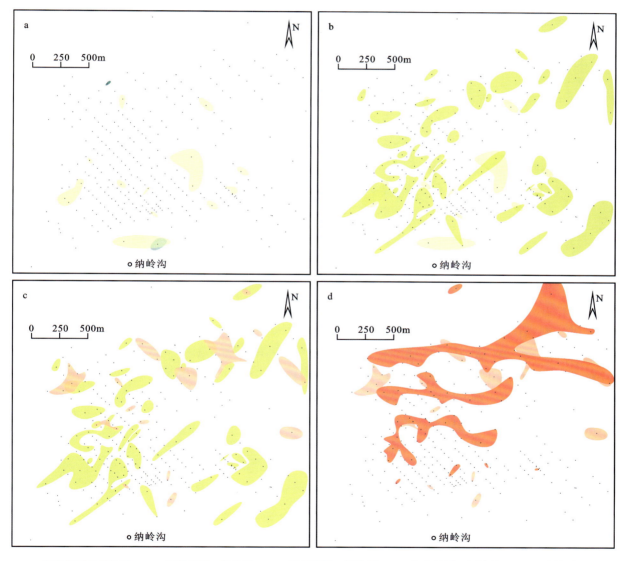

图 18-9　沉积旋回 C1～C5 中钙质隔档层累计厚度高值区叠合图,J_2z^1,纳岭沟铀矿床

a.沉积旋回 C1～C2;b.沉积旋回 C2～C3;c.沉积旋回 C3～C4;d.沉积旋回 C4～C5

第二节 铀储层内部古层间氧化带发育规律

对于鄂尔多斯盆地北部砂岩型铀矿古层间氧化带的研究已较为成熟,铀储层中集中发育的绿色砂岩和灰绿色砂岩作为古层间氧化带的认识已得到广泛认可。绿色蚀变在东胜铀矿田具有普遍性,被解释为铀成矿之后的大规模二次还原作用的产物(彭云彪,2007;苗爱生,2010;彭云彪等,2019)。因此,纳岭沟铀矿床(郭虎科等,2015)与皂火壕铀矿床(苗爱生等,2009)和大营铀矿床(谢惠丽,2016)一样,同属古层间氧化带型铀矿床,是乌拉山大型物源-沉积朵体成矿系统的一部分。铀成矿之后,经二次还原作用改造形成的绿色—灰绿色砂岩(图18-10),以及被大规模绿色砂岩包裹的钙质胶结红色砂岩(图6-4,图18-1b、c,图18-10b),都属于古层间氧化带的组成部分,而灰色砂岩被解释为原生的还原带。

图18-10 古氧化带识别标志——绿色砂岩,J_2z^1,纳岭沟铀矿床

a.灰绿色细砂岩,ZKN24-8,313.3m;b.灰绿色粗砂岩与钙质胶结的红色粗砂岩接触关系,ZKN89-11,544.0m;c.碎屑颗粒表面的绿泥石衬膜,单偏光,ZKN3-7,396.0m;d.碎屑颗粒表面和裂隙中的绿泥石,单偏光,ZKN3-7,396.7m;e.厚层状灰绿色砂岩,古层间氧化带,ZKN37-20,107回次,岩芯直径为110mm

一、古层间氧化带划分与命名

主要依据直罗组下段铀储层内部绿色—灰绿色蚀变砂岩、钙质胶结紫红色蚀变砂岩的产出空间,识别纳岭沟铀矿床的古层间氧化带。为了便于研究,将其自下而上划分为3个相对独立的古层间氧化带,

分别命名为PIO-1、PIO-2和PIO-3（图17-3、图18-11）。

其中，PIO-1规模最小，主要位于直罗组下段下亚段中下部的沉积旋回C2~C4中。PIO-2规模较大，具有区域性，主要位于直罗组下段下亚段中上部的沉积旋回C3~C4中。PIO-3的规模也较大，同样具有区域性，主要位于直罗组下段上亚段沉积旋回C5中（图18-12、图18-13）。需要说明的是，PIO-1与PIO-2之间的边界比较清楚，但是PIO-2与PIO-3有时合二为一（图18-11）。这主要是由于纳岭沟铀矿床位于乌拉山大型物源-沉积朵体上游的中轴区，上亚段河道冲刷能力较强，PIO-2与PIO-3之间的C4M-3泥质隔档层受冲刷而有缺失，这时PIO-2与PIO-3合二为一，区分两者的边界实际上就是沉积旋回C4与C5之间的边界。

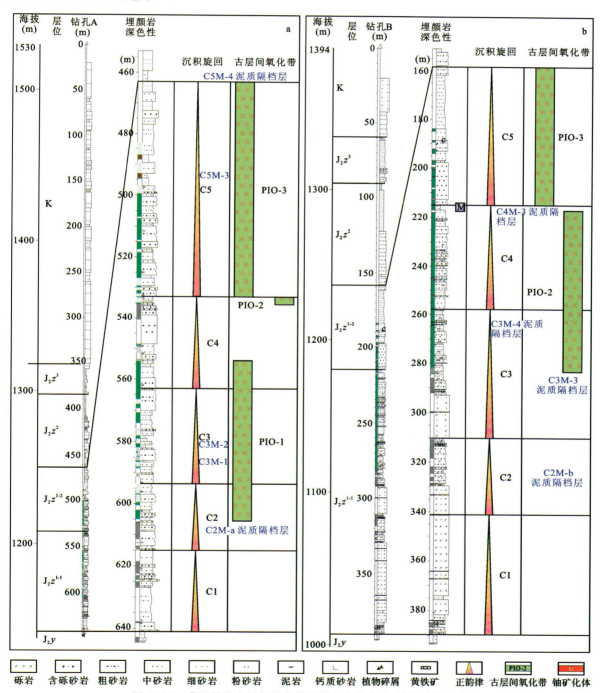

图18-11　典型钻孔古层间氧化带识别与命名方式，纳岭沟铀矿床

a. ZKN73-51-1；b. ZKN122-63

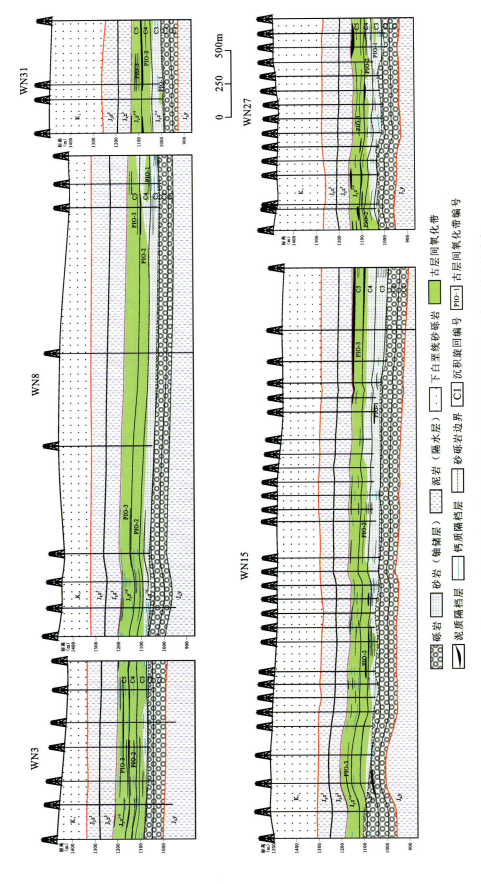

图18-12 铀储层内部古层间氧化带发育与分布规律剖面图，J_2z^1，纳岭沟铀矿床

注：剖面为北西-南东向，位置见图17-5。

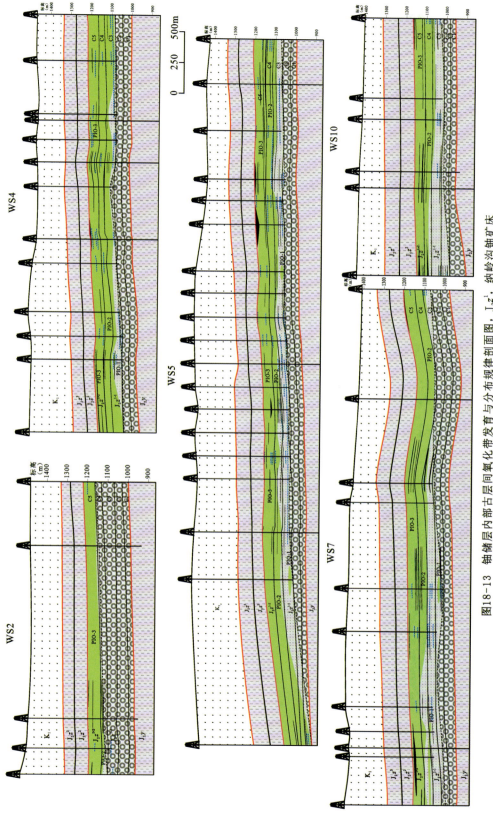

图18-13 铀储层内部古层间氧化带发育与分布规律剖面图，J_2z^1，纳岭沟铀矿床

注：剖面为南西-北东向，位置见图17-5，图例同图18-12。

二、典型剖面的古层间氧化带发育特征

从41条剖面中,选择4条典型剖面对PIO-1、PIO-2和PIO-3的发育特征进行了分析和总结。4条剖面分别是WN9、WN27、WS4和WS8(图18-12、图18-13)。

1. PIO-1 发育与分布特征

PIO-1主要分布于直罗组下段下亚段的偏下部,位于沉积旋回C2顶部、沉积旋回C3和沉积旋回C4的底部。PIO-1发育规模较小,建模区仅23个钻孔可见,占全区钻孔的7.5%。PIO-1的平均累计厚度为15.7m,其中在沉积旋回C2的平均厚度为7.7m,在沉积旋回C3的平均厚度为14.2m,在沉积旋回C4的平均厚度为4.8m。PIO-1一般与PIO-2之间由约10m厚灰色砂岩夹薄层泥质隔档层隔开(图18-12、图18-13)。

2. PIO-2 发育与分布特征

PIO-2主要分布于直罗组下段下亚段的偏上部,位于沉积旋回C3和沉积旋回C4,极少数分布于沉积旋回C1和沉积旋回C2的顶部。PIO-2在全区钻孔均有分布,横向上具有良好的连续性。其顶界面为C4M-3泥质隔档层,或者相当于直罗组下段下亚段与上亚段之间的分界线(图18-12、图18-13)。PIO-2的累计厚度最大值为104.0m,最小值为0.8m,平均累计厚度为35.9m,其中在沉积旋回C1的平均厚度为27.8m,在沉积旋回C2的平均厚度为8.4m,在沉积旋回C3的平均厚度为17.5m,在沉积旋回C4的平均厚度为27.7m。

3. PIO-3 发育与分布特征

PIO-3仅发育于直罗组下段上亚段,在全区钻孔中均有分布,横向上也具有极好的连续性。其底界面为C4M-3泥质隔档层,或者相当于直罗组下段下亚段与上亚段之间的分界线(图18-12、图18-13)。累计厚度最大值为70m,最小值为17.8m,平均累计厚度为49.1m。

4. 古层间氧化带形成演化与分布规律

综合研究发现:①PIO-1和PIO-2主要产出于直罗组下段下亚段,而PIO-3仅产出于直罗组下段上亚段;②PIO-1仅在少数钻孔中可见,而PIO-2和PIO-3则在全区钻孔中均有发育。自下而上,由PIO-1→PIO-2→PIO-3,其发育规模具有依次逐渐壮大的趋势,说明直罗组下段中上部的蚀变作用较之于中下部更为活跃,也反映出富氧含矿流体的主体方向是由铀储层顶部(浅部)向底部(深部)运移,铀储层底部(深部)的还原能力较强。

三、古层间氧化带发育的制约因素

古层间氧化带的发育实际上受沉积非均质性的制约,一方面受制于物理边界,即隔档层或者岩石物性的自然降低,另一方面受制于还原介质的丰度(焦养泉等,2006,2015)。纳岭沟铀矿床直罗组下段底部发育一套厚约70m的砾岩,可以称之为砾岩隔档层,而上部为厚约130m的大套砂体夹薄层泥岩。其中,大规模的砾岩隔档层几乎未被氧化,因而也可以视为大规模的还原地质体,古层间氧化带主要发育于上覆的大套砂岩之中。实际上,区域性的砾岩隔档层、泥质隔档层与部分钙质隔档层,一并构成了制约古层间氧化带发育的关键沉积学因素(图18-12~图18-14)。

1. 砾岩隔档层

研究区砾岩主要分布于沉积旋回C1、沉积旋回C2和沉积旋回C3的底部，虽仅有少量钻孔完整揭露了沉积旋回C1和沉积旋回C2。但是，根据区域性的地层对比以及大范围的沉积环境背景分析可知，纳岭沟铀矿床直罗组下段下亚段底部的砾岩厚度最小值约40m，最大值约为80m，平均厚度为70m，且在区域上非常稳定具有可对比性（图16-3、图18-14）。

之所以将铀储层内部区域性的砾岩称之为砾岩隔档层，是由于其渗透性较差，且不易被后生蚀变作用所改造，成矿期的氧化流体及成矿后的二次还原流体均无法向其内部渗透而止步于此。因此，剖面中揭示的古层间氧化带均分布于砾岩顶部的砂体中，而砾岩出现的部位古层间氧化带便不再发育（图18-12～图18-14）。

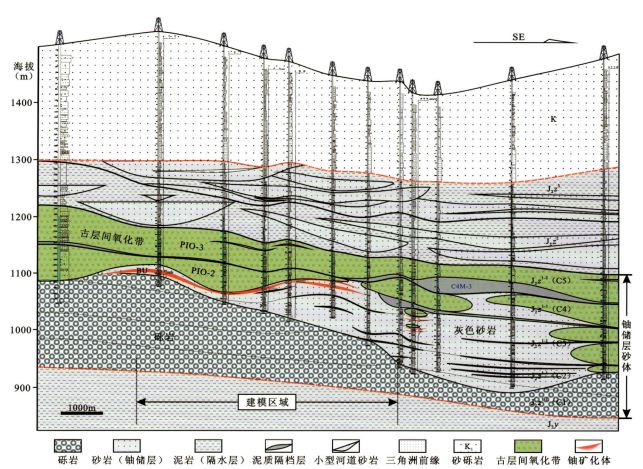

图18-14 区域古层间氧化带与厚层状砾岩、灰色砂岩、泥质隔档层的空间配置关系，东胜铀矿田

2. 泥质隔档层

统计分析发现，泥质隔档层在各旋回均有分布，从沉积旋回C1到沉积旋回C5共发育泥质隔档层20余层，均呈薄层状分布于铀储层内部，增强了含铀岩系的非均质性，而直罗组中段的大套泥岩充当了区域隔水层，也限制了古层间氧化带的发育空间（图18-12～图18-14）。

一般地，含铀岩系内部发育的泥质隔档层为灰色或深灰色，即使为灰绿色或绿色，也并非为油气等含烃流体的还原作用所导致，而是由早期的沉积环境所决定的。泥质隔档层相对较低的孔隙度和渗透率，限制了成矿流体和二次还原流体的运移，一般不会受到沉积期后盆地流体的改造，因此灰色系列的泥质隔档层在铀储层内部可以作为一种还原介质而存在。泥质隔档层的存在限定了古层间氧化带的发育空间，是由于灰色系列隔档层的还原性在一定程度上减缓了层间氧化作用的推进速率。

3. 钙质隔档层

在铀储层内部，钙质隔档层一定会对成矿期古层间氧化带的发育产生影响。但是，仍有一些钙质胶结作用形成于铀成矿的同期和成矿期后。在剖面上，那些位于区域层间氧化带边界外部的钙质胶结物，大部分可能与铀矿同生发育（图18-12～图18-14），显然这部分钙质胶结物会限制成矿后期含矿流体的运移和铀成矿的空间。

准确判断钙质隔档层的形成和发育期次具有一定的挑战性。

第十九章 非均质性制约下的铀成矿规律

进行铀储层非均质性地质建模的初衷,在于阐明其对铀矿化体形成发育的制约机理,以及对未来地浸采铀工艺的选择和优化。从阐明铀成矿规律的角度,有必要对铀矿化体进行系统的命名和等级划分,以及按照沉积旋回总结铀矿化体的平面分布规律,并在此基础上探讨沉积非均质性和成岩非均质性对铀矿化体形成发育的制约机理。

第一节 铀矿化体空间分布与演化规律

对铀矿化体进行有规律的系统划分和命名,有助于总结其空间分布与演化规律。

一、铀矿化体的划分与命名

在铀储层内部,按照与古层间氧化带空间配置关系,可以将铀矿化体划分为4种类型,即底部铀矿化体(BU)、内部铀矿化体(IU)、顶部铀矿化体(TU)和外部铀矿化体(OU)(表19-1)。BU表示分布在古层间氧化带底部界面附近的铀矿化体;IU表示分布在古层间氧化带内部的铀矿化体;TU表示分布在古层间氧化带顶部界面附近的铀矿化体;OU表示分布在古层间氧化带顶界面外围的铀矿化体。

表 19-1 铀矿化体的系统划分与命名,J_2z^1,纳岭沟铀矿床

编号	划分原则	发育特征	占全区钻孔数量的比率(%)	规模级别
BU	分布在PIO-2底部边界附近	沉积旋回C2~C5均发育,主要在沉积旋回C3、C4发育,厚度3.0~4.0m	86	区域
IU	分布在PIO-2和PIO-3内部	沉积旋回C3~C5均发育,主要发育于沉积旋回C4,厚度0.5~1.0m	17	小区域
TU	分布在PIO-3顶界面附近	仅沉积旋回C5发育,厚度约为0.8m	1	局部
OU	分布于PIO-3顶部界面外围	仅J_2z^{2-3}发育,厚度约为1.0m	9	局部

在工作中,选取贯穿全区的骨干剖面(WN19)为基准剖面,对4种铀矿化体分别进行了系统编号:位于层间氧化带底部边界附近的铀矿化体定义为BU-1,按照从北西到南东方向、自下而上的原则,对基准剖面上铀矿化体依次编号,如BU-2、BU-3、IU-1、IU-2、TU-1、TU-2、OU-1、OU-2(图19-1)。在此基

础上,通过基准剖面将铀矿化体命名方案扩散对比至其他"网络"骨干剖面以及剖面间的所有钻孔,从而实现全区铀矿化体的统一对比。

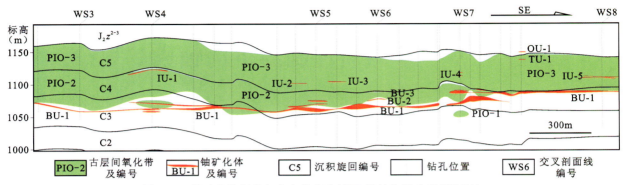

图 19-1　铀矿化体划分与命名的基准剖面,纳岭沟铀矿床(WN19)

二、铀矿化体空间分布规律

纳岭沟铀矿床的铀矿化体 BU、IU、TU 和 OU 均呈似板状或透镜状产出。统计分析发现,总体位于古层间氧化带底部界面附近的 BU 铀矿化体最为发育,铀矿化程度最高,稳定性最好(全区 86% 的钻孔钻遇 BU),具有区域性的发育规模。位于古层间氧化带内部的 IU 铀矿化体次之,铀矿化程度较低,可对比性一般,具有小区域发育规模。分布在古层间氧化带顶部及外围的 TU 和 OU 铀矿化体,铀矿化程度低,可对比性差,属于局部发育规模(表 19-1、表 19-2,图 19-2～图 19-4)。

表 19-2　铀矿化体参数统计,J_2z^1,纳岭沟铀矿床

层位	铀矿化体	矿体总个数(个)	单层最大厚度(m)	累计平均厚度(m)	累计最大厚度(m)	单个钻孔最多层数(层)
J_2z^{2-3}	OU	24	2.1	1.1	3.2	2
C5	TU	3	1.4	0.8	1.4	1
C5	IU	13	0.7	0.6	1.2	2
C5	BU	2	1.7	0.7	1.7	1
C4	IU	24	1.9	1.0	1.9	1
C4	BU	13	23.2	4.5	28.6	1
C3	IU	8	2.2	0.8	2.2	1
C3	BU	8	8.5	3.4	14.1	2
C2	BU	1	1.6	1.2	2.5	1
C1	无	0	0	0	0	0

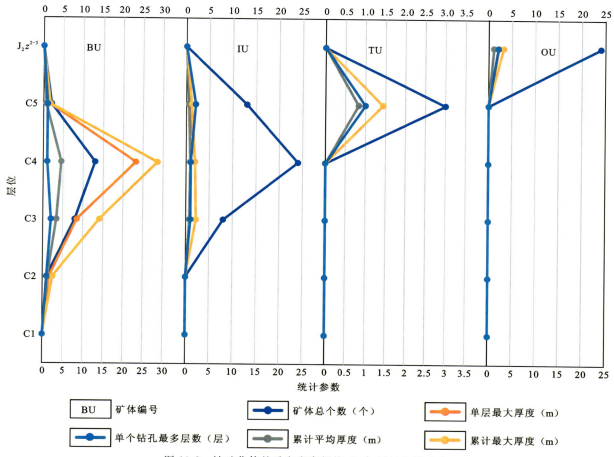

图 19-2 铀矿化体的垂向发育规律，J_2z^1，纳岭沟铀矿床

1. 垂向分布规律

(1) BU 垂向分布规律：BU 位于古层间氧化带（PIO-2）底部界面附近，由 21 个单矿体构成，即 BU-1～BU-21。BU 铀矿化体结构简单，单个钻孔钻遇的铀矿体一般为 1～2 个。但是，BU 厚度巨大（单层最大厚度为 23.2m，最大累计厚度达 28.6m），而且连续性较好（单矿体横向延伸接近 4000m）。其中，BU-1 是纳岭沟铀矿床的主力铀矿化体（图 19-1、图 19-3、图 19-4）。

从铀储层的沉积旋回结构来看，BU 跨越了沉积旋回 C2～C5，但以在沉积旋回 C4 内部发育最好，沉积旋回 C3 次之（图 19-2～图 19-4）。

(2) IU 垂向分布规律：IU 位于古层间氧化带（PIO-2 和 PIO-3）内部，共发育 41 个单矿体，即 IU-1～IU-41。IU 在沉积旋回 C3～C5 内均有产出，连续性较差，平均厚度一般为 0.5～0.9m，单层最大厚度为 2.2m（图 19-1、图 19-3、图 19-4）。

(3) TU 垂向分布规律：TU 位于古层间氧化带（PIO-3）顶界面附近，共发育 3 个单矿体，即 TU-1～TU-3。TU 只在沉积旋回 C5 内产出，连续性差，平均厚度一般为 0.8m（图 19-1、图 19-3、图 19-4）。

(4) OU 垂向分布规律：OU 分布在古层间氧化带（PIO-3）顶部的外围，即直罗组中上段（J_2z^{2-3}），共发育 25 个单矿体，即 OU-1～OU-25。OU 连续性差，平均厚度一般为 1.0m（图 19-1、图 19-3、图 19-4）。

2. 主力矿体 BU-1 的平面分布规律

正如前文所述，BU-1 是主矿体，分布范围最广，连续性最好，其在沉积旋回 C2～C5 内均有发育，但不均衡。

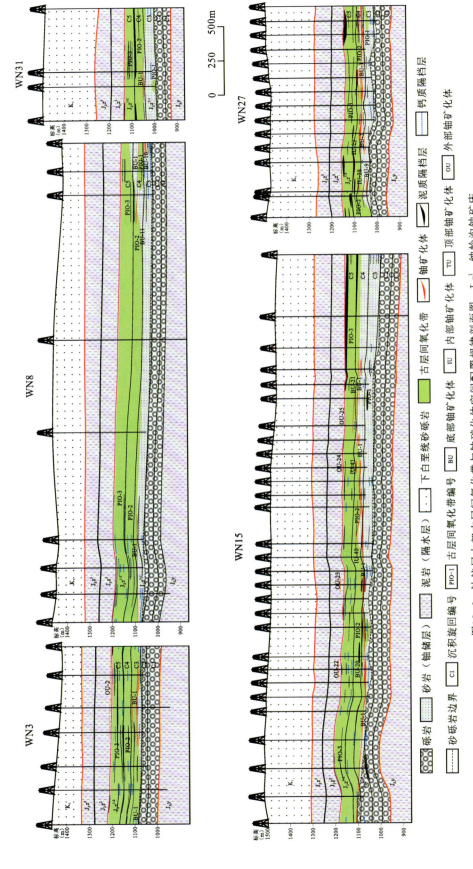

图19-3 铀储层内部古层间氧化带与铀矿化体空间配置规律剖面图，J_2z^1，纳岭沟铀矿床

注：剖面为北西-南东向，位置见图17-5。

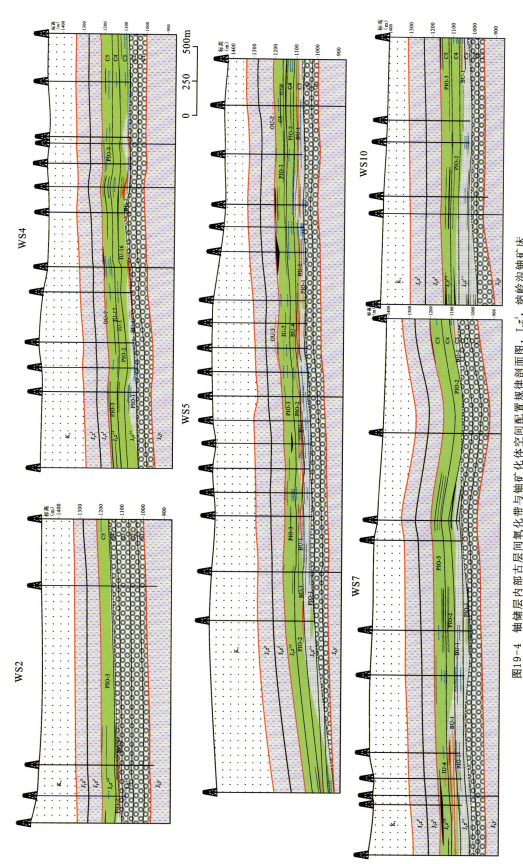

图19-4 铀储层内部古层间氧化带与铀矿化体空间配置规律剖面图，J_2z^1，纳岭沟铀矿床

注：剖面为南西-北东向，位置见图17-5，图例同图19-3。

(1)沉积旋回 C2 内部 BU-1 分布规律:在沉积旋回 C2 内,仅有 3 个钻孔 ZKN80-36、ZKN64-16 和 ZKN73-7 发育 BU-1。BU-1 呈孤岛状分布在建模区的东北角,平均厚度一般为 1.0m,分布范围较小(图 19-5a)。

(2)沉积旋回 C3 内部 BU-1 分布规律:BU-1 在沉积旋回 C3 内部分布最广,主要呈北东-南西向的宽阔带状分布在建模区的中部和东北部,平均厚度一般为 3.0m,最大厚度达 14.1m。高值区(>3.0m)呈孤岛状主要分布在建模区的中部、中部偏西、北部和东北部,其中中部的厚度最大;低值区(<3m)呈孤岛状零星地分布在建模区的东南部,分布范围较小(图 19-5b)。

(3)沉积旋回 C4 内部 BU-1 分布规律:与沉积旋回 C3 相比,BU-1 在沉积旋回 C4 内部分布范围减小,但是厚度明显增加。它们主要呈岛状分布在建模区的南部、东南部和西北部,其中西北部的分布范围较小。平均厚度一般为 4.0m,最大厚度达 28.6m,高值区(>4.0m)呈孤岛状主要分布在建模区的南部偏西一带、东南部和西北部(图 19-5c)。

(4)沉积旋回 C5 内部 BU-1 分布规律:在沉积旋回 C5 内,仅有两个钻孔 ZKN36-97-1 和 ZKN36-105 发育 BU-1。BU-1 在该沉积旋回内部的发育规模与沉积旋回 C2 相当,分布范围较沉积旋回 C4 明显减小,呈孤岛状分布在建模区的东南角,平均厚度一般为 0.5m(图 19-5d)。

比较各沉积旋回的编图发现,纳岭沟铀矿床主力矿体 BU-1 的矿化层位具有从建模区北部向南部逐渐抬升的趋势,这说明成矿期的含矿流体总体来源于北部乌拉山一带。

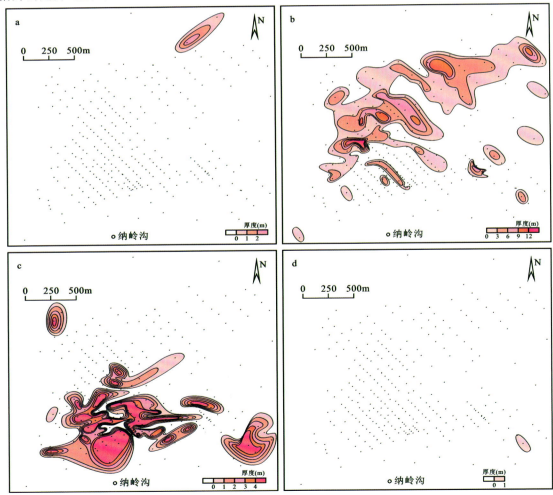

图 19-5 主力矿体 BU-1 在各个沉积旋回中的发育与分布规律,J_2z^1,纳岭沟铀矿床
a.沉积旋回 C2 中 BU-1 等厚图;b.沉积旋回 C3 中 BU-1 等厚图;c.沉积旋回 C4 中 BU-1 等厚图;d.沉积旋回 C5 中 BU-1 等厚图

第二节 铀矿化体发育的关键制约因素

在铀储层内部，铀成矿作用本身就是成岩作用的一部分，所以成岩非均质性与铀矿化体发育的关系自然密切相关，但是在沉积期形成的沉积非均质性对铀矿体的制约却是根深蒂固的。对关键建模参数的统计表明，古层间氧化带对铀矿体的形成发育和控制最为密切与关键，钙质隔档层和泥质隔档层也具有明显的相关性（图19-6）。

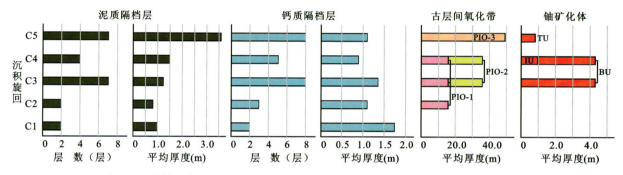

图19-6 铀储层内部隔档层、层间氧化带和铀矿化参数统计图，J_2z^1，纳岭沟铀矿床

一、沉积非均质性与铀矿化体发育关系

在纳岭沟铀矿床，沉积非均质性对铀成矿的制约是通过影响古层间氧化带而实现的。

在垂向上，直罗组下段中下部的砾岩和中上部砂岩中的泥质隔档层，是最重要的两种沉积非均质性制约要素。

(1) 首先是具有区域规模的砾岩，限定了古层间氧化带发育的下限。对系列建模剖面的追踪分析均表明，直罗组下段中下部的砾岩是区域古层间氧化带不可逾越的"砾岩隔档层"，铀储层内部"砾岩与砂岩"界面构成了区域古层间氧化带的天然边界（图19-3、图19-4）。

(2) 在直罗组下段中上部的砂岩中，跨越不同沉积旋回的泥质隔档层"阶梯组合"（图18-14），在区域还原地质体的协同影响下直接限定了古层间氧化带的由西北向东南的跨层上倾趋势。

在平面上，已有的研究表明直罗组下段铀储层中的还原介质丰度具有东南高西北低的分布差异（王贵，2015；郭虎科等，2015；彭云彪等，2019；图16-1，图18-14）。在建模区的东南部及其外围，具有原生灰色还原性质的砾岩和砂岩构成了强大的还原地质体，这迫使区域古层间氧化带自西北向东南跨层上倾或"上扬"。

由此可见，在区域分布的底砾岩、"阶梯状组合"的泥质隔档层、东南强西北弱的还原介质等沉积学不均一要素的协同作用下，才形成发育了自西北向东南、跨层上倾的古层间氧化带，也最终限制了铀矿化体的跨层式产出状态（图19-7）。

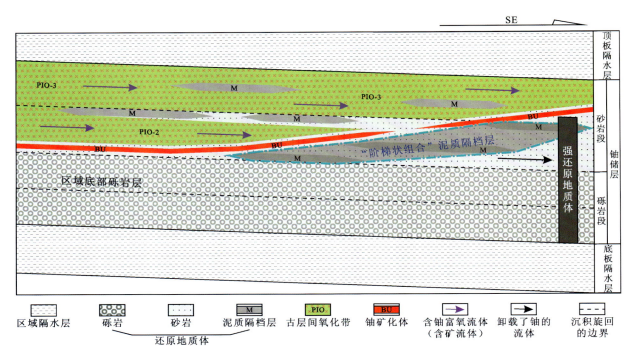

图 19-7 纳岭沟铀矿床沉积非均质性制矿模式

注：在区域底部砾岩、"阶梯状组合"泥质隔档层和强还原地质体的联合制约下，古层间氧化带及其底部边界附近的主矿体具有自西北向东南逐渐跨层上扬的趋势。

二、成岩非均质性与铀矿化体发育关系

铀储层内部的成岩作用种类繁多，笔者仅探讨了与铀矿化关系密切的钙质隔档层和层间蚀变作用2种成岩非均质性。

首先，由层间蚀变作用形成的古层间氧化带对铀成矿起到了关键作用，它使铀矿化体定位于古层间氧化带边界外围的有限区域，这是因为强大的氧化-还原地球化学障促进了铀的变价沉淀和富集。在纳岭沟铀矿床，铀矿化更多地富集于区域古层间氧化带底界面附近（图 19-1、图 19-3、图 19-4、图 19-8）。

其次，钙质胶结作用对铀成矿的影响需要分期次评价。如前所述，在铀储层中钙质胶结作用具有多期次性。成矿前的钙质胶结作用，可以限制古层间氧化带的形成发育空间。成矿期的钙质胶结作用（图19-8），主要发生于古层间氧化带的边界附近，即底部界面附近的 C3Ca-3-a、顶部界面附近的 C5Ca-3 和 C5Ca-4。由于纳岭沟铀矿床成矿作用的特殊性，在古层间氧化带底界面附近，钙质胶结作用（C3Ca-3-a）与铀矿化体（BU-1）共生。而铀成矿期后发生的钙质胶结作用，不能制约铀成矿但是却会对未来地浸采铀产生影响。

主要结论与认识

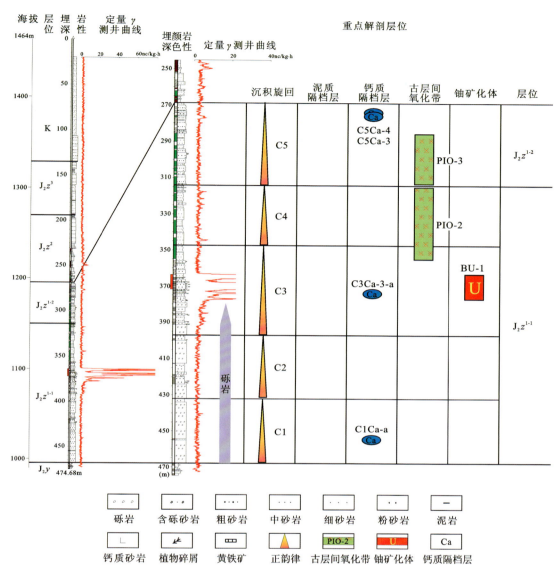

图 19-8 典型钻孔中钙质胶结、层间蚀变与铀成矿的空间配置关系，纳岭沟铀矿床（WN7 剖面，ZKN48-16）

主要结论与认识

我国于20世纪末将铀矿勘查的重心由硬岩型调整为砂岩型，实践证明这一调整具有战略性，由此而促成了中国北方6个沉积盆地中系列大型和超大型砂岩铀矿床的发现，目前砂岩型铀矿已成为我国铀矿地质资源量快速增长的主要矿种。在20多年全国大规模的砂岩型铀矿勘查过程中，鄂尔多斯盆地北部的找矿突破和系列发现最为引人瞩目，中侏罗统直罗组下段被证实蕴藏着丰富的铀矿资源，迄今为止已发展成为我国最大的、具有世界级规模的铀矿田——东胜铀矿田。

砂岩型铀矿产出于沉积盆地中，砂岩是铀矿赖以形成和发育最重要的载体。笔者将沉积盆地中能够提供含矿流体运移和铀矿储存的骨架砂体（物理空间）称之为砂岩型铀矿的储层，简称铀储层（焦养泉等，2006，2007，2012a，2018a）。因此，铀储层是砂岩型铀矿形成发育最基本的沉积学要素。20年来，笔者带领盆地铀资源研究团队在鄂尔多斯盆地重点围绕铀储层沉积学及其对铀成矿制约机理等关键科学问题，开展了盆地尺度的、整装的、未间断的持续研究，研究成果被及时应用于东胜铀矿田（包含大营铀矿床）、店头-双龙铀矿床、惠安堡-磁窑堡铀矿床等的勘查之中。本专著则从全盆地铀储层空间分布规律研究和铀储层物源体系重建的角度入手，主要依据大型物源-沉积朵体空间配置关系、铀储层成因类型、铀成矿作用的多样性等，分别在盆地东北部东胜神山沟露头区、盆地中东部横山石湾镇露头区和盆地东南部黄陵露头区，选择性地开展了辫状河三角洲中辫状分流河道型、水下辫状分流河道型和深切谷中辫状河道型和曲流河道型铀储层的露头非均质性地质建模研究。为了将露头地质建模的经验和思路引申至地下，还在盆地北部选择了即将开发的纳岭沟铀矿床开展了先导性的地下地质建模研究。这些有益的探索，是寄希望于通过对陆相盆地铀储层沉积非均质性和成岩非均质性的精细解剖——地质建模，深刻揭示砂岩型铀矿的普遍成矿机理，以便指导新区、新层位和新类型的铀矿勘查生产，并为未来砂岩型铀矿的地浸采铀提供沉积学的基础服务。

一、构建了鄂尔多斯盆地侏罗纪含铀岩系等时地层格架，恢复和重建了直罗组下段的沉积体系域，从中识别了4个大型物源-沉积朵体，总结了区域铀储层的空间分布规律，据此遴选了典型露头剖面和铀矿床作为建模目标。

从沉积盆地整体分析的角度出发，应用层序地层学原理优化了侏罗纪的岩石地层单元，构建了鄂尔多斯盆地侏罗纪含铀岩系的等时地层格架，总结了侏罗纪含铀岩系的空间产出规律。指出直罗组下段是重要的砂岩型铀矿含矿层，实现了铀储层的全盆地统一对比。

在此基础上，以铀储层的空间分布规律为重点，开展了全盆地的砂分散体系编图，并由此识别出了具有良好继承性的分别源于乌拉山、狼山弧、龙首山和西秦岭北坡的4个大型物源-沉积朵体。

分析发现，鄂尔多斯盆地直罗组下段4个大型物源-沉积朵体，不仅在沉积学上自成体系，而且每个物源-沉积朵体中的铀成矿作用也不尽相同并自成体系。截至目前，除源于狼山弧的物源-朵体由于埋深的原因尚未实施勘查外，其余3个物源-朵体均已获得重要的找矿发现。其中，位于盆地东北部源于乌拉山的物源-朵体蕴藏着国内最大的、具有世界级规模的东胜铀矿田，而西部源于龙首山的物源-朵体拥有磁窑堡-惠安堡铀矿床，南部源于西秦岭北坡的物源-朵体拥有店头-双龙铀矿床。

4个大型物源-沉积朵体的恢复与重建,不仅展示了直罗组下段铀储层具有巨大的铀资源勘查潜力,而且由于各个物源(铀源)性质的不同以及盆地地理位置的差异,从而构成了铀储层的物质成分和沉积成因的多样性,甚至还产生了铀成矿的特殊性,这便是进行全盆地铀储层非均质地质建模研究的初衷。

随着鄂尔多斯盆地构造演化,在4个大型物源-沉积朵体形成发育以及大规模铀成矿之后,盆地东北缘、东缘及东南缘被构造抬升-掀斜致使直罗组铀储层及其部分铀体暴露地表,从而为露头地质调查和精细地质建模创造了优越条件。基于此,以鄂尔多斯盆地直罗组下段的物源-朵体为单位,结合野外露头剖面的出露情况、铀储层性质、铀矿化特色以及铀矿床的开发条件,分别遴选了3个典型露头区和一个典型铀矿床作为精细解剖与建模研究的目标,它们分别是东胜神山沟张家村露头剖面(乌拉山物源-朵体)、榆林横山石湾镇露头剖面(龙首山物源-朵体)、黄陵的直罗-店头-焦坪露头区(西秦岭北坡物源-朵体)、纳岭沟铀矿床(乌拉山物源-朵体)。

二、在鄂尔多斯盆地东北部东胜神山沟露头区,以直罗组下段铀储层内部结构与成岩-成矿作用为重点,深入剖析了系列关键建模参数的基本地质特征,构建了辫状分流河道型铀储层的露头地质非均质模型。

在鄂尔多斯盆地东北部,东胜神山沟张家村露头剖面是东胜铀矿田被后期构造掀斜而出露地表并经受剥蚀改造的古砂岩型铀矿床的自然露头,是源于乌拉山物源-朵体中隶属于辫状三角洲平原分流河道成因的铀储层的典型代表。该剖面直罗组下段下亚段的地层结构完整,成矿作用特别是后生蚀变作用、古层间氧化带和铀矿化现象非常丰富且典型,是进行露头铀储层非均质性地质建模研究的天然实验室和理想的野外教学基地。

露头地质建模的关键是阐明铀储层的沉积非均质性和成岩非均质性,以及由非均质性制约的铀矿化机理和分布规律。其中,最核心的内容是在准确识别含铀岩系沉积体系类型基础上,在铀储层内部识别沉积界面、划分内部构成单元,阐明铀储层内部结构与成岩(矿)作用的内在成因联系。

在神山沟张家村露头剖面上,辫状分流河道砂体的下伏地层直接为延安组顶部的工业煤层和风化壳,所以砂体中富含碳质碎屑和黄铁矿。砂体的沉积旋回清晰,具有正韵律,其主要由粗砂岩和中砂岩构成,细粒泥质和粉砂质沉积物较为罕见。

运用等级界面可以识别铀储层中多种级别的内部构成单元,借以表征铀储层的沉积非均质性格架模型,因此等级界面和内部构成单元是两种最为直观的露头建模要素。由高级别界面到低级别界面,即由第5级、第4级、第3级、第2级至第1级界面,分别构成了复合河道、河道单元、大底形、中底形和微底形的边界。对于砂岩型铀成矿而言,由第4级界面限定的河道单元最为重要,其次是由第3级界面限定的大底形。因为在辫状分流河道型铀储层内部,河道单元的规模较大,通常具有有限的侧向迁移能力,具有良好的可对比性,它决定了铀储层内部最基本的结构格架。更重要的是在高级别界面附近,特别是第4级界面附近的岩性相变化悬殊,通常是隔档层和还原介质产出的空间,即界面之下通常产出泥质隔档层(富含分散有机质),界面之上通常产出泥砾隔档层和丰富的碳质碎屑,以及由于碳质碎屑的存在而充分发育的黄铁矿。所以,在铀储层沉积非均质性格架模型中,隔档层与还原介质具有相对固定的发育空间,它们通过物理的(多孔介质)和化学的(氧化还原环境)方式直接影响含矿流体的运移、后生蚀变作用和铀成矿空间,它们也是两个重要的建模要素。

在东胜神山沟张家村露头剖面上,辫状分流河道型铀储层的成岩非均质性主要表现在后生蚀变作用、钙质胶结作用和黄铁矿成岩作用等方面。其中,后生蚀变作用表现出了多次叠加改造的复杂过程,主要存在紫红色、绿色和黄色3种后生蚀变作用类型。研究认为,紫红色蚀变作用与东胜铀矿田大规模的铀成矿作用同步发生,是区域古层间氧化带形成发育的记录;但是在区域铀成矿之后,却受到了大规模二次还原事件的叠加改造——绝大部分紫红色砂岩经历绿色蚀变演变为绿色砂岩,仅有早期被钙质胶结的紫红色砂岩得以零星保留；二次还原改造事件之后，在区域构造的抬升-掀斜、剥蚀和地表氧化作用的影响下，铀储层在地表还经历了一次黄色蚀变作用的叠加改造。因此，紫红色钙质胶结蚀变砂岩和绿色蚀变砂岩，是识别区域古层间氧化带的两种岩石地球化学标志。基于此，认定露头剖面中古层间氧化带以河道单元为单位而发育，并主要发育于辫状分流河道演化末期的河道单元中。分析认为：①古层间氧化带趋于在铀储层顶部发育，其原因并不在于铀储层顶部的河道单元较之于底部的河道单元具有更好的物性条件（孔隙度和渗透率），而主要在于铀储层内部和外部具有下部强而上部弱的还原介质宏观分布规律；②古层间氧化带严格以河道单元为单位而发育，主要是成矿期的含矿流场受到了河道单元边界附近隔档层和低渗透岩石的限制。

铀储层内部古层间氧化带的发育，不仅制约了铀成矿的空间，而且还影响了部分钙质胶结作用的发育，以及部分黄铁矿的形成与演化。露头建模发现，由于氧化-还原环境的制约，原生的古富铀成矿单元主要产出于古层间氧化带边界附近偏向于原生还原带一侧（灰色砂岩），该区域灰色砂岩中的碳质碎屑、黄铁矿、钛铁矿、黑云母解理缝、黏土矿物等与铀矿物关系密切，它们充当了铀的还原介质和载体。研究发现，铀成矿区域的黄铁矿通常以莓状、自形和胶状为主，且多数属于成岩黄铁矿。黄铁矿具有由莓状向复莓状、自形和胶状演化的趋势，而铀通常有选择性地结晶沉淀于半自形—自形黄铁矿的裂隙中或外围。这些黄铁矿通常具有新鲜的表面，其中有些还显示了与铀矿物的共生发育特征。研究还发现，氧化-还原带边界的外围也是钙质胶结作用发育的有利区域，主要表现为钙质胶结作用与铀成矿作用的共生叠加，这可能预示着在铀储层中成矿期的氧化-还原带边界同时也是一个酸碱环境变化的边界。

由于古老铀矿床被揭露到地表，现代地表氧化作用对铀储层产生黄色蚀变的同时，还对古矿体造成了溶解和破坏，从而致使铀再分配并更多地在煤层等还原地质体的表面再富集，这种现象仅限于露头区。

铀储层露头地质建模发现，沉积作用和沉积环境是铀储层内部沉积界面和构成单元形成发育，以及铀储层内、外部还原介质发育的主要控制因素，而成岩作用会进一步增强铀储层结构和成分的复杂性。在铀储层中，层间氧化带和铀矿的形成发育具有很强的选择性，后生氧化蚀变作用优先发育于物性条件好但还原介质丰度低的河道单元中，而铀矿化却倾向于朝高还原介质丰度的区域富集。铀成矿作用是铀储层成岩序列中重要的环节，其与钙质胶结、黄铁矿生长等成岩作用具有因果关系或共生发育。这样一来，适宜于铀储层地质建模表征的关键参数总体可以分为"沉积型""成岩型"和"沉积-成岩混合型"三大类。其中，沉积作用过程中形成的关键参数包含了沉积界面、内部构成单元、岩性相、隔档层等；成岩-成矿作用过程中形成的关键参数有蚀变作用（岩石地球化学类型）、层间氧化带、铀矿化体、胶结作用等；沉积-成岩混合参数主要有还原介质（碳质碎屑、烃类、黄铁矿）、物性条件（孔隙度、渗透率）等。对三大类参数的精细研究，既有助于理解铀成矿作用的机理，还能够将其推广于地下进行铀矿床的地下建模甚至指导和优化地浸采铀工艺。

三、在鄂尔多斯盆地中东部横山石湾镇露头区，剖析了水下辫状分流河道型铀储层的内部结构非均质性，重点揭示了未受层间氧化作用和铀成矿作用改造的"原生态"流体流动单元空间分布规律和"原生态"还原介质（碳质碎屑）产出规律。

为了更好地理解东胜铀矿田铀成矿的普遍规律和成矿机理，展示铀储层成因类型的多样性，提供更多更直观的沉积学地质基础和经典实例，研究团队特地在鄂尔多斯盆地中东部的横山石湾镇选取了未经层间氧化作用和成矿作用改造的隶属于水下辫状分流河道成因的直罗组铀储层露头剖面，在铀储层内部结构研究基础上重点进行了"原生态"流体流动单元和"原生态"碳质碎屑的空间分布规律的建模研究。

横山石湾镇的典型露头剖面主要沿大理河两岸分布，直罗组直接覆盖于延安组之上，此区的延安组为一套不含工业煤层的三角洲前缘沉积，直罗组下段下亚段为辫状河三角洲前缘沉积，上亚段为（曲流河)三角洲前缘沉积,中段为湖泊沉积。其中,直罗组下段下亚段的大型骨架砂体(水下辫状分流河道)和砂泥互层(三角洲前缘河口坝和湖泊沉积组合)在露头区相变清楚,研究团队特别选择了砂体较为发育的史家岘剖面 PM-01 和 PM-02 作为非均质性建模的重点剖面。与下亚段不同,上亚段表现出了"曲流河"特有的频繁的侧向迁移的本性,砂体规模明显变小且砂体变少,不能构成理想的铀储层。

石湾镇露头区水下辫状分流河道主要由中粒和细粒砂岩构成,从中可以识别出 Se、MSm、MSt、FSt、FSp 和 FSh 等几种岩性相。填隙物含量 6% 左右,主要为杂基、泥质胶结物(高岭石和绿泥石)、铁质胶结物(黄铁矿及其表生的褐铁矿和赤铁矿)、硫酸盐胶结物(重晶石)和少量硅质胶结物(石英次生加大边),碳酸盐胶结物罕见。

在石湾镇史家岘露头剖面中,铀储层具有良好的正韵律垂向序列。类似于东胜神山沟露头地质建模研究,笔者从中识别了 5 个级别的沉积界面,依次将水下辫状分流河道砂体划分为复合河道、河道单元、迁移砂坝、沙丘复合体和沙丘。在河道单元内部,利用第 3 级界面、古水流方向和岩性相空间配置,识别出了纵向砂坝(LB)、横向砂坝(TB)以及斜列砂坝(DB)在内的 3 种主要的迁移砂坝(大底形)。同时,总结了水下辫状分流河道从发生阶段、鼎盛阶段、衰退阶段到废弃阶段的古水流动力演化特点。

进行了铀储层的孔隙结构和物性不均一分布规律研究。研究发现,水下辫状分流河道型铀储层中存在 4 种隔档层,其中植物碎屑隔档层、泥砾隔档层和铁质成岩隔档层主要分布于铀储层内部高级别构成单元(如河道单元或迁移砂坝)的底界面处,且其厚度与底界面的侵蚀能力成正比。相比之下,粉砂岩隔档层厚度较薄且连续性差,主要分布于高级别构成单元的顶部,但是在该区域沉积物粒度变细、岩石物性降低。铀储层内部"原生态"流体流动单元主要遵循以下基本规律而产出:①主要发育于河道单元或者迁移砂坝的中—下部,向上、向下及两侧边缘其物性逐渐降低;②流体流动单元受第 4 级和第 3 级界面控制,并靠近第 4 级或第 3 级界面;③流体流动单元空间分布与 MSt、MSm 和 FSt 等岩性相关系密切;④流体流动单元以铀储层内部隔档层的突变边界和岩性相的渐变边界为物理边界。

石湾镇露头剖面,为铀储层内部"原生态"碳质碎屑非均质性产出规律研究提供了最佳案例。碳质碎屑通常与黄铁矿、泥砾等共生,呈现为条带状、透镜状和团块状。其显微煤岩组分主要为镜质组(高达 98% 以上),惰质组和无机矿物含量均较少。野外调查和统计分析发现,碳质碎屑受高级别沉积界面控制,通常以滞留沉积物的形式集中分布于高级别沉积界面之上。一般情况下,沉积界面级别越高,滞留沉积物越厚,碳质碎屑的数量就越多,粒径也就越大。在同一个高级别的沉积界面上,碳质碎屑的横向分布也存在着显著差异,河道单元中心部位碳质碎屑最为集中,而两侧则逐渐减少。碳质碎屑受沉积作用制约,是铀储层内部最为重要的还原介质之一,它不仅直接制约层间氧化带的发育和铀的吸附还原成矿,而且当其异常发育时甚至还会对地浸采铀产生负面影响。

构建石湾镇铀储层内部流体流动单元和还原介质的非均质性地质模型,能够从更为直观和"原生态"的角度,理解铀成矿阶段铀储层内部成矿流场分布规律,特别是层间氧化带和铀成矿特定发育空间的成因机理,而且对于地浸采铀阶段的溶矿流场表征甚至溶剂选择具有理论科学意义和生产指导价值。

四、在鄂尔多斯盆地东南部黄陵露头区,以铀储层发育的深切谷地质背景为焦点,深入剖析了在繁多而复杂但是高效而有序的成岩-成矿作用下铀矿床的成因机理,识别和建立了深切谷型铀矿床的新类型与新模式。

与鄂尔多斯盆地北部的东胜铀矿田相比,盆地东南部黄陵(直罗-店头-焦坪)露头区的直罗组下段铀储层及其店头-双龙铀矿床具有特殊性:①铀储层为狭长条带状,厚度极为有限(10~80m);②铀储层较为致密,但是铀的富集成矿却超常且高效,个别铀矿石品位高达 0.9%,一批钻孔平米铀量接近和超过 $40kg/m^2$。

结合鄂尔多斯盆地形成演化历史分析,笔者认为延安组沉积末期经历了一次区域性的不均衡构造抬升和自南向北的构造掀斜事件,最直接的证据就是直罗组与延安组之间在盆地南部为角度不整合而在盆地北部为平行不整合接触关系。在鄂尔多斯盆地南部，由该事件造成的势能差及其与半潮湿半干旱古气候条件的协同耦合，有效地促进了地表水系的下切作用，这便为直罗组沉积早期深切谷的形成发育奠定了有利的地质背景。深切谷主要由单向古水流驱动，但它不同于一般冲积平原上的地表水系，其冲刷作用频繁、高流态沉积物发育，沉积物主要为砂岩和含砾砂岩，同时伴生有罕见的稀性泥石流沉积，空间上呈现为半透镜状（垂直古水流）、条带状（平行古水流）几何形态，它具有由辫状河向曲流河有序演化的沉积充填规律，垂向上具有良好的发育周期和超覆叠置的充填特征。

在直罗-店头-焦坪露头区，直罗组下段也可以划分为上、下两个亚段，共包含4个沉积旋回。其中，沉积旋回a～c对应于下亚段，主要为辫状河沉积体系，随时间推移高流态沉积物减少，但是铀矿化程度渐强并成为店头-双龙铀矿床的主要含矿层位；沉积旋回d相当于上亚段，主要为曲流河沉积体系，铀储层中的铀矿化作用较弱但是局部含油砂或油斑。

对系列典型露头剖面的精细研究表明，受深切谷和沉积充填演化序列的约束，鄂尔多斯盆地南缘直罗组下段的下亚段和上亚段铀储层表现出了较大的差异性。位于直罗组深切谷中下部的辫状河道型铀储层规模较大、内部结构简单，沉积物粒度较粗，具有良好的均质性，是优质的铀储层。而位于深切谷充填演化末期的曲流河道型铀储层规模变小、内部高级别构成单元侧向迁移明显，结构较为复杂，沉积物粒度变细，泥质隔档层常见，非均质性较强，不是理想的铀储层。从影响多孔介质特征的岩石物质成分和物性条件来看，目前见到的深切谷铀储层最显著的特色是砂岩高度致密化，表现为较低的孔隙度和渗透率以及较高的岩石密度。致密化的铀储层对于砂岩型铀矿的形成应该是致命的，但是恰恰其中却产出了大型规模的铀矿体。分析和推理认为，在铀成矿前至少在成矿期，深切谷铀储层应该具有良好的物性条件。导致深切谷铀储层致密化的原因，可能是来自铀成矿之后的强烈胶结作用。

野外露头剖面建模和钻孔揭露发现，形成于深切谷背景中的店头-双龙铀矿床是一个"小而富"的铀矿床，该矿床总体遵循层间氧化带控矿的基本原理，但是铀储层中的成岩-成矿作用却有着异乎寻常的复杂性。研究认为，沉积之后的铀储层不仅经历了强烈的压实作用和种类繁多的胶结作用（包含成矿作用），还经历了抬升暴露地表之后的现代氧化作用改造。其最大的特色在于硅质胶结作用和长石胶结作用较为发育，且压实作用和硅质胶结作用还至少发育了两次。分析认为，铀成矿前的成岩作用致使铀储层物性大大降低，但仍不致于影响到铀成矿作用的高效率发生。成矿之后的成岩作用，即便是在抬升暴露过程中有明显的淋滤溶蚀改造，但仍使铀储层严重致密化，从而不利于未来的地浸开发。

店头地区深切谷型铀储层内部，记录了丰富的后生蚀变作用的痕迹，主要表现为3种岩石地球化学类型——紫红色蚀变砂岩、绿色砂（泥）岩、黄色砂岩。其中，紫红色蚀变砂岩与铀的大规模超常富集同步发生，是古层间氧化带的识别标志，标型蚀变矿物是褐铁矿和赤铁矿；大部分黄色砂岩是现代地表氧化作用的产物，具有充分的淋滤溶蚀和典型的铁锰质示顶构造，标型蚀变矿物组合为黄钾铁矾-重晶石-软锰矿-锰钡矿；而绿色砂（泥）岩有可能是紫红色砂岩在形成之后又经历了二次还原改造，标型蚀变矿物为绿泥石。对202铀矿化点剖面（DTPM-05）的解剖发现，在深切谷辫状河道型铀储层内部，铀矿化严格受第4级沉积界面控制，铀异常单元均位于每个河道单元的底部。分析认为，第4级界面上滞留沉积物中的碳质碎屑以及已被褐铁矿化的黄铁矿充当了铀的还原介质，促进了铀的沉淀与富集。

直罗组下段深切谷的沉积学背景在很大程度上影响了铀成矿作用和铀矿床的特色，属于砂岩型铀矿的一种成因新类型，可以归纳为"深切谷铀成矿模式"，主要特点有：①深切谷铀储层为铀成矿提供了良好的物理空间，含矿流体的运移、层间氧化带的发育、铀的沉淀与成矿都被严格限定在深切谷铀储层中完成。②深切谷与围岩空间配置关系，以及半潮湿—半干旱的古气候决定了铀储层具有强大的原生还原性质。③深切谷狭长有限的物理空间加之与深切谷较强还原能力的协同耦合，限制了含矿流体的运移途径和发生化学反应的空间。一方面致使氧化-还原地球化学障在特定空间的稳定形成，为铀的持续变价沉淀和多期次叠加创造了有利条件，从而导致铀的超常富集。另一方面也可以影响成岩作用特别是胶结作用的集中发生和多次叠加，从而导致铀储层的致密化。④源于西秦岭北坡的优质和充分的物源-铀源供给，是该矿床形成发育的一大特色，铀储层中丰富的富钾长石和含铀碎屑矿物预示着优质铀源的存在,而丰富的金属硫化物则可以充当铀的吸附还原载体。⑤铀矿床的形成发育是区域大地构造作用的响应,店头-双龙铀矿床是一个典型的古砂岩型铀矿床。在区域大地构造作用影响下,店头-双龙铀矿床的形成经历了4个重要演化阶段,在成矿前的深切谷背景中沉积发育了优质铀储层,在成矿期发生了大规模的层间氧化和高效率的铀成矿作用,成矿期后的早期发生了绿色蚀变以及铀储层的致密化,成矿期后的晚期被构造破坏并接受现代地表氧化作用的强烈改造。

五、在鄂尔多斯盆地北部,以纳岭沟铀矿床为例开展了地下地质建模的先导性研究。实践表明,通过露头地质建模而总结的技术路线可以借鉴应用于地下,只是需要重新遴选适宜于地下建模的关键参数,以深刻揭示典型铀矿床铀储层内部结构特征、关键控矿要素的协同耦合以及铀成矿机制。

露头地质建模与地下地质建模有很大的不同,前者具有很强的直观性和典型性,而后者受参数获取方法和资料精度的约束而具有很大的预测性。充分对比露头与地下地质建模的特点,从中遴选适宜于地下铀矿床地质建模的关键参数、系统总结关键参数的空间配置规律和相互制约关系,对服务找矿预测和地浸采铀具有实际的应用价值。

研究发现,通过露头地质建模而总结的技术思路可以引申应用于地下地质建模:①露头地质建模中高级别沉积界面和构成单元研究思路可以借鉴应用于地下,只是在钻孔中那些高级别沉积界面所限定的构成单元通常被称为沉积旋回,因此地下地质建模的重点首先是在铀储层内部进行沉积旋回的结构分析和进行区域的"小层"对比。②由露头地质建模识别的几种类型隔档层,如泥质隔档层、泥砾隔档层和钙质隔档层等,完全可以借鉴应用于地下地质建模研究。它们不仅可以作为含矿流体或者溶矿流体"流动单元"的边界,而且有可能从化学成分的角度参与铀成矿或者影响地浸采铀。

当然,地下地质建模也具有自身的优势:①相对于露头地质建模而言,地下地质建模由于具有较大的尺度而能够捕捉到更多的沉积相变的信息。由相变而导致的区域岩性转换界面(砂岩/砾岩)成为制约纳岭沟铀矿床铀储层沉积与成岩(矿)非均质性的关键要素,直罗组砂体底部发育的砾岩是古层间氧化带发育的禁区。②相对于露头地质建模而言,地下地质建模能更好地在大尺度上揭示后生蚀变作用、古层间氧化带、还原介质与铀成矿的关系,有利于总结区域铀成矿规律并指导未来地浸采铀。

以纳岭沟铀矿床为例构建了一个适宜于进行地下铀矿床非均质性精确评价的地层单位和等时地层格架。在直罗组下段铀储层中,依据高级别沉积界面、高流态沉积物、低流态沉积物(薄层细粒沉积物——泥质隔档层)等构成的沉积充填演化周期(沉积韵律),识别高级别的沉积旋回,并运用"网络"地层剖面实现井间的沉积旋回精细对比("小层"对比),最终建立以铀储层周期性充填演化过程为主题的等时地层格架。由此可见,沉积旋回的识别和泥质隔档层的研究就成为铀储层沉积非均质性地下地质建模的重点。研究发现,纳岭沟铀矿床直罗组下段存在5个沉积旋回,将其自下而上依次命名为C1、C2、C3、C4和C5,其中C1~C4相当于下亚段,C5相当于上亚段,主要铀矿体和次要铀矿体集中产出于沉积旋回C2、C3和C4之中。比较而言,铀储层中的5个沉积旋回具有不同的沉积和演化特点。沉积旋回C1和C2厚度稳定,一般为40m左右,以发育大套的灰色砾岩和含砾砂岩为特色,沉积旋回顶部的细粒沉积物欠发育,但依然能够识别出两个完整的正韵律,而且由沉积旋回C1到沉积旋回C2也构成了更高层次的正韵律。沉积旋回C3、C4和C5厚度一般为30~50m,重要的变化在于:①沉积物粒度明显变细,以中—粗砂岩为主;②每个沉积旋回的顶部和内部,均发育了多层具有区域性规模或小区域性规模的泥质隔档层;③虽然各沉积旋回整体仍表现为正韵律结构,但较小级别的沉积旋回更为发育,显示其垂向非均质性更强。

铀储层内部的泥质隔档层通常由泥岩、煤线、粉砂质泥岩、泥质粉砂岩或者粉砂岩等细粒沉积物所构成,主要发育于高级别内部构成单元的衰退期。重视泥质隔档层的研究,不仅仅在于阐明铀储层沉积旋回的结构时其充当地层对比的标志层,更重要的在于揭示其对含矿流场和溶矿流场的垂向物性制约。以沉积旋回为单位,在5个沉积旋回中共识别出22个泥质隔档层,其中C3M-5、C4M-3、C5M-2、C5M-3

和C5M-4具有较大的发育规模,因此成为沉积旋回划分和"小层"对比的标志层。对主要泥质隔档层的系列编图和统计分析发现,随着时间推移纳岭沟铀矿床直罗组下段铀储层中泥质隔档层具有逐渐发育壮大的趋势。在每个沉积旋回内部,自下而上泥质隔档层具有逐渐发育的趋势;由沉积旋回C3到C5这种趋势更为清楚,尤其是在它们的顶部隔档层都最为发育,它们呈复合"C"形,主要分布于建模区的东北部、西南部和东南部。泥质隔档层的垂向演化规律说明,纳岭沟铀矿床直罗组下段铀储层的非均质性具有自下而上逐渐增强的演化趋势。

在铀储层沉积之后,各种复杂的成岩作用将陆续登场。比较而言,钙质胶结作用和层间蚀变作用是铀储层成岩非均质性表征的重点。工作中,针对钙质胶结作用非均质性的研究,是借助其作为隔档层(钙质隔档层)关键参数的统计和编图进行表征。而针对层间蚀变作用非均质性的研究,是借助对古层间氧化带的精细刻画实现的。钙质隔档层是指铀储层中具有一定规模或成群集中产出的钙质砂岩,多数表现为扁平状、似层状或透镜状(俗称钙质结核)。在纳岭沟铀矿床直罗组下段,共识别出24层钙质隔档层,如果不考虑沉积旋回C1的话(钻孔数量有限),从沉积旋回C2到C5钙质隔档层总体上具有先增加后减小再增加的趋势。其中,钙质隔档层在沉积旋回C3中最为发育,在沉积旋回C4中最不发育,而在沉积旋回C2和C5中发育程度中等。在平面上,从沉积旋回C1到C5钙质隔档层总体表现为由南部向北部迁移和右旋的演化规律。

大规模绿色蚀变砂岩以及由其包裹的钙质胶结红色蚀变砂岩,被认为是东胜铀矿田古层间氧化带(PIO)的识别标志。基于此,在纳岭沟铀矿床直罗组下段的铀储层中,自下而上可以划分出3个相对独立的古层间氧化带。其中,PIO-1规模最小,平均累计厚度为15.7m,主要发育于沉积旋回C2顶部至沉积旋回C4底部;PIO-2规模较大,平均累计厚度为35.9m,具有区域性,主要发育于沉积旋回C3~C4中;PIO-3规模最大,平均累计厚度为49.1m,主要发育于沉积旋回C5中。由于纳岭沟铀矿床位于乌拉山大型物源-沉积朵体上游的中轴区,河道冲刷能力较强,沉积旋回C4中的C4M-3泥质隔档层保存有限,有时PIO-2与PIO-3便合二为一。自下而上,PIO-1→PIO-2→PIO-3发育规模依次逐渐壮大的趋势,说明直罗组下段铀储层中下部不利于古层间氧化带的发育,这一方面是由于铀储层中下部以及下伏地层具有较强的还原性,而另一方面是由于铀储层底部存在一套区域性的厚层砾岩。

在纳岭沟铀矿床直罗组下段铀储层内部,按照与古层间氧化带空间配置关系,可以将铀矿化体划分为4种类型:底部铀矿化体(BU)、内部铀矿化体(IU)、顶部铀矿化体(TU)和外部铀矿化体(OU),它们均呈似板状或透镜状产出。统计分析发现,总体位于古层间氧化带PIO-2底部界面附近的BU铀矿化体最为发育(单层最大厚度为23.2m,最大累计厚度达28.6m),铀矿化程度最高,稳定性最好,具有区域性的发育规模,是主力铀矿化体。位于古层间氧化带PIO-2和PIO-3内部的IU铀矿化体次之(平均厚度一般为0.5~0.9m),铀矿化程度较低,可对比性一般,具有小区域发育规模。分布在古层间氧化带PIO-3顶部和PIO-3外围的TU和OU铀矿化体,平均厚度1.0m,铀矿化程度低,可对比性差,属于局部发育规模。

分析认为,由层间蚀变作用形成的古层间氧化带对铀成矿起到了关键控制作用,它使铀矿化体定位于古层间氧化带边界外围的有限区域,这是成岩非均质性的具体表现;但是沉积非均质性对铀矿体的形成发育和制约却是根深蒂固的,它可以通过铀储层多孔介质属性、泥质隔档层、泥砾隔档层、区域性厚层砾岩等,制约古层间氧化带的发育并进而达到对铀成矿的有效控制。研究发现,在区域分布的底砾岩、"阶梯状组合"的泥质隔档层、东南强西北弱的还原介质等沉积非均质性要素的协同作用下,才形成了自西北向东南、跨层上倾的古层间氧化带,也最终限制了铀矿化体的跨层式产出状态。

主要参考文献

别列里曼,АИ,2004.水成铀矿床[R].熊福清,等,译.核工业地质局核工业二〇三研究所.

陈戴生,刘武生,贾力城,2011.我国中新生代古气候演化及其对盆地砂岩型铀矿的控制作用[J].铀矿地质,27(6):321-326.

陈祖伊,陈戴生,古抗衡,2011.中国铀矿床研究评价(第三卷:砂岩型铀矿床)[R].北京:中国核工业地质局和核工业北京地质研究院.

陈祖伊,郭庆银,2007.砂岩型铀矿床硫化物还原富集铀的机制[J].铀矿地质,23(6):321-327.

程利伟,2012.大营铀矿:"煤铀兼探"的实践与启示[J].中国核工业(增刊):1-105.

董树文,张岳桥,李海龙,等,2019."燕山运动"与东亚大陆晚中生代多板块汇聚构造:纪念"燕山运动"90周年[J].中国科学:地球科学,49(6):913-938.

戴霜,张明震,彭栋祥,等,2013.中国西北地区中—新生代构造与气候格局演化[J].海洋地质与第四纪地质,33(4):153-168.

邓胜徽,卢远征,樊茹,等,2012.早侏罗世Toarcian期大洋缺氧事件及其在陆地生态系统中的响应[J].地球科学,37(增刊2):23-38.

丁郑军,2016.鄂尔多斯盆地南部店头地区南峪口剖面直罗组铀储层非均质性研究[D].武汉:中国地质大学(武汉).

冯云鹤,2014.鄂尔多斯盆地(内蒙古部分)富县组的发现及其意义[J].地层学杂志,38(4):449-453.

戈利得什金Ри,等,1996.中亚自流水盆地的铀成矿作用[M].狄永强,等,译.北京:地震出版社.

郭虎科,焦养泉,苗爱生,等,2015.鄂尔多斯盆地北东部纳岭沟铀矿床成矿作用特征及成矿模式[J].铀矿地质,31(增刊1):283-292.

黄焱球,程守田,1999.东胜煤系砂岩型高岭土的富集机理[J].煤田地质与勘探,27(3):13-16.

黄焱球,程守田,付雪洪,1997.东胜煤系高岭土矿床地质特征及开发利用前景[J].煤田地质与勘探,25(6):10-13.

焦养泉,1993.河道型储层地质模型的露头研究[D].武汉:中国地质大学(武汉).

焦养泉,2001.克拉玛依油田露头区克拉玛依组层序地层、沉积体系和储层地质模型研究[D].武汉:中国地质大学(武汉).

焦养泉,陈安平,杨琴,等,2005a.砂体非均质性是铀成矿的关键因素之一:鄂尔多斯盆地东北部铀成矿规律探讨[J].铀矿地质,21(1):8-16.

焦养泉,陈安平,王敏芳,等,2005b.鄂尔多斯盆地东北部直罗组底部砂体成因分析:砂岩型铀矿床预测的空间定位基础[J].沉积学报,23(3):371-379.

焦养泉,李思田,1998.陆相盆地露头储层地质建模研究与概念体系[J].石油实验地质,20(4):346-353.

焦养泉,李思田,陈俊亮,1994.湖泊三角洲水下分流河道砂体储集性及储层地质模型研究[J].地学探索,(10):33-41.

焦养泉,李思田,李祯,等,1995.曲流河与湖泊三角洲沉积体系及典型骨架砂体内部构成分析:鄂尔多斯盆地东缘精细露头储层研究考察指南[M].武汉:中国地质大学出版社.

焦养泉,李思田,李祯,等,1998.碎屑岩储层物性非均质性的层次结构[J].石油与天然气地质,19(2):89-92.

焦养泉,李思田,杨士恭,等,1993.湖泊三角洲前缘砂体内部构成及不均一性露头研究[J].地球科学,18(4):441-451.

焦养泉,李祯,1995.河道储层砂体中隔档层的成因与分布规律[J].石油勘探与开发,22(4):78-81.

焦养泉,彭云彪,李建伏,等,2012b.内蒙古自治区杭锦旗大营铀矿成矿规律与预测研究[R].武汉:中国地质大学(武汉).

焦养泉,王双明,范立民,等,2020b.鄂尔多斯盆地侏罗纪含煤岩系地下水系统关键要素与格架模型[J].煤炭学报,45(7):2411-2422.

焦养泉,王双明,王华,等,2020a.含煤岩系矿产资源[M].武汉:中国地质大学出版社.

焦养泉,吴立群,苗爱生,等,2011.鄂尔多斯盆地铀储层预测评价研究[R].武汉:中国地质大学(武汉).

焦养泉,吴立群,彭云彪,等,2015b.中国北方古亚洲构造域中沉积型铀矿形成发育的沉积-构造背景综合分析[J].地学前缘,22(1):189-205.

焦养泉,吴立群,荣辉,2015a.聚煤盆地沉积学[M].武汉:中国地质大学出版社.

焦养泉,吴立群,荣辉,2018b.砂岩型铀矿的双重还原介质模型及其联合控矿机理:兼论大营和钱家店铀矿床[J].地球科学,43(2):459-474.

焦养泉,吴立群,荣辉,等,2012a.铀储层结构与成矿流场研究:揭示东胜砂岩型铀矿床成矿机理的一把钥匙[J].地质科技情报,31(5):94-104.

焦养泉,吴立群,荣辉,等,2014.鄂尔多斯盆地南缘国家铀矿整装勘查区含铀岩系(侏罗系)铀成矿条件与铀成矿规律研究[R].武汉:中国地质大学(武汉).

焦养泉,吴立群,荣辉,等,2018a.铀储层地质建模:揭示成矿机理和应对"剩余铀"的地质基础[J].地球科学,43(10):3568-3583.

焦养泉,吴立群,荣辉,等,2018c.鄂尔多斯盆地北部铀储层非均质性建模研究[R].武汉:中国地质大学(武汉).

焦养泉,吴立群,荣辉,等,2021a.中国盆地铀资源概述[J].地球科学,46(8):2675-2696.

焦养泉,吴立群,荣辉,等,2021b.鄂尔多斯盆地直罗组聚煤规律及其对古气候和铀成矿环境的指示[J].煤炭学报,46(7):2331-2344.

焦养泉,吴立群,杨琴,2007.铀储层:砂岩型铀矿地质学的新概念[J].地质科技情报,26(4):1-7.

焦养泉,吴立群,杨生科,等,2006.铀储层沉积学:砂岩型铀矿勘查与开发的基础[M].北京:地质出版社.

金若时,2020.鄂尔多斯盆地砂岩型铀矿成矿作用[M].北京:科学出版社.

乐亮,2021.鄂尔多斯盆地北部直罗组铀储层中黄铁矿的形成过程与演化规律[D].武汉:中国地质大学(武汉).

李强,2017.鄂尔多斯盆地南缘双龙铀矿床地表氧化改造的关键标志[D].武汉:中国地质大学(武汉).

李思田,1996.含能源盆地沉积体系:中国内陆和近海主要沉积体系类型的典型分析[M].武汉:中国地质大学出版社.

李思田,程守田,杨士恭,等,1992.鄂尔多斯盆地东北部层序地层及沉积体系分析:侏罗系富煤单元的形成、分布及预测基础[M].北京:地质出版社.

李思田,焦养泉,2014.碳酸盐台地边缘带沉积体系露头研究及储层建模[M].北京:地质出版社.

李思田,焦养泉,付清平,1993.鄂尔多斯盆地延安组三角洲砂体内部构成及非均质性研究[C].见:裘亦楠等.中国油气储层研究论文集(续一).北京:石油工业出版社.

李思田,林畅松,解习农,等,1995.大型陆相盆地层序地层学研究[J].地学前缘,2(3-4):133-136.

刘少峰,柯爱蓉,吴丽云,等,1997.鄂尔多斯西南缘前陆盆地沉积物物源分析及其构造意义[J].沉积学报,(27):156-160.

刘正邦,焦养泉,薛春纪,等,2013.内蒙古东胜地区侏罗系砂岩铀矿体与煤层某些关联性[J].地学前缘,20(1):1-8.

鲁超,焦养泉,彭云彪,等,2018.大营地区古层间氧化带识别与空间定位预测[J].中国地质,45(6):1228-1240.

罗蛰潭,王允诚,1986.油气储集层的孔隙结构[M].北京:科学出版社.

苗爱生,2010.鄂尔多斯盆地东北部砂岩型铀矿古层间氧化带特征与铀成矿的关系[D].武汉:中国地质大学(武汉).

苗爱生,陆琦,刘慧芳,等,2009.鄂尔多斯砂岩型铀矿床古层间氧化带中铀石的产状和形成[J].地质科技情报,28(4):51-58.

苗培森,陈印,程银行,等,2020.中国北方砂岩型铀矿深部探测新发现及其意义[J].大地构造与成矿学,44(4):563-575.

彭云彪,2007.鄂尔多斯盆地东北部古砂岩型铀矿的形成与改造条件分析[D].武汉:中国地质大学(武汉).

彭云彪,焦养泉,陈安平,等,2019.内蒙古中西部中生代产铀盆地理论技术创新与重大找矿突破[M].武汉:中国地质大学出版社.

裘亦楠,1987.碎屑岩储层沉积基础[M].北京:石油工业出版社.

裘亦楠,1990.储层沉积学研究工作流程[J].石油勘探与开发,17(1):85-90.

荣辉,焦养泉,吴立群,等,2016.松辽盆地南部钱家店铀矿床后生蚀变作用及其对铀成矿的约束[J].地球科学,41(1):154-164.

陕西煤田地质勘探公司185队,1989.陕西早中侏罗世含煤岩系沉积环境[M].西安:陕西科学出版社.

孙圭,赵致和,1998.中国北西部铀矿地质[R].西安:核工业西北地质局.

孙立新,张云,张天福,等,2017.鄂尔多斯北部侏罗纪延安组、直罗组孢粉化石及其古气候意义[J].地学前缘,24(1):32-51.

陶振鹏,2020.鄂尔多斯盆地东缘直罗组铀储层砂体内部结构及碳质碎屑空间分布地质建模[D].武汉:中国地质大学(武汉).

万璐璐,2015.鄂尔多斯盆地南缘双龙铀矿铀储层成岩作用研究[D].武汉:中国地质大学(武汉).

王贵,2015.鄂尔多斯盆地北部纳岭沟铀矿床铀矿(化)体特征研究[D].武汉:中国地质大学(武汉).

王贵,王强,苗爱生,等,2017.鄂尔多斯盆地纳岭沟铀矿床铀矿物特征与形成机理[J].矿物学报,37(4):461-468.

王双明,1996.鄂尔多斯盆地聚煤规律及煤炭资源评价[M].北京:煤炭工业出版社.

王永和,高晓峰,孙吉明,等,2020.西北地区大地构造环境与成矿[M].武汉:中国地质大学出版社.

吴之理,方曙,2019.内蒙古自治区成矿地质背景研究[M].武汉:中国地质大学出版社.

吴仁贵,陈安平,余达淦,等,2003.沉积体系分析与河道砂岩型铀矿成矿条件讨论:以鄂尔多斯中新生代盆地东胜地区为例[J].铀矿地质,19(2):94-99.

谢惠丽,2016.鄂尔多斯盆地大营铀矿床古层间氧化带形成发育的水-岩作用过程[D].武汉:中国地质大学(武汉).

谢惠丽,焦养泉,刘章月,等,2020.鄂尔多斯盆地北部铀矿床铀矿物赋存状态及富集机理[J].地球科学,45(5):1531-1543.

谢惠丽,吴立群,焦养泉,等,2016.鄂尔多斯盆地罕台庙地区铀储层非均质性定量评价指标体系研究[J].地球科学,41(2):279-292.

熊清,2016.鄂尔多斯盆地双龙铀矿铀储层物源分析[D].武汉:中国地质大学(武汉).

鄢朝,2015.鄂尔多斯盆地南缘店头地区含铀岩系充填演化序列[D].武汉:中国地质大学(武汉).

晏泽夫,2016.鄂尔多斯盆地南缘双龙铀矿铀储层不同颜色砂岩成因研究[D].武汉:中国地质大学(武汉).

杨飞,邹妞妞,史基安,等,2013.柴达木盆地北缘马仙地区古近系碎屑岩沉积环境粒度概率累计曲线特征[J].天然气地球科学,24(4):690-700.

袁静,杜玉民,李云南,2003.惠民凹陷古近系碎屑岩主要沉积环境粒度概率累计曲线特征[J].石油勘探与开发,30(3):103-106.

张克信,李仰春,王丽君,等,2020.造山带混杂岩及相关术语[J].地质通报,39(6):765-782.

张昌民,1992.储层研究中的层次分析法[J].石油与天然气地质,13(3):344-350.

张帆,2018.鄂尔多斯盆地砂岩型铀矿衰变生热对碳质碎屑成熟度的催化影响[D].武汉:中国地质大学(武汉).

张泓,白清昭,张笑薇,等,1995.鄂尔多斯聚煤盆地的形成及构造环境[J].煤田地质与勘探,23(3):1-9.

张泓,何宗莲,晋香兰,等,2005.鄂尔多斯盆地构造演化与成煤作用:1∶500 000 鄂尔多斯煤盆地地质构造图简要说明[M].北京:地质出版社.

张泓,晋香兰,李贵红,等,2008.鄂尔多斯盆地侏罗纪—白垩纪原始面貌与古地理演化[J].古地理学报,10(1):1-11.

张泓,李恒堂,熊存卫,1998.中国西北侏罗纪含煤地层与聚煤规律[M].北京:地质出版社.

张金带,简晓飞,郭庆银,等,2013.中国北方中新生代沉积盆地铀矿资源调查评价(2000—2010)[M].北京:地质出版社.

赵俊峰,刘池洋,喻林,等,2007.鄂尔多斯盆地侏罗系直罗组砂岩发育特征[J].沉积学报,25(4):535-544.

郑浚茂,王德发,孙永传,1980.黄骅拗陷几种砂体的粒度分布特征及其水动力条件的初步分析[J].石油实验地质,(2):9-20.

朱筱敏,2008.沉积岩石学(第四版)[M].北京:石油工业出版社.

邹志维,2018.鄂尔多斯盆地南缘双龙地区直罗组铀储层砂岩致密化成因研究[D].武汉:中国地质大学(武汉).

翟明国,2021.鄂尔多斯地块是破解华北早期大陆形成演化和构造体制谜团的钥匙[J].科学通报,66(26):3441-3461.

ALLEN J R L, 1978. Studies in fluviatile sedimentation: An exploratory quantitative model for the architecture of avulsion-controlled suites[J]. Sedimentary Geology,(21):129-147.

ALLEN J R L, 1983. Studies in fluviatile sedimentation: bars, bar complexes and sandstone sheets (low-sinuosity braided streams) in the Brownstones (L. Devonian), Welsh Borders[J]. Sedimentary Geology, 33(4): 237-293.

BONNETTI C, CUNEY M, MICHELS R, et al, 2015. The multiple roles of sulfate-reducing bacteria and Fe-Ti oxides in the genesis of the Bayinwula roll front-type uranium deposit, Erlian Basin, NE China[J]. Economic Geology, (110): 1059-1081.

DAHLKAMP F J, 2009. Uranium Ore Deposits[M]. Berlin Heidelberg: Springer-Verlag.

DALRYMPLE R W, RHODES R N, 1995. Estuarine dunes and bars[C]. In: Perillo GME (Ed.), Developments in Sedimentology[M]. Amsterdam: Elsevier.

DREYER T, 1993. Geometry and facies of large-scale flow units in fluvial-dominated fan-delta-front sequences[C]. In: Ashton M(ed.). Advances in Reservoir Geology[M]. London: The Geological Society. Geological Society Special Publication.

EVANGELOU V P, ZHANG Y L, 1995. A review: Pyrite oxidation mechanisms and acid mine drainage prevention[J]. Critical Reviews in Environmental Science and Technology, (25): 141-199.

FISHER J A, NICHOLS G J, WALTHAM D A, 2007. Unconfined flow deposits in distal sectors of fluvial distributary systems: Examples from the Miocene Luna and Huesca Systems, northern Spain[J]. Sedimentary Geology, 195(1-2): 55-73.

FRIEDMAN G M, 1979. Differences in size distributions of populations of particles among sands of various origins: Addendum to IAS Presidential Address[J]. Sedimentology, (26): 859-862.

GANI M R, ALAM M M, 2004. Fluvial facies architecture in small-scale river systems in the Upper Dupi Tila formation, northeast Bengal basin, Bangladesh[J]. Journal of Asian Earth Sciences, 24(2): 225-236.

GHAZI S, MOUNTNEY N P, 2009. Facies and architectural element analysis of a meandering fluvial succession: The Permian Warchha Sandstone, Salt Range, Pakistan[J]. Sedimentary Geology, 221(1-4): 99-126.

GRAMMER G M, HARRIS M P M, EBERLI G P, 2004. Integration of outcrop and modern analogs in reservoir modeling[M]. Tulsa: AAPG, Memoir 80.

HARSHMAN E N, 1972. Geology and uranium deposits, Shirley Basin area, Wyoming[M]. US: Geol. Surv. Prof. Paper: 745.

HARSHMAN E N, 1974. Distribution of elements in some roll-type uranium deposits, in: Formation of uranium ore deposits[M]. Vienna: IAEA.

HARSHMAN E N, ADAMS S S, 1981. Geology and recognition criteria for roll-type uranium deposits in continental sandstones[M]. US-DOE: GJBX-1 (81).

HJELLBAKK A, 1997. Facies and fluvial architecture of a high-energy braided river: the Upper Proterozoic Seglodden Member, Varanger Peninsula, northern Norway[J]. Sedimentary Geology, 114 (1-4): 131-161.

HOUGH G, SWAPP S, FROST C, et al, 2019. Sulfur isotopes in biogenically and abiogenically derived uranium roll-front deposits[J]. Economic Geology, (114): 353-373.

IAEA, 2016. Uranium: Resources, Production and Demand[M]. Vienna: OECD.

IELPI A, GIBLING M R, BASHFORTH A R, et al, 2014. Role of vegetation in shaping early Pennsylvanian braided rivers: Architecture of the Boss Point formation, Atlantic Canada[J]. Sedimentology, 61(6): 1659-1700.

INGHAM E S, COOK N J, CLIFF J, et al, 2014. A combined chemical, isotopic and microstructural study of pyrite from roll-front uranium deposits, Lake Eyre Basin, South Australia[J].

Geochimica et Cosmochimica Acta, (125): 440-465.

JAMES N P, DALRYMPLE R W, 2010. Facies Models 4[M]. Canada: Geological Association of Canada.

JIAO Y Q, LU Z S, ZHUANG X G, et al, 1997. Dynamical process and genesis of Latetriassic sediment filling in Ordos basin[J]. Journal of China University of Geosciences, 8(1):45-48.

JIAO Y Q, LU Z S, ZHUANG X G, et al, 1996. Sedimentation responst to Late Triassic Qinling collision in Ordos basin[C]. Beijing: 30th IGC Abstracts ,1(3):342.

JIAO Y Q, WU L Q, RONG H, et al, 2016. The relationship between Jurassic coal measures and sandstone-type uranium deposits in the northeastern Ordos basin, China[J]. Acta Geologica Sinica (English Edition), 90(6): 2117-2132.

JIAO Y Q, WU L Q, WANG M F, et al, 2005b. Forecasting the occurrence of sandstone-type uranium deposits by spatial analysis: An example from the northeastern Ordos Basin, China[C]. In: Mao and Bierlein (Eds.). Mineral Deposit Research: Meeting the Global Challenge[M]. Berlin Heidelberg: Springer-Verlag: 273-275.

JIAO Y Q, YAN J X, LI S T, et al, 2005a. Architectural units and heterogeneity of channel reservoirs in the Karamay Formation, outcrop area of Karamay oil field, Junggar basin, northwest China [J]. AAPG Bulletin,89(4): 529-545.

JO H R, CHOUGH S K, 2001. Architectural analysis of fluvial sequences in the northwestern part of Kyongsang basin (Early Cretaceous), SE Korea[J]. Sedimentary Geology, 144 (3-4): 307-334.

KELLER E A, SWANSON F J, 1979. Effects of large organic material on channel form and fluvial processes[J]. Earth Surface Process,(4): 361-380.

KOHN M J, RICIPUTI L R, STAKES D, et al, 1998. Sulfur isotope variability in biogenic pyrite: Reflections of heterogeneous bacterial colonization[J]. American Mineralogist,(38): 1454-1468.

LAKE L W, CARROLL H B, 1986. Reservoir characterization[M]. INC:Academic Press.

LAKE L W, CARROLL H B, WESSON T C, 1991. Reservoir Characterization Ⅱ [C]. San Diego, New York, Boston, London, Sydney, Tokyo, Toronto: Academic Press.

LANDAIS P, 1996. Organic geochemistry of sedimentary uranium ore deposits[J]. Ore Geology Reviews,(11): 33-51.

LATTERELL J J, NAIMAN R J, 2007. Sources and dynamics of large logs in a temperate floodplain river[J]. Ecological Applications, 17(4): 1127-1141.

MASON C C, FOLK R L, 1958. Differentiation of beach, dunes and aeolian flat environment by size analysis, Mustang Island, Texas[J]. Journal of Sedimentary Petrology, (28): 211-226.

MCLAURIN B, STEEL R J, 2007. Architecture and origin of an amalgamated fluvial sheet sand, lower Castlegate Formation, Book Cliffs, Utah[J]. Sedimentary Geology, (197): 291-311.

MIALL A D, 1978. Lithofacies types and vertical profile models in braided river deposits: A summary[C]. In: Miall AD (Eds.) Fluvial Sedimentology [M]. Can Canada: Soc. Petrol. Geol. Mem.

MIALL A D, 1985. Architectural elements analysis: A new method of facies analysis applied to fluvial deposits[J]. Earth Science Reviews, 22(4): 261-308.

MIALL A D, 1988. Architectural elements and bounding surfaces in fluvial deposits:Anatomy of the Kayenta Formation (Lower Jurassic), Southwest Colorado[J]. Sedimentary Geology, 55(3-4):

233-262.

MIALL A D, 1996. The Geology of Fluvial Deposits: Sedimentary Facies, Basin Analysis, and Petroleum Geology[M]. 3rd ed. New York: Springer.

MIALL A D, 2006a. The Geology of Fluvial Deposits: Sedimentary Facies, Basin Analysis, and Petroleum Geology[M]. New York: Springer-Verlag Berlin Heidelberg GmbH.

MIALL A D, TYLER N, 1991. The 3-D Facies Architecture of Terrigenous Clastic Sediments and Its Implications for Hydrocarbon Discovery and Recovery[M]. Tulsa: SEPM.

Miall A D, 2006b. Reconstructing the archiecture and sequence stratigraphy of the preserved fluvial record as a tool for reservoir development: A reality check[J]. AAPG Bulletin, 90(7): 989-1002.

MIN M Z, LUO X Z, MAO S L, et al, 2001. An Excellent Fossil Wood Cell Texture with Primary Uranium Minerals at a Sandstone-hosted Roll-type Uranium Deposit, NW China[J]. Ore Geology Reviews, (17): 233-239.

PENG H, JIAO Y Q, DONG F S, et al, 2021. Relationships between uranium occurrence, pyrite and carbonaceous debris in Fuxin Formation in the Songliao Basin: Evidenced by mineralogy and sulfur isotopes[J]. Ore Geology Reviews, https://doi.org/10.1016/j.oregeorev.2021.104580.

RACKLEY R I, 1972. Environment of Wyoming Tertiary uranium deposits[J]. AAPG Bulletin, (56): 755-774.

REYNOLDS R L, GOLDHABER M B, 1978. Origin of a south Texas roll-type uranium deposit: I. Alteration of iron-titanium oxide minerals[J]. Economic Geology, (73"): 1677-1689.

RONG H, JIAO Y Q, LIU W H, 2021. Influence mechanism of palaeoclimate of uranium—bearing strata on mineralization: A case study from the Qianjiadian sandstone—hosted uranium deposit, Songliao Basin, China[J]. Ore Geology Review, 138: 104336.

SCOTT T B, TORT O R, ALLEN G C, 2007. Aqueous uptake of uranium onto pyrite surfaces: reactivity of fresh versus weathered material[J]. Geochimica et Cosmochimica Acta, (71): 5044-5053.

SMITH N D, 1971. Transverse bars and braiding in the Lower Platte river, Nebraska[J]. Geological Society of American Bulletin, 82(12): 3407-3420.

SPIRAKIS C S, 1996. The Role of Organic Matter in the Formation of Uranium Deposits in Sedimentary Rocks[J]. Ore geology reviews, (11): 53-69.

SUN Y H, JIAO Y Q, WU L Q, et al, 2021. Relations of uranium enrichment and metal sulfides within the Shuanglong uranium deposit, southern Ordos Basin[J]. Journal of Earth Science, https://kns.cnki.net/kcms/detail/42.1788.P.20210322.1524.004.html.

SUN Y H, WU L Q, JIAO Y Q, et al, 2021. Alteration and elements migration of detrital zircons from the Daying uranium deposit in the Ordos Basin, China[J]. Ore Geology Reviews, 139: 104418.

TAO Z P, JIAO Y Q, WU L Q, et al, 2020. Architecture of a sandstone uranium reservoir and the spatial distribution of its internal carbonaceous debris: A case study of the Zhiluo Formation, eastern Ordos Basin, northern China[J]. Journal of Asian Earth Sciences, (191): 104-219.

TYLER N, ETHRIDGE F G, 1983. Fluvial architecture of Jurassic uranium-bearing sandstones, Colorado Plateau, western United States[C]. In: Collinson JD, Lewin J(Ed.), Modern and Ancient Fluvial Systems. Int. Assoc. Sediment. Spec. Publ.

WAKEFIELD O J W, HOUGH E, PEATFIELD A W, 2015. Architectural analysis of a Triassic fluvial system: The Sherwood Sandstone of the East Midlands Shelf, UK[J]. Sedimentary Geology, (327): 1-13.

WALLING D E, HE Q, 1998. The spatial variability of overbank sedimentation on river floodplains[J]. Geomorphology, 24(2-3): 209-223.

WU L Q, JIAO Y Q, MASON R, et al, 2009. Sedimentological setting of sandstone-type uranium deposits in coal measures on the southwest margin of the Turpan-Hami Basin, China[J]. Journal of Asian Earth Sciences, 36(2-3): 223-237.

WU L Q, JIAO Y Q, ZHU P M, et al, 2017. Architectural units and groundwater resource quantity evaluation of Cretaceous sandstones in the Ordos basin, China[J]. Acta Geologica Sinica (English Edition), 91(1): 249-262.

WU L Q, Jiao Y Q, PENG Y B, et al, 2021. Uranium Metallogeny in Fault-Depression Transition Region: A Case Study of the Tamusu Uranium Deposit in the Bayingobi Basin[J]. Journal of Earth Science, https://kns.cnki.net/kcms/detail/42.1788.P.20210928.1835.004.html.

XIANG Y, JIAO Y Q, WU L Q, et al, 2020. Markers and genetic mechanisms of primary and epigenetic oxidation of an aeolian depositional system of the Luohandong Formation, Ordos Basin[J]. Journal of Earth Science, https://kns.cnki.net/kcms/detail/42.1788.P.20201027.1414.010.html.

YUE L, JIAO Y Q, WU L Q, et al, 2019. Selective crystallization and precipitation of authigenic pyrite during diagenesis in uranium reservoir sandbodies in Ordos Basin[J]. Ore Geology Reviews, 107(0): 532-545.

YUE L, JIAO Y Q, WU L Q, et al, 2020. Evolution and origins of pyrite in sandstone-typeuranium deposits, northern Ordos Basin, north-central China, based on micromorphological and compositional analysis[J]. Ore Geology Reviews, 118 (0): 103334.

YUE L, JIAO Y Q, FAYEK M, et al, 2021. Micromorphologies and sulfur isotopic compositions of pyrite in sandstone-hosted uranium deposits: A review and implications for ore genesis[J]. Ore Geology Reviews, 139: 104512.

YUE L, JIAO Y Q, FAYEK M, et al, 2021. Transformation of Fe-bearing minerals from Dongsheng sandstone-type uranium deposit, Ordos Basin, north-central China: Implications for ore genesis[J]. Mineralogical Society of America. https://doi.org/10.2138/am-2021-7888.

ZHANG F, JIAO Y Q, WU L Q, et al, 2019a. Relations of Uranium Enrichment and Carbonaceous Debris within the Daying Uranium Deposit, Northern Ordos Basin[J]. Journal of Earth Science, 30(1): 142-157.

ZHANG F, JIAO Y Q, WU L Q, et al, 2019b. Enhancement of organic matter maturation because of radiogenic heat from uranium: A case study from the Ordos Basin in China[J]. AAPG Bulletin, 103(1): 157-176.

ZHANG F, JIAO Y Q, WU L Q, et al, 2019c. In-situ analyses of organic matter maturation heterogeneity of uraniumbearing carbonaceous debris within sandstones: A case study from the Ordos Basin in China[J]. Ore Geology Reviews, (109): 117-129.

ZHANG F, JIAO Y Q, WU L Q, et al, 2020. Changes in physicochemical properties of organic matter by uranium irradiation: A case study from the Ordos Basin in China[J]. Journal of Environmental Radioactivity, (211): 106105.

ZHANG F, JIAO Y Q, LIU Y, et al, 2021. Traces of hydrocarbon-bearing fluid and microbial activities and their implications for uranium mineralization in southern Ordos Basin, China[J]. Ore Geology Reviews, 139: 104525.

ZHANG F, JIAO Y Q, WANG S M, et al, 2021. Origin of dispersed organic matter within sandstones and it implication for uranium mineralization:a case study from Dongsheng uranium ore filed in China[J]. Journal of Earth Science. https://kns.cnki.net/kcms/detail/42.1788.P.20201116.0931.002.html.

ZHANG F,JIAO Y Q,WU L Q,et al,2021. Roles of dispersed organic matters in sandstone-type uranium mineralization:A review of geological and geochemical processes[J]. Ore Geology Reviews, 139:104485.

ZHANG F,WANG S M,JIAO Y Q,et al,2021. Trapping of uranium by organic matter within sandstones during mineralization process:A case study from the Shuanglong uranium deposit, China[J]. Ore Geology Reviews,138:104296.

ZHOU W Y, JIAO Y Q, ZHAO J H, 2017. Sediment provenance of the intracontinental Ordos Basin in North China Craton controlled by tectonic evolution of the basin-orogen system[J]. Journal of Geology,(125):701-711.